Canon EOS 7D Mark II

Das Handbuch zur Kamera

von
Dietmar Spehr

Vierfarben

Impressum

Sie haben Fragen, Wünsche oder Anregungen zum Buch?
Gerne sind wir für Sie da:

Anmerkungen zum Inhalt des Buches: alexandra.bachran@vierfarben.de
Bestellungen und Reklamationen: service@vierfarben.de
Rezensions- und Schulungsexemplare: sophie.herzberg@vierfarben.de

Das vorliegende Werk ist in all seinen Teilen urheberrechtlich geschützt. Alle Rechte vorbehalten, insbesondere das Recht der Übersetzung, des Vortrags, der Reproduktion, der Vervielfältigung auf fotomechanischem oder anderen Wegen und der Speicherung in elektronischen Medien.

Ungeachtet der Sorgfalt, die auf die Erstellung von Text, Abbildungen und Programmen verwendet wurde, können weder Verlag noch Autor, Herausgeber oder Übersetzer für mögliche Fehler und deren Folgen eine juristische Verantwortung oder irgendeine Haftung übernehmen.

Die in diesem Werk wiedergegebenen Gebrauchsnamen, Handelsnamen, Warenbezeichnungen usw. können auch ohne besondere Kennzeichnung Marken sein und als solche den gesetzlichen Bestimmungen unterliegen.

An diesem Buch haben viele mitgewirkt, insbesondere:

Lektorat Alexandra Bachran, Katharina Linder, Lars Wolf
Korrektorat Sibylle Feldmann
Herstellung Kamelia Brendel
Einbandgestaltung Janina Conrady
Bilder im Buch Dietmar Spehr, Margrit Spehr, Shutterstock: 67178566 © EpicStockMedia (Seite 132), iStockphoto: 174754 © mabe123 (Seite 263)
Coverfoto Shutterstock: 182958764 © ARoxoPT, 67178566 © EpicStockMedia;
Fotolia: 40872345 © Jenifoto; iStockphoto: 20174906 © Lisa-Blue
Typografie und Layout Vera Brauner
Satz Andrea Jaschinski, Berlin
Druck Himmer, Augsburg

Gesetzt wurde dieses Buch aus der The Sans (10 pt/15 pt) in Adobe InDesign CS6.
Und gedruckt wurde es auf matt gestrichenem Bilderdruckpapier (115 g/m²).
Hergestellt in Deutschland.

Bibliografische Information der Deutschen Nationalbibliothek
Die Deutsche Nationalbibliothek verzeichnet diese Publikation in der Deutschen Nationalbibliografie; detaillierte bibliografische Daten sind im Internet über http://dnb.d-nb.de abrufbar.

ISBN 978-3-8421-0152-4

© Vierfarben, Bonn 2015
1. Auflage 2015
Vierfarben ist eine Marke der Rheinwerk Verlag GmbH
Rheinwerkallee 4, 53227 Bonn
www.vierfarben.de

Der Verlagsname Vierfarben spielt an auf den Vierfarbdruck, eine Technik zur Erstellung farbiger Bücher. Der Name steht für die Kunst, die Dinge einfach zu machen, um aus dem Einfachen das Ganze lebendig zur Anschauung zu bringen.

Liebe Leserin, lieber Leser,

mit einer neuen Kamera macht das Fotografieren gleich doppelt so viel Spaß – und das gilt sicher besonders für die EOS 7D Mark II! Viele neue Funktionen und Features warten darauf, entdeckt zu werden. Bei der leistungsstarken 7D Mark II kann es aber schnell vorkommen, dass Sie sich im Funktionendschungel verirren und die Kamera einfach nicht das macht, was Sie wollen.

Damit Ihnen das nicht passiert und Sie und Ihre neue EOS 7D Mark II einen guten gemeinsamen Start haben, hat der passionierte Canon-Fotograf Dietmar Spehr dieses Buch für Sie verfasst. Die Tücken der Technik hat er für Sie ausgelotet und zeigt Ihnen Schritt für Schritt, wie Sie mit Ihrer EOS 7D Mark II zu guten Bildern kommen. Porträts, Landschaften, Makro- und Architekturfotos … die ganze Welt steht Ihnen fotografisch offen, und in diesem Buch lesen Sie, mit welchen Techniken Sie sie gekonnt einfangen. Am besten nehmen Sie Ihre EOS 7D Mark II in die Hand und probieren das Gezeigte gleich aus, dann werden Sie Ihre Kamera bald gemeistert haben, so dass Sie sich voll auf das Fotografieren konzentrieren können.

Dieses Buch wurde mit großer Sorgfalt geschrieben und hergestellt. Sollten Sie dennoch Fehler oder Unstimmigkeiten entdecken, so freue ich mich, wenn Sie mir schreiben – ebenso, wenn Sie allgemeine Anregungen, Lob oder Kritik an uns loswerden möchten. Aber jetzt wünsche ich Ihnen erst einmal viel Erfolg und vor allem viel Spaß beim Fotografieren mit Ihrer EOS 7D Mark II!

Ihre Alexandra Bachran
Lektorat Vierfarben

alexandra.bachran@vierfarben.de
www.facebook.com/vierfarben

Inhaltsverzeichnis

1 Die 7D Mark II auspacken und loslegen — 17

Ihr Weg durch dieses Buch — 18

Die 7D Mark II stellt sich vor — 19

Das Bedienkonzept der EOS 7D Mark II — 22
Die wichtigsten Tasten und Schalter — 22
Monitor, Sucher und Display — 24
Der Monitor im Livebild-Modus — 26
Der schnelle Weg zu zentralen Parametern — 28
Im Menü navigieren — 33

Einstellungen für einen guten Start — 33
Einstellungen für die Aufnahme — 34
Durchblick im Sucher — 35
Orientierungshilfe beim Livebild — 35
Komfort beim Betrachten — 36
Fehler schnell erkennen — 36
Tasten neu belegen — 36
Mehr Komfort beim Autofokus — 37

Das optimale Speicherkartenmanagement — 38

EXKURS: Das My Menu einrichten — 42

2 Kreativ werden mit der EOS 7D Mark II — 45

Sanfter Start in der Vollautomatik — 46

Wie funktioniert eine Spiegelreflexkamera? — 47

Die Aufnahmeprogramme der EOS 7D Mark II	48
Mit der Programmautomatik die Kontrolle übernehmen	48
Tv- und B-Programm: Bilder gestalten mit der Belichtungszeit	50
Sicher belichten, ohne zu verwackeln	52
Letzte Rettung Bildstabilisator	54
Das Av-Programm: Steuern Sie die Schärfentiefe	55
Die Tücken der Schärfentiefe und die hyperfokale Distanz	58
Abbildungsmaßstab und Schärfentiefe	60
Der manuelle Modus M: die maximale Freiheit	61
Programme ganz nach Wunsch	64
Für Auffrischer: Blende, Belichtungszeit, ISO-Wert und deren Zusammenspiel	66
Stellhebel 1: die Belichtungszeit	66
Stellhebel 2: die Blende	67
Woher kommen die krummen Blendenzahlen?	69
Stellhebel 3: der ISO-Wert	70
Die drei Stellhebel aufeinander abstimmen	72

3 Die perfekte Belichtung finden 75

Der Automatik auf die Sprünge helfen	76
Rettung vor Belichtungsfallen I: Safety Shift	78
Rettung vor Belichtungsfallen II: Selbe Belichtung für neue Blende	79
Die Belichtungsmessmethoden der 7D Mark II	80
Der Alleskönner: die Mehrfeldmessung ⦿	81
Licht am Rand: Selektiv- ◐ und mittenbetonte Messung ▢	83
Der Spezialist: die Spotmessung ⦁	84
Die Belichtungswerte speichern	85
Die Belichtung gezielt anpassen	86

Belichtungsprobleme erkennen und meistern	89
Das Histogramm verstehen und anwenden	91
Umstrittener Helfer: die Tonwertpriorität	96
Den Kontrastumfang bewältigen	98
Hell und dunkel im Griff mit HDR	99
Nützlicher Helfer: die Anti-Flacker-Funktion	102
EXKURS: Mehrfachbelichtungen	104

4   Auf den Punkt scharfstellen mit der 7D Mark II — 107

Automatisches Scharfstellen: die Autofokusmodi	108
ONE SHOT für unbewegte Motive	108
AI SERVO für bewegte Motive	109
AI FOCUS: der Hybridmodus	111
Die Kraft der zwei Herzen	112
Die Autofokusbereiche der 7D Mark II	112
Der Einzelfeld AF ▢	113
Der Spot-AF ▣	118
AF-Bereich-Erweiterung: Manuelle Wahl ⋅❖⋅ und Manuelle Wahl (umgebende Felder) ⋮⋮⋮	119
Die Messfeldwahl in einer AF-Zone ⋮⋮⋮( )	120
Die automatische Messfeldwahl (͡)	121
Den Autofokus individuell anpassen	123
Parameter 1: AI Servo Reaktion	125
Parameter 2: Nachführung Beschleunigung/Verzögerung	126
Parameter 3: AF-Feld-Nachführung	127
Die Cases im Detail	128
🏃 Case 1: vielseitige Mehrzweckeinstellung	128
🚶 Case 2: Ignorieren von Hindernissen vor dem Hauptmotiv	128
🚴 Case 3: sofortiger Fokus auf plötzlich auftretende Motive	129

Case 4: für Motive, die schnell beschleunigen oder
langsamer werden 130

Case 5: für überraschende Bewegungen 131

Case 6: für überraschende Bewegungen
und Geschwindigkeitswechsel 132

Weitere Anpassungsmöglichkeiten:
Reihenaufnahmen und Schärfensuche 132

Manuell fokussieren 134

Scharfstellen im Livebild-Modus 135

Mit Stativ und Fernauslöser zur maximalen Schärfe 137

So funktioniert der Autofokus der 7D Mark II 138

EXKURS: Objektive und der Autofokus 141

5 Die Tastenbelegung der 7D Mark II anpassen 147

Den Auslöser anpassen 148

AF-ON- und AE Lock-Taste (Sterntaste) anpassen 149

Abblendtaste anpassen 153

AF-Stopp-Taste (LENS) anpassen 154

M-Fn-Taste anpassen 155

SET-Taste anpassen 155

Das Hauptwahlrad anpassen 156

Das Schnellwahlrad anpassen 156

Den Multi-Controller anpassen 157

Den AF-Bereich-Auswahlschalter anpassen 158

EXKURS: Eine Tastenbelegung für die Actionfotografie 159

6 Schönere Fotos mit den richtigen Farben ... 161

Farbstichige Fotos vermeiden mit dem richtigen Weißabgleich ... 162
Farben mit Temperatur ... 162
So passen Sie den Weißabgleich an ... 163
Den Bildlook verändern mit dem Weißabgleich ... 165

Farben nach Wunsch: Bildstile einsetzen ... 166
So passen Sie die Bildstile individuell an ... 168
Der Picture Style Editor von Canon ... 170

Schwarzweißbilder optimal aufnehmen ... 171
Schwarzweißbilder bei der Aufnahme verfeinern ... 174
Schwarzweißbilder am Computer erstellen ... 175

Bayer-Sensor, Farbmodelle, Farbräume und Profilierung ... 177
Aus drei Farben wird bunt: der Bayer-Sensor ... 177
Farbmodelle ... 177
Farbräume und Farbmanagement ... 179
Farbraumeinstellungen an der 7D Mark II ... 181

EXKURS: Maximale Freiheit – das RAW-Format ... 182

7 Besser blitzen mit der 7D Mark II ... 185

Die Blitzautomatik verstehen ... 186
So ermittelt der Blitz seine Leistung ... 186
So speichern Sie die Blitzbelichtung ... 190
Wichtig: die Blitzsynchronzeit ... 190

Die Blitzphilosophie in den Aufnahmeprogrammen ... 193
Blitzstärke und Belichtung aufeinander abstimmen ... 193
Blitzen im P-Programm ... 195
Blitzen im Tv-Programm ... 195
Blitzen im Av-Programm ... 196
Blitzen im M-Programm ... 197

Der interne Blitz und seine Grenzen	198
Die Blitzalternative: der Aufsteckblitz	199
Die Königsklasse: entfesselt blitzen	201
Manuell drahtlos blitzen	205
Die Wahl des passenden Verschlussvorhangs	205
Die Zukunft: Blitzdatenübertragung per Funk	206
EXKURS: Blitz-Individualfunktionen in der Kamera einstellen	208

8   Das passende Zubehör finden   211

Objektive für Ihre EOS 7D Mark II	212
Brennweite, Aufnahmestandort und Bildausschnitt	212
Der Cropfaktor	213
Objektivcodes entschlüsseln	215
Bildstabilisierte Objektive	218
Objektive mit STM-Antrieb	219
Diffraktive Optik für geringes Gewicht	219
Standardbrennweiten	220
Teleobjektive	222
Weitwinkelobjektive	226
Festbrennweiten	226
Makroobjektive	229
Filter für Ihre Objektive	230
Intensivere Farben mit dem Polfilter	230
Schöne Effekte mit dem Graufilter	231
Kontraste im Griff mit dem Grauverlaufsfilter	233
UV- und Schutzfilter	234
Fester Halt für die 7D Mark II: Stative & Co.	235
Das passende Stativ auswählen	235
Einbeinstativ und Bohnensack	237

Batteriegriff und Akku für ausreichend Power	238
Licht und Schatten: Blitz, Reflektor oder Diffusor	239
Blitze von Canon und Fremdherstellern	239
Wofür steht die Leitzahl?	240
Das Licht mit Reflektoren lenken	241
Den Sensor und die Objektive reinigen	242
Den Sensor reinigen	243
Das Objektiv reinigen	243
Objektive im Test	244
Auflösungsvermögen	244
Vignettierung	245
Chromatische Aberrationen	246
Verzeichnungen	247
EXKURS: Optimale Ergebnisse mit der Objektiv-Feinabstimmung	248

9   Fotopraxis: Menschen inszenieren   251

Die richtige Technik für gute Porträts	252
Brennweitenbereiche für Porträts	252
Wege zu scharfen Porträts	253
Schöne Farben für Porträts	256
Porträtaufnahmen bei natürlichem Licht	258
EXKURS: Mit der 7D Mark II im Studio	260

10   Fotopraxis: Stadt und Architektur   265

Straßenszenen einfangen	266
Schärfe und Unschärfe mit Stil: Mitziehen	269

Bauwerke zur Geltung bringen	271
Objektive und Aufnahmeprogramme für Architekturbilder	271
So bekommen Sie stürzende Linien in den Griff	272
Die professionelle Lösung: Tilt-Shift-Objektive	274
Architektur und Bewegung	275
Stimmungsvolle Nachtaufnahmen	276
EXKURS: Stürzende Linien am Computer beseitigen	278

11 Fotopraxis: In der Natur unterwegs — 281

Technik für die Naturfotografie	282
Scharfe Bilder und die richtige Belichtung	283
Landschaftsbilder verbessern mit dem Grauverlaufsfilter	285
Langzeitbelichtung mit Graufilter und Timer	287
Mit dem Intervallometer arbeiten	289
Makroaufnahmen mit der 7D Mark II	291
Mit der richtigen Ausrüstung in den Nahbereich: Objektive und Makrozubehör	292
Die geringe Schärfentiefe im Makrobereich meistern	293
So gelingen verwacklungsfreie Nahaufnahmen	295
Greifen Sie ein: Beleuchten mit Blitz und Reflektor	296
Kein Kinderspiel: Makromotive in Bewegung	297
EXKURS: Bestens im Bild durch GPS	298

12 Fotopraxis: Die Weite als Panorama einfangen — 303

Der Weg zum Panorama	304
Die passende Brennweite auswählen	305

Technische Voraussetzungen für gute Panoramen	306
Was ist eine Parallaxenverschiebung?	307
Gute Ausgangsbilder für Panoramen anfertigen	311
Panoramasoftware und ihre Grenzen	312
Panoramen mit Hugin zusammensetzen	313

13   Film ab mit der EOS 7D Mark II! — 317

Die Filmaufnahmen starten	318
So fokussieren Sie beim Filmen	319
Beim Filmen die Belichtung korrigieren	322
Eine Frage des Formats	322
Film- und Schnittformate	326
Topqualität per HDMI-Ausgabe	328
Der Weißabgleich	328
Manuelle Kontrolle über die Belichtung	329
Flüsterleise die Parameter verändern	331
Mehr Überblick per Timecode	331
Der gute Ton	334
Filme planen, drehen und schneiden	335
EXKURS: Ideales Material für die Bearbeitung am PC	341

14   Fotos nachbearbeiten — 343

Bildbearbeitungsprogramme von Canon	344
Ordnung in die Bilderflut bringen	346
Bilder in DPP anzeigen und bewerten	346
Schnellüberprüfung für die Bildauswahl nutzen	347

Erste Schritte in der Bildbearbeitung 348
So schneiden Sie Ihre Bilder zu 348
So korrigieren Sie die Belichtung Ihrer Bilder 349
So ändern Sie die Farbgebung Ihrer Bilder 353
So helfen Sie bei der Bildschärfe nach und reduzieren das Rauschen ... 355
Typische Objektivfehler korrigieren 356
Ergebnisse sichern und weitergeben 357
Bearbeitungsalternative RAW-Konverter 359

EXKURS: RAW-Bearbeitung direkt in der Kamera 360

15 Die Menüs im Überblick 363

Das Menü »Aufnahme« 364

Das Menü »Autofokus« 370

Das Menü »Wiedergabe« 375

Das Menü »Einstellung« 378

Das Menü »Individualfunktionen« 382

Das Menü »My Menu« 386

EXKURS: Firmware aktualisieren 386

Glossar 388
Stichwortverzeichnis 398

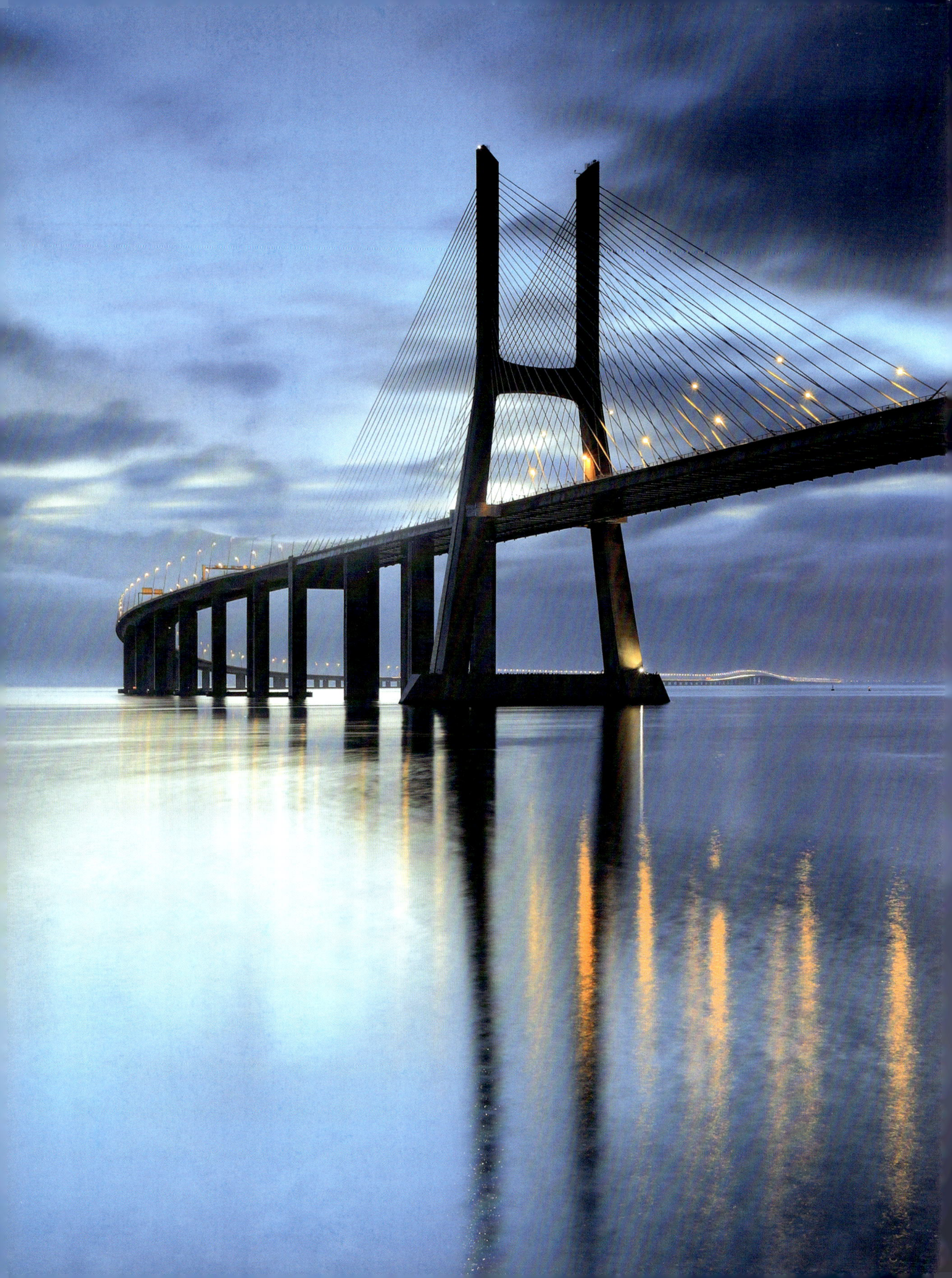

Vorwort

Das lange Warten auf die EOS 7D Mark II hat sich gelohnt. Schließlich übertrifft sie ihren Vorgänger in Sachen Funktionsumfang erheblich. Somit handelt es sich um eine sehr vielseitige, aber auch ausgesprochen komplexe Kamera. Dieses Buch soll Ihnen helfen, die Möglichkeiten der 7D Mark II optimal auszuschöpfen.

Angesichts der unzähligen fotografischen Situationen ist klar, dass es für die Konfiguration der Kamera kein allgemeingültiges Patentrezept gibt. Umso wichtiger ist es für mich, dass Sie nach der Lektüre die Funktionsweise der einzelnen Menüs und Optionen durchschauen und eine zu Ihrem Motiv passende Wahl treffen können. Von der ersten Einführung in das Bedienkonzept der Kamera bis zur Autofokus-Anpassung für komplexe Motivsituationen liefert Ihnen dieses Buch deshalb praxisnahe Anregungen und vermittelt die technischen Hintergründe in der erforderlichen Tiefe.

Zum Entstehen dieses Handbuchs trugen viele Personen bei: Vor allem danke ich meiner Frau Margrit, die nicht nur einige der schönsten Bilder beisteuerte, sondern mir auch als erste Testleserin sowie bei der Bildauswahl wertvolle Tipps geben konnte. Großer Dank gilt auch meinen Lektorinnen Alexandra Bachran und Katharina Linder.

Wenn Sie Fragen oder Anmerkungen haben, freue ich mich, von Ihnen zu hören. Schreiben Sie mir doch einfach eine Mail an *Dietmar.Spehr@gmail.com* oder besuchen Sie mich unter www.dietmarspehr.de und *facebook.com/DietmarSpehr*.

Ich wünsche Ihnen viel Vergnügen beim Lesen und vor allem eine sehenswerte Ausbeute bei Ihren fotografischen Streifzügen mit der EOS 7D Mark II!

Ihr Dietmar Spehr

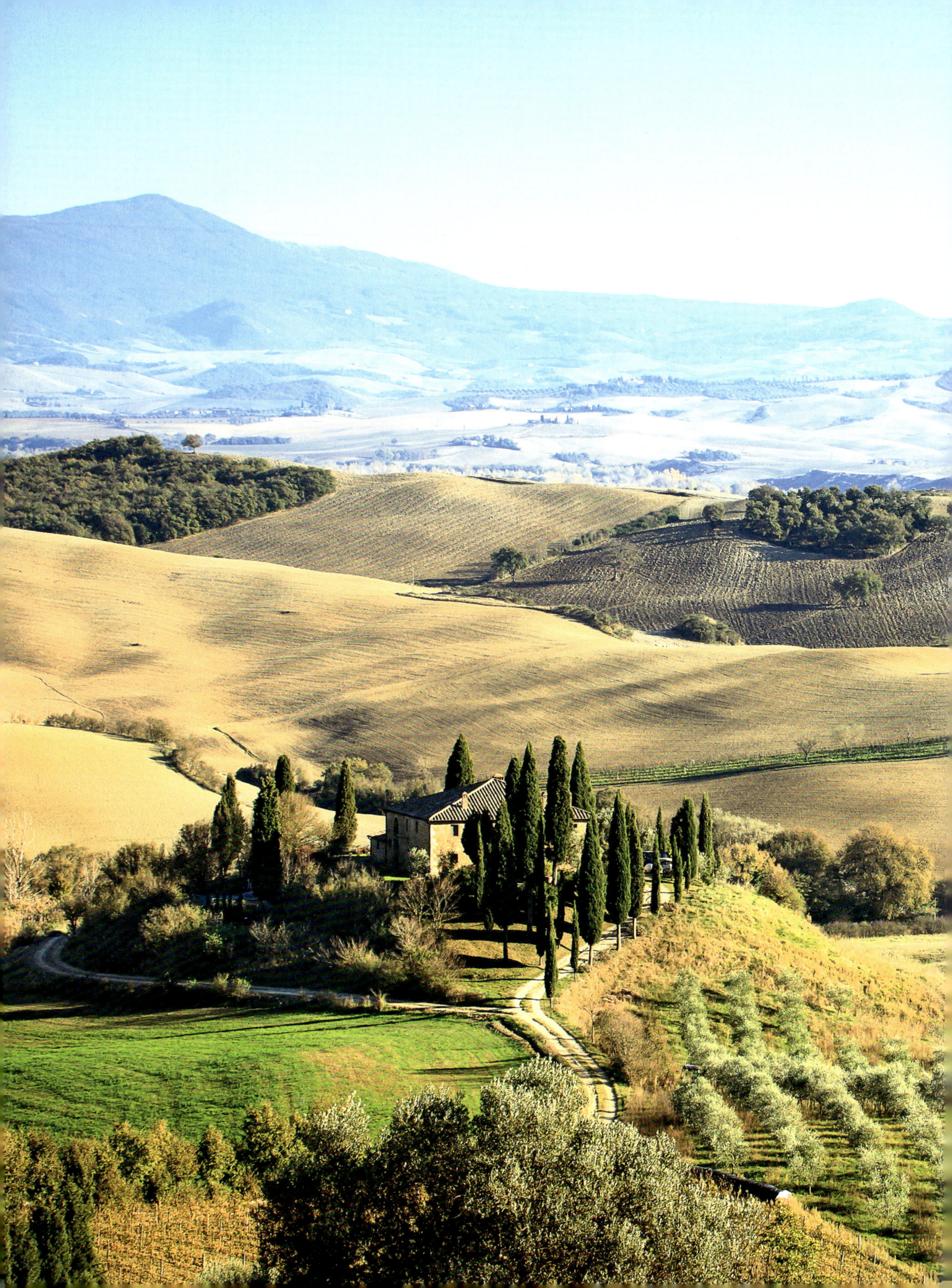

Kapitel 1
Die 7D Mark II auspacken und loslegen

Ihr Weg durch dieses Buch	18
Die 7D Mark II stellt sich vor	19
Das Bedienkonzept der EOS 7D Mark II	22
Einstellungen für einen guten Start	33
Das optimale Speicherkartenmanagement	38
EXKURS: Das My Menu einrichten	42

Ihr Weg durch dieses Buch

Ob Menschen, Tiere, Natur oder Stadt: Mit der 7D Mark II sind Sie für alle Motivsituationen bestens gerüstet. Was in der Kamera steckt, zeigt sich jedoch vor allem dann, wenn Bewegung ins Spiel kommt. Schließlich braucht sich das ausgefeilte Autofokussystem keineswegs hinter dem des Topmodells EOS 1DX zu verstecken. Schon allein deshalb handelt es sich bei der EOS 7D Mark II um eine ausgesprochen komplexe Kamera, deren Bedienung auch dem erfahrenen Fotografen einiges abverlangt. Schließlich ist es in vielerlei Hinsicht möglich, die Kamera sehr genau an die eigenen Bedürfnisse und Vorlieben anzupassen. Das betrifft neben dem Autofokus auch zahlreiche Einstellungen, die mehr Komfort bieten und ein bequemeres Fotografieren ermöglichen. Mit Hilfe der Menütexte oder des mitgelieferten Handbuchs allein lassen sich viele dieser Funktionen nicht ohne Weiteres durchschauen. Hier setzt dieses Buch an. Es begleitet Sie durch die Fülle der Kameramenüs und führt Sie Kapitel für Kapitel durch die diversen Konfigurationsmöglichkeiten der Kamera. Zahlreiche Beispiele zeigen Ihnen, wie die verschiedenen Automatiken arbeiten und wann eigene Anpassungen hilfreich sind. In diesem Kapitel erhalten Sie zunächst einen kurzen Überblick über die Bedienelemente und das Bedienkonzept der Kamera sowie einige Tipps zu grundsätzlichen Einstellungen. Besonders Um- und Aufsteigern von anderen Kameras gelingt damit der schnelle Einstieg.

Das Kapitel 2, »Kreativ werden mit der 7D Mark II«, richtet sich besonders an Ein- und Wiedereinsteiger. Dort geht es unter anderem um die Spiegelreflextechnik und das Zusammenspiel der Faktoren Blende, Belichtungszeit und ISO-Wert. In Kapitel 3, »Die perfekte Belichtung finden«, erfahren Sie mehr darüber, wie Sie in kritischen Belichtungssituationen in die Automatik eingreifen können. Darüber hinaus lernen Sie die Methoden kennen,

[235 mm | f7,1 | 1/1000 s | ISO 200]

∧ Abbildung 1.1
Die 7D Mark II ist der neue Liebling der Wildlife-Fotografen. Sie bietet einen absolut leistungsfähigen Autofokus und reizt die Möglichkeiten guter Objektive optimal aus.

mit denen sich die Belichtungsautomatik an eigene Vorstellungen anpassen lässt. In Kapitel 4, »Auf den Punkt scharfstellen mit der 7D Mark II«, dreht sich alles um den Autofokus und die dazugehörigen Einstellungen. In Kapitel 5, »Die Tastenbelegung der 7D Mark II anpassen«, geht es um die optimale Konfiguration der Bedienelemente. Das Kapitel 6, »Schönere Fotos mit den richtigen Farben«, behandelt unter anderem verschiedene Möglichkeiten, die Farbwirkung bereits bei der Aufnahme zu beeinflussen. Das Kapitel 7, »Besser blitzen mit der 7D Mark II«, beleuchtet das Thema künstliches Licht und zeigt Einsatzmöglichkeiten von Blitzlicht. In Kapitel 8, »Das passende Zubehör finden«, erfahren Sie, mit welchen weiteren Komponenten Sie Ihre Kamera sinnvoll erweitern können. Mit dem Wissen aus diesen eher technischen Kapiteln sind Sie für die Motivsituationen bestens gerüstet. In den folgenden Kapiteln steht deshalb der praktische Einsatz der Kamera im Vordergrund. Ab Kapitel 9, »Fotopraxis: Menschen inszenieren«, erfahren Sie mehr über spezielle Aufnahmesituationen, beispielsweise das Abbilden von Porträts, Landschaften oder Architektur. Auch zum Filmen mit der 7D Mark II und zur Bearbeitung der Bilder am Computer gibt es zwei eigene Kapitel. Besondere Aspekte und Hintergrundinformationen werden in Exkursen jeweils am Ende eines Kapitels behandelt. Zum schnellen Nachschlagen finden Sie am Ende des Buchs außerdem noch einmal Erklärungen zu sämtlichen Menüeinträgen sowie ein umfangreiches Register.

Hier gibt es vertiefende Informationen

In diesen Kästen finden Sie ergänzende Hinweise zu den jeweiligen Themen. Sie helfen Ihnen, die Technik noch genauer zu verstehen, oder liefern interessante Details am Rande zur 7D Mark II oder zum Fotografieren selbst.

Die 7D Mark II stellt sich vor

Einen ersten Überblick über die Tasten der Kamera bieten die folgenden Seiten. Doch keine Sorge: Sie müssen sich nicht alles auf Anhieb merken, stattdessen lernen Sie in diesem Buch alle wichtigen Funktionen nach und nach kennen. Viele der Tasten lassen sich außerdem nach eigenen Vorstellungen belegen. An dieser Stelle finden Sie Informationen zu den Werkseinstellungen.

Abbildung 1.2
Die 7D Mark II von oben (Bild: Canon)

❶ **Fokussierschalter**: wechselt zwischen manuellem und automatischem Fokus (**AF/MF**)

❷ **Bildstabilisatorschalter**: aktiviert den im Objektiv eingebauten Bildstabilisator

❸ **Objektiventriegelungstaste**: muss zum Wechseln des Objektivs gedrückt werden

❹ **Blitztaste**: schaltet den Blitz zu, allerdings nicht in der Vollautomatik

❺ **Moduswahlrad**: dient zum Umschalten zwischen den verschiedenen Programmen; nur nach einem Druck auf den Entriegelungsknopf in der Mitte drehbar

❻ **Hauptschalter**: schaltet die Kamera ein/aus

❼ **Blitz**: der eingebaute Lichtlieferant

❽ **Blitzschuh**: ermöglicht das Aufsetzen eines externen Blitzes

❾ **Taste WB**: lässt sich zur Anpassung des Weißabgleichs sowie zum Wechseln der Belichtungsmessmethode verwenden

❿ **Taste DRIVE • AF**: dient zum Wechseln zwischen verschiedenen Arten von Einzelbild- und Reihenaufnahmen und dem Selbstauslöser sowie zur Auswahl zwischen den Autofokusbetriebsarten

⓫ **Taste • ISO**: ermöglicht eine Blitzbelichtungskorrektur und den Wechsel in das ISO-Menü zur Einstellung der Lichtempfindlichkeit des Sensors

⓬ **Taste für LCD-Beleuchtung**: schaltet die Beleuchtung des LC-Displays an

⓭ **Oberes LC-Display**: zeigt die Kameraparameter in übersichtlicher Form an

⓮ **Hauptwahlrad**: zum schnellen Verändern von Einstellungen

⓯ **M-Fn-Taste**: ermöglicht die Wahl eines zum Motiv passenden Autofokusmessbereichs

⓰ **Auslöser**: nimmt das Foto auf; drücken Sie den Auslöser halb, um zu fokussieren und die Belichtung zu messen

⓱ **Zoomring**: zum Einstellen der Brennweite

⓲ **Fokusring**: stellt manuell scharf; bei STM- und vielen USM-Objektiven greifen Sie mit dem Fokusring manuell in den Autofokus ein

Wo sind die ausführlichen Bedienungsanleitungen?

Neben der gedruckten Kurzanleitung zur 7D Mark II gibt es eine umfangreichere Version als PDF-Datei. Sie finden diese auf der mitgelieferten CD »EOS Camera Instruction Manuals Disc« sowie auf der Canon-Homepage (*www.canon.de/support*).

① **Löschtaste** 🗑 : ermöglicht das Löschen einzelner Bilder und Filme

② **Wiedergabetaste** ▶ : startet die Wiedergabe von Fotos

③ **Lupentaste** 🔍 : führt beim Betrachten von Bildern in eine vergrößerte Darstellung

④ **RATE-Taste**: dient bei der Bildbetrachtung zur Bewertung der Aufnahmen

⑤ **Vergleichstaste** ✏/⊞ : ermöglicht den Sprung in die Menüs für Bildstil, Mehrfachbelichtung und HDR-Aufnahmen; startet beim Betrachten von Bildern eine Vergleichsansicht

⑥ **INFO-Taste**: blendet zusätzliche Informationen ein und aus

⑦ **MENU-Taste**: führt in das Einstellungsmenü der Kamera

⑧ **Sucher**: bietet den direkten Blick durch das Objektiv

⑨ **Rad zur Dioptrieneinstellung**: ermöglicht Kurz- und Weitsichtigen, den Sucher so einzustellen, dass auch ohne Brille ein scharfes Bild erscheint

⑩ **Livebild-/Filmaufnahmetaste**: zeigt das aufzunehmende Bild auf dem Monitor an (Livebild); startet im Filmmodus die Aufnahme

⑪ **Taste AF-ON**: kann unabhängig vom Auslöser das Scharfstellen starten

⑫ **Sterntaste** ✱ : speichert die Belichtungseinstellungen bis zur nächsten Aufnahme

⑬ **AF-Messfeldwahl-Taste** ⊞ : schaltet die Automatik für die AF-Bereich-Auswahlmodi frei

⑭ **AF-Bereich-Auswahlschalter** ⌀ : ermöglicht das schnelle Umschalten zwischen den Autofokusbereichen

△ Abbildung 1.3
Die 7D Mark II von hinten (Bild: Canon)

⑮ **Multi-Controller** ✥ : dient als Taste sowie als Steuerelement und lässt Bewegungen in acht Richtungen zu

⑯ **Q-Taste** Q : führt zum Schnelleinstellungsbildschirm (Monitor)

⑰ **Schnellwahlrad** ◯ : ermöglicht das unkomplizierte Verstellen einzelner Parameter

⑱ **Touchpad**: kann beim Filmen für das geräuschlose Verstellen von Parametern eingesetzt werden

⑲ **SET-Taste**: dient zur Bestätigung von Anweisungen und zur Auswahl von Menüeinträgen

⑳ **Speicherkartensteckplatz**: bietet Platz für eine CF- und eine SD-Karte

㉑ **Zugriffsleuchte**: zeigt einen aktuellen Lese- oder Schreibvorgang auf den Speicherkarten an

㉒ **Multifunktionssperre**: verriegelt das Schnellwahlrad

Wie Sie den Akku aufladen und einlegen, ein Objektiv ansetzen sowie Datum, Uhrzeit, Zeitzone und Sprache an der Kamera einstellen, konnten Sie bestimmt schon herausfinden. Die Seiten 30 bis 44 der mitgelieferten Kurzanleitung erklären alle diese Schritte recht ausführlich. Übrigens, der Akku der 7D Mark II ist mehr als eine wiederaufladbare Batterie. Dank eines eingebauten Speicherchips sind nützliche Funktionen für die Arbeit mit mehreren Batterien integriert. Mehr dazu erfahren Sie im Abschnitt »Batteriegriff und Akku für ausreichend Power« auf Seite 238.

Das Bedienkonzept der EOS 7D Mark II

Auf den ersten Blick mag die Fülle der Schalter und Tasten der Kamera unübersichtlich erscheinen. Tatsächlich entpuppt es sich nach kurzer Eingewöhnung als sehr effizient zu bedienendes System. Sie lernen in diesem Abschnitt das grundlegende Bedienkonzept der 7D Mark II kennen.

Die wichtigsten Tasten und Schalter

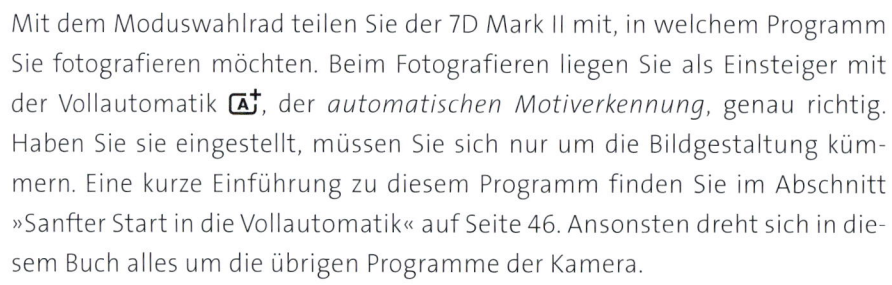

Abbildung 1.4
Das Moduswahlrad ist die Programmschaltzentrale der 7D Mark II.

Mit dem Moduswahlrad teilen Sie der 7D Mark II mit, in welchem Programm Sie fotografieren möchten. Beim Fotografieren liegen Sie als Einsteiger mit der Vollautomatik A⁺, der *automatischen Motiverkennung*, genau richtig. Haben Sie sie eingestellt, müssen Sie sich nur um die Bildgestaltung kümmern. Eine kurze Einführung zu diesem Programm finden Sie im Abschnitt »Sanfter Start in die Vollautomatik« auf Seite 46. Ansonsten dreht sich in diesem Buch alles um die übrigen Programme der Kamera.

Die Aufnahmeprogramme im Überblick:

- Programmautomatik (**P**): Die Kamera wählt eine Kombination aus den drei Parametern Blende, Belichtungszeit und gegebenenfalls ISO-Wert. Sie haben jedoch manuelle Änderungsmöglichkeiten.
- Blendenvorwahl (**Av**): Sie geben der Kamera die Blende vor, Belichtungszeit und unter Umständen der ISO-Wert werden dazu passend automatisch eingestellt. Daher wird die Blendenvorwahl manchmal auch als *Zeitautomatik* bezeichnet.
- Zeitvorwahl (**Tv**): Sie geben der Kamera die Belichtungszeit vor, Blende und unter Umständen der ISO-Wert werden dazu passend automatisch

eingestellt. Daher wird die Zeitvorwahl manchmal auch als *Blendenautomatik* bezeichnet.

- Manueller Modus (**M**): Sie geben der Kamera Belichtungszeit und Blende vor, der ISO-Wert kann automatisch oder manuell eingestellt werden.
- Bulb-Modus (**B**): Der Verschluss der Kamera bleibt so lange offen, wie Sie den Auslöser gedrückt halten.
- Speicher (**C1**, **C2**, **C3**): Diese Programme können Sie vollkommen frei nach eigenen Vorstellungen belegen.

[100 mm | f2,8 | 1/640 s | ISO 100]

< Abbildung 1.5
*Im **Av**-Programm haben Sie die volle Kontrolle über die Schärfentiefe.*

Die meisten der Kameraeinstellungen können mit drei zentralen Bedienelementen verändert werden: Das Hauptwahlrad ❹ liegt direkt unter dem Zeigefinger. So lassen sich Aufnahmeparameter wie Blende und Belichtungszeit einstellen, ohne den Blick vom Sucher nehmen zu müssen. Unter dem rechten Daumen liegt ein kleiner Joystick, der Multi-Controller ❷ genannt wird. Dieser lässt sich in acht Richtungen bewegen und fungiert auch als Taste. Der Multi-Controller ermöglicht die schnelle Wahl des passenden Autofokusfelds und hilft bei der Navigation durch die Kameramenüs. Außerdem ist er beim Anschauen von Fotos hilfreich, wenn es darum geht, einen Bildausschnitt anzusteuern.

< ^ Abbildung 1.6
Das Hauptwahlrad ❹ an der Oberseite und der Multi-Controller ❷ mit AF-Bereich-Auswahlschalter ❶ und das Schnellwahlrad ❸ auf der Rückseite

Um den Multi-Controller legt sich ein kleiner Hebel, der AF-Bereich-Auswahlschalter ❶. Er lässt sich nach rechts bewegen und dient dem schnellen Wechsel zwischen den sieben verschiedenen Arten der Autofokusmessfeldauswahl. Etwas weiter unten befindet sich das Schnellwahlrad ❸, das ähnlich wie das Hauptwahlrad dem schnelle Verstellen von Parametern dient. So lässt sich damit eine Belichtungskorrektur zügig und bequem durchführen. Das Rad dreht sich um den berührungsempfindlichen Touchscreen. Dieser ermöglicht im Filmmodus der Kamera das leise Verstellen verschiedener Parameter.

Abbildung 1.7 >
Die Tasten zum genaueren Beurteilen und Bewerten der Bilder (❺–❽) und die Löschtaste ❾

An der linken Seite finden Sie fünf weitere Tasten, die dem schnellen Vergleichen von Bildern ❺, der Bewertung mit Sternchen ❻, der vergrößerten Darstellung ❼, der Bildwiedergabe ❽ und dem Löschen von Bildern ❾ dienen.

Monitor, Sucher und Display

Die 7D Mark II zeigt die verschiedenen Aufnahmeparameter und Einstellungen gleich mehrfach an, sowohl über das Display auf der Oberseite als auch auf dem Monitor der Rückseite. In der Grundeinstellung der Kamera bleibt der Monitor schwarz. Ein Druck auf die **INFO**-Taste führt zu einer Übersicht ausgewählter Parameter. Nach dem erneuten Betätigen erscheint eine elektronische Wasserwaage. Wenn Sie die Taste ein weiteres Mal drücken, sehen Sie eine Gesamtübersicht wie die in Abbildung 1.8. Diese Art der Darstellung nennt Canon *Schnelleinstellungsbildschirm*. Sie können dort einzelne Parameter nach einem Druck auf die **Q**-Taste direkt verstellen.

v Abbildung 1.8
Nach der Freigabe mit [Q] können Sie einzelne Parameter verändern.

Navigieren Sie mit dem Multi-Controller einfach auf das gewünschte Feld, das dann einen orangefarbenen Rahmen erhält, und bestätigen Sie die Auswahl mit der **SET**-Taste. Auf dem Monitor sehen Sie die verschiedenen Optionen, die Sie in den meisten Fällen mit dem Schnellwahlrad oder dem Hauptwahlrad auswählen können. Noch schneller verstellen Sie eine Option, indem Sie gar nicht erst mit der **SET**-Taste in das Auswahlmenü springen. Aus der Grunddarstellung heraus, dem Schnelleinstellungsbildschirm, können Sie einfach mit dem Hauptwahlrad oder dem Schnellwahlrad die gewünschte Einstellung vornehmen.

Die Anzeigen auf dem Monitor:
1. das eingestellte Aufnahmeprogramm
2. die Belichtungszeit
3. die Blende
4. eine aktive Belichtungswertspeicherung
5. der eingestellte ISO-Wert oder eine aktivierte Automatik (**AUTO**)
6. eine Blitzbelichtungskorrektur
7. das Piktogramm zur schnellen Veränderung der Tastenbelegung
8. die eingelegten Speicherkarten
9. das für eine oder beide Karten eingestellte Aufnahmeformat
10. die Zahl der noch verbleibenden Aufnahmen auf beiden Speicherkarten
11. die Zahl der hintereinander möglichen Reihenaufnahmen, bis die Kamera ins Stottern gerät
12. die Betriebsart (Einzelbild, Reihenaufnahme, Selbstauslöser)
13. die automatische Belichtungsoptimierung
14. der aktive GPS-Betrieb
15. die eingestellte Messmethode
16. der Batterieladestand

▲ **Abbildung 1.9**
Der Monitor der 7D Mark II

17. das Q-Symbol (mit der **Q**-Taste geht's zum Schnelleinstellungsbildschirm)
18. der Autofokusmodus
19. der aktive Weißabgleich (**AWB** steht für *Automatic White Balance*, automatischer Weißabgleich)
20. der eingestellte Bildstil
21. eine manuelle Weißabgleichskorrektur
22. eine Belichtungskorrektur

Viele dieser Werte finden Sie im Sucher wieder. In jedem Fall erscheinen dort Belichtungszeit 2, Blendenwert 3 und ISO-Wert 5. Diese Parameter werden im Abschnitt »Für Auffrischer: Blende, Belichtungszeit, ISO-Wert und deren Zusammenspiel« auf Seite 66 noch einmal näher vorgestellt. Das Blitzsymbol 1 informiert über einen ausgeklappten Blitz. Die Zahl am rechten Rand 6 zeigt an, wie viele Reihenaufnahmen Sie hintereinander mit der maximalen Geschwindigkeit schießen können. Der Punkt ganz rechts 7 bestätigt, dass das Scharfstellen geglückt ist.

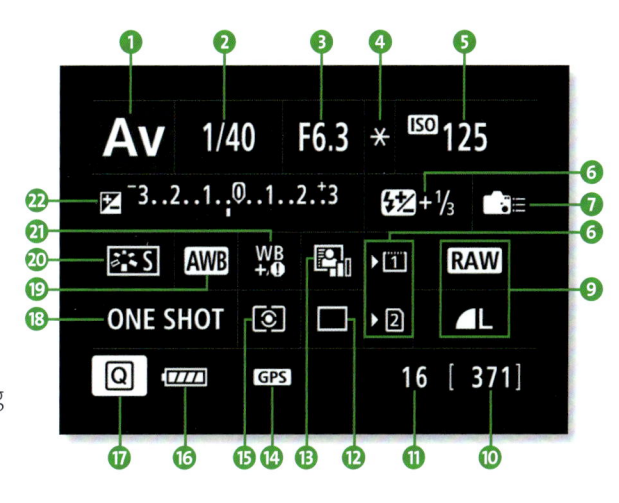

▼ **Abbildung 1.10**
Der Blick durch den Sucher

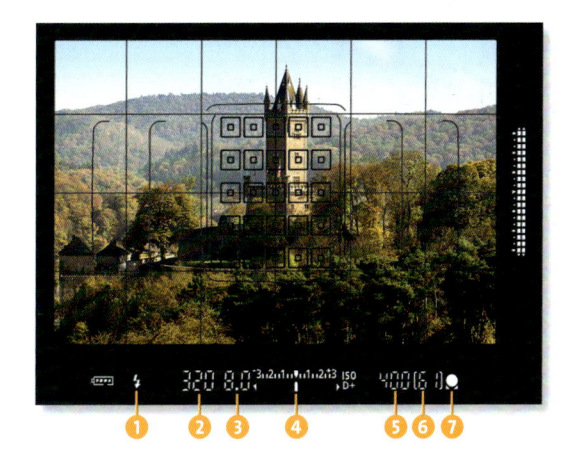

Der Balken in der Mitte gibt an, ob eine Über- oder Unterbelichtung erfolgt ❹. Er ist in vertikaler Ausrichtung zusätzlich am rechten Bildrand zu sehen. Bei aktivierter Blitzbelichtungskorrektur zeigt ein zusätzliches Quadrat dort den eingestellten Wert an.

Zusätzlich lassen sich sehr viele weitere Aufnahmeparameter, Warnungen, Hilfslinien und die elektronische Wasserwaage direkt in den Sucher einblenden. Wie Sie diese Funktion aktivieren können, erfahren Sie im Abschnitt »Einstellungen für einen guten Start« auf Seite 33.

Gerade bei Dunkelheit finden einige Fotografen den leuchtenden Monitor beim Blick durch den Sucher irritierend. Sie nutzen ihn deshalb ausschließlich zur Bildbetrachtung und schalten ihn ansonsten schwarz. Schließlich werden nach einem Tastendruck die zu verstellenden Parameter im Sucher eingeblendet. Daneben liefert auch das obere Display sämtliche relevanten Informationen und lässt sich mit einem Druck auf die Taste ☼ sogar beleuchten.

∧ Abbildung 1.11
Das obere Display der 7D Mark II

Komfortabel arbeiten mit dunklem Monitor

Durch einen Druck auf die **Q**-Taste erscheint die Anzeige der Aufnahmefunktionseinstellungen bei dunkel geschaltetem Monitor nur temporär, und Sie können schnell einzelne Parameter verstellen. Beim Antippen des Auslösers wird der Monitor wieder schwarz.

Die 7D Mark II bietet sieben verschiedene Auswahlmodi für die Autofokusmessfelder (AF-Bereich-Auswahlmodi). Um zwischen ihnen zu wechseln, müssen Sie in der Werkseinstellung zunächst die Taste **AF-Messfeldwahl** ⊞ drücken und können anschließend entweder mit der Taste **M-Fn** oder dem AF-Bereich-Auswahlschalter zwischen den Modi hin- und herschalten. Beim Blick durch den Sucher wie auch auf dem Monitor sehen Sie Ihre Auswahl. Mit dem Multi-Controller können Sie ein einzelnes Messfeld beziehungsweise einen bestimmten Bereich anfahren. Ausführliche Informationen zum Autofokus finden Sie in Kapitel 4, »Auf den Punkt scharfstellen mit der 7D Mark II«.

Der Monitor im Livebild-Modus

Trotz aller Vorteile des Spiegelreflexsystems: Es gibt Situationen, in denen es praktischer ist, das aufzunehmende Bild direkt auf dem Display zu sehen.

Typische Beispiele dafür sind Aufnahmen aus einer sehr niedrigen Perspektive, bei denen Sie sich nicht verrenken wollen, oder Aufnahmen, bei denen die Schärfe vor dem Auslösen sehr genau kontrolliert werden soll. Hierfür können Sie den Livebild-Modus nutzen. Dabei erscheint das Bild direkt auf dem Monitor der Kamera.

Sie schalten den Livebild-Modus über die Taste **Livebild** ❷ ein. Mit dem Multi-Controller können Sie bestimmen, welcher Bereich des Bildes scharfgestellt werden soll. Mit dem Antippen des Auslösers justiert die Kamera die Schärfe nach und bestätigt dies mit einem Piepton. Mit Durchdrücken des Auslösers wird die Aufnahme dann gemacht. Weitere ausführliche Informationen zum Livebild-Betrieb finden Sie im Abschnitt »Scharfstellen im Livebild-Modus« auf Seite 135.

Auch beim Filmen schauen Sie nicht durch den Sucher, sondern nutzen den Monitor. Sie starten den Filmmodus der Kamera durch Umlegen des Schalters ❶ an der **Livebild**-Taste. Mit einem Druck auf **START/STOP** beginnt die Aufnahme. Um das Filmen mit der 7D Mark II geht es in Kapitel 13, »Film ab mit der EOS 7D Mark II«.

∧ Abbildung 1.12
*Die **Livebild**-Taste* ❷

∨ Abbildung 1.13
Insbesondere bei Nahaufnahmen ist der Livebild-Modus sehr nützlich.

[100 mm | f5,6 | 1/125 s | ISO 1250]

Der schnelle Weg zu zentralen Parametern

Über die Tasten an der Oberseite der Kamera lassen sich die wichtigsten Parameter sehr schnell verstellen und kontrollieren, ohne dass Sie erst über **Q** den Schnelleinstellungsbildschirm aufrufen müssen. Ein Druck auf die Taste **DRIVE·AF** ❷ etwa führt direkt in das Menü, das Sie in Abbildung 1.14 sehen. Dort können Sie die Betriebsart (siehe Tabelle 1.1), also die Auswahl zwischen **Einzelbild-** ☐ und **Reihenaufnahme** ⚏, sowie den Autofokusbetrieb (**ONE SHOT**, **AI FOCUS** oder **AI SERVO**) einstellen. Hier verstellt ein Dreh am Schnellwahlrad den Autofokusbetrieb, während das Hauptwahlrad für die Betriebsart zuständig ist. Nach dieser Logik können Sie auch die Parameter der übrigen beiden Tasten an der Kameraoberseite ändern – also Weißabgleich und Belichtungsmessmethode ❶, Blitzbelichtungskorrektur und ISO-Wert ❸.

Das Hauptwahlrad ist für den jeweils oben angezeigten Parameter zuständig, das Schnellwahlrad für den unteren. Sie brauchen die Auswahl nicht mit der **SET**-Taste zu bestätigen, sondern können einfach den Auslöser antippen. Mit diesem Wissen und ein wenig Routine können Sie die Kamera auch ganz ohne den Monitor an der Rückseite einstellen. Schließlich finden Sie die Daten auch auf dem Display an der Oberseite, und zusätzlich werden sie im Sucher eingeblendet.

Am besten probieren Sie die verschiedenen Einstellungsvarianten eine Weile aus. Im Laufe der Zeit werden Sie so die für Ihre Anforderungen optimale Bedienweise herausfinden.

Abbildung 1.14 >
Die Taste DRIVE · AF ❷ führt in die Betriebsart-Optionen.

> **Geschwindigkeit der Reihenaufnahme verstellen**
> Die Geschwindigkeit der drei Reihenaufnahmearten können Sie in den Programmen **P**, **Tv**, **Av**, **M** und **B** unter **C.Fn2:Exposure/Drive • Geschwindigk. Reihenaufnahme** verstellen.

Option	Beschreibung
☐ Einzelbild	Beim Druck auf den Auslöser wird ein einziges Bild geschossen. Diese Betriebsart ist dann ideal, wenn Sie Zeit für Ihre Aufnahmen haben.
❏H Reihenaufnahme schnell	Beim Druck auf den Auslöser werden etwa zehn Bilder pro Sekunde geschossen. Besonders in kritischen Lichtsituationen oder bei Motiven in Bewegung steigen so die Chancen auf ein scharfes Bild des entscheidenden Augenblicks. Wenn Sie den Auslöser gedrückt halten und die 7D Mark II nach einer Weile ins Stocken gerät, liegt das daran, dass die Informationen aus der Kamera nicht schnell genug auf eine oder beide Speicherkarten geschrieben werden können. Diese Situation tritt schneller auf, wenn Sie im RAW-Format fotografieren. Die RAW-Dateien sind wesentlich größer und brauchen entsprechend länger für ihren Weg auf die Speicherkarte.
❏ Reihenaufnahme langsam	Bei der langsamen Variante der Reihenaufnahme werden etwa drei Bilder pro Sekunde aufgenommen.
☐S Leise Einzelaufnahme	Im »Flüstermodus« ist das Auslösegeräusch der 7D Mark II ein wenig leiser als bei der normalen Aufnahme. Für das diskrete Fotografieren ist das ideal.
❏S Leise Reihenaufnahme	Auch Reihenaufnahmen lassen sich leise anfertigen, allerdings nur mit einer Geschwindigkeit von vier Bildern pro Sekunde.
⏲ Selbstauslöser	Den Selbstauslöser bietet Ihnen die 7D Mark II in zwei Varianten an: 1. Das Symbol ⏲ steht für einen Selbstauslöser, der nach zehn Sekunden auslöst oder durch eine Infrarotfernbedienung gestartet wird. 2. Bei ⏲2 beträgt die Wartezeit zwischen dem Druck auf den Auslöser und der Aufnahme nur zwei Sekunden. Diese Einstellung ist zum Beispiel dann sehr hilfreich, wenn die Kamera auf einem nicht ganz so stabilen Stativ positioniert ist. Die durch den Druck auf den Knopf leicht ins Schwingen gebrachten Komponenten der Kamera haben sich nach Ablauf der Zeit wieder stabilisiert. Ein unverwackeltes Bild ist also garantiert.

∧ Tabelle 1.1
Die Betriebsarten der 7D Mark II im Überblick

Aufnahmen betrachten, vergleichen, bewerten und löschen
SCHRITT FÜR SCHRITT

1 Die Bildwiedergabe starten
Drücken Sie die **Wiedergabetaste** ▶. Das zuletzt geschossene Foto erscheint auf dem Monitor der EOS 7D Mark II. Über den Dreh am Schnellwahlrad ◎ wechseln Sie schnell von Bild zu Bild. Ein Dreh am Hauptwahlrad wiederum bringt Sie in der Standardeinstellung gleich um zehn Bilder vor oder zurück. Ein mehrmaliges Drücken der **INFO**-Taste blendet während der Bildwiedergabe Informationen über die Einstellungen bei der Aufnahme ein. Mit dem Multi-Controller können Sie sich dabei verschiedene Aufnahmeparameter ❶ ansehen. Der Scrollbalken ❷ zeigt die Position an.

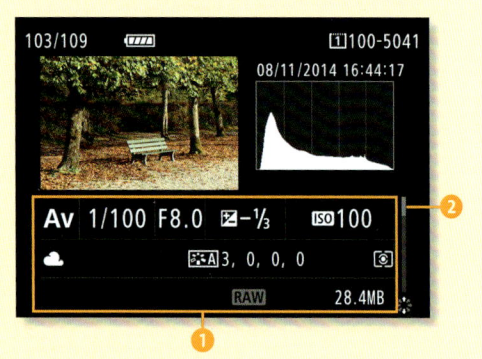

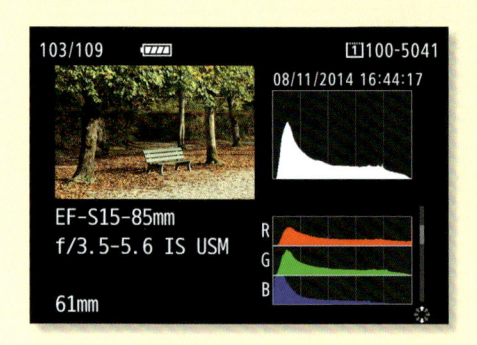

2 Einen Film abspielen
Um einen Film abzuspielen, drücken Sie **SET**. Am unteren Bildrand erscheinen die typischen Videosteueroptionen. Mit dem Schnellwahlrad starten Sie die gewünschte Option. Mit dem Hauptwahlrad verändern Sie die Lautstärke.

3 Ein einzelnes Bild löschen
Mit einem Druck auf die **Löschtaste** 🗑 können Sie ein einzeln dargestelltes Bild oder Video entfernen. Allerdings müssen Sie zur Sicherheit das Löschen bestätigen.

4 Ein Bild vergrößert betrachten

Mit einem Druck auf die **Lupentaste** 🔍 schauen Sie sich ein einzelnes Bild im Detail an. Auf welche Vergrößerungsstufe dabei im ersten Schritt gesprungen wird, können Sie im Kameramenü festlegen (siehe den Abschnitt »Einstellungen für einen guten Start« auf Seite 33). Mit einem Dreh am Schnellwahlrad vergrößern oder verkleinern Sie den Bildausschnitt. Über den Multi-Controller lässt sich der Bildausschnitt wählen, ein Druck auf die **Wiedergabetaste** ▶ führt zurück zur Standardmonitoranzeige. Wenn Sie weit in das Bild hineingezoomt haben und am Schnellwahlrad drehen, erscheint das nächste Bild mit dem gleichen Ausschnitt in der gleichen Vergrößerungsstufe. Dadurch lässt sich bei einer Bildserie sehr gut beurteilen, welches Foto am schärfsten ist.

5 Große Bildmengen sichten

Drehen Sie bei der Vergrößerung aus Schritt 4 mit dem Schnellwahlrad mehrmals nach links, gelangen Sie zu einer Übersicht mit mehreren Bildern. Diese Darstellungsart heißt Indexanzeige. Mit Hilfe von Multi-Controller oder Schnellwahlrad bewegen Sie sich von Bild zu Bild. Das jeweils aktivierte Foto erhält dabei einen orangefarbenen Rahmen. Um wieder zur Einzelbilddarstellung zurückzukommen, nutzen Sie die **SET**-Taste.

6 Bildvergleich starten

Noch besser gelingt die Bildbeurteilung, wenn Sie zunächst die Bildwiedergabe aktivieren und anschließend die Taste 🔲 für die **Vergleichswiedergabe** ❸ drücken.

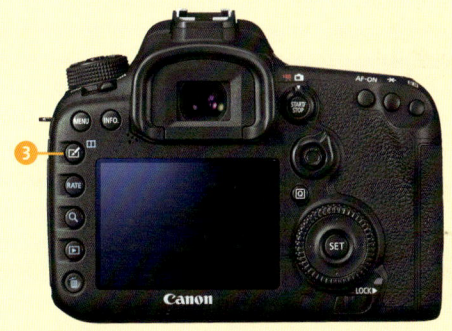

7 Bilder miteinander vergleichen

Auf dem Monitor erscheinen nun gleich zwei Aufnahmen zum direkten Vergleich. Auch hier bringt die **INFO**-Taste weitere Details zum Vorschein. Wie gewohnt können Sie mit dem Schnellwahlrad von Bild zu Bild springen. Mit einem Druck auf die **SET**-Taste lässt sich die aktive Seite wechseln. Um die Bildschärfe zwischen zwei Fotos vergleichen zu können, drücken Sie zunächst die **Lupentaste** und wählen mit dem Multi-Controller den relevanten Bildbereich aus. Wechseln Sie nun mit **SET** erneut zum anderen Bild und drücken Sie wieder die **Lupentaste**. Ein Druck auf die **Q**-Taste synchronisiert nun den gewählten Bildausschnitt mit dem des anderen Bildes. Dadurch fällt der Schärfevergleich noch leichter als bei der Methode aus Schritt 4. Über einen erneuten Druck auf die Taste **Vergleichswiedergabe** verlassen Sie diese Ansicht wieder.

8 Bilder bewerten

Durch mehrmaliges Drücken der **RATE**-Taste können Sie Bilder mit bis zu fünf Sternen bewerten. Dies funktioniert bei allen Arten der Bilddarstellung auf dem Monitor, also etwa auch in der Vergleichsansicht oder wenn Sie mit der **INFO**-Taste Zusatzinformationen eingeblendet haben. Die Sternebewertung ❶ finden Sie in dieser Form zum Beispiel in der zur 7D Mark II mitgelieferten Software *Digital Photo Professional* wieder. Aber auch Software wie *Adobe Photoshop Lightroom* übernimmt die an der Kamera vorgenommene Bewertung.

Wo sind meine Bilder?

Verzweifeln Sie nicht, wenn Bilder auf der Karte zu fehlen scheinen. Vielleicht haben Sie einfach die falsche Speicherkarte für die Bildwiedergabe ausgewählt. Weitere Informationen dazu finden Sie auf Seite 38 im Abschnitt »Das optimale Speicherkartenmanagement«.

Im Menü navigieren

Einstellungen grundsätzlicher Natur sind im Kameramenü (siehe Abbildung 1.15) verborgen, das Sie über die **MENU**-Taste erreichen. Je nachdem, ob Sie sich in der Vollautomatik, einem der übrigen Aufnahmeprogramme oder im Filmmodus befinden, unterscheiden sich Umfang und Aufbau des Menüs. In einem Programm wie **Av** erscheinen fünf größerer Hauptregister ❶ und bis zu sechs Unterregister ❷. Diese tragen zur einfachen Identifizierung Namen wie **SHOOT1** ❸.

Über die **Q**-Taste springen Sie schnell zwischen den Hauptregistern hin und her. Abgesehen von dieser Abkürzung müssen Sie sich leider einzeln durch sämtliche Unterregister hindurchbewegen. Die Navigation durch die Menüs erfolgt mit einer Kombination aus Schnell- und Hauptwahlrad. Mit der **SET**-Taste treffen Sie eine Auswahl. Alternativ kann der Multi-Controller die drei Tasten ersetzen. Einige der Einstellungen lernen Sie im Abschnitt »Mehr Komfort beim Autofokus« ab Seite 37 kennen. Andere werden ausführlich in den entsprechenden Kapiteln behandelt. Schließlich finden Sie im Anhang, »Die Menüs im Überblick«, eine Auflistung sämtlicher Menüeinträge.

Mit einem erneuten Druck auf die **MENU**-Taste verlassen Sie das Menü. Noch schneller geht es durch ein Antippen des Auslösers.

< Abbildung 1.15
Das Menü, wenn eines der halbautomatischen Programme eingestellt ist

Einstellungen für einen guten Start

Die 7D Mark II wird Ihnen so geliefert, dass Sie mit dem Fotografieren direkt loslegen können. Es gibt jedoch einige Menüeinstellungen, die das Fotografenleben erleichtern. Stellen Sie das Moduswahlrad zum Beispiel auf **Av** und drücken Sie dann die **MENU**-Taste.

Achtung

In der Vollautomatik steht Ihnen nur ein Teil der Menüeinstellungen zur Verfügung.

Einstellungen für die Aufnahme

Gehen Sie in das erste Aufnahmemenü (**SHOOT1**). Unter **Bildqualität** empfiehlt sich die Einstellung ◢L. Die Kamera erstellt damit JPEG-Dateien in höchster Qualität. Wer allerdings wirklich alle Möglichkeiten der Nachbearbeitung erhalten will, wählt hier besser das Dateiformat RAW. Auch das gemeinsame Aufzeichnen von RAW- und JPEG-Bildern – bei Bedarf sogar auf getrennten Speicherkarten – ist möglich (siehe den Abschnitt »Das optimale Speicherkartenmanagement« auf Seite 38). RAW-Dateien enthalten die kompletten Sensorinformationen, was umfangreichere Bearbeitungsschritte am Computer ermöglicht. Der Preis dafür sind pro Bild üppige 25 bis 30 MByte Speicherplatz. mRAW- und sRAW-Dateien sind wie die übrigen hier zur Auswahl stehenden Formate in ihrer Auflösung stark beschränkt und damit weniger empfehlenswert.

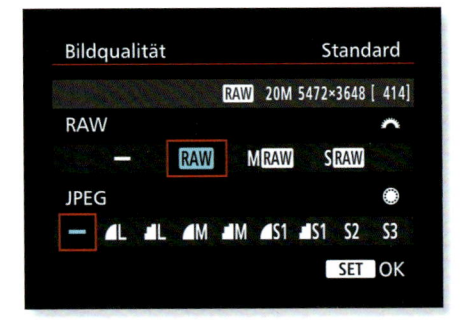

⌃ Abbildung 1.16
Mit dem RAW-Format halten Sie sich alle Möglichkeiten der Nachbearbeitung offen.

Durch die Wahl einer **Rückschauzeit** legen Sie fest, wie lange das Bild direkt nach der Aufnahme auf dem Monitor angezeigt wird. Wird hier **Halten** ausgewählt, erscheint das Bild so lange, bis die im zweiten Einstellungsmenü (**SET UP2**) unter **Auto.Absch.aus** eingestellte Zeit zur stromsparenden Abschaltung vergangen ist.

Den **Piep-Ton**, der das Scharfstellen quittiert, können Sie ausschalten. Vielen Fotografen reicht zur Bestätigung das Blinken eines oder mehrerer der Autofokusfelder im Sucher aus. Außerdem leuchtet bei erfolgreichem Autofokus ein kleiner Punkt am unteren rechten Sucherrand auf.

Unter **Auslöser ohne Karte betätigen** können Sie festlegen, dass die Kamera ohne eingelegte Speicherkarte kein Bild aufnimmt und eine Warnung ausgibt. Eine gute Einstellung für Vergessliche.

Durchblick im Sucher

Was im Sucher zu sehen ist, können Sie im zweiten Einstellungsmenü (**SET UP2**) unter **Sucheranzeige** festlegen. Die **Wasserwaage** erscheint auf Wunsch am oberen Bildrand und stört dadurch kaum. Auch das **Gitter im Sucher** erleichtert die Ausrichtung der Kamera und die Bildkomposition. Über **Im Sucher ein-/ausblenden** erreichen Sie weitere Parameter, die sich am unteren Sucherrand einblenden lassen. Zur Wahl stehen das eingestellte Aufnahmeprogramm ❶, der eingestellte Weißabgleich ❷, die Autofokusbetriebsart ❸ (Reihen-/Einzelbildaufnahme), der Autofokusmodus ❹ (**ONE SHOT**, **AI FOCUS** oder **AI SERVO**), die Messmethode ❺, das eingestellte Speicherformat ❻ sowie die Warnung vor flackernden Lichtquellen ❼.

⌃ Abbildung 1.17
Mit diesen Einstellungen haben Sie die relevanten Parameter stets im Blick.

Orientierungshilfe beim Livebild

Auch im Livebild-Modus sind Hilfslinien von Vorteil. Unter **Gitteranzeige** im fünften Livebild-Menü (**SHOOT5:Lv func.**) stehen drei verschiedene Varianten zur Auswahl. Sie erleichtern das Ausrichten der Kamera und das Positionieren der Bildelemente nach gestalterischen Gesichtspunkten.

< Abbildung 1.18
Das einfache Gitternetz reicht als Orientierungshilfe in vielen Fällen aus.

Komfort beim Betrachten

Unter **Autom. Drehen** im ersten Einstellungsmenü (**SET UP1**) können Sie festlegen, ob im Hochformat aufgenommene Bilder nur am Computer ❷ oder auch in der Kamera gedreht angezeigt werden ❶. Über die Einstellung **Ein** 🖳 verschenken Sie keinen Anzeigeplatz. Dafür müssen Sie dann natürlich beim Betrachten eines Bildes die Kamera drehen.

⌃ Abbildung 1.19
Da der Lagesensor der Kamera nicht für die Bildausrichtung bei der Wiedergabe genutzt wird, müssen Sie diese Option bemühen.

Fehler schnell erkennen

In manchen Fällen ist die Belichtungsautomatik der Kamera überfordert. Bei aktiver **Überbelichtungswarnung** im dritten Wiedergabemenü (**PLAY3**) blinken beim Betrachten von Bildern überbelichtete Bereiche schwarz auf. Auch der Autofokus lässt sich im Nachhinein kontrollieren. Die **AF-Feldanzeige** blendet bei der Wiedergabe die verwendeten Messfelder ein. Wie bei der Aufnahme per Livebild können Sie auch bei der Wiedergabe ein **Wiedergaberaster** anzeigen lassen. Unter **Vergrößerung** legen Sie fest, wie stark die Vergrößerung nach einem Druck auf die **Lupentaste** ausfällt. Hier empfiehlt sich die Einstellung **Tatsächliche Größe**. Bei dieser sogenannten 100 %-Ansicht entspricht ein Pixel auf dem Kameramonitor einem Pixel des Bildes. Zugleich springt die Darstellung zum jeweils aktiven Autofokuspunkt beziehungsweise -bereich.

⌃ Abbildung 1.20
In diesem Menü finden Sie einige hilfreiche Wiedergabeoptionen.

Tasten neu belegen

Was beim mehrmaligen Druck auf die **INFO**-Taste erscheint, können Sie im dritten Einstellungsmenü (**SET UP3**) unter **INFO-Taste Anzeigeoptionen** bestimmen. Die Anzeige der **Kameraeinstellungen** ist nicht allzu informativ und kann deshalb aus der Rotation fliegen.

Auch viele der anderen Tasten lassen sich mit neuen Funktionen belegen. Im dritten Menü der Individualfunktionen (**C.Fn3:Disp./Operation**) finden Sie dazu die Option

⌃ Abbildung 1.21
In diesem Menü können Sie auch die Funktion der RATE-Taste ändern.

Custom-Steuerung. Schneller erreichen Sie das gleiche Einstellungsmenü über das Piktogramm 📷☰ auf dem Monitor. Drücken Sie die **Q**-Taste, fahren Sie es mit dem Multi-Controller an und bestätigen Sie mit **SET**.

Mehr Komfort beim Autofokus

Die verschiedenen Optionen der **Custom-Steuerung** werden im Kapitel 5, »Die Tastenbelegung der 7D Mark II anpassen«, ausführlich vorgestellt. Zwei besonders interessante Einstellungen lernen Sie jedoch bereits an dieser Stelle kennen:

In der Werkseinstellung der Kamera können Sie erst dann ein Autofokusfeld oder einen Autofokusbereich verstellen, wenn Sie die **AF-Messfeldwahl**-Taste drücken. Ändern Sie die Tastenbelegung für den Multi-Controller, indem Sie sein Piktogramm ❹ auswählen und **SET** drücken. Aktivieren Sie anschließend **Direktauswahl AF-Feld** ❻. Bestätigen Sie erneut mit **SET**. Nun können Sie direkt mit dem Multi-Controller ein Messfeld beziehungsweise den gesamten Bereich auswählen, ohne erst die Taste **AF-Messfeldwahl** drücken zu müssen.

Nach der gleichen Methode können Sie den AF-Bereich-Auswahlschalter ❺ so belegen, dass er direkt für die Auswahl der Autofokusmessfelder freigeschaltet ist. Wenn Sie in der Tastenbelegung den Eintrag auf **Direktauswahl AF-Bereich** ❼ legen, brauchen Sie auch für diese Funktion nicht erst die **AF-Messfeldwahl**-Taste zu drücken. Einige Fotografen belegen die **SET**-Taste ❸ mit der Bildwiedergabe. Diese ist mit dem Daumen gut zu erreichen und zum Beispiel im Winter mit dicken Handschuhen ein wenig besser zu treffen als die **Wiedergabetaste** auf der linken Seite.

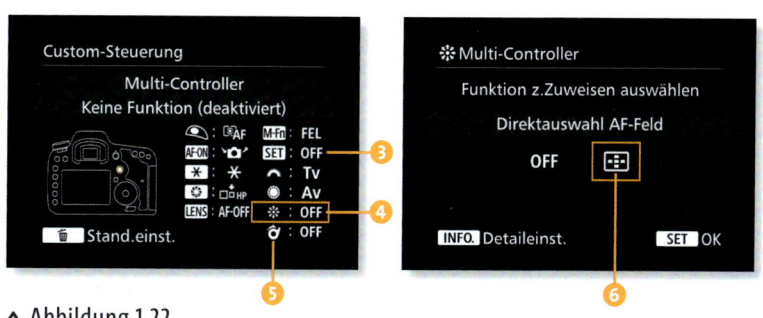

⌃ Abbildung 1.22
Jeweils ein Tastendruck weniger und mehr Geschwindigkeit beim Verstellen des Autofokus

⊞ **Zurück auf Start**

Sie können die Kamera jederzeit wieder in den Auslieferungszustand versetzen. Im vierten Einstellungsmenü (**SET UP4**) finden Sie dazu die Option **Alle Kamera Einst. löschen.**

Das optimale Speicherkartenmanagement

Die 7D Mark II bietet Platz für CompactFlash- und SD-Karten. Steckt nur eine einzelne Karte in der Kamera, wird automatisch auf dieser aufgenommen. Bei zwei Karten kann das Speichern der Bilder in allen denkbaren Variationen erfolgen.

Abbildung 1.23 >
Hier geht es zu den Einstellungen für die Speicherkartennutzung.

Wählen Sie die Piktogramme ❶ auf dem Monitor an und drücken Sie **SET**. Es erscheint ein Menü, in dem Sie das Speicherverhalten komfortabel mit dem Schnellwahlrad steuern können. In der Einstellung **Standard** ❸ werden die Bilder nur auf einer Karte abgelegt. Welche das ist, bestimmen Sie mit dem Hauptwahlrad. Die Einstellung in diesem Bereich entscheidet ansonsten auch darüber, von welcher Karte die Bildwiedergabe erfolgt. Sobald die Karte voll ist, müssen Sie in der Einstellung **Standard** von Hand auf die andere Karte umschalten. Bei der Einstellung **Auto.Kartenumsch.** (Karte automatisch umschalten) passiert das von allein.

Mit der Option **Separate Aufzeich** kann das Aufnahmeformat für jede Karte separat gewählt werden. So lassen sich beispielsweise die RAW-Aufnahmen auf der CompactFlash-(CF-)Karte und die JPEGs auf der Secure-Digital-(SD-)

Karte ablegen. Sofern Sie wie im Beispiel unterschiedliche Aufnahmeformate einstellen, nimmt die Geschwindigkeit bei Reihenaufnahmen allerdings ab. Die ideale Einstellung für Situationen, in denen nichts schiefgehen darf, lautet **Mehrfachaufzeichn**. Die Bilder werden dann im gleichen Format, also etwa als RAW oder RAW+JPEG, auf beiden Karten zugleich abgelegt. Sie haben also stets ein Backup.

In welchem Format die Bilder auf den Karten landen, bestimmen Sie über die entsprechenden Piktogramme ❷ in den Aufnahmefunktionseinstellungen. Bei der Wahl der **Separaten Aufzeichnung** lassen sich an dieser Stelle zwei getrennte Felder für die CF- und die SD-Karte anwählen. Das Menü verändert sich ein wenig, eine Kombination aus RAW+JPEG ist nicht mehr einstellbar.

Der alternative Weg über die Menüs

Alternativ können Sie die Art der Bildablage bei mehreren Karten auch im ersten Einstellungsmenü (**SET UP1**) unter **Aufn./funkt.+Karte/Ordner ausw** bestimmen. Dort lässt sich zusätzlich ein Ordner auf der Karte auswählen oder neu erstellen. Das Menü zur Einstellung der Bildqualität finden Sie im ersten Aufnahmemenü (**SHOOT1**) unter **Bildqualität**.

Beim Kauf einer Speicherkarte haben Sie die Qual der Wahl. Die im Handel erhältlichen Modelle unterscheiden sich durch ihre Speicherkapazität und die Geschwindigkeit, mit der die Daten auf die Karte geschrieben und von ihr gelesen werden können. Empfehlenswert sind Modelle der renommierten Hersteller Lexar, Toshiba und SanDisk. Einen guten Preis pro Gigabyte Kapazität bieten zur Zeit Modelle mit 32 GByte Speicher. Auf eine solche Karte passen etwa 950 Bilder der 7D Mark II im RAW-Format. JPEG-Fotografen können sich mit wesentlich kleineren Kartengrößen begnügen. Bei Videoaufnahmen fallen zwischen 200 und 700 MByte pro Minute an.

< Abbildung 1.24
Bei SD-Karten erreicht die 7D Mark II eine Schreibrate von etwa 75 MByte/s. Mit einer UHS-I-Karte liegen Sie richtig.

Wenn Sie das Potenzial der 7D Mark II bis ins Letzte ausreizen wollen, müssen Sie auf eine Karte setzen, die eine sehr hohe Schreibgeschwindigkeit erreicht. Dabei handelt es sich um die entsprechend teuren Modelle der Hersteller. Da das Speichern auf der CF-Karte im Fall der 7D Mark II schneller geht als auf einer SD-Karte, erreichen Sie außerdem nur damit die höchstmögliche Anzahl an Reihenaufnahmen hintereinander. Schließlich landen die Bilder nicht direkt auf der Karte, sondern werden zunächst in einem Puffer zwischengespeichert. Noch während neue Bilder entstehen, schiebt die Kamera die dort abgelegten Fotos nacheinander auf eine oder beide Karten. Schnelle Speicherkartenmodelle zahlen sich also grundsätzlich aus.

Die Leistungsunterschiede zwischen den Karten zeigen beim Fotografieren im JPEG-Format allerdings nur geringe praktische Auswirkungen. Mit einer SD-Karte hält die Kamera immerhin 130 Bilder durch, bevor sie ins Stottern gerät, weil der große Nachschub an Daten einen Stau erzeugt. Die Geschwindigkeit der Reihenaufnahme nimmt dann auf etwa sechs Bilder pro Sekunde stark ab. Erst wenn Sie den Auslöser loslassen und der 7D Mark II die Gelegenheit geben, ihren Pufferspeicher vollkommen zu entleeren, kann das Spiel mit voller Geschwindigkeit weitergehen. Bei einer schnellen CF-Karte sind sogar über 1000 Bilder in schneller Folge möglich – wohl eher ein theoretischer Wert.

Etwas anders sieht es bei den speicherhungrigen RAW-Aufnahmen aus. Hier sind selbst im Fall von schnellen SD-Karten, die den UHS-I-Standard unterstützen, durchgängig nur 24 Bilder möglich, bei CF-Karten immerhin 31. Wenn Sie bei Reihenaufnahmen nicht ständig den Auslöser mehrere Sekunden gedrückt halten, ist auch dies in der Praxis kein großes Manko.

Zu den Karten, mit denen sich das Potenzial der Kamera ausreizen lässt, gehört die CF-Karte SanDisk Extreme Pro (siehe Abbildung 1.25). Diese bietet eine maximale Aufnahmegeschwindigkeit von bis zu 150 MByte/s. Das ist genug für die 7D Mark II, die bei CF-Karten eine maximale Schreibrate von etwa 110 MByte/s hat. Für die Variante mit 32 GByte Kapazität werden etwa 100 Euro fällig, ihr SD-Pendant kostet rund 40 Euro. Sofern Sie also auf das letzte Quäntchen Geschwindigkeit verzichten können, spricht das für den ausschließlichen Einsatz von SD-Karten. Allerdings schwören viele Profis auch deshalb weiterhin auf CF-Karten, weil diese als wesentlich robuster und weniger fehleranfällig gelten. Vielleicht möchten Sie auch der preiswerteren Kategorie an Speicherkarten eine Chance geben. So gibt es die Modelle der Extreme-(plus-)Serie von SanDisk bereits für rund 60 Euro (CF) beziehungsweise etwa 25 Euro (SD) bei 32 GByte Kapazität. Auch mit diesen sind kurze Dauerfeuereinsätze problemlos möglich.

Abbildung 1.25 >
Mit einer CF-Karte in dieser Geschwindigkeitsklasse lässt sich das Potenzial der 7D Mark II ausschöpfen.

Unterwegs ein Backup anlegen
SCHRITT FÜR SCHRITT

1 Die Funktion aufrufen
Mit der 7D Mark II ist es möglich, einzelne Bilder, ganze Ordner oder die komplette Karte auf eine zweite Karte zu kopieren. Das ist nützlich, um bereits unterwegs Daten auf preiswerten SD-Karten zu sichern. Gehen Sie dazu im ersten Wiedergabemenü (**PLAY1**) zur Funktion **Bildkopie**.

2 Bilder auswählen
Bei der Wahl von einzelnen Bildern über **Bildwahl** bewegen Sie sich mit dem Schnellwahlrad durch die Aufnahmen und bestätigen mit **SET** jedes einzelne zu kopierende Bild. Mit der Taste **RATE** geht es nach der Auswahl zum nächsten Schritt. Zum Kopieren eines Ordners ❶ oder der kompletten Karte ❷ wählen Sie die entsprechende Option.

3 Die Auswahl überprüfen
Möglicherweise müssen Sie einen **Zielordner** angeben. Ansonsten können Sie noch einmal die Einstellungen überprüfen.

4 Den Vorgang abschließen.
Mit **SET** starten Sie den Kopiervorgang. Je nach Kartengröße kann dies eine Weile dauern.

EXKURS

Das My Menu einrichten
EXKURS

1 Eine neue Registerkarte anlegen
Im **My Menu** können Sie Ihre Menüfavoriten ablegen. So haben Sie schnell und unkompliziert Zugriff auf alle häufig von Ihnen benutzten Funktionen. Es ist sogar möglich, bis zu fünf Register in diesem Menü anlegen, um die Funktionen dort zu gruppieren. Für die bessere Übersicht lassen sich die Registerkarten individuell benennen. Die einzelnen Positionen im Menü können Sie außerdem sortieren oder einzeln sowie komplett löschen. Starten Sie den Prozess durch die Wahl von **Registerkarte My Menu hinzufügen** ❶ im **MY MENU: Set up** ❷ und drücken Sie die **SET**-Taste. Bestätigen Sie das Hinzufügen der neuen Registerkarte mit **OK**.

2 Die Registerkarte umbenennen
Wählen Sie nun per **SET**-Taste **Konfig.** und anschließend die Funktion **Registerkarte umbenennen** ❺ aus. Damit können Sie Ihren **My Menus** individuelle Namen geben, zum Beispiel »Schärfe« für alle von Ihnen häufiger benutzten Einstellungen rund um den Autofokus.

Im Menü wechseln Sie mit der **Q**-Taste zwischen dem Eingabefeld und der Tastatur. Mit der **Löschtaste** entfernen Sie den jeweils letzten Buchstaben. Mit Hilfe des Multi-Controllers, dem Schnellwahlrad oder dem Hauptwahlrad wählen Sie einen Buchstaben oder eine Ziffer aus, mit der **SET**-Taste fügen Sie das Zeichen ein. Ein Leerzeichen finden Sie links oben im Block. Bestätigen Sie die Eingabe mit der **MENU**-Taste.

EXKURS

3 Die Registerkarte füllen

Nun geht es darum, die neu angelegte Registerkarte mit Funktionen zu füllen. Dazu steht der Menüpunkt **Zu regist. Positionen wählen** ❹ zur Verfügung. In einer langen Liste erhalten Sie viele Kameraoptionen, die Sie mit **SET** und einer schnellen Bestätigung dem **My Menu** hinzufügen können.

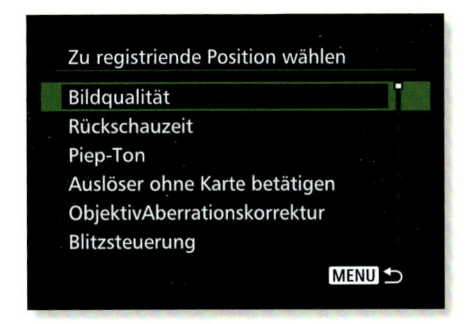

4 Anpassungen vornehmen

Sie können insgesamt fünf Registerkarten anlegen. Die Reihenfolge der Einträge verändern Sie über **Regist. Positionen sortieren**. Außerdem können Sie die Einträge über **Gewählte Positionen löschen** aus dem **My Menu** entfernen. Schließlich ist es auch möglich, sämtliche Einträge der Karte oder eine ganze Karte zu löschen. Unter **MY MENU: Set up** können Sie darüber hinaus sämtliche Registerkarten oder aber alle Positionen von allen Karten löschen.

5 My Menu als Startpunkt festlegen

Wenn Sie bei **Menüanzeige** ❸ den Eintrag **Von Reg.karte My Menu anz.** auswählen, führt ein Druck auf die **MENU**-Taste immer zuerst in das **My Menu**. Auf diese Weise landen Sie noch schneller bei den häufig benutzten Funktionen. Bei der Wahl von **Nur Reg.karte My Menu anz.** erscheint sogar nur noch das **My Menu**.

6 Ergebnis

Ihr individualisiertes **My Menu** könnte zum Beispiel so aussehen.

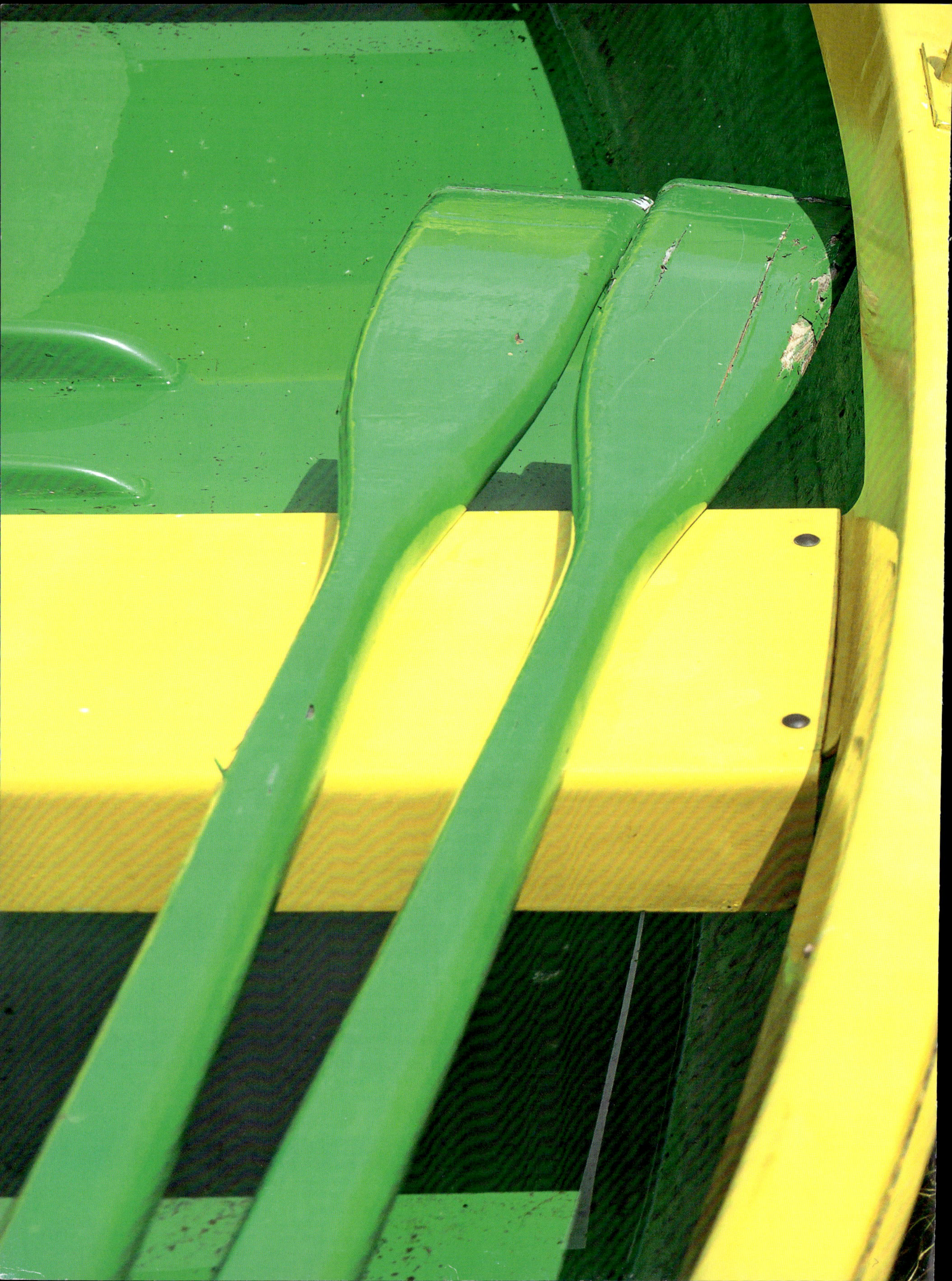

Kapitel 2
Kreativ werden mit der EOS 7D Mark II

Sanfter Start in der Vollautomatik 46

Wie funktioniert eine Spiegelreflexkamera? 47

Die Aufnahmeprogramme der EOS 7D Mark II 48

Mit der Programmautomatik die Kontrolle übernehmen 48

Tv- und B-Programm: Bilder gestalten
mit der Belichtungszeit 50

Das Av-Programm: Steuern Sie die Schärfentiefe 55

Der manuelle Modus M: die maximale Freiheit 61

Programme ganz nach Wunsch 64

Für Auffrischer: Blende, Belichtungszeit,
ISO-Wert und deren Zusammenspiel 66

Sanfter Start in der Vollautomatik

An der EOS 7D Mark II lassen sich für die unterschiedlichen fotografischen Situationen viele Parameter manuell einstellen. Bestimmen Sie das Zusammenspiel von Blende, Belichtungszeit und ISO-Wert im jeweiligen Aufnahmeprogramm selbst, stehen Ihnen viele kreative Möglichkeiten offen. In diesem Kapitel dreht sich deshalb alles um die Aufnahmeprogramme. Als erfahrener Fotograf sind Sie damit womöglich bereits vertraut und können auch direkt zum Abschnitt »Der Automatik auf die Sprünge helfen« auf Seite 76 springen. Dort gibt es ausführliche Informationen zur individuellen Anpassung der Belichtungssteuerung. Schließlich lässt sich an der 7D Mark II sehr genau einstellen, nach welchen Regeln in den halbautomatischen Programmen **Av** und **Tv** gespielt werden soll.

Für den besonders schnellen Einstieg bietet die EOS 7D Mark II natürlich auch eine Vollautomatik. Diese nennt Canon **Automatische Motiverkennung**, sie ist als A+ auf dem Moduswahlrad zu finden. Nach dem Antippen des Auslösers wird die Belichtung gemessen, und die gewählte Kombination aus Belichtungszeit, Blendenzahl und ISO-Wert erscheint im Display und auf dem Monitor. Verändern können Sie diese Werte allerdings nicht. Sie sind wie viele weitere Parameter ausgegraut.

Es ist allerdings möglich, das Verhalten des Blitzes zu steuern. Das Menü dazu erreichen Sie mit einem Druck auf die **Q**-Taste und das entsprechende Piktogramm ❶ in der Displayanzeige. Sie können nun mit der **SET**-Taste in das Menü gehen oder einfach mit dem Schnellwahlrad die gewünschte Option auswählen, ohne die Übersicht am Monitor zu verlassen. Zur Wahl stehen drei Optionen: Im Modus **Automatischer Blitz** ⚡A klappt der Blitz von selbst heraus und zündet, wenn die Belichtungsmessung der Kamera eine dunkle Umgebung erkennt. Mit der Wahl von **Blitz aus** lässt sich dies unterbinden, und mit der Option **Blitz ein** ⚡ wird auf jeden Fall geblitzt, auch wenn es eigentlich hell ist. Auf diese Weise lassen sich zum Beispiel an einem Sommertag Bildteile, die im Schatten liegen, aufhellen.

^ **Abbildung 2.1**
Das Display im Modus der Vollautomatik

^ **Abbildung 2.2**
Das Menü zur Blitzeinstellung erreichen Sie über den Monitor und die SET-Taste.

Außerdem können Sie in der Vollautomatik zwischen verschiedenen Betriebsarten wechseln ❷, die Sie im Abschnitt »Der schnelle Weg zu zentralen Parametern« auf Seite 28 kennengelernt haben.

Blitzgewitter für scharfe Bilder

Damit die EOS 7D Mark II im Dunkeln die Belichtung messen kann, muss der Blitz möglicherweise schon vor der Aufnahme für ein wenig Licht sorgen. Dabei kann es sich um ein einmaliges Flackern, aber auch um eine schnelle, recht nervige Folge von kurzen Impulsen handeln. Lassen Sie sich dadurch nicht irritieren.

Wie funktioniert eine Spiegelreflexkamera?

Das Wort *Spiegelreflexkamera* (*Single Lens Reflex,* SLR) steht für eine bestimmte Bauart von Kameras, bei denen die Lichtstrahlen über eine Reihe von Spiegeln in den Sucher gelenkt werden, in dem das Bild erscheint. Einige Kompaktkameras haben zwar auch einen Sucher, der Blick durch diesen führt jedoch nicht durch das Objektiv, sondern zeigt ein zweites, leicht verschobenes Bild. Dieses wird durch ein zweites optisches System eigens erzeugt. Zusammen mit dem Objektiv zoomt auch der Sucher, so dass Sie bei diesen Kameras trotzdem die Illusion haben, durch das Objektiv zu schauen.

In einer Spiegelreflexkamera nimmt das Licht andere Wege. Das eigentliche Ziel dabei ist der Sensor ❺, in dem das digitale Bild entsteht. Wie die Illustration zeigt, ist dabei jedoch im »Grundzustand« der Spiegel ❻ im Weg. Das Licht ❹ – und damit das Bild – erreicht nicht den Sensor, sondern wird in den Spiegelkasten ❸ umgelenkt. Dort muss es einen kleinen Umweg machen, um nicht seitenverkehrt im Sucher zu erscheinen.

Beim Druck auf den Auslöser passieren nun drei Dinge gleichzeitig:
1. Die Blendenöffnung im Objektiv stellt sich auf den eingestellten Wert ein.
2. Der Spiegel klappt nach oben und gibt so den Weg zum Sensor frei. In diesem Moment wird das Bild im Sucher schwarz.
3. Zwei Vorhänge, die den Sensor normalerweise abschirmen, öffnen sich, und das Licht trifft auf den Sensor. Dieser wandelt die dabei generierten Informationen in digitale Daten um. Das Bild wird aufgezeichnet.

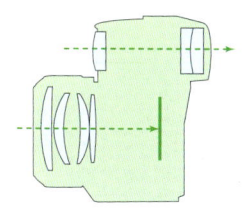

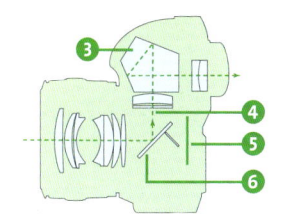

Abbildung 2.3
Oben: Querschnitt durch eine Kompaktkamera. Unten: Querschnitt durch eine Spiegelreflexkamera

Die Aufnahmeprogramme der EOS 7D Mark II

In den Programmen **P**, **Tv**, **Av**, **M**, **B** und **C1–C3** bestimmt allein der Fotograf, wie die EOS 7D Mark II arbeitet. In diesen Aufnahmemodi haben Sie selbst die drei Faktoren in der Hand, auf die es bei der Entstehung eines Fotos ankommt: die Blende, die Belichtungszeit und die Lichtempfindlichkeit des Sensors, den ISO-Wert. Während die EOS 7D Mark II Sie mit diesen Parametern in der Vollautomatik nicht weiter behelligt, dreht sich vor allem in den Programmen **Av**, **Tv** und **M** alles um sie. Das freie Spiel mit eigenen Vorgaben für Blende, Belichtungszeit und ISO-Wert erschließt die ganze Bandbreite an kreativen Möglichkeiten einer Spiegelreflexkamera. Falls Sie den Zusammenhang zwischen Blende, Belichtungszeit und ISO-Wert vor Ihren eigenen Versuchen mit den Aufnahmeprogrammen noch einmal auffrischen möchten, lesen Sie am besten zunächst den Abschnitt »Für Auffrischer: Blende, Belichtungszeit, ISO-Wert und deren Zusammenspiel« auf Seite 66 in diesem Kapitel.

Mit der Programmautomatik die Kontrolle übernehmen

Beim **P**-Programm handelt es sich um eine Art Vollautomatik, in der die EOS 7D Mark II Ihnen vorschlägt, welche Kombination aus Belichtungszeit ❷, Blende ❸ und ISO-Wert ❹ für die aktuelle Lichtsituation aus Sicht der Kamera ideal wäre. Sie sehen diese Werte nach dem Antippen des Auslösers auf dem oberen Display, dem rückwärtigen Monitor und auch im Sucher.

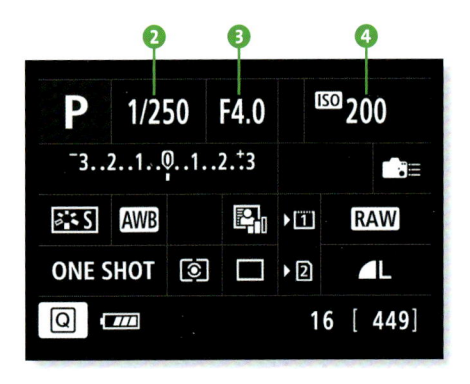

Abbildung 2.4 >
Hauptwahlrad ❶ *und Monitor im P-Programm*

Sie können diesen Vorschlag jedoch in die eine oder andere Richtung verändern. Würde man etwa das Hauptwahlrad in Abbildung 2.4 nach links drehen, würde sich der Blendenwert von f4 auf f3,5 verkleinern und die Belichtungszeit auf 1/320 s sinken. Würde man das Hauptwahlrad dagegen nach rechts drehen, würde sich die Blendenzahl auf f4,5 erhöhen und die Belichtungszeit auf 1/200 s verlängern. Sie könnten natürlich auch mehrere Schritte nach links oder rechts drehen.

Beim Drehen am Hauptwahlrad im **P**-Programm manövrieren Sie damit durch eine Reihe denkbarer Belichtungszeit-Blende-Kombinationen. Dies bezeichnet Canon auch als *Programmverschiebung*. Bei jeder dieser Einstellungen fällt in der Summe die gleiche Lichtmenge auf den Sensor – bei einer großen Blendenöffnung (kleine Blendenzahl) für einen kurzen Augenblick, bei einer eher geschlossenen Blende (große Blendenzahl) für eine längere Zeit. Die Bilder in Abbildung 2.5 zeigen die gestalterischen Unterschiede, die sich dabei ergeben. Detaillierte Informationen zum Zusammenhang von Blende, Belichtungszeit und ISO-Wert finden Sie im Abschnitt »Für Auffrischer: Blende, Belichtungszeit, ISO-Wert und deren Zusammenspiel« auf Seite 66 in diesem Kapitel.

[70 mm | f4,5 | 1/1000 s | ISO 1600]

[70 mm | f4,5 | 1/50 s | ISO 100]

[70 mm | f10 | 1/10 s | ISO 100]

[70 mm | f32 | 1,3 s | ISO 100]

< Abbildung 2.5
Die unterschiedlichen Zeit-Blende-ISO-Kombinationen ergeben jeweils ein gleich helles Bild. Am verwirbelten Wasser und an dem kleinen Wasserrad werden die unterschiedlichen Belichtungszeiten und deren Einfluss auf die Bildwirkung deutlich. Alle Bilder sind vom Stativ aus gemacht.

Das **P**-Programm der EOS 7D Mark II entscheidet sich in der Regel für mittlere Blenden oder mittlere Belichtungszeiten. Es ist mitunter mühselig, mit dem Hauptwahlrad zur Wunschkombination aus Blende und Belichtungszeit zu wechseln. Leichter machen es Ihnen in solchen Situationen die übrigen Aufnahmemodi.

< Abbildung 2.6
Ein wolkenloser Tag: In diesem Fall schlägt die EOS 7D Mark II eine Belichtungszeit von 1/250 s ❶ *und Blende f8* ❷ *vor.*

Tv- und B-Programm: Bilder gestalten mit der Belichtungszeit

Tv steht für *time value* (englisch für *Zeitwert*). Mit dem **Tv**-Programm geben Sie der EOS 7D Mark II eine Belichtungszeit fest vor. Da das Gerät dazu selbstständig die passende Blende wählt, heißt dieser Modus auch *Blendenautomatik* oder *Zeitvorwahl*. Die Auswahl des Programms **Tv** zeigt auch der Monitor an.

Die Kamera stellt die meisten einstellbaren Belichtungszeiten als Bruchteil einer Sekunde dar. Drehen Sie weiter am Hauptwahlrad nach rechts, gelangen Sie nach mehreren Schritten zur kürzesten Belichtungszeit, die mit der EOS 7D Mark II möglich ist: 1/8000 s. Drehen Sie das Hauptwahlrad immer weiter nach links, springt die Darstellung nach 1/4 s auf 0"3 um. Die Anführungsstriche stehen für Sekunden, es sind 0,3 Sekunden gemeint. Drehen Sie noch weiter nach links, erreichen Sie die längste mögliche automatische Belichtungszeit der EOS 7D Mark II: 30 s. Wenn Sie mit dieser Einstellung den Auslöser herunterdrücken, brauchen Sie allerdings, neben einer halben Minute Geduld, auch ein Stativ, um das Bild nicht zu verwackeln. Mit dem Hauptwahlrad verändern Sie die Blende übrigens in Drittelschritten: Nach drei »Drehs« ist ein ganzer Schritt erreicht, und es kommt jeweils doppelt oder halb so viel Licht auf den Sensor.

v Abbildung 2.7
*Durch Drehen am Hauptwahlrad können Sie im **Tv**-Programm die gewünschte Belichtungszeit* ❸ *einstellen.*

Tv- und B-Programm: Bilder gestalten mit der Belichtungszeit

Für Langzeitbelichtungen ist das **B**-Programm gedacht. Dabei steht **B** für *Bulb* (englisch *Blasebalg*). Die Bezeichnung stammt aus den Anfängen der Fotografie, als der Verschluss der Kameras mit Druckluft geöffnet und geschlossen wurde. Dazu drückte der Fotograf auf einen oft birnenförmigen (*bulb shaped*) Blasebalg.

Im Modus **B** läuft die Belichtung so lange, wie Sie den Auslöser gedrückt halten. Dabei erscheint auf dem oberen Display ein Sekundentimer. Die Blende stellen Sie über das Hauptwahlrad ein. Im Prinzip ist dieser Aufnahmemodus nur für Fälle geeignet, in denen ein sehr starker Graufilter (ND-Filter) zur Abdunklung benutzt wird. Auch in der Astrofotografie wird häufig mit ultralangen Belichtungszeiten gearbeitet.

Hauptwahlrad schlägt Menü

Sie können die Belichtungszeit im **Tv**-Programm sowie die Blende im **Av**-Programm auch über das Monitormenü verändern. Wesentlich schneller – und vor allem ohne den Blick vom Sucher nehmen zu müssen – geht es aber mit dem Hauptwahlrad.

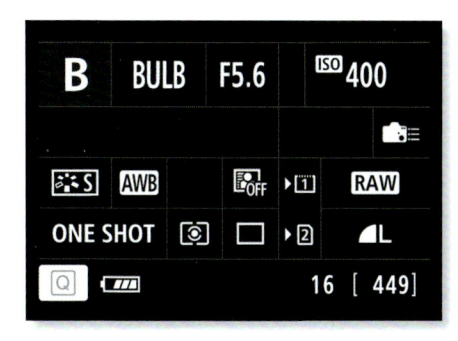

< Abbildung 2.8
Im **B**-Programm läuft die Belichtung, solange Sie den Auslöser durchgedrückt halten.

[67 mm | f8 | 1/125 s | ISO 100 | Stativ]

[67 mm | f29 | 10 s | ISO 100 | Stativ]

^ Abbildung 2.9
Links: Ein Bachlauf bei kurzer Belichtungszeit erzeugt eine dynamische Wirkung – man hört das Rauschen geradezu. Rechts: Bei langer Belichtungszeit wirkt das Wasser eher mystisch.

Um den Finger nicht quälend lange auf dem Auslöser halten zu müssen, können Sie auch einfach den **Langzeitbelichtungs-Timer** im vierten Aufnahmemenü (**SHOOT4**) starten. Dort haben Sie die Möglichkeit, eine sehr lange Belichtungszeit frei einzugeben. Weitere Informationen zum praktischen Einsatz finden Sie auf Seite 287 im Abschnitt »Langzeitbelichtung mit Graufilter und Timer«.

Abbildung 2.10 >
*Im **B**-Programm können Sie die Funktion **Langzeitb.-Timer** aktivieren. Selbst Belichtungszeiten von mehreren Stunden lassen sich so einstellen.*

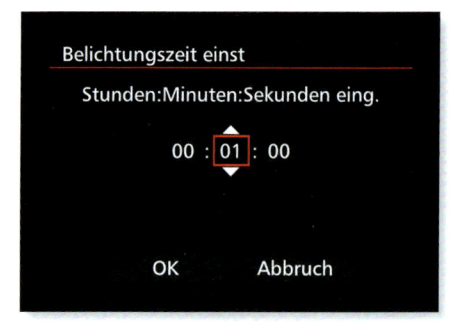

Sicher belichten, ohne zu verwackeln

Der **Tv**-Modus ist vor allem dann interessant, wenn es darum geht, Bewegungen einzufrieren. Vor dem vergleichsweise trägen menschlichen Auge ablaufende Vorgänge können damit in ihren einzelnen Bewegungsphasen dargestellt werden.

Doch auch für die allgemeine Bildschärfe spielt die Belichtungszeit eine Rolle. Ob ein Bild scharf ist oder nicht, hängt ganz entscheidend davon ab, wie ruhig Sie die Kamera beim Fotografieren halten. Einen großen Einfluss darauf hat die Brennweite des Objektivs. Um diesen Zusammenhang zu verstehen, ist es hilfreich, sich den Blick durch ein langes Rohr vorzustellen. Schon kleinste Bewegungen der Hand führen hier dazu, dass das Bild stark wackelt. Je heftiger diese Ausschläge sind, desto kürzer muss also die Belichtungszeit sein, um ein scharfes Bild zu bekommen.

Um die Belichtungszeit zu ermitteln, die mit einer von Hand gehaltenen Kamera noch zu scharfen Bildern führt, gibt es folgende Formel, die auch als *Kehrwertregel* bekannt ist: 1 ÷ (Brennweite × 1,6).

Hier ein Beispiel für eine am Objektiv eingestellte Brennweite von 60 mm: 1 ÷ (60 mm × 1,6) = 1/96 s. Der Wert von 1,6 ist der sogenannte *Cropfaktor*. Dabei handelt es sich um den Faktor, mit dem die Brennweite einer Kamera mit APS-C-Sensor wie der EOS 7D Mark II multipliziert werden muss, um die

Brennweite in das Kleinbildäquivalent umzurechnen (siehe den Abschnitt »Der Cropfaktor« ab Seite 213). Dieser Faktor muss bei der Berechnung der aus der Hand haltbaren Belichtungszeit berücksichtigt werden, da sich der Bildwinkel der Objektive durch die reduzierte Sensorgröße verkleinert. Damit schlagen sich auch Verwacklungen während der Aufnahme entsprechend stärker aufs Bild durch.

Im Rechenbeispiel oben wäre die längste mögliche Belichtungszeit 1/96 s. Da es an der Kamera keine Einstellung für eine solche Belichtungszeit gibt, sollten Sie in diesem Fall die nächstkürzere Belichtungszeit von 1/100 s wählen. Bei dieser Gleichung handelt es sich übrigens nur um eine Faustformel. Sie gilt für weiter entfernte Motive und Bilder, die später in Postkartengröße ausbelichtet werden, keinesfalls aber für die stark vergrößerte Darstellung am Computer. In der Praxis empfiehlt es sich deshalb immer, einen gewissen Puffer aufzuschlagen. Mit einer Belichtungszeit von 1/125 oder 1/160 s bewegen Sie sich bei unserem Rechenbeispiel also im grünen Bereich. Wann immer Bilder unscharf sind, zählt die Belichtungszeit zu den dringend Tatverdächtigen. Oft ist eine zu lange Belichtungszeit die Ursache.

[400 mm | f5,6 | 1/800 s | ISO 400]

[55 mm | f8 | 1/400 s | ISO 100]

< ^ Abbildung 2.11
Oben: Durch die kurze Belichtungszeit im Tv-Modus wurde die Bewegung der fliegenden Möwe eingefroren. Links: Da die Zebras mit einer Brennweite von 400 mm fotografiert wurden, musste über den Tv-Modus eine kurze Belichtungszeit von 1/800 s eingestellt werden.

Letzte Rettung Bildstabilisator

Die Kehrwertregel gibt einen guten Anhaltspunkt für die richtig eingestellte Belichtungszeit. Manchmal allerdings ist für eine ausreichend kurze Belichtungszeit einfach nicht mehr genügend Licht vorhanden. Sie sollten dann ein Stativ verwenden oder zumindest eine feste Auflagemöglichkeit für Ihre EOS 7D Mark II finden.

Ein Objektiv mit Bildstabilisator – bei Canon steht dafür die Abkürzung *IS* in der Objektivbezeichnung – ermöglicht etwas längere Belichtungszeiten, die je nach Modell bis zu vier Blendenstufen entsprechen (weitere Informationen zu Objektiven und dem Bildstabilisator finden Sie in Kapitel 8, »Das passende Zubehör finden«).

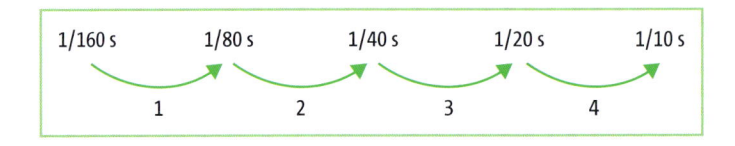

1/160 s	1/80 s	1/40 s	1/20 s	1/10 s
1	2	3	4	

⌃ Abbildung 2.12
Zusammenhang zwischen Belichtungszeiten und Blendenstufen

Mit einem Objektiv, das eine Brennweite von 100 mm hat, wäre nach der zuvor genannten Regel eine Belichtungszeit von 1/160 s fällig. Ein Objektiv mit Bildstabilisator, der vier Blendenstufen kompensiert, kann also mit einer Belichtungszeit von 1/10 s noch verwacklungsfreie Bilder produzieren (siehe Abbildung 2.12). In der Praxis sollten Sie aber auch hier mit einem gewissen Sicherheitsaufschlag arbeiten. Eine Belichtungszeit von 1/20 s oder noch besser 1/40 s ist in diesem Fall daher angebracht. Aber auch der beste Bildstabilisator der Welt kann das Motiv selbst nicht zum Stillhalten bringen! Zu einer kurzen Belichtungszeit gibt es deshalb häufig keine Alternative.

Beim Fotografieren im **Tv**-Modus entscheidet sich die EOS 7D Mark II selbstständig für eine passende Blende. Damit geben Sie als Fotograf die Steuerung der Schärfentiefe aus der Hand. Wählen Sie also beispielsweise in der Dämmerung eine kurze Belichtungszeit, muss die Blende sehr weit geöffnet werden, damit genug Licht den Sensor erreicht. Damit aber wird nur ein kleiner Bereich im Bild scharf, der Rest verschwimmt in Unschärfe. Besser wäre es in diesem Fall, eine längere Belichtungszeit einzustellen, damit die Kamera die Blende weiter schließen kann. Oder aber Sie legen mit **Av** gleich selbst die Blendenöffnung fest.

Auch eine Lösung: Blitzen

In den halbautomatischen Modi wird Sie die EOS 7D Mark II nicht daran hindern, mit einer zu langen Belichtungszeit zu fotografieren. Achten Sie beim Blick durch den Sucher also stets auf diesen Wert. Ist die Belichtungszeit zu lang, können Sie die Blende weiter öffnen, die ISO-Zahl erhöhen oder eine Kombination aus beiden Änderungen vornehmen. Wenn all das nichts hilft, muss die Kamera auf einer stabilen Unterlage, etwa einem Stativ, positioniert werden. Alternativ können Sie den Blitz durch einen Druck auf die **Blitztaste** zuschalten. Näheres dazu finden Sie in Kapitel 7, »Besser blitzen mit der 7D Mark II«.

Das Av-Programm: Steuern Sie die Schärfentiefe

Das **Av**-Programm stellen Sie ein, indem Sie das Moduswahlrad auf **Av** drehen. Jetzt können Sie mit dem Hauptwahlrad einen Blendenwert einstellen, und die EOS 7D Mark II wählt die dazu passende Belichtungszeit. Dieser Modus heißt deshalb auch *Zeitautomatik* oder *Blendenvorwahl*.

Wie im **Tv**-Programm arbeitet auch hier das Hauptwahlrad in Drittelschritten: Nach drei »Drehs« ist eine ganze Blendenstufe erreicht, und doppelt beziehungsweise halb so viel Licht erreicht den Sensor. Mit einem Blick auf die Zahlen erschließt

◀ *Abbildung 2.13*
Der Monitor im **Av**-*Modus: Hier sehen Sie den eingestellten Blendenwert* ❶.

sich dieser Zusammenhang nicht sofort. Im Abschnitt »Woher kommen die krummen Blendenzahlen« auf Seite 69 erfahren Sie mehr dazu.

Der **Av**-Modus eignet sich ideal, um über die Blende die Schärfentiefe gezielt zu steuern. Auf diese Weise können Sie einen unruhigen Hintergrund in Unschärfe verschwimmen lassen und die Aufmerksamkeit gezielt auf das Motiv lenken. Darum ist der **Av**-Modus das perfekte Mittel, wenn es um genau dieses Ziel geht. Wie Sie bereits gesehen haben, gilt:

- große Blendenzahl/kleine Blendenöffnung = hohe Schärfentiefe
- kleine Blendenzahl/große Blendenöffnung = geringe Schärfentiefe

Nicht alle Objektive können bei allen Brennweiten eine gleich weit geöffnete Blende bieten: Am *EF-S 18–135 mm f/3,5–5,6 IS STM* etwa beträgt die kleinstmögliche Blendenzahl f3,5 bei der Brennweiteneinstellung 18 mm und steigt bei 135 mm bis auf f5,6 an. Diese Blendenwerte sind nicht besonders gut dafür geeignet, eine geringe Schärfentiefe zu erzeugen. Wenn Sie allerdings den Zoom auf 135 mm drehen und nahe genug an Ihr Motiv herangehen, können Sie den Effekt trotzdem deutlich sehen.

Andere Objektive ermöglichen eine noch größere Blendenöffnung und eine kleinere Blendenzahl, zum Beispiel 2,8, 1,8 oder sogar 1,2. Mehr über Objektive erfahren Sie in Kapitel 8, »Das passende Zubehör finden«.

[100 mm | f18 | 1/80 s | ISO 1600 | Stativ]

ᴧ **Abbildung 2.14**
Der unruhige Hintergrund lenkt vom Motiv ab. Die Blende war hier weit geschlossen. Dadurch sind große Bereiche des Bildes scharf, es herrscht eine große Schärfentiefe.

[100 mm | f2,8 | 1/250 s | ISO 100 | Stativ]

ᴧ **Abbildung 2.15**
Bei einer offenen Blende ist nur der Vordergrund scharf. Der unruhige Hintergrund verschwindet als verwaschene Masse. Man spricht von einer geringen Schärfentiefe.

Der **Av**-Modus liefert die zur Blende passende Belichtungszeit. Dabei achtet die programmierte Logik der EOS 7D Mark II durchaus darauf, ob bei dieser Belichtungszeit ein Foto überhaupt noch verwacklungsfrei aus der Hand geschossen werden kann. Ist der ISO-Wert auf **AUTO** gestellt, wird er deshalb unter Umständen nach oben verändert. Hat er sein Maximum erreicht und die Belichtungszeit ist immer noch sehr lang, müssen Sie wohl oder übel auf ein Stativ oder eine unbewegliche Unterlage zurückgreifen. Eine weitere Möglichkeit besteht darin, die Blende weiter zu öffnen, also einen kleineren Wert einzustellen. Dadurch erreicht mehr Licht den Sensor, und die Belichtungszeit wird automatisch kürzer eingestellt.

Im Av-Modus zur richtigen Blende
SCHRITT FÜR SCHRITT

1 Die Blende einstellen
Wählen Sie im **Av**-Programm mit dem Hauptwahlrad die gewünschte Blende, also etwa f3,5, wenn Sie einen unscharfen Hintergrund wünschen, oder f11, wenn bei einer Landschaftsaufnahme das Bild durchgehend scharf sein soll. Drücken Sie den Auslöser halb herunter und schauen Sie auf die Belichtungszeit ❶ im Sucher.

2 Die Blende korrigieren
Überprüfen Sie, ob die Belichtungszeit für ein scharfes Foto aus der Hand zu lang ist. Die Ausführungen auf Seite 52 in diesem Kapitel helfen Ihnen bei der Entscheidung. Ist die Belichtungszeit zu lang, müssen Sie die Blende weiter öffnen, also eine kleinere Blendenzahl einstellen. Allerdings geht dies auf Kosten der Schärfentiefe. Falls die Belichtungszeit sehr kurz ist, gibt es vielleicht noch Spielraum für eine weiter geschlossene Blende (größere Blendenzahl). Mit ihr steigt dann natürlich die Schärfentiefe.

3 Aufnahme und Kontrolle
Machen Sie eine Aufnahme und überprüfen Sie am Monitor das Ergebnis. Unter Umständen sind noch Anpassungen nötig. Die Auswirkungen:
- größere Blendenzahl = höhere Schärfentiefe = längere Belichtungszeit
- niedrigere Blendenzahl = geringere Schärfentiefe = kürzere Belichtungszeit

Welcher Modus ist wann sinnvoll?

Sport, bewegte Objekte: Tv

Bei der Sportfotografie kommt es in der Regel darauf an, Bewegung sichtbar zu machen – entweder über das Einfrieren (kürzere Belichtungszeit) oder durch Bewegungsunschärfe (längere Belichtungszeit). Mit **Tv** lassen sich beide Varianten umsetzen.

Landschaft, Porträts: Av

Ein Landschaftsfotograf möchte in seinen Bildern oft von vorn bis hinten durchgängig scharfe Motive, also eine hohe Schärfentiefe. Mit dem **Av**-Programm wird er tendenziell einen großen Blendenwert wählen, der dies möglich macht. In der Porträtfotografie wiederum wirken Bilder mit geringer Schärfentiefe sehr gut. Hier wird der Fotograf gezielt kleine Blendenwerte einstellen.

Die Tücken der Schärfentiefe und die hyperfokale Distanz

Das Spiel von Schärfe und Unschärfe eröffnet viele Gestaltungsmöglichkeiten. Eine zu geringe Schärfentiefe kann jedoch auch zum Problem werden: Ein typisches Beispiel für eine falsch gewählte Blende sind Gruppenaufnahmen, bei denen die einzelnen Personen versetzt zueinander stehen. Ist die Blende zu weit geöffnet (kleine Blendenzahl), reicht die Schärfentiefe häufig nicht aus, um alle Beteiligten scharf abzubilden. Je näher Sie den Motivteilen sind, je weiter diese voneinander entfernt sind und je weiter die Blende geöffnet ist, desto stärker zeigt sich dieses Problem. Betrachten Sie zum Beispiel Abbildung 2.16: Bei Blende 5,6 und einer Fokussierung auf die 50 Meter entfernte Gams startet der scharfe Bereich bei 28,69 Metern Distanz von der Kamera und endet bei 194,21 Metern. Die Berge in mehreren Hundert Metern Entfernung können so unmöglich scharf abgebildet werden.

Mit einem Abstand von 67,31 Metern zur Gams hätte der Fotograf bei gleicher Blendeneinstellung sämtliche Motivteile ab einer Entfernung von 33,58 Metern scharf abbilden können. Bei diesen 67,31 Metern handelt es sich um die sogenannte *hyperfokale Distanz*. Alternativ hätte hier auf einen imaginären Punkt in 67,31 Metern Entfernung scharfgestellt werden können. Sowohl die Gams als auch die Berge wären dann scharf abgebildet worden.

Keine Sorge: Mit ein wenig Erfahrung bekommen Sie im Laufe der Zeit ein gutes Gefühl für die richtige Blendenwahl. In der Zwischenzeit hilft der prüfende Blick auf den Kameramonitor. Auch Experimente mit einem

Schärfentieferechner bringen Sie voran. Mit diesem Hilfsmittel können Sie sich die Schärfentiefe für eine Kombination aus Blende, Brennweite und Fokussierung ausrechnen lassen. Online finden Sie unter *www.dofmaster.com/dofjs.html* ein Programm, das Ihnen unter **Near Limit** den Beginn der scharf dargestellten Zone und unter **Far Limit** dessen Ende anzeigt. Unter **Total** erscheint die Differenz zwischen diesen Werten, also die Ausdehnung der Schärfentiefe. Dieses Programm gibt es übrigens auch für Android-Smartphones und das iPhone. Mehr Spaß am Apple-Telefon bereitet allerdings der *Simple DoF Calculator*, den es für wenig Geld im App Store gibt. Um ein Gespür für die Schärfentiefe bei unterschiedlichen Brennweiten und Blendeneinstellungen zu bekommen, helfen aber die eigenen Versuche weit mehr als jedes Rechentool.

Ein weiterer Fallstrick bei der Schärfentiefe ist, dass sie sich leider nicht beliebig durch eine weiter geschlossene Blende erhöhen lässt. Dies geht nur bis zu einer bestimmten Grenze. Wenn Sie die Blende sehr stark schließen, kommt die sogenannte *Beugungsunschärfe* ins Spiel. Durch diesen optischen Effekt – der auf quantenmechanische Phänomene zurückzuführen ist – sinkt die Schärfeleistung. Das Ausmaß der Beugungsunschärfe hängt vom Objektiv ab. Bei einigen Modellen ist sie bereits bei Blende 16 deutlich zu sehen.

⌄ Abbildung 2.16
Mit Blende 5,6 ließ sich hier keine durchgängige Schärfe erzielen.

[85 mm | f5,6 | 1/125 s | ISO 320]

Abbildungsmaßstab und Schärfentiefe

Auf den ersten Blick scheint auch die Brennweite einen Einfluss auf die Schärfentiefe zu haben. Die Landschaftsaufnahme mit der größeren Blendenöffnung und die Aufnahme der Lotusblume mit der weiter geschlossenen Blende (Abbildung 2.18) auf Seite 61 zeigen es.

Tatsächlich aber täuscht dieser Eindruck, denn entscheidend ist hier auch der Abbildungsmaßstab, also das Verhältnis der Größe des Gegenstands im Bild zu dessen tatsächlicher Größe. Durch die längere Brennweite tritt eine Verdichtung der Perspektive auf, wie Sie sie im Abschnitt »Brennweite, Aufnahmestandort und Bildausschnitt« auf Seite 212 kennenlernen.

Da weniger vom Hintergrund mit auf das Bild kommt, erscheint dieser stärker verschwommen. Die Brennweite spielt indirekt eine Rolle, da der Abbildungsmaßstab wiederum von der Brennweite und dem Abstand zum fotografierten Objekt abhängig ist.

Das Beispielbild mit dem Schmetterling (Abbildung 2.18) zeigt den Einfluss des Abbildungsmaßstabs: Die Schärfentiefe sinkt umso stärker, je näher sich das fokussierte Objekt vor dem Sensor befindet. Deshalb ist es auch mit einem Makroobjektiv relativ schwer, diesen Schmetterling groß und von vorn bis hinten scharf abzubilden.

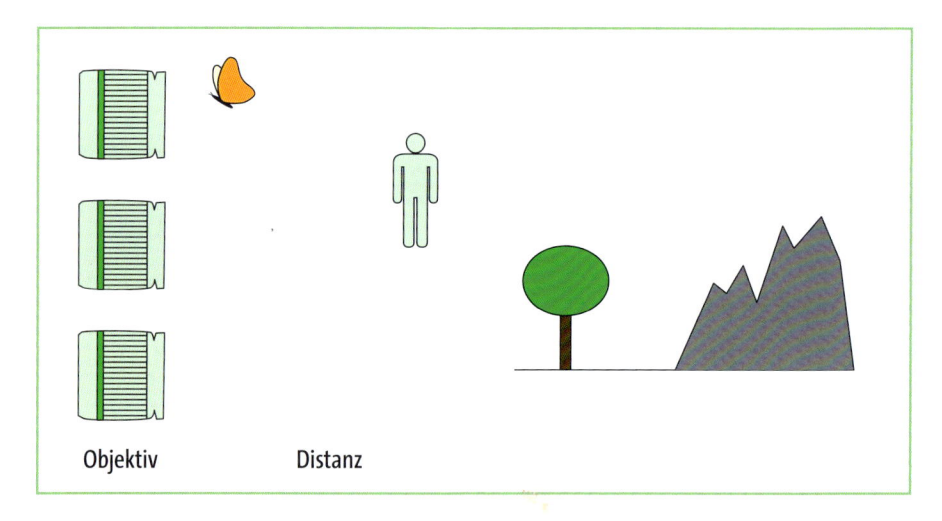

∧ **Abbildung 2.17**
Die Ausdehnung der Schärfentiefe bei gleicher Brennweite, aber unterschiedlichen Abständen zum fotografierten Objekt

Der manuelle Modus M: die maximale Freiheit

[300 mm | f22 | 1/400 s | ISO 1250]   [15 mm | f3,5 | 1/1000 s | ISO 100]   [100 mm | f2,8 | 1/125 s | ISO 640]

∧ Abbildung 2.18
Links: Trotz einer großen Blendenzahl ist der Hintergrund unscharf. Mitte: Selbst mit offener Blende ist diese Weitwinkelaufnahme von vorn bis hinten scharf. Rechts: Nahaufnahme mit Makroobjektiv

Der manuelle Modus M: die maximale Freiheit

Mit einem Dreh des Moduswahlrads auf **M** aktivieren Sie den manuellen Modus der EOS 7D Mark II. Hier stellen Sie Blende und Belichtungszeit selbstständig ein. Die Kamera fotografiert mit diesen Werten, egal ob sie zu einem korrekt belichteten Bild führen oder nicht. Im **M**-Programm stellen Sie die Belichtungszeit, wie vom **Tv**-Programm gewohnt, mit dem Hauptwahlrad ein. Um die Blende zu verstellen, drehen Sie am Schnellwahlrad auf der Rückseite der EOS 7D Mark II.

Die geänderten Werte werden im Display, auf dem Monitor und im Sucher dargestellt. Dort sehen Sie übrigens anhand des kleinen Balkens ❶ in der Belichtungsskala, ob mit Ihren eingestellten Werten eine Über- oder Unterbelichtung droht.

Wenn Sie die ISO-Einstellung auf **AUTO** belassen, dreht die EOS 7D Mark II je nach Belichtungsmessung den ISO-Wert nach oben oder nach unten. Im normalen Einsatz ist das sehr

∧ Abbildung 2.19
Der Balken ❶ befindet sich unterhalb der Mitte. Das deutet auf eine mögliche Unterbelichtung des Bildes hin. Mit einer kürzeren Belichtungszeit oder einer kleineren Blendenöffnung lässt sich das korrigieren.

Abbildung 2.20
Drehen Sie am Schnellwahlrad, um den Blendenwert zu ändern.

hilfreich. Bei Experimenten, mit denen die Wirkung unterschiedlicher Blenden und Belichtungszeiten besser erforscht werden soll, ist allerdings ein fester Wert sinnvoller. Ansonsten kann es durch die ISO-Nachregulierung passieren, dass das Bildergebnis stets gleich bleibt.

Das **M**-Programm eignet sich gut für Situationen, in denen die Lichtverhältnisse die Kamera irritieren. Denken Sie zum Beispiel an ein Konzert mit intensiven Beleuchtungseffekten: Je nachdem, wie sich die Künstler im Scheinwerferlicht gerade präsentieren, wird die Automatik der EOS 7D Mark II im **Av**-Programm eine kurze oder lange Belichtungszeit vorschlagen. Damit wird zwar möglicherweise das angemessene Bildelement korrekt belichtet, die Atmosphäre aber nur unzureichend transportiert.

Ein weiterer Fall für den Modus **M** ist das Fotografieren mit manuellen Blitzen, wie sie zum Beispiel in Studios eingesetzt werden. Da die EOS 7D Mark II bei der Messung noch nicht wissen kann, wie hell der Blitz später beim Auslösen zünden wird, versagt die Automatik. Deshalb tastet sich der Fotograf hier über die Wahl einer Zeit-Blende-Kombination und mehrere Anpassungen an einen idealen Belichtungswert heran.

Probieren Sie es aus!

Das Experimentieren mit den Halbautomatiken der EOS 7D Mark II führt schnell zu Lern- und Erfolgserlebnissen. Innerhalb kürzester Zeit ist es so möglich, das Zusammenspiel von Blende und Belichtungszeit zu durchschauen. Auch das **M**-Programm ist bei solchen Erkundungen hilfreich. Hier lassen sich die Auswirkungen von geänderten Parametern direkt erkennen, da die EOS 7D Mark II keinerlei Korrekturen ausführt.

Abbildung 2.21 >
*Für solche Nachtaufnahmen benötigen Sie den Modus **M**.*

Mit dem M-Modus schnell zum Ziel
SCHRITT FÜR SCHRITT

1 Im Tv- oder Av-Programm starten
Überlegen Sie sich die gewünschte Blende oder Belichtungszeit und stellen Sie diese im **Av**- beziehungsweise **Tv**-Modus ein. Messen Sie das Motiv an und betrachten Sie die Werte im Sucher. Merken Sie sich die Werte für Blende und Belichtungszeit.

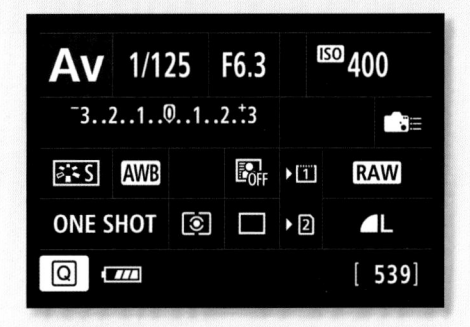

2 Die Werte in den Modus M übertragen
Stellen Sie am Moduswahlrad das **M**-Programm ein und übertragen Sie die Werte, die Sie sich gemerkt haben. Den Blendenwert ❶ können Sie verstellen, indem Sie am Schnellwahlrad drehen.

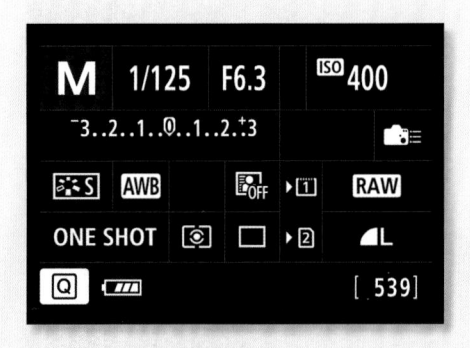

3 Experimente starten
Sie haben im manuellen Modus nun Ausgangswerte eingestellt, auf deren Basis Sie die Belichtung anpassen können. Verstellen Sie nacheinander Blende und Belichtungszeit in unterschiedliche Richtungen und vergleichen Sie die Ergebnisse. Achten Sie auf den ISO-Wert. Wenn sich bei Ihren Versuchen nichts an der Bildhelligkeit ändert, hat vermutlich die ISO-Automatik für eine Anpassung gesorgt.

☑ So vermeiden Sie unscharfe Bilder
Unscharfe Fotos sind ärgerlich und oft vermeidbar. Mit Blende und Belichtungszeit kennen Sie nun zwei zentrale Faktoren für die Bildschärfe. Denn unscharfe Bilder gehen häufig auf die Wahl einer ungeeigneten Blende und mangelnde Schärfentiefe oder eine zu lange, aus der Hand nicht mehr haltbare Belichtungszeit zurück. Abgesehen davon spielt aber auch der Autofokus der Kamera, also die Fokussierung auf den richtigen Fokuspunkt, eine große Rolle. Diesen lernen Sie in Kapitel 4, »Auf den Punkt scharfstellen mit der 7D Mark II«, in aller Ausführlichkeit kennen.

Programme ganz nach Wunsch

Sie kennen nun die wichtigen Parameter für die kreative Bildgestaltung und können auf Motivprogramme, wie sie andere Kameras haben, getrost verzichten. In der folgenden Tabelle 2.1 finden Sie einige Empfehlungen, um verschiedene Motivsituationen optimal einzufangen.

Motiv-situation	Gewünschte Schärfe	Ideales Programm	Blendeneinstellung	Belichtungszeit	Bemerkung
Porträt	Person scharf, Hintergrund unscharf	**Av** mit kleiner Blendenzahl	offene Blende für unscharfen Hintergrund	mittel	
Landschaft	durchgängig scharf	**Av** mit großer Blendenzahl	geschlossene Blende für hohe Schärfentiefe	mittel	
Nahaufnahme	Motiv möglichst scharf	**Av**	geschlossene Blende für hohe Schärfentiefe	lang	bei Nahaufnahmen ist die Schärfentiefe auch mit geschlossener Blende gering
Sport	scharf, je nach Belichtungszeit	**Tv** mit kurzer Belichtungszeit oder langer für gezielte Bewegungsunschärfe	je nach Belichtungszeit	für bewegte Motive kurze Belichtungszeit, lange für Bewegungsunschärfe	auch für die Aufnahme spielender Kinder gut geeignet

∧ **Tabelle 2.1**
Verschiedene Motivsituationen und ihre Einstellungen

Sie können sich in der 7D Mark II nach Belieben eigene Programme basteln und diese auf einem der drei **C**-Programme ❶ ablegen. Mit einem Dreh darauf lassen sich sämtliche Kameraeinstellungen erneut abrufen, selbst wenn Sie diese zwischenzeitlich verändert haben. Dies gilt nicht nur für Aufnahmeparameter wie Belichtungszeit, Weißabgleich und Messverfahren, sondern auch für sämtliche Menüeinstellungen und die Individualfunktionen (diese finden Sie ab Seite 363 im Anhang unter »Die Menüs im Überblick«). So ist es zum

Abbildung 2.22 >
*Die **C**-Programme finden Sie direkt auf dem Moduswahlrad.*

Beispiel möglich, ein individuelles »Sportprogramm« auf **C1** zu registrieren. Taucht beim Fotografieren plötzlich ein interessantes sich bewegendes Motiv auf, genügt ein Dreh am Hauptwahlrad, und die EOS 7D Mark II ist optimal eingestellt. Das Speicherverfahren ist denkbar einfach: Sie stellen die Kamera nach den eigenen Vorstellungen ein und legen diese Konfiguration auf **C1**, **C2** oder **C3** ab.

Abbildung 2.23 zeigt beispielhaft Parameter für Actionmotive: Mit der kurzen Belichtungszeit werden schnelle Bewegungen eingefangen, der Autofokusmodus **AI SERVO** lässt den Autofokus permanent arbeiten.

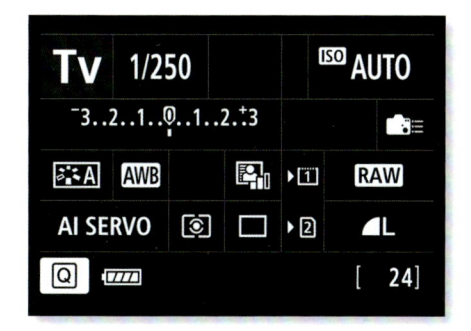

◀ **Abbildung 2.23**
*Die Einstellungen für ein »Sportprogramm«, das hier als Basis für ein **C**-Programm dient*

Um dies auf eine der **C**-Positionen zu übertragen, wählen Sie im vierten Einstellungsmenü (**SET UP4**) die Option **Indiv. Aufnahmemodus (C1–C3)** und dort **Einstellungen registrieren**. Wenn Sie zusätzlich die Option **Auto-Aktualisierungen** aktivieren, werden sämtliche Veränderungen, die Sie beim Fotografieren in einem der **C**-Programme vornehmen, jeweils dort gespeichert. Ansonsten vergisst die EOS 7D Mark II sämtliche Änderungen, sobald Sie in ein anderes Programm wechseln. Mit jedem Wechsel auf **C1**, **C2** oder **C3** starten Sie dann also wieder mit genau den Werten, die Sie beim Registrieren dort eingestellt hatten. Auf dem Monitor können Sie genau erkennen, auf welcher Automatik die registrierte Einstellung basiert ❷. Zum Löschen einer Konfiguration nutzen Sie den Menüpunkt **Einstellungen löschen**. Alternativ können Sie auch einfach eine neue Auswahl abspeichern.

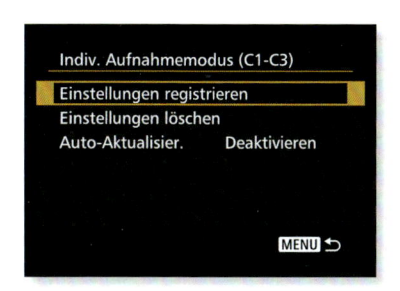

▲ **Abbildung 2.24**
*Das **C**-Programm konfigurieren Sie im vierten Einstellungsmenü. Am tiefgestellten Tv ❷ erkennen Sie sofort, dass dieses Programm auf der Zeitvorwahl basiert.*

Für Auffrischer: Blende, Belichtungszeit, ISO-Wert und deren Zusammenspiel

Das freie Spiel mit eigenen Vorgaben für Belichtungszeit, Blende und ISO-Wert erschließt die ganze Bandbreite an kreativen Möglichkeiten einer Spiegelreflexkamera. Da diese drei Stellhebel eng miteinander verknüpft sind, ist es wichtig, deren Zusammenspiel zu verinnerlichen und beim eigenen Experimentieren zu berücksichtigen. Je besser Sie die Wirkung der drei Faktoren auf das Bild einschätzen können, desto leichter fällt Ihnen die Arbeit mit einem der Aufnahmeprogramme **Av** oder **Tv** sowie dem manuellen Modus **M**.

Stellhebel 1: die Belichtungszeit

Die Belichtungszeit wird auch *Verschlusszeit* genannt. Wie beim klassischen Film muss auch der Sensor der Kamera eine gewisse Zeit mit Licht versorgt werden, damit das Bild nicht zu hell oder zu dunkel ausfällt. Der Verschluss der Kamera öffnet sich, gibt den Sensor frei und schließt sich danach wieder. In dieser kurzen Zeit muss genau die richtige Menge Licht einfallen. Ist die Belichtungszeit zu kurz, bleibt das Foto dunkel. Ist sie zu lang, ist das Bild entweder überbelichtet, verwackelt – oder sogar beides.

[35 mm | f4,5 | 1/10 s | ISO 100]   [35 mm | f8 | 1/800 s | ISO 1600 | Stativ]   [35 mm | f5 | 1/320 s | ISO 1250 | Stati

^ Abbildung 2.25

Links: Die Belichtungszeit war zu lang, das Bild ist überbelichtet und verwackelt. Das Wasser ist aufgrund der langen Belichtungszeit als Strahl erkennbar. Mitte: Hier fiel zu wenig Licht auf den Sensor, das Bild wirkt sehr dunkel. Aufgrund der kurzen Belichtungszeit sind einzelne Wassertropfen erkennbar. Rechts: das korrekt belichtete Bild.

Auf dem Display und dem Monitor wird die Belichtungszeit in Sekunden angezeigt beziehungsweise in Teilen einer Sekunde, die als Bruch dargestellt werden. Der Wert 1/60 steht also für den sechzigsten Teil einer Sekunde, die Anzeige 0"3 steht für 0,3 Sekunden, 4" für vier Sekunden. Im Sucher erscheinen kurze Belichtungszeiten ohne Bruchstrich, also zum Beispiel 60 statt 1/60.

Durch eine längere Belichtungszeit steigt grundsätzlich das Risiko für verwackelte Bilder. Das Licht fällt entsprechend lange auf den Sensor, so dass alle Bewegungen des Objektivs und natürlich auch die Ihres Motivs »mitgenommen« werden. Dies zeigt sich auf dem Foto als schwach oder stark ausgeprägte Schlieren. Als Mittel dagegen kann – sofern kein Stativ benutzt wird – die Belichtungszeit verkürzt werden. Wenn es allerdings recht dunkel ist, hilft das nicht, denn gerade in solchen Fällen muss das wenige Licht möglichst lange auf den Sensor scheinen, um eine korrekte Belichtung zu gewährleisten. Deshalb ist es gut, dass es mit der Blende eine weitere Möglichkeit gibt, mehr Licht auf den Sensor zu bringen.

Stellhebel 2: die Blende

Die Blende ist im Prinzip ein Loch mit variabler Größe, das durch Lamellen im Objektiv gebildet wird. Je nachdem, ob dieses Loch weit geöffnet oder eher verschlossen ist, fällt viel oder wenig Licht auf den Sensor. In der Regel arbeitet die Blende für den Fotografen unsichtbar: Die Blendenöffnung schließt sich erst dann, wenn Sie das eigentliche Foto schießen, also der Spiegel hochklappt und sich der Verschluss vor dem Sensor öffnet. Beim Verstellen des Blendenwerts mit dem Hauptwahlrad sehen Sie deshalb im Sucher – von der geänderten Anzeige ❶ abgesehen – keine Auswirkungen.

Abbildung 2.26 >
Wenn Sie mit dem Hauptwahlrad die Blende ändern, wirkt sich dies im Sucher nur auf die Anzeige ❶ aus. Der Bildeindruck bleibt gleich.

67

Erst die Abblendtaste ❶ macht die Technik sichtbar. Diese Taste, die Canon **Schärfentiefe-Prüftaste** nennt, schließt die Blendenlamellen schon vor dem Auslösevorgang. Das erlaubt auch einen Blick auf die optischen Elemente der Blende. Die Abblendtaste drücken Sie natürlich normalerweise nicht, um die Blendenlamellen äußerlich zu überprüfen. Wer die Taste drückt und dabei durch den Sucher schaut, sieht bei größeren Blendenzahlen – einer weiter geschlossenen Blende – ein dunkleres Bild, aber auch schärfere Bereiche. Dadurch kann der erfahrene Fotograf auf einen Blick erkennen, wie sich seine Blendenwahl auf die Verteilung der Schärfe im Bild auswirkt.

Abbildung 2.27 >
Die Abblendtaste ❶ finden Sie vorn an der EOS 7D Mark II.

Die Wahl einer großen oder kleinen Blendenöffnung hat erhebliche Auswirkungen auf die Bildgestaltung. Über diesen Parameter steuern Sie, ob das Bild eine hohe oder geringe Schärfentiefe erhalten soll. Damit ist gemeint, wie weit sich die Schärfe innerhalb des Bildes erstreckt. Es gilt:

- große Blendenöffnung/kleine Blendenzahl = geringe Schärfentiefe
- kleine Blendenöffnung/große Blendenzahl = große Schärfentiefe

Eine kleine Blendenzahl wie 1,4 steht also für eine große Blendenöffnung, eine große Blendenzahl wie 16 für eine kleine Blendenöffnung. Das liegt daran, dass korrekterweise von f/1,4 gesprochen werden müsste, wobei das f für die Brennweite (englisch *focal length*) steht. Nach den Regeln der Bruchrechnung ist f/1,4 größer als f/16. Die Blende ist bei 1,4 weiter geöffnet, und es fällt mehr Licht durch das Objektiv. Um Verwirrungen zu vermeiden, wird in diesem Buch stets zusätzlich von der Blendenöffnung oder der Blendenzahl gesprochen.

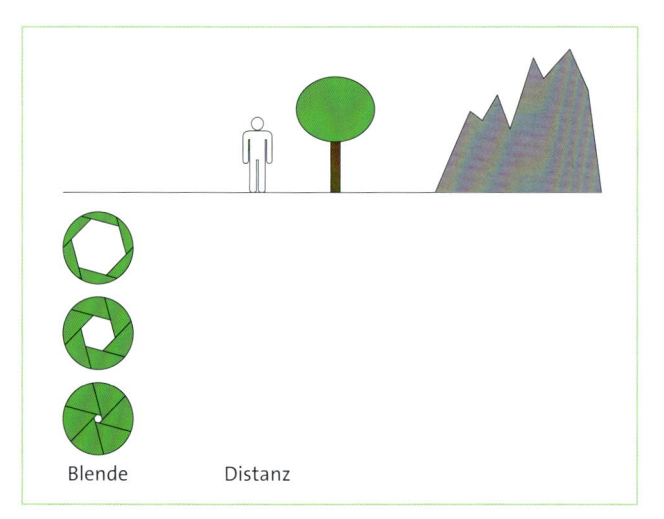

< Abbildung 2.28
Die Ausdehnung der Schärfentiefe bei verschiedenen Blendenöffnungen

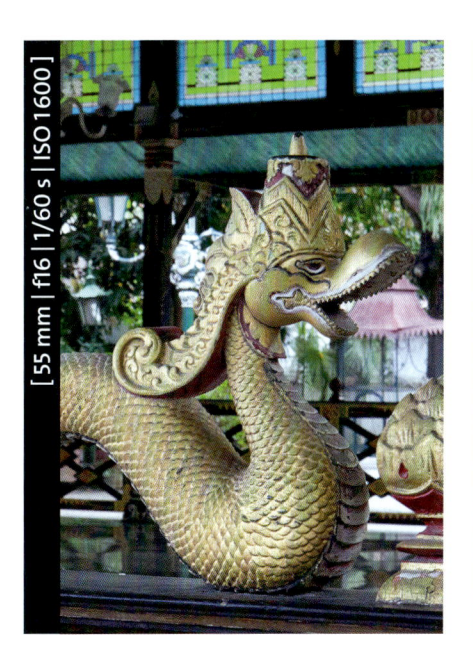

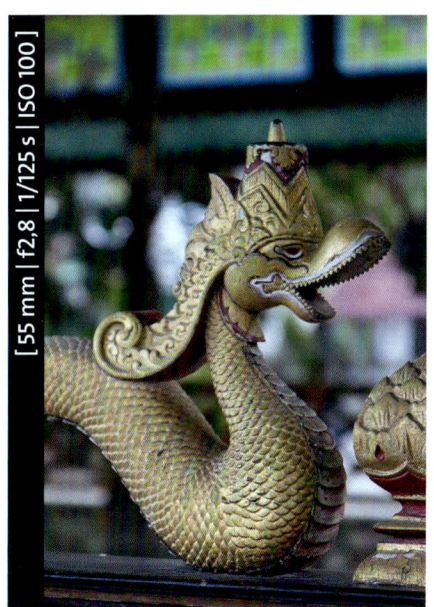

> Abbildung 2.29
> *Links: Bei Blende 16 ist der Hintergrund nahezu scharf – man spricht von hoher Schärfentiefe. Rechts: Bei Blende 2,8 sind Gebäude und Garten im Hintergrund komplett verschwommen. Nur der Drachen im Vordergrund erscheint scharf. Man spricht von geringer Schärfentiefe.*

Woher kommen die krummen Blendenzahlen?

Was hat es mit Zahlen wie f1,4, f2,8 und f3,5 auf sich, und warum ist f1,4 eine große Blende und f16 eine kleine? Um dies zu verstehen, hilft ein Blick auf die Formel zur Berechnung der Blendenzahl: Blendenzahl = Brennweite ÷ absoluten Durchmesser der Blendenöffnung

Von einer Blende zur nächsten verdoppelt beziehungsweise halbiert sich die Menge des Lichts, die auf den Sensor fällt. Bei der Belichtungszeit verdoppelt oder halbiert sich die Lichtmenge nach den Regeln einer einfachen Bruchrechnung. Bei einer Belichtungszeit von 1/100 s kommt halb so viel Licht durch wie bei 1/50 s und doppelt so viel wie bei 1/200 s.

Um die runde Blendenöffnung zu verdoppeln oder zu halbieren, muss die Fläche des Kreises verdoppelt beziehungsweise halbiert werden. Dazu muss dessen Durchmesser mit der Wurzel aus 2 – also ≈ 1,4 – multipliziert beziehungsweise durch ≈1,4 dividiert werden. Das erklärt die Blendenreihe aus Abbildung 2.31.

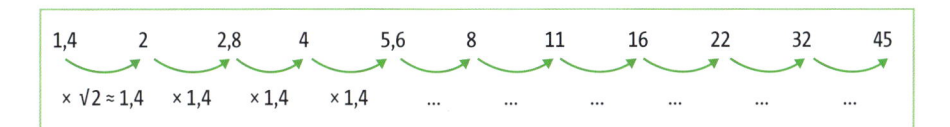

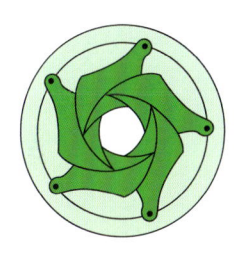

^ Abbildung 2.30
Die Blendenlamellen, hier sind es fünf.

1,4	2	2,8	4	5,6	8	11	16	22	32	45
× √2 ≈ 1,4	× 1,4	× 1,4	× 1,4	...	...	...	...	...	...	

< Abbildung 2.31
Die Blendenreihe für ganze Blenden

Stellhebel 3: der ISO-Wert

Der dritte Parameter, den Sie einstellen können, ist der ISO-Wert. Für ihn gibt es an der EOS 7D Mark II eine eigene Taste neben dem oberen Display. In diesem Menü haben Sie über das Hauptwahlrad die Auswahl zwischen verschiedenen Werten. In das gleiche Menü kommen Sie auch, wenn Sie über [Q] im Monitormenü das Feld **ISO** auswählen.

Sie können mit Hilfe der **ISO**-Taste auch beim Blick durch den Sucher die Einstellungen ändern. Mit dem Hauptwahlrad schalten Sie zwischen den einzelnen Werten um. **A** steht dabei für die automatische Einstellung des ISO-Werts.

Der ISO-Wert gibt die Lichtempfindlichkeit des Sensors an. Je höher der Wert, desto weniger Licht muss auf ihn fallen, damit das Bild korrekt belichtet ist. Wie bei Blende und Belichtungszeit zeigt Ihnen die EOS 7D Mark II die ISO-Werte in Drittelschritten an. Genau wie dort verdoppelt oder halbiert sich die erforderliche Lichtmenge bei einem kompletten Schritt, also etwa von 100 auf 200 und von 400 auf 800. Bei wenig Licht können Sie also die ISO-Zahl entweder manuell erhöhen oder darauf setzen, dass die EOS 7D Mark II dies in der Einstellung **AUTO** selbstständig erledigt. Dabei wird auf eine zur Brennweite passende Belichtungszeit geachtet. Ist diese zu lang, um ein unverwackeltes Bild zu schießen, setzt die EOS 7D Mark II die ISO-Zahl automatisch hoch.

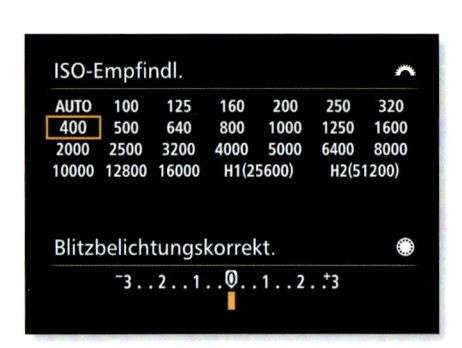

∧ **Abbildung 2.32**
*Die ISO-Einstellungsmöglichkeiten erreichen Sie über die Taste **ISO**.*

Belichtungszeit	Blende	ISO-Wert
1/100 s	f8	ISO 100
1/200 s	f8	ISO 200
1/100 s	f11	ISO 200

∧ **Tabelle 2.2**
Es gibt diverse Möglichkeiten, mit einer Änderung der ISO-Zahl größere oder kleinere Blendenöffnungen beziehungsweise kürzere oder längere Belichtungszeiten zu erreichen.

Mit der Erhöhung des ISO-Werts in Tabelle 2.2 wurde eine Blendenstufe gewonnen. Diese kann auf zwei Arten eingesetzt werden: Entweder wird die Belichtungszeit verkürzt oder die Blende um eine Stufe geschlossen.

Mit höherer ISO-Zahl auch bei wenig Licht Bilder machen zu können, ist eine feine Sache, die allerdings ihren Preis hat. Sie kennen diesen von Radio und Stereoanlage: Beim Aufdrehen der Lautstärke, also dem Verstärken des Signals, kommt es zu einem höheren Rauschen. Die Kameraelektronik liefert einen ganz ähnlichen Effekt. Wie das Bildrauschen bei höheren ISO-Werten aussieht, können Sie gut an der Bilderreihe in Abbildung 2.33 erkennen.

Blendenstufe = Belichtungsdifferenz

Lassen Sie sich nicht vom Wort *Blende* innerhalb des Terminus *Blendenstufe* oder *Blendenschritt* irritieren. Damit ist in diesem Zusammenhang nicht unbedingt die physische Blende im Objektiv, also die durch die Lamellen gebildete Öffnung, gemeint. Stattdessen geht es hier um die Differenz in der Belichtung, die einer Stufe entspricht. Dieser Sprung kann schließlich nicht nur durch eine andere Blende, sondern auch durch eine andere Belichtungszeit umgesetzt werden.

Ab ISO 800 – je nach Bild auch schon ab ISO 400 – ist das Rauschen deutlich zu sehen. Ohne Not sollten Sie deshalb vierstellige ISO-Zahlen nicht verwenden. Manchmal allerdings haben Sie nur die Wahl zwischen zwei Übeln: einem verwackelten Bild mit langer Belichtungszeit und niedrigem ISO-Wert oder einem verrauschten Bild mit hohem ISO-Wert. Entscheiden Sie sich in solchen Fällen lieber für das Rauschen. Dieses Problem ist in der elektronischen Bildbearbeitung durch recht gute Funktionen zur Rauschreduzierung noch halbwegs in den Griff zu bekommen, eine verwackelte Aufnahme dagegen nicht.

‹ ʌ Abbildung 2.33
Bildergebnisse der EOS 7D Mark II bei verschiedenen ISO-Werten. Alle Bilder sind mit dem Stativ entstanden.

ISO – die neuen Megapixel

Werden Signale verstärkt, kommt es zu Rauschen. Soll dieses minimiert werden, bedarf es ausgeklügelter mathematischer Algorithmen und leistungsfähiger Chips in der Kamera. Auf diesem Gebiet gab es in den vergangenen Jahren erhebliche Fortschritte. Denn mit höheren ISO-Werten lassen sich auch bei schlechten Lichtverhältnissen noch akzeptable Belichtungszeiten erzielen.

Die drei Stellhebel aufeinander abstimmen

Belichtungszeit, Blende und ISO-Wert sind die zentralen Parameter, die Sie beim Fotografieren verändern können. Aus gestalterischer Sicht am wichtigsten sind Belichtungszeit und Blende.

- Die Belichtungszeit entscheidet über die Zeitspanne, in der das Licht auf den Sensor trifft, und sie entscheidet über die Darstellung von Bewegung.
- Die Blende regelt, wie viel Licht durch das Objektiv kommt, und beeinflusst die Schärfentiefe.
- Der ISO-Wert schafft als Dritter im Bunde einen zusätzlichen Spielraum bei kritischen Lichtsituationen. Höhere ISO-Einstellungen erlauben auch in dunklen Umgebungen das Fotografieren mit kurzer Belichtungszeit und/oder kleiner Blendenöffnung. Der Preis dafür ist ein höheres Bildrauschen.

Abbildung 2.34 zeigt das Zusammenspiel der verschiedenen Parameter. Die Übertragung des Wasserhahnmodells in die Welt der Fotografie ist ganz einfach: Wird die Blende um eine ganze Stufe geschlossen, halbiert sich die Menge des Lichts, die auf den Sensor fällt. Wird sie geöffnet, verdoppelt sie sich. Solche Blendenstufen sind zum Beispiel: 1,4 • 2 • 2,8 • 4 • 5,6 • 8 • 11 • 16 • 22 • 32. An der EOS 7D Mark II können Sie aber auch Drittelstufen einstellen, also etwa 4,5 oder 7,1.

Die Zeitspanne, für die der Hahn geöffnet ist, steht für die Belichtungszeit. Soll der Eimer gefüllt werden, ist es möglich, das Wasser kurz mit maximaler Kraft strömen zu lassen oder alternativ über einen recht langen Zeitraum jeweils nur ein paar Tropfen durchzulassen. Mit einer Halbierung, also Verkürzung, der Belichtungszeit halbiert sich die Menge des Lichts, das auf den Sensor fällt. Bei einer Verdopplung, also Verlängerung, verdoppelt sie sich. Ist eine Belichtungszeit von 1/400 s eingestellt, kommt demzufolge nur halb so viel Licht in die Kamera wie bei einer Belichtungszeit von 1/200 s.

Die Größe des Eimers symbolisiert in der Analogie den ISO-Wert, der für die Empfindlichkeit des Sensors steht. Je empfindlicher der Sensor eingestellt ist, desto weniger Licht benötigt er für eine korrekte Belichtung. In diesem Fall repräsentiert ein kleiner Eimer einen hohen ISO-Wert, ein großes Gefäß einen kleinen ISO-Wert.

< **Abbildung 2.34**
Das Bild eines Eimers unter einem Wasserhahn verdeutlicht den Zusammenhang zwischen den Parametern Blende, Belichtungszeit und ISO-Wert. Die Öffnung eines Wasserhahns lässt sich mit der Blende vergleichen. Soll ein breiter Strahl – viel Licht – oder nur ein dünnes Rinnsal – wenig Licht – durch die Leitung kommen?

Ob ein dünner Strahl über einen längeren Zeitraum oder eine große Wassermenge schnell in den Eimer strömt, führt letztlich zum gleichen Ergebnis. Die folgende Tabelle zeigt beispielhaft verschiedene Kombinationen aus Blende und Belichtungszeit, die ein jeweils gleich belichtetes Bild ergeben. In der linken Spalte sind ganze Blendenschritte dargestellt. Beim Aufblenden – dem Öffnen der Blende – um einen Schritt verdoppelt sich die Lichtmenge. Soll in dieser Situation ein gleich helles Bild erzielt werden, muss die Belichtungszeit halbiert werden. Genau dies passiert jeweils in der zweiten Spalte.

	Blende	Belichtungszeit	
offen	f2,8	1/500 s	kurz
	f4	1/250 s	
	f5,6	1/125 s	
geschlossen	f8	1/60 s	lang
	f11	1/30 s	
	f16	1/15 s	
	f22	1/8 s	
	f32	1/4 s	

< **Tabelle 2.3**
Unterschiedliche Zeit-Blende-Kombinationen, die zu einem gleich hellen Bild führen

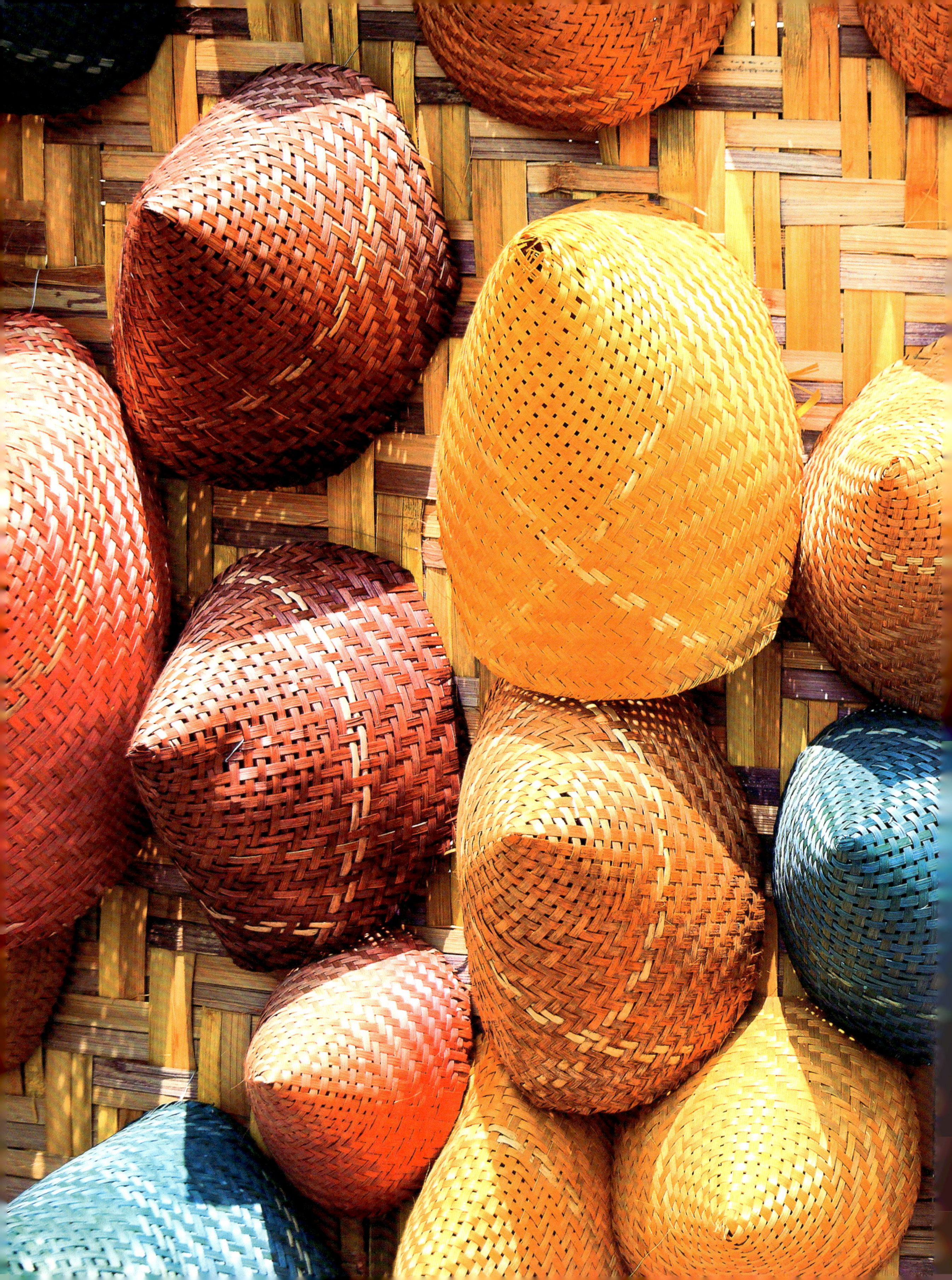

Kapitel 3
Die perfekte Belichtung finden

Der Automatik auf die Sprünge helfen	76
Die Belichtungsmessmethoden der 7D Mark II	80
Die Belichtung gezielt anpassen	86
Belichtungsprobleme erkennen und meistern	89
EXKURS: Mehrfachbelichtungen	104

Der Automatik auf die Sprünge helfen

Im vorigen Kapitel haben Sie die halbautomatischen Programme kennengelernt. Dabei wählt die Kamera die zur Blende beziehungsweise Belichtungszeit jeweils passenden Werte. Bei der 7D Mark II können Sie tief in die Regeln eingreifen, nach denen dies passiert. So ist es möglich zu bestimmen, innerhalb welcher Grenzen die Faktoren Blende, Belichtungszeit und ISO-Wert von der Automatik gewählt werden dürfen. Leider sind die entsprechenden Optionen über verschiedene Untermenüs verteilt. Die Einstellungen für das Verhalten der ISO-Automatik und der Belichtungszeitsteuerung finden Sie im zweiten Aufnahmemenü (**SHOOT2**) unter **ISO-Empfindl. Einstellungen** ❶.

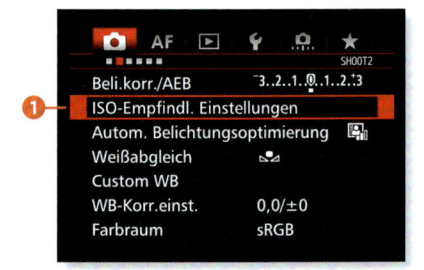

^ Abbildung 3.1
Das Verhalten der ISO-Automatik lässt sich genau steuern. Sie können dabei nicht nur eine obere, sondern auch eine untere Grenze für den ISO-Wert festlegen.

Welche ISO-Zahlen nach einem Druck auf die ISO-Taste überhaupt zur Auswahl stehen, können Sie unter **ISO-Bereich** eingrenzen. Wesentlich interessanter ist die Option **Auto ISO-Bereich**. Hier lässt sich festlegen, innerhalb welcher Grenzen sich der ISO-Wert beim Automatikbetrieb bewegen darf. Dadurch schützen Sie sich vor einem zu hohen Rauschen. Ausgesprochen nützlich ist auch die Möglichkeit, eine untere Grenze zu definieren ❷: Der Unterschied zwischen ISO 100 und 400 ist, was das Bildrauschen betrifft, eher gering. Indem Sie der Kamera vorschreiben, in der **Auto**-Einstellung bei ISO 400 zu starten, gewinnen Sie gegenüber ISO 100 gleich zwei Blendenstufen. Diese können gut für eine kürzere Belichtungszeit und damit mehr Verwacklungsschutz eingesetzt werden.

Ebenso hilfreich sind auch die Einstellungsmöglichkeiten zur Begrenzung der Belichtungszeit (**Min. Verschl.zeit**). Falls Sie hier die Option **Auto** ❸ auswählen, erscheint eine von **Langsamer** bis **Schneller** reichende Skala ❹, wobei ein Schritt einem Blendenwert entspricht. Mit **Schneller** wird die Verschlusszeit im **Av**-Programm folglich um ein bis drei Blendenwerte kürzer als in der Standardeinstellung gewählt. Würde bei Blende 8 zum Beispiel 1/100 s gewählt, können Sie der Automatik eine Verkürzung auf 1/200, 1/400 oder

1/800 s vorgeben. Das ist vor allem bei der Verwendung von Teleobjektiven ohne Bildstabilisator sehr nützlich. Schließlich vernachlässigt die Kamera bei ihrer Interpretation der Kehrwertregel den Cropfaktor: Die Bilder werden im **Av**-Programm nach der Regel 1 ÷ Brennweite in Sekunden und damit eher zu lang belichtet. Bei der Wahl von **Langsamer** in diesem Menü verlängert sich die Belichtungszeit – im obigen Beispiel also auf die Werte 1/50, 1/25 und 1/12 s. Dies kann bei der Arbeit etwa mit dem Stativ oder einem Objektiv mit gutem Bildstabilisator vorteilhaft sein.

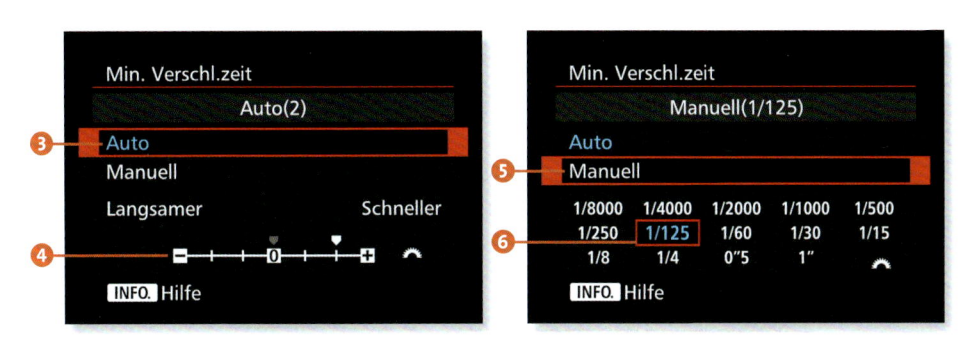

< Abbildung 3.2
Die Einstellungen für die ISO-Bereiche und die minimale Verschlusszeit. Eine vorgegebene minimale Verschlusszeit verhindert Verwackler.

Bei der Einstellung **Manuell** ❺ können Sie der Automatik vorschreiben, dass die Belichtungszeit nicht länger als der hier gewählte Wert sein darf ❻. Beim Fotografieren von Menschen verhindern Sie mit der Einstellung 1/125 s beispielsweise, dass die Belichtungszeit kritisch lang wird, wenn Sie mit weit geöffneter Blende fotografieren. Auch diese zusätzliche Sicherheit wird damit erkauft, dass die Kameraautomatik in solchen Fällen nur noch den ISO-Wert als Stellschraube hat. Je nach Lichtsituation nimmt dieser dann sehr hohe Werte an, und starkes Bildrauschen ist die Folge. Falls der ISO-Wert allerdings an sein Limit stößt, wird die hier eingestellte Belichtungszeitgrenze ignoriert, und die Aufnahme erfolgt trotzdem mit einer längeren Belichtungszeit.

v Abbildung 3.3
Ein höherer ISO-Wert und eine kürzere Verschlusszeit wären hier die bessere Wahl gewesen.

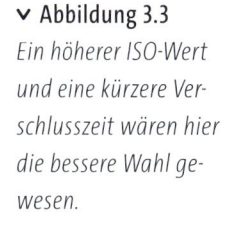

Abbildung 3.3 zeigt ein Bild, bei dem die Sicherheitsmechanismen unter **ISO-Empfindl. Einstellungen** sinnvoll gewesen wären. Im **Av**-Programm mit aktiviertem **Auto-ISO** bei Blende 7,1 hat sich die Automatik für eine Belichtungszeit von 1/50 s bei ISO 100 entschieden. Sinnvoller wäre es gewesen, mit einem höheren ISO-Wert und einer kürzeren Be-

lichtungszeit zu fotografieren. Das hätte kaum zu mehr Rauschen geführt. Die Bewegungsunschärfe im Bereich der zwei Personen im Bild wäre jedoch gesunken.

Eine weitere Funktion zur Steuerung der Belichtungsautomatik finden Sie im zweiten Individualfunktionenmenü (**C.Fn2:Exposure/Drive**). Hier können Sie unter **Einst.Verschlusszeitenbereich** ❶ und **Einstellung Blendenbereich** ❷ festlegen, welche Werte sich mit dem Hauptwahlrad einstellen lassen, und damit bestimmen, auf welche Werte die **Av**- und **Tv**-Automatiken grundsätzlich zurückgreifen dürfen.

Abbildung 3.4 >
Sie können den grundsätzlich verwendbaren Blendenbereich limitieren.

Eine Limitierung der Blende kann sinnvoll sein, wenn Sie beim Fotografieren mit einer lichtstarken Festbrennweite auf Nummer sicher gehen wollen. So ließe sich festlegen, dass das Objektiv *EF 50 mm f/1,4 USM* von Canon im **Tv**-Programm nur ab Blende 2,8 ❸ operieren soll, damit mit Blick auf die Schärfentiefe die Sicherheitsmarge groß genug ist.

Das Ein- und Umstellen der beiden Funktionen ist allerdings kompliziert und zeitraubend. In der Praxis ist es deshalb praktikabler, den Wert im Sucher genau im Auge zu behalten und zur Not manuell gegenzusteuern.

Rettung vor Belichtungsfallen I: Safety Shift

Wenn im Sucher die Werte für Blende oder Belichtungszeit blinken, kann zur voreingestellten ISO-Blende- oder ISO-Belichtungszeit-Kombination kein Wert gefunden werden, der ein korrekt belichtetes Bild produziert. Das passiert in extremen Lichtsituationen, zum Beispiel wenn bei weit geöffneter Blende und langer Belichtungszeit noch immer zu wenig Licht den Sensor erreicht. Natürlich können Sie in diesem Fall den ISO-Wert erhöhen. Manchmal ist dafür jedoch einfach keine Zeit. In solchen Fällen hilft die Funktion **Safety Shift** ❹, die Sie im ersten Individualfunktionenmenü (**C.Fn1:Exposure**) finden.

Diese Funktion schützt Sie vor Fehlbelichtungen, indem sie sich über die eingestellten Werte hinwegsetzt. So würde die Belichtungszeit automatisch verlängert, obwohl sie im **Tv**-Programm auf einen fixen – aber zu kurzen – Wert eingestellt ist. Sofern Sie hier die Option **ISO-Empfindlichkeit** ❻ wählen, ignoriert die Sicherheitsautomatik nicht nur voreingestellte Zeit- und Blendenwerte, sondern verändert auch den ISO-Wert so, dass die Belichtung stimmt. Die Arbeit von **Safety Shift** kann in hektischen Situationen, etwa während einer Sportveranstaltung, ausgesprochen hilfreich sein. Andererseits verlieren Sie die Kontrolle über wichtige Einstellungen und müssen ganz genau darauf achten, welche Werte die Automatik wählt.

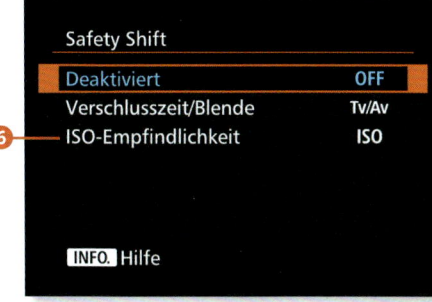

< Abbildung 3.5
*Die Funktion **Safety Shift** kann vor kritischen Situationen schützen – aber auch stark irritieren.*

Rettung vor Belichtungsfallen II: Selbe Belichtung für neue Blende

Im ersten Individualfunktionenmenü (**C.Fn1:Exposure**) finden Sie die Funktion **Selbe Belichtung für neue Blende** ❺. Sie schützt vor Fehlbelichtungen im **M**-Programm. Ein Beispiel verdeutlicht dies: Sie fotografieren mit dem Objektiv *EF-S 18–135 mm f/3,5–5,6 IS STM*. Im **M**-Modus eingestellt sind der ISO-Wert 400, Blende 3,5 und eine Belichtungszeit von 1/200 s. Die Brennweite beträgt 18 mm. Sie machen eine Aufnahme, und das Bild wird korrekt belichtet. Nun drehen Sie am Zoomring des Objektivs auf eine Brennweite von 135 mm. Da das Objektiv bei dieser Einstellung die Blende 3,5 nicht bieten kann, springt der Wert automatisch auf 5,6. Sobald Sie nun den Auslöser erneut drücken, ist das Bild um 1⅓ Blendenstufen unterbelichtet. Bei aktivierter Funktion **Selbe Belichtung für neue Blende** ❺ greift die Automatik ein. Je nachdem, ob Sie **ISO-Empfindlichkeit** ❼ oder **Verschlusszeit** ❽ gewählt haben, werden diese beiden Parameter ohne Ihr Zutun angepasst, so dass die Belichtung stimmt.

ˇ Abbildung 3.6
Bei der Arbeit mit Zoomobjektiven ohne durchgängige Offenblende schützt diese Funktion vor Fehlbelichtungen.

Die Belichtungsmessmethoden der 7D Mark II

Die 7D Mark II verfügt über vier verschiedene Arten der Belichtungsmessung. Sie unterscheiden sich dadurch, welcher Bereich des Bildes in die Berechnung der Bildhelligkeit einfließt. Standardmäßig eingestellt ist die Mehrfeldmessung. Wenn Sie an der 7D Mark II die Taste ⊡ drücken oder – dieser Weg ist umständlicher – das Icon ❶ auswählen, sehen Sie die eingestellte Belichtungsmessmethode ❷. Dort können Sie nun eine der anderen drei Belichtungsmessarten auswählen: die Selektivmessung ❸, die Spotmessung ❹ oder die mittenbetonte Messung ❺.

Abbildung 3.7 >
Die vier verfügbaren Belichtungsmessmethoden: **Mehrfeldmessung** ❷, **Selektivmessung** ❸, **Spotmessung** ❹ *und* **Mittenbetonte Messung** ❺.

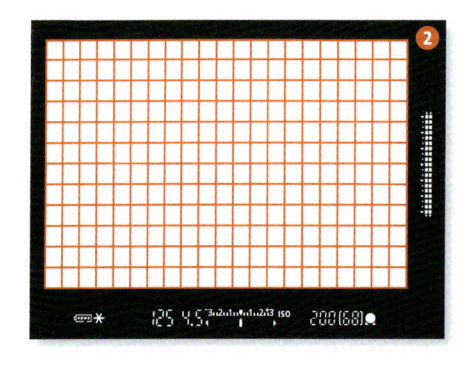

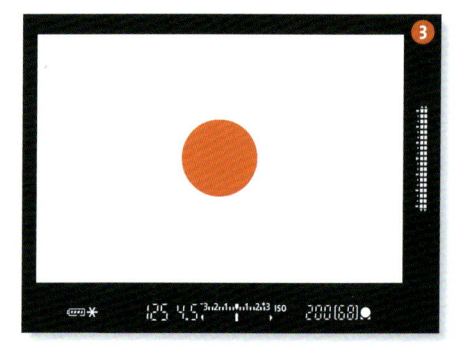

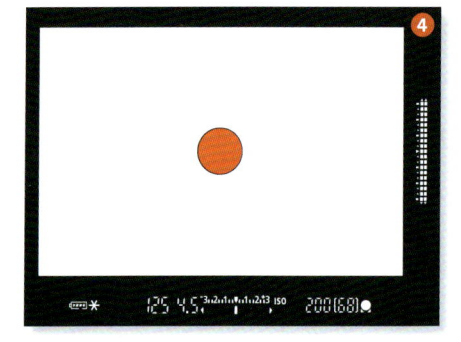

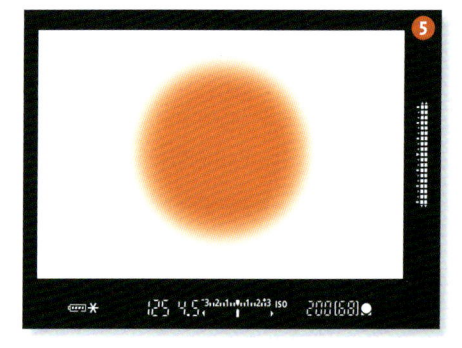

Diese Optionen sind hier vor allem der Vollständigkeit halber aufgeführt. Nicht zuletzt durch das hervorragende EOS iSA-System zur automatischen Motiverkennung, das Sie im nachfolgenden Abschnitt kennenlernen werden, passt die Belichtung meist sogar schon in der Standardeinstellung, der Mehrfeldmessung.

Der Alleskönner: die Mehrfeldmessung ◉

Bei der Mehrfeldmessung misst die 7D Mark II die Belichtung der kompletten, in 252 Felder unterteilten Bildfläche. Eine besondere Rolle spielen diejenigen Autofokusmessfelder, mit denen eine Scharfstellung erzielt wurde. Der dort gemessene Belichtungswert fließt mit einem etwas höheren Anteil in die Gesamtrechnung ein. Das gilt sogar dann, wenn der Autofokusschalter am Objektiv auf **M** gestellt wurde. In den meisten Fällen liefert die Mehrfeldmessung eine sehr ausgewogene Belichtung. Sie ist vom Schnappschuss bis hin zur Fotoreportage vielfältig einsetzbar.

▲ Abbildung 3.8
Die Mehrfeldmessung leistet bei den meisten Motiven gute Dienste.

Für die Messung der Belichtung ist die 7D Mark II mit einem eigenen Sensor ausgestattet, der sich im Prisma der Kamera befindet (siehe den Abschnitt »Wie funktioniert eine Spiegelreflexkamera?« auf Seite 47). Von dort aus erfasst er das Bild mit 150 000 Pixeln in einem 21-×-12-Raster, also unterteilt in 252 Zonen. Zu den Besonderheiten des Sensors gehört, dass er auch Farbinformationen für die Kanäle Rot, Grün und Blau auswerten kann und sogar mit Pixeln ausgestattet ist, die im Infrarotbereich empfindlich sind. Dieses System nennt Canon *EOS iSA (intelligent Subject Analysis)* (englisch für *intelligente Motivanalyse*). Es bringt eine Reihe von Vorteilen: So greift die Automatik auf eine Datenbank mit typischen Motiv- beziehungsweise

Lichtsituationen zurück und kann nun noch genauer erfassen, um welches Motiv es sich handelt. Auf diese Weise erkennt die Kamera beispielsweise anhand von Hauttönen, dass es sich bei dem Motiv um ein Gesicht handelt. Anders als die meisten anderen Kameras bietet das System dadurch nicht nur im Livebild-Betrieb eine Motiverkennung. Die Analyse der einzelnen Farbkanäle verhindert außerdem, dass es in einem Farbbereich zu Überbelichtungen kommt, während das Gesamtbild korrekt belichtet ist. Diese Gefahr besteht besonders bei langwelligem rotem Licht. Aber auch von Grün dominierte Szenen würden ohne eine automatische Korrektur leicht überbelichtet werden.

Mehrfeldmessung mit mehr Intelligenz

Die intelligente Motivanalyse arbeitet lediglich bei der Mehrfeldmessung, der Standardbelichtungsmessmethode. Ein weiterer Grund, nur mit dieser Messmethode zu arbeiten.

Zum anderen kann das System seine Informationen an die Autofokuseinheit weiterreichen. Durch die Motiverkennung ist die automatische Verfolgung mit dem Autofokus leichter möglich. So kann die Autofokusautomatik beispielsweise ein rotes Auto erkennen und die Übergabe von Messfeld zu Messfeld treffsicherer gestalten. Canon bezeichnet diese Technologie als *EOS iTR* (*intelligent Tracking and Recognition*) (englisch für *intelligente Nachführung und Erkennung*). Sie funktioniert allerdings nur, wenn der AF-Bereich-Auswahlmodus auf eine der folgenden drei Optionen gesetzt ist:

❶ AF-Messfeldwahl in Zone (Manuelle Auswahl einer Zone)
❷ AF-Messfeldwahl in großer Zone (Manuelle Auswahl einer Zone)
❸ Automatische Wahl der 65 AF-Messfelder

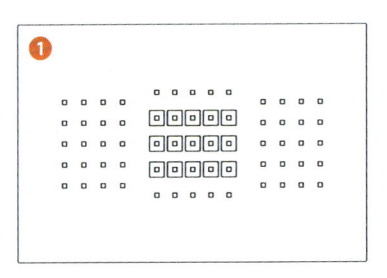

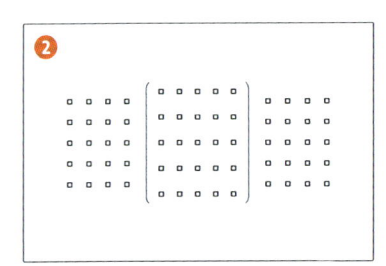

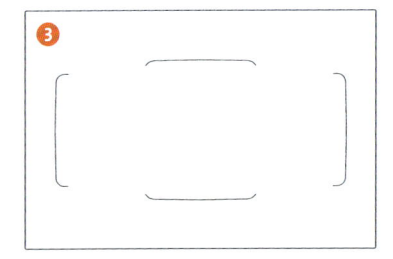

⌄ **Abbildung 3.9**
In diesen AF-Bereich-Auswahlmodi funktioniert die intelligente Nachführung und Erkennung (iTR).

Sie können iTR im vierten Autofokusmenü (**AF4**) unter **Auto-AF-Pktw.: EOS iTR AF** ❹ deaktivieren. Mit eingeschaltetem iTR dauert der Autofokus nur einen

Hauch länger, und die Geschwindigkeit der Reihenaufnahme verringert sich von rund 10 auf 9,5 Bilder pro Sekunde. Da dies nicht weiter ins Gewicht fällt, ist es sinnvoll, diese nützliche Funktion eingeschaltet zu lassen.

Trotz ausgefeilter Technik kann die EOS 7D Mark II nicht wissen, was Sie fotografieren wollen. Dementsprechend sind die Belichtungsmodi nur der Versuch, für unterschiedliche Szenarien passende Messsysteme anzubieten. Durch Technologien wie die intelligente Motivanalyse (iSA) (siehe Seite 81 in diesem Kapitel) liegt die Mehrfeldmessung fast immer richtig. Die übrigen Messmethoden sind eher historische Überbleibsel aus der Canon-EOS-Geschichte, die von Kamera zu Kamera mitgeliefert werden, ohne noch wirklich von großer praktischer Bedeutung zu sein.

In sehr schwierigen Lichtsituationen ist es ohnehin wesentlich effizienter, nach einem Kontrollschuss mit einer Belichtungskorrektur, die Sie auf Seite 88 in diesem Kapitel kennenlernen, zu einem guten Ergebnis zu kommen. Mit ein wenig Erfahrung und den hier vorgestellten Techniken gelingt es auch ohne Änderung der Messmethode, die Belichtung den eigenen Wünschen anzupassen. Die Mehrfeldmessung ist dafür die ideale Ausgangslage.

▲ Abbildung 3.10
An dieser Stelle können Sie iTR ausschalten.

Licht am Rand: Selektiv- und mittenbetonte Messung

Bei der Selektivmessung misst die 7D Mark II nur einen mittleren Ausschnitt, der etwa 6 % der gesamten sichtbaren Sucherfläche ausmacht. Was sich außerhalb dieses Bereichs abspielt, ist für die Belichtungseinstellung irrelevant. Bei der mittenbetonten Messung wird – wie bei der Mehrfeldmessung – das gesamte Bild betrachtet. Allerdings fließen die Elemente in der Mitte des Bildes etwas stärker in die Berechnung der Belichtung mit ein. Beide Messmethoden sind dann hilfreich, wenn besonders helles oder dunkles Licht am Rand die Belichtungsmessung nicht verwirren soll.

[35 mm | f8 | 1/60 s | ISO 100]

Abbildung 3.11 >
Die Selektivmessung ignoriert sehr helle oder dunkle Randbereiche.

Somit spielen sie ihre Vorteile theoretisch bei Gegenlichtaufnahmen aus. Auch solche Situationen erkennt die intelligente Motiverkennung bei der Mehrfeldmessung allerdings recht gut. Damit haben diese beiden Messmethoden ihre Bedeutung eingebüßt.

Der Spezialist: die Spotmessung

Die sicherlich interessanteste Variante der Belichtungsmessung ist die Spotmessung. Wie bei der Selektivmessung wird nur ein Bereich im Zentrum des Sucherbildes gemessen. Dieser ist kleiner als der Bereich der Selektivmessung und wird bei aktivierter Spotmessung im Sucher eingeblendet. Sie können damit ganz gezielt einzelne Bereiche eines Motivs anpeilen, um dort punktgenau die Belichtung zu messen. Wo die Selektivmessung noch ein komplettes Haus erfassen würde, ermöglicht die Spotmessung zum Beispiel die gezielte Messung auf ein hervorstechendes Fassadenelement.

[300 mm | f5,6 | 1/400 s | ISO 800]

^ Abbildung 3.12
Die Spotmessung in Aktion: Die dunklen Bildbereiche hätten bei anderen Messmethoden zu einer Überbelichtung geführt.

In der Praxis

Wenn Sie das **M**-Programm verwenden möchten, können Sie mit der Spotmessung im **Av**- oder **Tv**-Programm an mehreren kritischen Punkten Messungen vornehmen, daraus einen Mittelwert bilden und schließlich eine passende Blende und die entsprechende Belichtungszeit unter **M** einstellen.

Die Spotmessung birgt in hektischen Situationen Gefahrenpotenzial und erfordert deshalb einige Erfahrung. Landet zum Beispiel ein sehr dunkles Bildelement zufällig unter dem Messfeld, wird dieses als Ausgangswert für die Belichtung des ganzen Fotos herangezogen. Eine Überbelichtung ist womöglich die Folge. Bei anderen Messarten wäre ein solch kleiner Bereich dagegen kaum weiter ins Gewicht gefallen und entsprechend korrekt dargestellt worden.

Die Belichtungswerte speichern

Mit den Messmethoden Selektivmessung, mittenbetonte Messung und Spotmessung können Sie einen abgegrenzten Punkt oder einen größeren Bereich innerhalb des Sucherbildes anmessen. Sie drücken den Auslöser halb durch, und die 7D Mark II zeigt Ihnen im Sucher und auf dem Monitor die gemessenen Werte für Blende, Belichtung und ISO-Einstellung an. Falls Sie nun die Kamera schwenken, um einen anderen Ausschnitt zu wählen, ändern sich auch diese Belichtungswerte. Ein wenig anders verhält es sich bei der Mehrfeldmessung. Hier bleibt der Wert bestehen, solange der Auslöser halb gedrückt wird. Auch in den anderen Messarten gibt es jedoch eine Möglichkeit, mit der die einmal vorgeschlagene Zeit-Blende-Kombination so lange gespeichert bleibt, bis Sie das Bild geschossen haben. Drücken Sie dafür einfach die **Sterntaste** ✶. Der kleine Stern, der daraufhin links im Sucher erscheint, quittiert den Vorgang. Sie können die Funktion der **Sterntaste** verändern oder das gleiche Verhalten einer anderen Taste zuweisen. Mehr dazu erfahren Sie in Kapitel 5 »Die Tastenbelegung der 7D Mark II anpassen«.

Wird die Belichtung mit dieser Methode gespeichert, nutzt die Automatik dafür bei der manuellen Wahl eines Autofokusfelds den dort gemessenen Wert. Bei der automatischen Messfeldwahl wird der Wert der Autofokusfelder genommen, für die eine Scharfstellung erzielt wurde. Diese Regeln gelten allerdings nur für die Mehrfeldmessung. Bei allen anderen Belichtungsmessarten wird der Belichtungswert des zentralen Autofokusmessfelds verwendet. Weitere Informationen zur Auswahl der Autofokusmessfelder finden Sie im Abschnitt »Die Autofokusbereiche der 7D Mark II« auf Seite 112.

⌗ **Belichtungsunterschiede genau erkennen**
Bei aktiver Belichtungsspeicherung ändert sich die Anzeige am rechten Sucherrand. Der zweite Punkt gibt an, wie groß die Belichtungsdifferenz zwischen der aktuell im Sucher zu sehenden Stelle und der gespeicherten Belichtung ist. So zeigt das Beispiel einen Unterschied von zwei Blendenstufen.

∧ Abbildung 3.13
*Die **Sterntaste** ❶ auf der Rückseite der 7D Mark II*

∧ Abbildung 3.14
Die Anzeige der Belichtungsspeicherung

Die Belichtung gezielt anpassen

Im vorherigen Abschnitt haben Sie erfahren, wie die Kamera die Belichtung misst. In den meisten Fällen liefern diese Automatiken perfekt belichtete Bilder. Das liegt unter anderem daran, dass die EOS 7D Mark II versucht, eine ausgewogene mittlere Belichtung zu finden. Bei dieser gewinnen weder die dunklen noch die hellen Bildelemente die Oberhand.

Was aber, wenn diese – in den meisten Konstellationen passende – Rechnung bei Ihrem Motiv einmal nicht aufgeht? Etwa weil Sie gerade in glitzerndem hellem Schnee oder im dunklen Bergwerk stehen – sich also in einer Situation befinden, in der der Überfluss beziehungsweise Mangel an Licht geradezu typisch ist und daher mit auf das Foto soll? In diesen Fällen empfiehlt es sich, in die Automatik der EOS 7D Mark II einzugreifen und eine Korrektur vorzunehmen.

Dies ist erforderlich, da die Kamera bei der Belichtungsmessung durch das Objektiv nur die vom Motiv reflektierte Lichtmenge messen kann, nicht aber das Umgebungslicht. Ob ein helles Objekt schwach beleuchtet oder ein sehr dunkles Element hell angestrahlt wird, ist für die Kamera nicht zu unterscheiden. Bei der Berechnung für die richtige Belichtung geht die Elektronik deshalb der Einfachheit halber davon aus, dass der angemessene Motivteil einem mittleren Grau entspricht. Die EOS 7D Mark II ordnet dem gemessenen Wert einfach eine mittelhelle Farbe zu und steuert Blendenöffnung, Belichtungszeit und ISO-Wert entsprechend.

»18 % Grau« ist alle Theorie

Es ist gelegentlich zu hören, dass 18 % Grau einem mittleren Grau entspräche. Dieser Wert ist theoretischer Natur, hat sich jedoch im Druckwesen bewährt. Die Belichtungstechnik von Kameras und externen Belichtungsmessern ist allerdings meist auf einen anderen Wert geeicht. Genaue Angaben dazu liefert Canon nicht, der Hersteller von Belichtungsmessern Sekonic arbeitet beispielsweise mit einem Wert von 15 %. Mit diesem Wert sind auch die Bilder aus der 7D Mark II gut belichtet. Die Abweichung vom vermeintlichen 18 %-Standard hängt zum einen mit dem Dynamikumfang der Kamerasensoren zusammen, zum anderen gibt es in der Praxis keine weißen Motive, die 100 % des Lichts reflektieren beziehungsweise so schwarz sind, dass das Licht komplett geschluckt wird.

Diese einfache Methode, die sich in vielen Fällen bewährt, versagt zwangsläufig bei Motiven, die sehr dunkel oder sehr hell sind. Ein weißer Schneehase in seinem Element oder ein dunkles Auto vor einem Tunnel wird im automatisch belichteten Bild grau dargestellt. Für die 7D Mark II repräsentieren die beiden Beispielmotive lediglich helle und dunkle Bildelemente, die, der Mittelwertmethodik folgend, abgedunkelt oder aufgehellt werden müssen.

Um nun dem Schließen der Blende oder dem Verkürzen der Belichtungszeit durch die Kamera entgegenzuwirken, ist ein gezieltes Überbelichten nötig. Überbelichten bedeutet, dass die Blende geöffnet oder die Belichtungszeit verlängert wird. In beiden Fällen gerät mehr Licht auf den Sensor, das Bild wird heller. Beim Unterbelichten wird die Blende weiter geschlossen oder die Belichtungszeit verkürzt, das Bild wird dunkler.

⌄ **Abbildung 3.15**
Ohne Unterbelichtung würde in dieser Nachtaufnahme der schwarze Hintergrund zu einem faden Grau.

⌐ ¬ Der Begriff »Abblenden«

Wie Sie schon wissen, bezeichnet der Begriff »Blende« im reinen Wortsinn die Lamellen im Objektiv. Der Ausdruck wird jedoch im weiteren Sinne auch als Synonym für den Belichtungswert verwendet. »Das Bild wurde um eine Blende beziehungsweise eine Blendenstufe unterbelichtet« oder »Hier musste abgeblendet werden« kann also nicht nur bedeuten, dass etwa die Blende von 1,4 auf 2 verstellt wurde, sondern auch, dass die Belichtungszeit von 1/200 auf 1/400 s oder die ISO-Zahl von 200 auf 100 gestellt wurde. Lassen Sie sich davon nicht verwirren!

Abbildung 3.16 in der Schritt-für-Schritt-Anleitung »Eine Belichtungskorrektur einstellen« auf der folgenden Seite zeigt die Wirkung einer gezielten Überbelichtung. Beim Fotografieren im Schnee muss die Belichtung also nach oben korrigiert werden. Umgekehrt ist es bei einem dunklen Auto, hier gilt es unterzubelichten. Dieser Zusammenhang erscheint auf den ersten Blick vielleicht merkwürdig. Soll nicht bei viel Licht die Blende eher geschlossen oder die Belichtungszeit verkürzt werden? Genau dieser Annahme ist die Kamera gefolgt und hat damit das Bild falsch belichtet.

[32 mm | f4,5 | 1/30 s | ISO 800 | –1⅓ | Stativ]

Eine Belichtungskorrektur einstellen
SCHRITT FÜR SCHRITT

1 Belichtung nach oben/unten korrigieren
Tippen Sie den Auslöser an und drehen Sie anschließend das Schnellwahlrad nach rechts oder links. Der Schalter für die Multifunktionssperre darf dabei nicht auf **LOCK** ❶ stehen! Alternativ lässt sich die Belichtung über den Schnelleinstellungsbildschirm korrigieren, also mit einem Druck auf die **Q**-Taste über die Belichtungskorrekturdarstellung auf dem Monitor ❷.

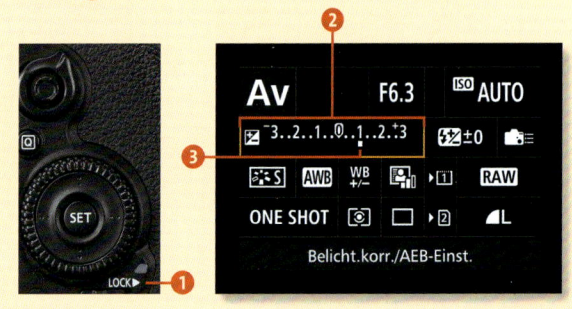

Bildteilen fehlt es an Zeichnung. Eine Überbelichtung um 1⅓ Blendenstufen schafft hier Abhilfe.

▲ **Abbildung 3.16**
Das Bild musste nachträglich um 1⅓ Blendenstufen aufgehellt werden.

2 Belichtungsskala prüfen
Auf dem Monitor und dem oberen Display erscheint die Anzeige der Überbelichtung (rechts von der Mitte ❸) oder Unterbelichtung (links von der Mitte) in Drittel-Blendenstufen. Die gleiche Darstellung ist auch im Sucher zu sehen.

3 Passende Korrektur einstellen
Bei dem folgenden Bild eines Luchses vor weißem Hintergrund war die Elektronik überfordert. Das Weiß wird zu Grau, die Struktur des Fells ist kaum noch zu erkennen. In dunklen

☑ **Die Belichtung im M-Programm steuern**
Bei der 7D Mark II gibt es auch im **M**-Programm eine Belichtungskorrektur. Diese funktioniert natürlich nur dann, wenn der ISO-Wert auf **Auto** steht. In dieser Konstellation passt die Kamera den ISO-Wert an die gewählte Kombination aus Blende und Belichtungszeit an. Der im **M**-Programm als Belichtungsmesser fungierende Balken steht folglich permanent in der Mittelstellung. Bei einer gezielten Unterbelichtung wird der ISO-Wert auf einen niedrigeren Wert gesetzt. Die Belichtungskorrektur im **M**-Programm funktioniert nicht über das Schnellwahlrad, sondern nur über das Schnelleinstellungsmenü, wie in Schritt 1 beschrieben.

Warum das passiert, wird klar, wenn man sich die Funktionsweise der Belichtungsautomatik verdeutlicht. Ob das »viele Licht« von einem hellen Sommerhimmel, einer starken Lampe oder einer Schneelandschaft herrührt, kann die Elektronik nicht wissen. Sie wird deshalb gegensteuern und Blende sowie Belichtungszeit so verkleinern beziehungsweise verkürzen, dass weniger Licht auf den Sensor kommt. Die Elektronik ist dabei bestrebt, jedes Bild auf einen mittelhellen Wert zu belichten.

Bei einer *Belichtungskorrektur* wird die für die Belichtung vorgeschlagene Kombination aus Blende, Belichtungszeit und ISO-Wert nur als Ausgangsbasis benutzt. Anschließend korrigieren Sie die Werte um den gewünschten Faktor nach oben oder unten.

Wenn Sie eine Belichtungskorrektur einstellen, wird die im **Tv**-Programm voreingestellte Belichtungszeit beibehalten, die Blende wird jedoch weiter geöffnet oder geschlossen, als es die Automatik im Normalfall umsetzen würde. Umgekehrt bleibt die im **Av**-Programm gewählte Blende gleich, und die Belichtungszeit wird entsprechend verkürzt oder verlängert. Im **P**-Programm versucht die Kameraautomatik, eine verwacklungssichere Belichtungszeit zu bieten. Deswegen ändert sich hier vorrangig der Blendenwert. Bei der ISO-Einstellung **AUTO** wird in allen Programmen auch dieser Parameter für eine Belichtungskorrektur genutzt. Den genauen Algorithmus verrät Canon nicht, aber grundsätzlich wird zum Beispiel eher der ISO-Wert erhöht, als dass die Belichtungszeit für eine Aufnahme ohne Stativ zu lang wird.

Belichtungsprobleme erkennen und meistern

Zu dunkle oder zu helle Bereiche im Bild stören auf unterschiedliche Weise. In vollkommen schwarzen Bereichen eines Fotos sind keinerlei Details mehr zu erkennen, ihm fehlt dort die *Zeichnung*.

Abbildung 3.17 >
Diese Landschaft wurde gegen das Abendlicht fotografiert. Hier macht es nichts aus, dass schwarze Bildteile keine Zeichnung mehr haben.

Fehlende Zeichnung ist nicht in jedem Fall ein Problem, denn häufig verbergen sich im Schatten keinerlei Motivteile, die dem Betrachter einen Mehrwert bieten würden. In diesem Fall dürfen sie getrost »absaufen«. Ein weiteres Beispiel für problemlos dunkle Motivteile sind scherenschnittartige Darstellungen im Abendlicht. Im Fall von Abbildung 3.18 wurde durch eine Unterbelichtung der Effekt gezielt herbeigeführt.

Etwas anders sieht es bei sehr hellen Bildbereichen aus. Vor diesen kann Sie die Kamera warnen: Sofern Sie im dritten Wiedergabemenü (**PLAY3**) ❷ die Option **Überbelicht.warn** aktiviert haben, blinken bei der Bildwiedergabe überbelichtete Stellen schwarz auf ❶. In diesen blinkenden, »ausgefressenen« Bereichen können keine Farbinformationen mehr festgestellt werden. Wird ein solches Foto ausgedruckt, versprüht der Druckkopf bei diesen Bildteilen keine Tinte. Lediglich das blanke Papier ist an diesen Stellen zu sehen – nicht unbedingt ein schöner Anblick.

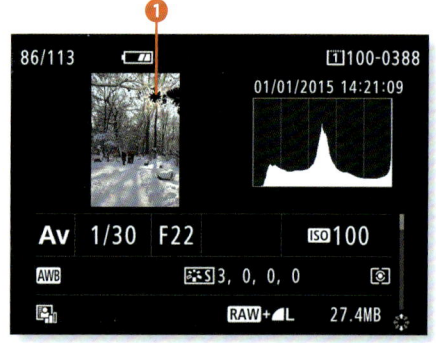

< ∧ Abbildung 3.18
Der hohe Dynamikumfang führt zwangsläufig zu ausgebrannten Stellen. Diese blinken schwarz auf ❶.

Es empfiehlt sich daher grundsätzlich, solche Überbelichtungen zu vermeiden – übrigens auch dann, wenn tatsächlich eine weiße Fläche, etwa eine Hausfassade, dargestellt werden soll. Wenigstens ein Minimum an Zeichnung sollte in solchen Aufnahmesituationen auch in diesen Bereichen erkennbar sein. Es kommt also darauf an, sich der kritischen Belichtungsgrenze schrittweise anzunähern, ohne sie tatsächlich zu übertreten. Dabei hilft das Histogramm.

Das Histogramm verstehen und anwenden

Die Beurteilung der korrekten Belichtung muss unterwegs über den Monitor erfolgen. Doch gerade an sehr sonnigen Tagen ist das gar nicht so einfach. Bilder, die auf den ersten Blick viel zu dunkel erscheinen, entpuppen sich zu Hause am Computer als vollkommen in Ordnung. Um auch an der Kamera selbst die Belichtung sehr schnell und einfach überprüfen zu können, gibt es das *Histogramm*.

Die Monitorhelligkeit verändern – besser nicht

Bei der Bildwiedergabe kommen Sie mit einem Druck auf die Taste in ein Menü zur Veränderung der Monitorhelligkeit. Eine gefährliche Funktion, die Sie nur mit äußerster Vorsicht verwenden sollten, denn damit erhalten Sie womöglich einen falschen Eindruck von der Bildhelligkeit Ihrer Aufnahmen. Das Histogramm dagegen liefert Ihnen unmittelbar verlässliche Werte.

Wenn Sie beim Betrachten eines Bildes zweimal die **INFO**-Taste drücken, sehen Sie es: ein weißes Gebirge mit einzelnen Spitzen. Was auf den ersten Blick wie ein komplexes Diagramm erscheint, stellt tatsächlich einen relativ einfachen Sachverhalt dar: Zu sehen ist die Helligkeitsverteilung der einzelnen Pixel des Bildes.

Jedes digitale Bild setzt sich aus einzelnen *Pixeln*, also Bildpunkten, zusammen. Das der 7D Mark II besteht standardmäßig aus 3 648 × 5 472 Pixeln. Das sind rund 20 Millionen Pixel – die Megapixelzahl.

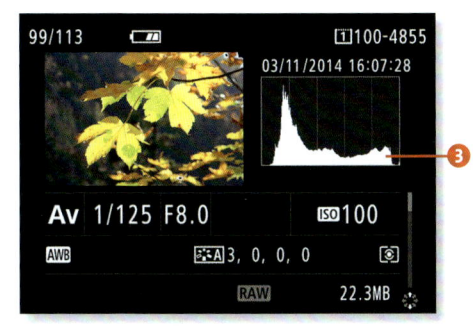

< **Abbildung 3.19**
Das Histogramm ❸

Abbildung 3.20 ∧ >
Hier sammeln sich die Helligkeitswerte auf der rechten Seite, der Himmel weist kaum Zeichnung auf.

[16 mm | f8 | 1/125 s | ISO 100]

Belichtungssicherheit dank Live-Histogramm

Auch im Livebild-Betrieb lässt sich das Histogramm hervorragend für die Beurteilung der Belichtung nutzen. Drücken Sie einfach die **INFO**-Taste dreimal, und ein kontinuierlich aktualisiertes Histogramm erscheint.

Stellen Sie sich die Bildpunkte des Bildes als kleine Bauklötze vor. Interessant sind in diesem Fall nur die Helligkeitswerte, deshalb spielt die Farbe bei dieser Art Histogramm keine Rolle. Nun werden die einzelnen Pixel – hier also die Steine – der Helligkeit nach geordnet und gestapelt. Die vollkommen schwarzen kommen ganz auf die linke, die absolut weißen ganz auf die rechte Seite. Dazwischen werden alle Steine von dunkel nach hell (von links nach rechts betrachtet) geordnet. Das Ergebnis ist das Histogramm des Bildes. Mit ein wenig Übung lässt sich anhand des Histogramms erkennen, ob das Bild über- oder unterbelichtet ist.

Manchmal können leicht unter- oder überbelichtete Bilder noch durch Nachbearbeitung am Computer in Form gebracht werden. Insbesondere in solchen Fällen zeigen sich die Vorteile des RAW-Formats: Mit einem RAW-Konverter wie dem mit der 7D Mark II ausgelieferten *Digital Photo Professional* lässt sich die Belichtung des Bildes innerhalb eines Rahmens von einer bis zwei Blendenstufen nachträglich retten. Weitere Informationen dazu finden Sie in Kapitel 14, »Fotos einfach nachbearbeiten«.

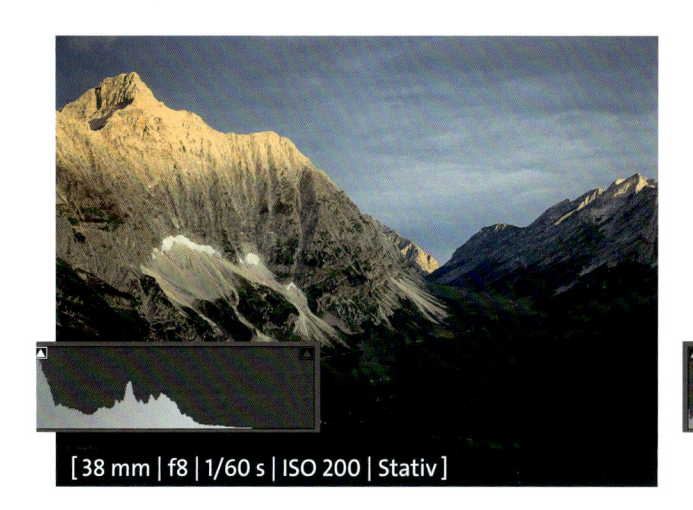

˄ Abbildung 3.21
Die dunkle Stimmung trägt zur dramatischen Wirkung des Bildes bei. Die abgeschnittenen dunklen Bereiche (Tiefen) zeigen jedoch, dass hier Farbinformationen verloren gegangen sind.

˄ Abbildung 3.22
Ein ausgewogen belichtetes Bild: einzelne dunkle und helle Bereiche und eine Vielzahl von Stellen mit mittlerer Helligkeit

Histogrammanzeige mit Mehrwert

Die weißen vertikalen Striche ❶ zeigen im Histogramm jeweils eine Blendenstufe Differenz an. Bei der Histogrammdarstellung können Sie mit dem Multi-Controller durch verschiedene Zusatzinformationen zum aufgenommenen Bild blättern. Unter anderem sehen Sie auch eine Darstellung des Histogramms, bei dem die drei Farbkanäle Rot, Grün und Blau einzeln dargestellt werden ❷.

˄ Abbildung 3.23
Die Histogrammdarstellung der EOS 7D Mark II

Gerade bei einer kritischen Konstellation empfiehlt es sich, eher »zu den Lichtern hin« zu belichten. Das Abdunkeln von leicht überbelichteten Stellen funktioniert wesentlich besser als das nachträgliche Aufhellen zu dunkler Bereiche. Der Grund: In den Schatten – den dunklen Partien – sind insgesamt weniger Tonwerte vorhanden als in den hellen Bereichen. Das liegt daran, dass der Sensor der Kamera von dort weniger Farbinformationen liefert. Werden diese durch ein Anheben der Belichtung weiter aufgespreizt, also auf weitere Positionen verteilt, entstehen Brüche in den Farbverläufen. All diese Probleme lassen sich vermeiden, wenn schon bei der Aufnahme die Belichtung stimmt. Mit Hilfe des Histogramms funktioniert das in den meisten Fällen ziemlich gut.

Automatische Belichtungsoptimierung

Wenn Sie die Taste Q wählen und zum Symbol für die **Automatische Belichtungsoptimierung** ❶ wechseln, können Sie diese in vier verschiedenen Stufen aktivieren. Die Standardeinstellung ist dabei eine gute Wahl. Mit dieser Funktion werden Verluste in der Detaildarstellung von dunklen und hellen Teilen eines Bildes kompensiert. Dunkle Bereiche hellt die Automatik der EOS 7D Mark II dazu ein wenig auf, so dass sie nicht ins Schwarze »absaufen«. Helle Bildpartien wiederum werden ein wenig abgedunkelt, so dass sie nicht »ausbrennen«. Damit ist die **Automatische Belichtungsoptimierung** besonders in kontrastreichen Lichtsituationen hilfreich.

Falls Blende und Belichtungszeit im **M**-Programm von Hand eingestellt werden, kann die Automatik das gewünschte Bildergebnis zunichtemachen. Deshalb lässt sich die Funktion für diesen Fall deaktivieren ❷.

Anders als JPEG-Bilder sind RAW-Dateien von den Anpassungen nicht betroffen. Wenn Canons eigene Software *Digital Photo Professional* zum Einsatz kommt, wird die hier gewählte Option allerdings berücksichtigt, und die Software führt selbstständig eine entsprechende Optimierung aus.

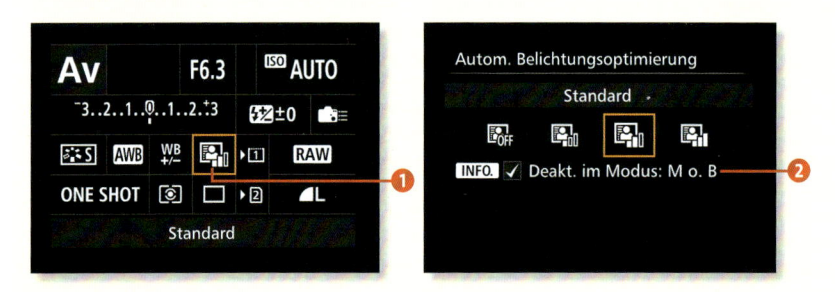

∧ Abbildung 3.24
Symbol für die **Automatische Belichtungsoptimierung** *und deren Auswahlmöglichkeiten*

Eine Belichtungsreihe fotografieren
SCHRITT FÜR SCHRITT

1 Den Befehl auswählen
Drücken Sie die **Q**-Taste und gehen Sie zur Belichtungsstufenanzeige ❶. Wie bei allen Optionen bei dieser Monitordarstellung können Sie die Parameter nun direkt verstellen. In diesem Fall führt neben dem Schnellwahlrad ⊙ auch das Hauptwahlrad ⚙ zum Ziel. In das entsprechende Menü gelangen Sie nach einem Druck auf **SET**.

2 Die Parameter einstellen
Mit dem Hauptwahlrad ⚙ können Sie einstellen, um wie viele Blendenstufen bei den einzelnen Bildern vom Mittelwert ❷ abgewichen werden soll. Die großen Balken ❹ markieren jeweils eine Stufe, die kleinen ❸ jeweils einen Drittelschritt. Per Dreh am Schnellwahlrad können Sie zudem einen anderen Ausgangspunkt ❺ der Reihenaufnahmen definieren. Auf diese Weise lassen sich zum Beispiel eine starke, eine mittlere und eine sehr moderate Unterbelichtung durchführen.

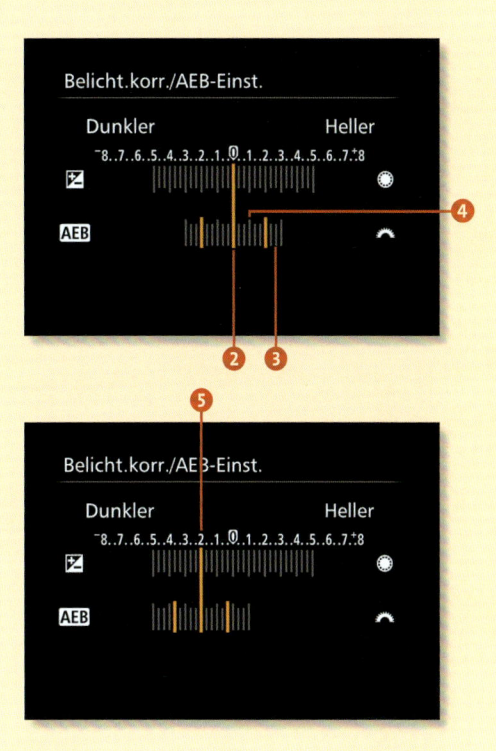

Tipp
Über das erste Individualfunktionenmenü (**C.Fn1:Exposure**) können Sie unter **Anzahl Belichtungsreihenaufn.** die Zahl der Aufnahmen auf zwei verringern oder auf fünf oder sieben erhöhen.

3 Fotografieren
Drücken Sie dreimal hintereinander auf den Auslöser. Wenn Sie die Betriebsart auf **Reihenaufnahme** gestellt haben, schießt die 7D Mark II die Bilder mit einem Fingerdruck in kurzer Folge. Schalten Sie die Belichtungsreihenautomatik wieder aus, sonst geht es im gleichen Rhythmus weiter.

Umstrittener Helfer: die Tonwertpriorität

Im dritten Aufnahmemenü (**SHOOT3**) finden Sie eine viel diskutierte Funktion zur Bildoptimierung: Das Aktivieren der **Tonwertpriorität** soll laut Canon vor hellen Bildbereichen ohne Zeichnung schützen. Dies sei besonders in anspruchsvollen Belichtungssituationen hilfreich. Wo normal aufgenommene Bilder nur ausgebrannte Stellen zeigten, würden mit der Tonwertpriorität geschossene Fotos noch ausreichend Details aufweisen.

An Funktion und Wirksamkeit dieser Kameraoption scheiden sich die Geister. Schließlich kann auch die beste Automatik die Grenzen des Dynamikumfangs des Sensors nicht weiter ausdehnen. So kommt auch beim Einsatz der Tonwertpriorität letztlich nur ein einfacher Trick zum Einsatz: Die analogen Signale des Sensors werden bei der Umwandlung ins Digitale so interpretiert, als wäre die ISO-Stufe niedriger eingestellt, beispielsweise ISO 100 statt 200. Die Belichtungsmessung arbeitet jedoch mit dem höheren Wert, im Beispiel also mit ISO 200. Damit wird bei der Aufnahme gezielt um eine Blendenstufe unterbelichtet. So soll zusätzlicher Spielraum gewonnen werden, bevor ausgebrannte Stellen im Bild auftauchen. Zugleich ist damit erklärt, warum bei aktivierter Tonwertpriorität der minimal einstellbare ISO-Wert 200 beträgt. Bei ISO 100 müsste die Aufnahme mit ISO 50 erfolgen, was der Sensor nicht leisten kann.

^ Abbildung 3.25
Die Tonwertpriorität soll vor ausgebrannten Bildbereichen schützen.

[116 mm | f5,6 | 1/200 s | ISO 200 | +1]   [116 mm | f5,6 | 1/250 s | ISO 200 | +1]

^ Abbildung 3.26
Mit aktivierter Tonwertpriorität (rechts) ist das Fell des Hundes weniger ausgebrannt.

Die Unterbelichtung wird anschließend natürlich korrigiert – sei es bei der JPEG-Entwicklung in der Kamera oder bei der RAW-Entwicklung mit einem RAW-Konverter am Computer. Unterbelichten und Aufhellen zeigen den Nachteil der Tonwertpriorität: In den dunklen Bildpartien, den Schatten, steigt das Rauschen an.

Anders sieht es bei den Lichtern aus. Diese gewinnen durch die Verwendung der Tonwertpriorität in der Tat ein wenig an Zeichnung. Dazu wird bei der Tonwertpriorität mit einer Gradationskurve gearbeitet, die in den sehr hellen Bildbereichen nur noch sanft ansteigt. Die Gradationskurve beschreibt das Verhältnis zwischen der vom Sensor aufgenommenen Lichtmenge und den zugeordneten Helligkeitswerten.

Da die RAW-Datei einer Aufnahme diese spezielle »digitale« Interpretation der analogen Sensordaten enthält, wirkt sich die Tonwertpriorität – anders als übrigens die automatische Belichtungsoptimierung – auch auf RAW-Dateien der Kamera aus. Die RAW-Datei wird dabei mit einem sogenannten Flag versehen, also markiert. Der Canon-eigene RAW-Konverter *Digital Photo Professional* erkennt diese Markierung und passt die Bilddarstellung entsprechend an. Auch die Fremdlösung *Lightroom* kann Aufnahmen mit Tonwertpriorität erkennen und versucht, die Darstellung entsprechend zu adaptieren. Besonders bei versehentlich unterbelichteten Bildern verstärken sich bei diesem Programm jedoch die Effekte, und das Bildrauschen zeigt sich bei der Bearbeitung deutlich.

Lange Rede, kurzer Sinn: Im Prinzip kann die Rettung vor ausgebrannten Lichtern bei RAW-Dateien mindestens ebenso gut mit dem RAW-Konverter erfolgen. Das gilt insbesondere dann, wenn Sie nicht mit *Digital Photo Professional* arbeiten. Auch bei JPEG-Bildern können helle Partien noch durchaus bearbeitet werden. Allerdings lassen sich komplett ausgebrannte Bereiche bei diesem Format nicht retten. In dem Fall bietet die Tonwertpriorität eine gewisse Sicherheitsmarge.

D+ steht für Tonwertpriorität

Bei aktivierter Tonwertpriorität erscheint auf dem Monitor, im Sucher und auf dem Display die Abkürzung **D+**. Außerdem lassen sich in diesem Fall ausschließlich ISO-Werte ab 200 einstellen, und die automatische Belichtungsoptimierung steht Ihnen nicht zur Verfügung.

Den Kontrastumfang bewältigen

Für den Menschen ist das Wahrnehmen des Unterschieds zwischen besonders hellen und besonders dunklen Bereichen keine große Herausforderung. Das menschliche Auge, besser gesagt das Gehirn, baut ein Bild zusammen, bei dem verschiedene Lichtsituationen zu einem stimmigen Gesamteindruck verbunden werden – zumindest bis zu einem gewissen Grad. Trotz ausgefeilter Belichtungsautomatiken kommt auch eine sehr gute Kamera wie die 7D Mark II dem nicht ansatzweise nahe. Szenen mit sehr hellen und sehr dunklen Bereichen lassen sich mit dem begrenzten Dynamikumfang des Sensors nicht einfangen. Dieses Problem zeigt sich typischerweise an hellen Sommertagen. Während Motivteile am Boden gut belichtet erscheinen, stören im Bereich des Himmels weiße, »ausgebrannte« Stellen im Bild.

Das linke Bild der Abbildung 3.27 zeigt eine solche Situation, das rechte demonstriert eine alternative Belichtung. Welche davon richtig ist, müssen Sie selbst bestimmen – je nachdem, was gezeigt werden soll. Über die Änderung von Blende und Belichtungszeit können Sie regeln, wie viel Licht den Sensor erreicht, und somit auch, welches Bildelement wie belichtet wird.

Dem Dilemma entkommen

Es gibt für Situationen mit hohem Kontrastumfang natürlich verschiedene Lösungen. Im Bildbeispiel unten bietet sich der **HDR-Modus** an. In einigen Fällen ist es auch möglich, den Blitz zur Aufhellung einzusetzen.

ˇ Abbildung 3.27
Links: Bei der Belichtung auf das Schloss hin ist der eigentlich dramatische Himmel völlig ausgebrannt. Rechts: Ist der Himmel dagegen richtig belichtet, versinkt das Schloss in Schwärze.

[16 mm | f8 | 1/125 s | ISO 100]

[18 mm | f8 | 1/800 s | ISO 100 | –2]

Hell und dunkel im Griff mit HDR

In Situationen mit hohem Dynamikumfang hilft die Technik *High Dynamic Range* (HDR). Dabei werden drei oder mehr unterschiedlich belichtete Bilder so miteinander verrechnet, dass helle und dunkle Bildbereiche weiterhin ausreichend Details aufweisen.

Die 7D Mark II bietet diese Technik über die Option **HDR-Modus** im dritten Aufnahmemenü (**SHOOT3**) an.

Einmal aktiviert – zum Beispiel mit der Einstellung **Auto** unter **Dynbereich einst.** –, ist der Prozess der HDR-Erstellung mit der Kamera recht einfach. Sie drücken den Auslöser, und die Kamera schießt schnell hintereinander drei Bilder. Eines davon ist normal belichtet, ein weiteres unter- und das dritte überbelichtet. Aus diesen Bildern errechnet die Kamera ein HDR-Bild, das kurze Zeit später auf dem Display erscheint.

Im Menü können Sie den Prozess der HDR-Berechnung ein wenig genauer bestimmen. So lässt sich unter der Dynamikbereichsoption (**Dynbereich einst.**) der Dynamikumfang festlegen. Damit definieren Sie im Prinzip, wie viele Blendenstufen der Unterschied zwischen den einzelnen Aufnahmen betragen soll. **Auto** führt diese Analyse selbsttätig durch und kommt in den meisten Fällen zu guten Ergebnissen. Es lohnt sich jedoch auch, mit den anderen Einstellungen zu experimentieren. Lassen Sie die Blende durch das Fotografieren im **Av**- oder **M**-Programm bei jedem Bild unverändert, damit die Schärfentiefe auf sämtlichen Aufnahmen gleich ist.

^ Abbildung 3.28
*Der **HDR-Modus** hilft in kritischen Belichtungssituationen.*

Je nach Motiv fällt der eingestellte **Effekt** anders aus. Den mit **Natürlich** erstellten Aufnahmen sieht man den HDR-Trick nicht unbedingt an. Besonders mit der Einstellung **Gesättigt** provozieren Sie jedoch Bilder, die sehr bunt und ein wenig kitschig aussehen. Auch hier lohnt es sich in jedem Fall, Probeaufnahmen der verschiedenen Modi anzufertigen.

Um das optimale Ergebnis zu erzielen, machen Sie die einzelnen Aufnahmen am besten vom Stativ aus. Dadurch ist es einfacher, die verschieden belichteten Fotos zur Deckung zu bringen und zu verrechnen. Die Funktion **Auto Bildabgleich** verspricht, diese Herausforderung auch bei Aufnahmen zu meistern, die aus freier Hand geschossen wurden. Angesichts der hohen Aufnahmegeschwindigkeit der 7D Mark II stehen die Chancen für weitgehend deckungsgleiche Bilder gar nicht einmal so schlecht.

Nach drei Aufnahmen deaktiviert sich die HDR-Funktion selbstständig, es sei denn, Sie entscheiden sich bei der Option **HDR fortsetzen** für **Jede Aufn. (ahme)**. Sie haben über **Quellbild. speich** außerdem die Wahl, ob die drei Bilder auf der Speicherkarte landen sollen oder ob nur das fertige HDR-Bild abgelegt werden soll.

Abbildung 3.29 >
*Das **HDR-Modus**-Menü mit seinen Optionen: Bei der Einstellung des Dynamikbereichs (**Dynbereich einst.**) führt bereits **Auto** meist zu optimalen Ergebnissen. Wählen Sie unter **HDR fortsetzen** die Option **Jede Aufn.**, um kontinuierlich HDR-Aufnahmen zu erstellen. Der **Auto Bildabgleich** hilft bei Aufnahmen aus der freien Hand.*

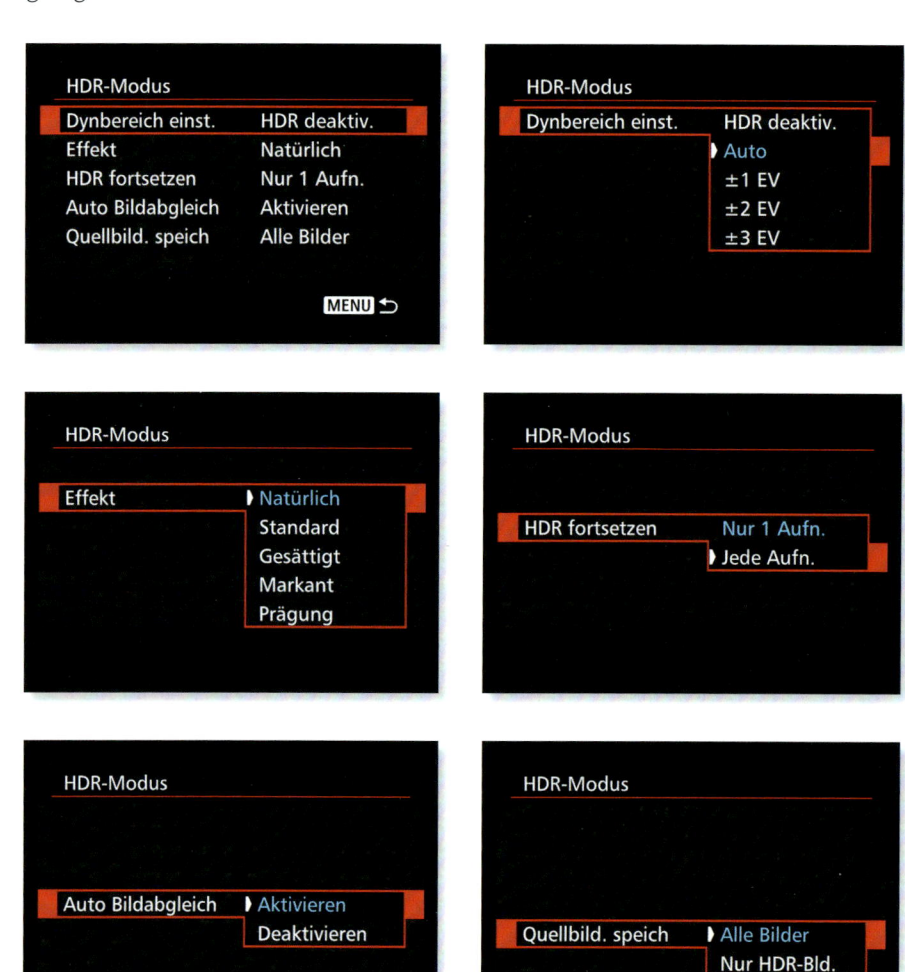

Der **HDR-Modus** produziert recht ansehnliche Ergebnisse. Noch besser arbeitet allerdings spezielle HDR-Software am PC, die dem Benutzer wesentlich mehr Eingriffsmöglichkeiten bietet. Bekannte Vertreter dieses Genres sind die Programme Photomatix, Silverfast HDR und HDR Efex Pro. Mit Software wie dieser haben Sie deutlich ausgefeiltere Möglichkeiten, den Prozess der

Belichtungsprobleme erkennen und meistern

HDR-Erstellung nach eigenen Wünschen zu beeinflussen. Die Grundlage für am Computer generierte HDR-Bilder bilden mehrere unterschiedlich belichtete Aufnahmen des Motivs. Diese lassen sich am bequemsten mit der **Belichtungsreihenautomatik** anfertigen. Beim Gebrauch dieser Funktion schießt die EOS 7D Mark II in der Grundeinstellung ein normal belichtetes, ein unterbelichtetes und ein überbelichtetes Bild direkt hintereinander. Dabei können Sie innerhalb der Grenzen von drei Blendenstufen frei bestimmen, wie stark über- oder unterbelichtet wird.

˅ **Abbildung 3.30**
❶–❸: *Unterschiedlich belichtete Aufnahmen sind die Grundlage für HDR-Bilder. Das fertige HDR-Bild* ❹ *zeigt mehr Details, vor allem in den hellen Bildbereichen.*

❶ [15 mm | f8 | 1/30 s | ISO 100]

❷ [15 mm | f8 | 1/125 s | ISO 100 | –1]

❸ [15 mm | f8 | 1/30 s | ISO 400 | +1]

❹

Nützlicher Helfer: die Anti-Flacker-Funktion

Vielleicht haben Sie schon einmal eine Aufnahme bei elektrischer Beleuchtung gemacht, die trotz korrekter Belichtungswerte einfach zu dunkel geriet. Möglicherweise erschienen auch die Farben falsch, obwohl der Weißabgleich passte. Schuld an diesem Effekt ist das Flackern von Licht, das für die Augen der (meisten) Menschen unsichtbar ist. Vor allem ältere und billige LED-Lampen sowie Leuchtstoffröhren wechseln ständig zwischen hell und dunkel. Die Flackerfrequenz hat in einem Stromnetz mit 50 Hertz den doppelten Wert, also 100 Hertz. Die klassische Glühbirne flackert nicht, da sich der Draht nicht schnell genug abkühlt und daher auch im Nulldurchgang der Schwingung noch glüht. Besonders wenn Sie Reihenaufnahmen mit kurzer Belichtungszeit schießen, steigt die Wahrscheinlichkeit, ausgerechnet die Phase zu erwischen, in der das Licht gerade nicht sehr hell ist.

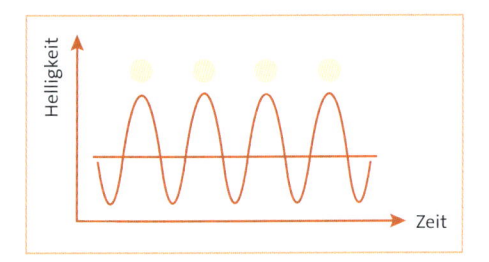

^ **Abbildung 3.31**
Bei aktivierter Flacker-Erkennung wird erst in der hellsten Phase ausgelöst.

[50 mm | f2 | 1/200 s | ISO 200]   [50 mm | f2 | 1/200 s | ISO 200]

^ **Abbildung 3.32**
Bei Kunstlicht und kurzen Verschlusszeiten kann es es innerhalb einer Bildserie zu Helligkeits- und Farbunterschieden kommen.

Hier setzt die automatische Flacker-Erkennung an, die Canon mit der 7D Mark II erstmals vorstellt. Sie aktivieren die Flackerkorrektur im vierten Aufnahmemenü (**SHOOT4**) unter **Anti-Flacker-Aufn** ❶. Diese Automatik sorgt dafür, dass die Auslösung erst dann erfolgt, wenn eine elektrische Lichtquelle ihre größte Helligkeit erreicht hat. Der Nachteil dieser Funktion ist, dass die Geschwindigkeit einer Reihenaufnahme geringfügig sinkt und dass es möglicherweise zu einer kaum wahrnehmbaren Auslöseverzögerung kommt. Vollkommen unabhängig davon, ob diese Option aktiviert ist oder nicht, können Sie sich eine Warnung vor Flackern im Sucher anzeigen lassen. Sie erscheint unten rechts im Sucher als **Flicker!**. Diese Option ist standardmäßig aktiviert. Sie finden sie im zweiten Einstellungsmenü (**SET UP2**) unter **Sucheranzeige** ❷ und **Im Sucher ein-/ausblenden** ❸ ganz rechts ❹.

˄ Abbildung 3.33
*Über die Einstellungen unter **Sucheranzeige** legen Sie fest, ob eine Flackerwarnung im Sucher erfolgt. Nur bei aktivierter Korrektur wird der Auslösevorgang an die Beleuchtung angepasst.*

Mehrfachbelichtungen

EXKURS

Stellen Sie sich vor, dass bei einer analogen Kamera der Film nicht weitertransportiert, sondern das nächste Bild auf ein bereits belichtetes Foto geschrieben wird. Mit der **Mehrfachbelichtung** erreichen Sie genau diesen Effekt. Am schnellsten starten Sie diese Funktion über die Taste 🗹 ❶ und das entsprechende Piktogramm ❷. Alternativ kommen Sie über das dritte Aufnahmemenü (**SHOOT3**) zum Ziel ❸.

∧ > Abbildung 3.34
Mehrere Wege führen zur Mehrfachbelichtung.

Bei der Wahl von **Ein:Fkt.Strg** ❹ können Sie jedes einzelne Bild am Display kontrollieren und gegebenenfalls verwerfen. Ob die Einzelbilder oder nur das Ergebnis auf der Speicherkarte landet, können Sie unter **Quellbild. speich** ❼ angeben. Bei **Ein:Reih.aufn** schießen Sie zunächst sämtliche Fotos und bekommen anschließend nur das Ergebnis präsentiert. Die Einzelbilder werden nicht gespeichert. Außerdem ist es bei beiden Aufnahmearten möglich, ein bereits geschossenes Bild als Ausgangsmaterial für eine Mehrfachbelichtung zu nutzen. Dieses wählen Sie unter **Bildauswahl Mehrfachbelichtung** aus. Das Bild muss allerdings im RAW-Format gespeichert sein.

Abbildung 3.35 >
*Sie können unter **Anzahl Belichtg.** ❻ bis zu neun Bilder übereinanderlegen. Auf dem Monitor sehen Sie die Anzahl der verbliebenen Mehrfachbelichtungen ❾.*

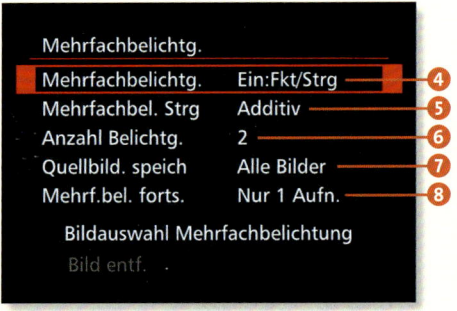

Ein wenig kompliziert ist die Belichtung des Gesamtfotos: Wenn gleich zweimal Licht auf den Sensor kommt, addieren sich die einzelnen Belichtungseinstellungen, und das Resultat ist überbelichtet. Sofern Sie unter der Steuerungsoption (**Mehrfachbel. Strg**) die Einstellung **Additiv** 5 gewählt haben, müssen Sie deshalb jede einzelne Aufnahme ein wenig unterbelichten. Wählen Sie pro Aufnahme eine Unterbelichtung von jeweils einer halben Blendenstufe. Bei drei Belichtungen belichten Sie zum Beispiel jedes Bild um 1,5 Blendenstufen unter. Mit der Option **Durchschnittlich** wird diese Unterbelichtung ohne Ihr Zutun automatisch vorgenommen. Damit ist dieser Modus insbesondere für Motive geeignet, die Sie von einem Stativ aus aufnehmen, denn bei perfekt übereinanderliegenden Bildteilen geht die Belichtungsrechnung auf. Der Modus **Hell** eignet sich besonders dafür, helle Bildbereiche vor dunklen hervorzuheben. Dunkle Bildelemente werden bei dieser Verrechnungsart nämlich nicht mit einbezogen. Der Modus **Dunkler** arbeitet genau umgekehrt.

Wenn sich Farben in den überlappenden Bildbereichen nicht zumindest ähneln, werden sie möglicherweise falsch verrechnet, und das Ergebnis sieht unnatürlich aus.

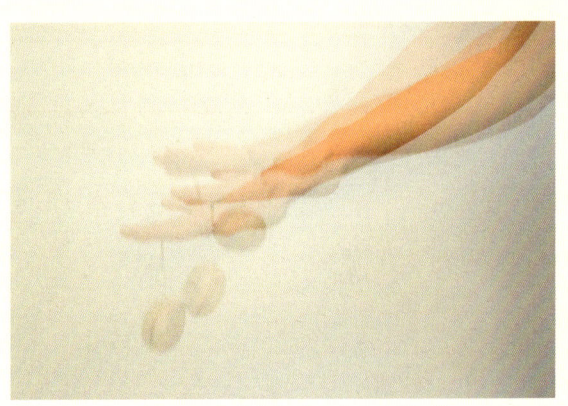

Alte Bekannte in Photoshop
In seiner Funktionsweise ähnelt der Modus **Hell** der Ebenenfüllmethode **Aufhellen** in Photoshop, der Modus **Dunkel** ähnelt **Abdunkeln**.

▲ Abbildung 3.36
*Mit der **Mehrfachbelichtung** können Sie bisweilen sehr spielerische Effekte erzielen.*

Die Funktion **Mehrfachbelichtung** schaltet sich nach getaner Arbeit von selbst ab. Wählen Sie allerdings zur Fortsetzung der Mehrfachbelichtung (**Mehrf. bel. forts.** 8) den Eintrag **Fortlaufend**, geht das Bildzusammensetzen so lange weiter, bis Sie die Funktion explizit deaktivieren.

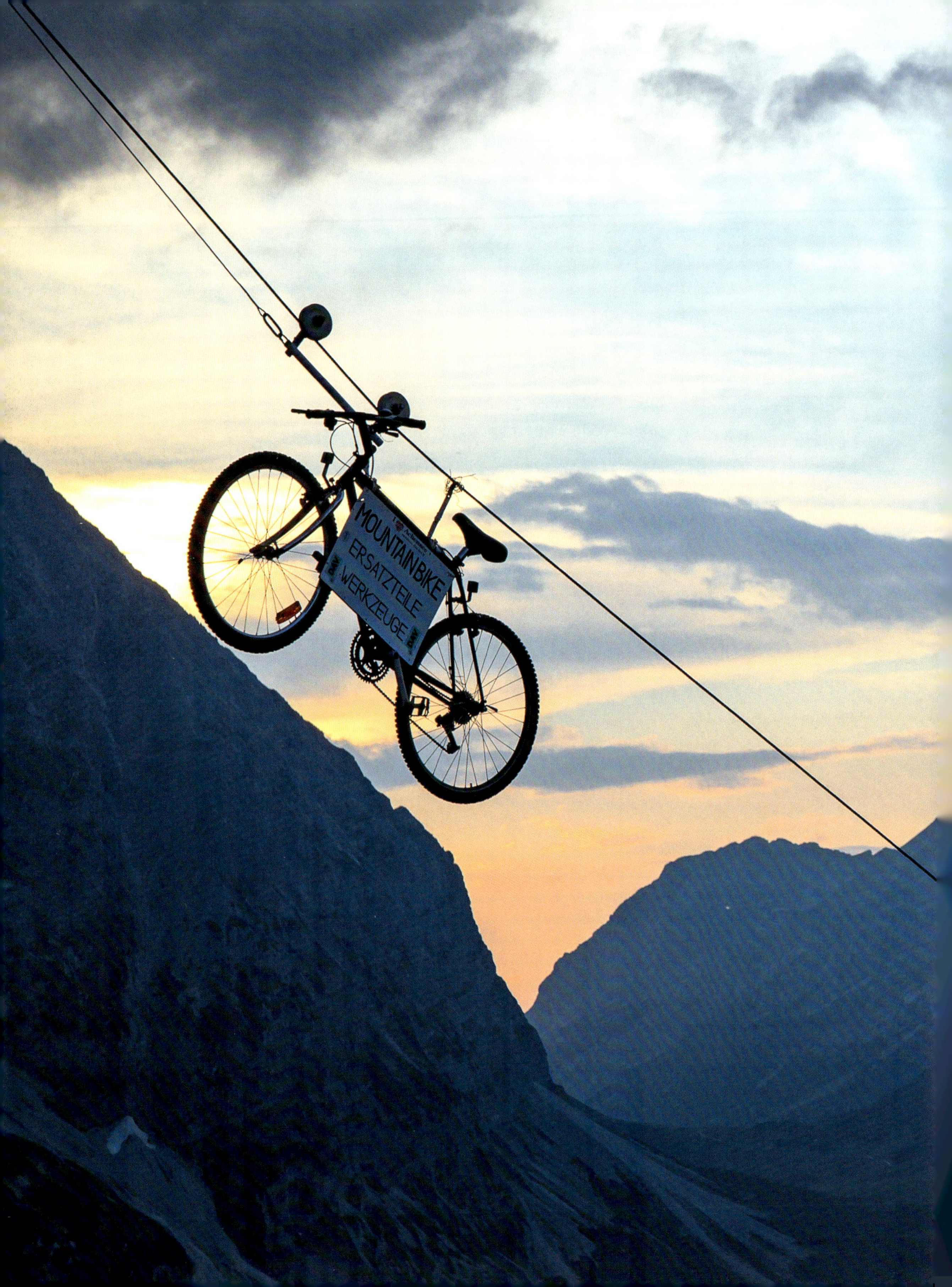
MOUNTAINBIKE
ERSATZTEILE
WERKZEUGE

Kapitel 4
Auf den Punkt scharfstellen mit der 7D Mark II

Automatisches Scharfstellen: die Autofokusmodi 108

Die Autofokusbereiche der 7D Mark II 112

Den Autofokus individuell anpassen 123

Die Cases im Detail 128

Weitere Anpassungsmöglichkeiten:
Reihenaufnahmen und Schärfensuche 132

Manuell fokussieren 134

Scharfstellen im Livebild-Modus 135

Mit Stativ und Fernauslöser zur maximalen Schärfe ... 137

So funktioniert der Autofokus der 7D Mark II 138

EXKURS: Objektive und der Autofokus 141

Automatisches Scharfstellen: die Autofokusmodi

In diesem Kapitel geht es um den Autofokus der 7D Mark II. Er lässt sich mit sehr vielen Menüfunktionen detailliert an Ihre persönlichen Bedürfnisse anpassen. Doch schon mit den Grundeinstellungen können Sie die Ausbeute an scharfen Bildern erheblich verbessern. So lohnt sich vor allem dann, wenn Bewegung ins Spiel kommt, ein genauerer Blick auf den eingestellten Autofokusmodus.

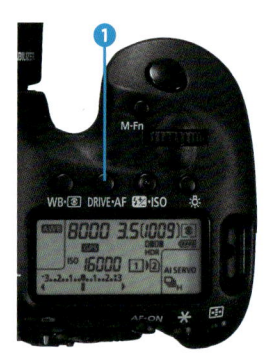

Wie alle Canon-Spiegelreflexkameras bietet die 7D Mark II die drei Varianten **ONE SHOT**, **AI SERVO** und **AI FOCUS**. Ein Druck auf die Taste **AF** ❶ zeigt die gerade eingestellte Autofokusbetriebsart. Mit dem Hauptwahlrad treffen Sie eine Auswahl.

Abbildung 4.1 >
Die AF-Taste zur Einstellung der Autofokusbetriebsart

ONE SHOT für unbewegte Motive

Der Modus **ONE SHOT** ist für statische Motive – oder zumindest solche, die stillhalten – die beste Wahl. Beim Antippen des Auslösers startet der Fokussiervorgang. Ist das anvisierte Motiv scharfgestellt, leuchten ein oder mehrere Fokuspunkte im Sucher rot auf, und ein Bestätigungston ist zu hören, sofern Sie diesen nicht stummgeschaltet haben. Der einmal gefundene Schärfepunkt bleibt so lange erhalten, bis die 7D Mark II ausgelöst hat oder der Auslöser wieder losgelassen wird. Das gilt auch, wenn sich das Motiv zwischenzeitlich aus dem fokussierten Bereich herausbewegt hat. Dieses Verhalten ist bei vielen fotografischen Genres sehr angenehm. So ist es vor dem eigentlichen Auslösen nämlich möglich, den Ausschnitt ein wenig zu verändern, ohne dass sich die Schärfe verstellt.

^ Abbildung 4.2
Ein Druck auf die AF-Taste führt ins Menü der Autofokusmodi.

Gutes Gedächtnis

Der jeweils aktivierte Autofokusmodus gilt für alle Aufnahmeprogramme. Wenn Sie also mit aktiviertem **AI FOCUS** vom **Av**- in den **Tv**-Modus wechseln, ändert das nichts am Autofokusmodus.

Automatisches Scharfstellen: die Autofokusmodi

[15 mm | f8 | 1/320 s | ISO 100]

AI SERVO für bewegte Motive

Bei der Fokussierung im Modus **AI SERVO** startet das Autofokussystem beim Antippen des Auslösers einen Dauerbetrieb und hört erst mit dem kontinuierlichen Scharfstellen auf, wenn die Aufnahme beendet ist. Anders als bei **ONE SHOT** wird also bei einem bewegten Motiv der Fokus nachgeführt.

Die Betriebsart **Reihenaufnahme** und der Fokusmodus **AI SERVO** sind eng miteinander verbunden. So nutzen Sportfotografen ihre Kameras in der Regel mit diesen beiden Einstellungen. Gerade wenn eine Bewegung mit mehreren schnell hintereinander geschossenen Bildern eingefangen wird, soll der Fokus schließlich sitzen. Um das zu erreichen, ist das Autofokussystem sogar in der Lage, die Entfernung eines bewegten Motivs vorausschauend zu berechnen. Die Elektronik steuert den Verschluss und den Autofokus so, dass jedes einzelne Bild scharf eingefangen wird.

Eine Besonderheit gilt, wenn **AI SERVO** und die **Automatische Messfeldwahl**, die **AF-Bereich-Erweiterung** oder die **AF-Messfeldwahl in Zone** bei den Autofokuseinstellungen aktiviert sind. Die Fokussierung erfolgt

∧ *Abbildung 4.3*
Für unbewegte Motive ist die Fokussierung mit **ONE SHOT** *am besten geeignet.*

zunächst mit einem Messfeld beziehungsweise einem Messfeldbereich. Wenn sich das Motiv bewegt, wird der Fokus falls nötig an andere Messfelder übergeben. Das bringt vor allem bei der Actionfotografie Vorteile. Sie fokussieren beispielsweise einen Sportler mit einem Autofokusfeld an und können mit der Kamera seiner Bewegung folgen. Die Scharfstellung bleibt dabei bestehen. Näheres zu dieser Funktion erfahren Sie im Abschnitt »Die Autofokusbereiche der 7D Mark II« auf Seite 112.

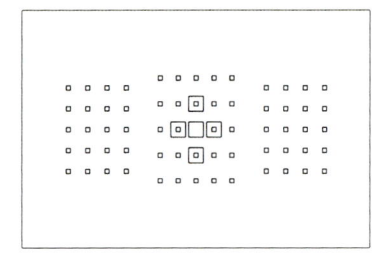

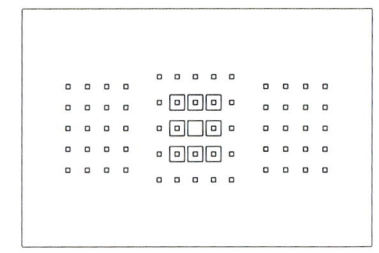

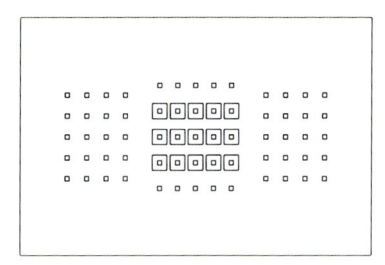

Abbildung 4.4 ∧ >
In diesen Autofokusbereichsmodi funktioniert die Messfeldweitergabe im Modus **AI SERVO**.

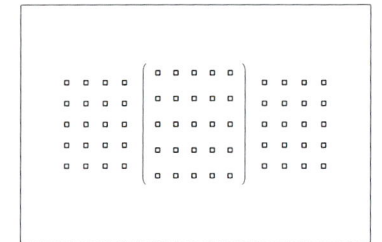

Wie gut der Autofokus auf ein sich bewegendes Motiv reagieren kann, hängt auch vom verwendeten Objektiv ab. Modelle, in denen ein schneller Ultraschallmotor die Scharfstellung erledigt, sind hier klar im Vorteil. Bei Canon tragen diese Objektive die Abkürzung *USM* für Ultraschallmotor im Namen. Schrittmotoren, wie Sie in STM-Objektiven Verwendung finden, sind nicht per se langsamer als ihre Ultraschall-Pendants. Die Canon-Objektive mit dieser Technologie erreichen jedoch nicht die Geschwindigkeit eines USM-Modells. Weitere Informationen zu guten Objektiven finden Sie im Abschnitt »Objektive für Ihre 7D Mark II« ab Seite 212.

Lautloser Fokus

Wundern Sie sich nicht: Beim Fokussieren mit **AI SERVO** ertönt kein Bestätigungston, und auch der runde Schärfeindikator unten rechts im Sucher leuchtet in diesem Modus nicht auf.

< Abbildung 4.5
*Sobald Bewegung ins Spiel kommt, zeigt der AF-Modus **AI SERVO** seine Stärken.*

[100 mm | f2,8 | 1/6000 s | ISO 100]

AI FOCUS: der Hybridmodus

Der Autofokusmodus **AI FOCUS** ist im Prinzip eine Mischung aus den Betriebsarten **ONE SHOT** und **AI SERVO**. Bei statischen Motiven wird – wie im Modus **ONE SHOT** – nur einmal fokussiert. Registriert die 7D Mark II eine Bewegung des anvisierten Objekts, verhält sich der Autofokus allerdings wie im Modus **AI SERVO**. Das geschieht jedoch erst nach einer gewissen »Bedenkzeit« der Kamera. Weil diese Zeit für ein scharfes Bild zu lang ausfallen kann, ist diese Autofokusart für sich sehr schnell bewegende Motive eher weniger geeignet.

Bleibt die Frage, warum Sie nicht einfach permanent im Modus **AI SERVO** fotografieren sollten: Bei dieser Autofokusart – wie auch bei **AI FOCUS** – schaltet die 7D Mark II in die sogenannte *Auslösepriorität*. Das bedeutet, dass beim Durchdrücken des Auslösers auf jeden Fall ein Foto geschossen wird, auch wenn das Objektiv noch arbeitet und die endgültige Scharfstellung noch nicht erreicht ist. Das ist so gewollt, denn bei bewegten Motiven ist ein leicht unscharf geratenes Bild oft besser als gar keines. Wenn es sich allerdings um unbewegliche Motive handelt, ist dieses Verhalten meist unerwünscht. Hier möchte der Fotograf lieber auf den Bestätigungston (falls aktiviert) und das Blinken im Sucher warten. Beide Signale geben Sicherheit für ein perfekt scharfgestelltes Foto. Porträt- und Landschaftsaufnahmen sollten also sinnvollerweise mit dem Autofokusmodus **ONE SHOT** aufgenommen werden.

Auslösepriorität bei ONE SHOT

Mit der Funktion **One-Shot AF Prior. Auslösung** im dritten Autofokusmenü (**AF3: One Shot**) können Sie der Kamera auch bei **ONE SHOT** eine Art Auslösepriorität befehlen. Die Zeit für das Fokussieren wird stark verkürzt, so dass der Fokus möglicherweise nicht hundertprozentig sitzt. Das Auslösen ist auch ohne erfolgte Scharfstellung möglich.

Die Kraft der zwei Herzen

Dass die 7D Mark II etwa zehn Bilder pro Sekunde schießen und dabei den Autofokus präzise nachführen kann, verdankt sie nicht zuletzt dem Digic-6-Prozessor. Er kommt in der Kamera gleich in doppelter Ausführung zum Einsatz. Dadurch lassen sich die großen Datenmengen sowie die Autofokusberechnung sehr schnell bewältigen. Canon arbeitet dabei mit dem sogenannten *AI-Servo-AF-III-Algorithmus*. Über diesen kann die Automatik die jeweils passende Fokuseinstellung bei einer gleichförmigen Bewegung recht genau bestimmen. Aber auch wenn sich das Motiv unvorhersehbar bewegt, lässt sich der Autofokus nicht beirren. Nach welchen Regeln auf Geschwindigkeits- und Richtungsänderungen reagiert werden soll, lässt sich an der Kamera sehr genau einstellen.

Die zweite wichtige Autofokuskomponente ist der EOS iTR-Autofokus, der im Abschnitt »Die Belichtungsmessmethoden der 7D Mark II« auf Seite 80 vorgestellt wird. Durch die Motiverkennung ist es für die Automatik einfacher, stets die richtige Scharfstellung zu erzielen. Der EOS iTR-AF funktioniert allerdings nur, wenn der AF-Bereich-Auswahlmodus auf **AF-Messfeldwahl in Zone (Manuelle Auswahl einer Zone)**, **AF-Messfeldwahl in großer Zone (Manuelle Auswahl einer Zone)** oder auf die automatische Wahl der 65-AF-Messfelder gesetzt ist.

Die Autofokusbereiche der 7D Mark II

Wichtig für scharfe Bilder ist auch die Wahl des Autofokusmessfelds. Die 7D Mark II bietet dafür sieben verschiedene Methoden, die AF-Bereich-Auswahlmodi. Um diese abzurufen, müssen Sie in der Grundeinstellung der Kamera zunächst einmal die Taste **AF-Messfeldwahl** ❸ drücken. Auf dem Monitor erscheint eine Übersicht wie in Abbildung 4.7. Beim Blick durch den Sucher leuchten je nach gerade aktivem Modus sämtliche Messfelder beziehungsweise die aktive Zone auf. Mit einem Druck auf die Taste **M-Fn** ❷ oder per Umlegen des AF-Bereich-Auswahlschalters ❶ wechseln Sie zwischen den sieben Optionen ❹ hin und her. Das jeweils aktive Messfeld beziehungsweise die dazugehörige Erweiterung oder die Zone leuchtet dabei auf ❺.

▲ Abbildung 4.6
Mit diesen Tasten ❶ ❷ ❸ steuern Sie die Auswahl des Autofokusbereichs.

▲ Abbildung 4.7
Die **AF-Messfeldwahl** am Monitor

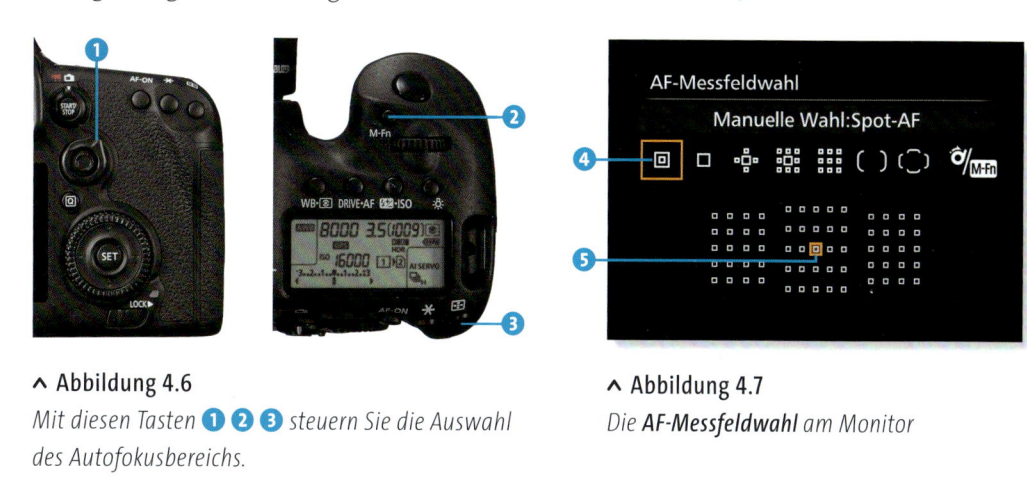

Die Darstellung der Autofokusmessfelder anpassen

Die Art der Darstellung der Autofokusmessfelder können Sie im fünften Autofokusmenü (**AF5**) unter **AF-Feld Anzeige währ.Fokus** verändern. Weitere Informationen dazu finden Sie im Abschnitt »AF 5« auf Seite 374.

Der Einzelfeld AF □

Bei der Einstellung **Einzelfeld AF** entscheiden Sie sich für eines der 65 Autofokusfelder der Kamera. Nur mit diesem versucht die Automatik dann, eine Scharfstellung zu erreichen. Der **Einzelfeld AF** ermöglicht es, die Schärfe ganz gezielt auf einen bestimmten Punkt zu legen.

Im Sucher und auf dem Monitor erscheinen nach einem Druck auf die Taste **AF-Messfeldwahl** ⊞ die 65 Autofokusmessfelder. Eines davon können Sie mit dem Schnellwahlrad und dem Hauptwahlrad oder über den

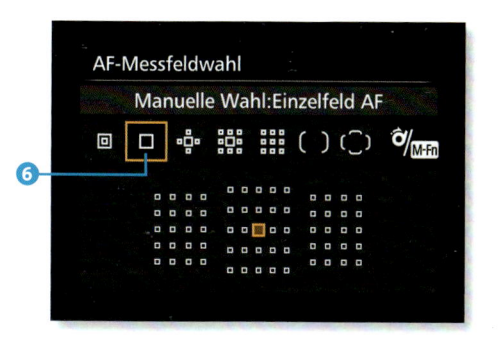

▲ Abbildung 4.8
Die Autofokusbereichseinstellung **Einzelfeld AF** ❻

Multi-Controller auswählen. Mit einem Druck auf die Taste des Multi-Controllers springen Sie schnell zum mittleren Messfeld. Nach der Auswahl des gewünschten Messfelds verlassen Sie die Einstellungsoptionen wieder durch Antippen des Auslösers. Es blinkt beim Antippen des Auslösers jetzt nur noch das aktive Messfeld im Sucher.

Abbildung 4.9 >
Mit dem Einzelfeld AF können Sie gezielt auf einen Bildbereich scharfstellen. In diesem Bild hätten sonst die Äste ablenken können.

Die AF-Bereich-Auswahl vereinfachen
DER BESONDERE TIPP

Im Abschnitt »Mehr Komfort beim Autofokus« auf Seite 37 haben Sie eine einfache Methode kennengelernt, die AF-Bereich-Auswahl bequemer zu gestalten. Über die **Custom-Steuerung** können Sie die Tastenbelegung so ändern, dass ein Umlegen des AF-Bereich-Auswahlschalters genügt, um den AF-Modus auszuwählen. Das Drücken der Taste **AF-Messfeldwahl** ⊞ entfällt damit.

Unter **Wahlmethode AF-Bereich** ❷ im vierten Autofokusmenü (**AF4**) können Sie außerdem festlegen, dass nicht die **M-Fn**-Taste ❸, sondern das **Hauptwahlrad** ❹ als Alternative zum AF-Bereich-Auswahlschalter der Wahl der Messfeldart dient. Vor dem Verstellen per Hauptwahlrad müssen Sie allerdings weiterhin die **AF-Messfeldwahl**-Taste ⊞ drücken.

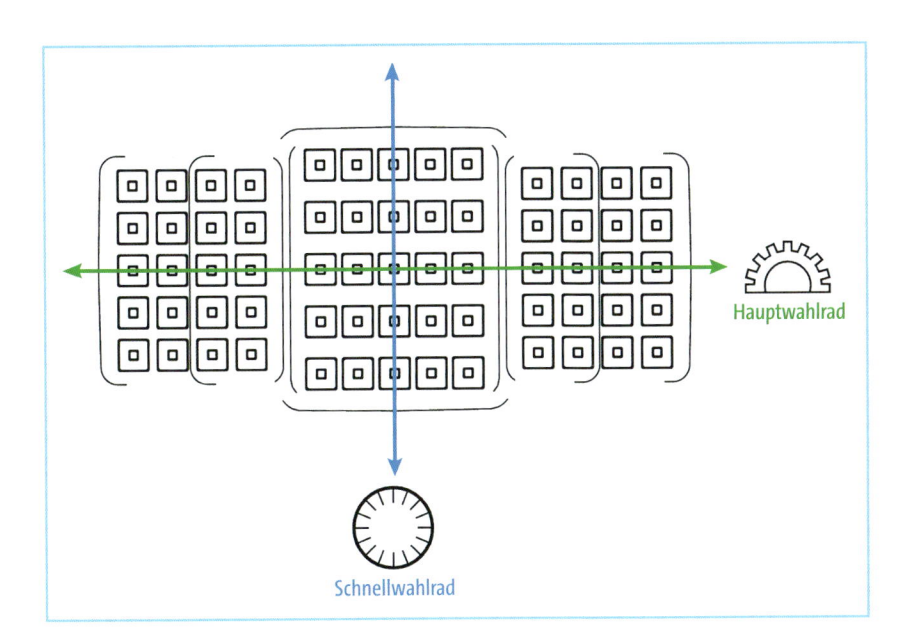

< Abbildung 4.10
Zur schnellen Auswahl des AF-Messfelds haben Sie verschiedene Möglichkeiten.

Falls Sie schnell auf ein anderes Messfeld wechseln möchten, brauchen Sie den Blick durch den Sucher nicht zu unterbrechen. Drücken Sie einfach die **AF-Messfeldwahl**-Taste, die sich mit dem Daumen gut bedienen lässt, und wechseln Sie das Messfeld mit einer der verschiedenen Möglichkeiten.

Eine weitere Möglichkeit zur Anpassung finden Sie im gleichen Menü unter **Wahlmodus AF-Bereich wählen** ❶. Dort können Sie einzelne selten oder nie genutzte Wahlmodi deaktivieren (siehe Abbildung 4.11). Das Umschalten geht dadurch ein wenig schneller.

˅ Abbildung 4.11
Hier passen Sie die AF-Bereich-Auswahl an.

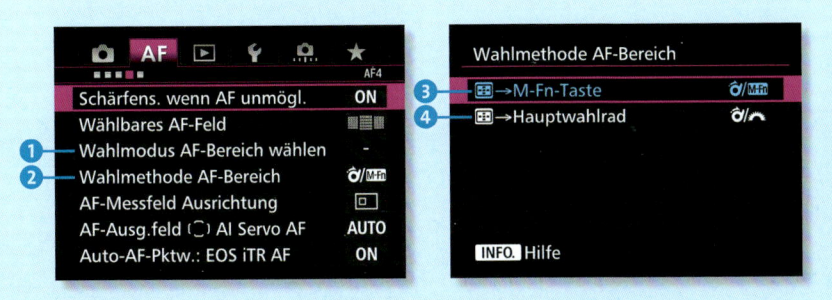

Die Auswahl von AF-Messfeld und AF-Zone vereinfachen

DER BESONDERE TIPP

Im Abschnitt »Mehr Komfort beim Autofokus« auf Seite 37 ist beschrieben, wie Sie über eine neue Tastenbelegung (**Custom-Steuerung**) den Druck auf die **AF-Messfeldwahl**-Taste einsparen können. Danach reicht eine Bewegung mit dem Multi-Controller, um das Messfeld verändern zu können. Dies funktioniert auch bei der Wahl einer Messfelderweiterung oder einer anderen Zone.

Wenn Sie bei der **AF-Messfeldwahl** vom ganz linken zum ganz rechten Fokuspunkt wechseln möchten, müssen Sie über den Multi-Controller oder das Schnellwahlrad eine weite Strecke zurücklegen. Mit der Option **Manuelles AF-Feld Wahlmuster** ❶ im fünften Autofokusmenü (**AF5**) und der Einstellung **Kontinuierlich** ❷ können Sie die Grenzen auflösen: Vom Fokuspunkt ganz rechts springt die Auswahl wieder nach links, vom obersten Fokuspunkt geht es direkt zum untersten.

Abbildung 4.12 >
*Mit der Einstellung **Kontinuierlich** lässt sich der Weg bei der **AF-Messfeldwahl** verkürzen.*

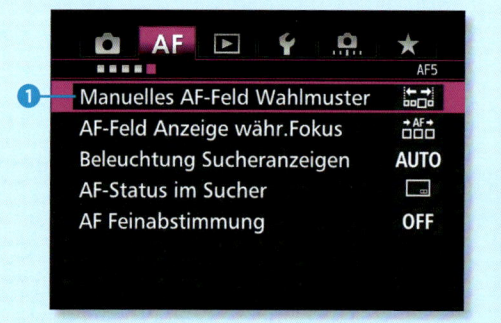

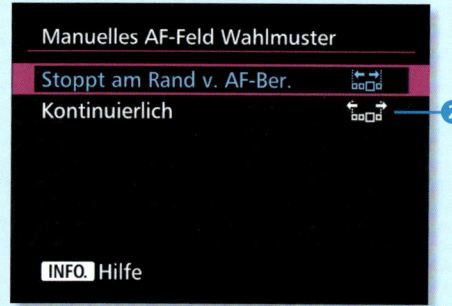

Es ist zudem möglich, ein jeweils anderes Messfeld für unterschiedliche Kameraausrichtungen zu definieren. Je nachdem, ob Sie die Kamera horizontal oder mit der Unterseite nach rechts oder links halten, wird das jeweils zuletzt in dieser Position benutzte Messfeld automatisch erneut aktiviert.

Um in den Genuss dieser komfortablen Funktion zu kommen, müssen Sie sie zunächst einschalten. Wählen Sie dazu im vierten Autofokusmenü (**AF4**) die Funktion **AF-Messfeld Ausrichtung** ❸. Bei beiden Einstellungen merkt sich die 7D Mark II stets das zuletzt in der jeweiligen Haltung (Querformat, Hochformat links oder rechts) genutzte Messfeld oder die Zone. Je nachdem, wie Sie die Kamera halten, wird diese Information wieder abgerufen. Bei der

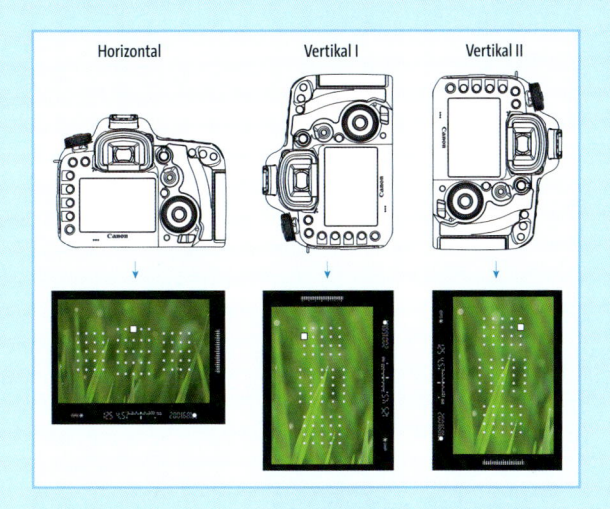

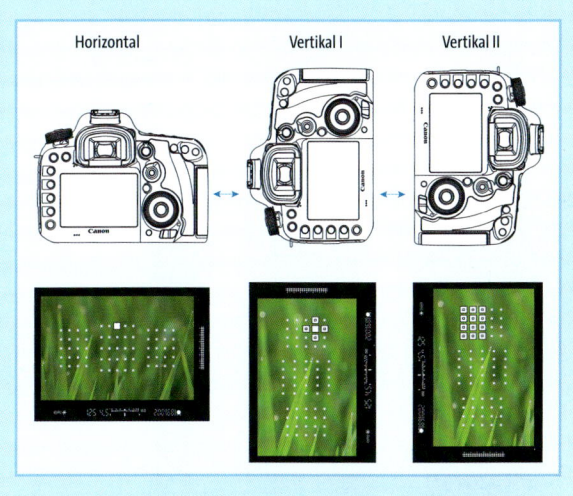

Die Autofokusbereiche der 7D Mark II

Abbildung 4.13
Je nach Ausrichtung der Kamera und Einstellung unter **AF-Messfeld Ausrichtung** bleibt der AF-Bereich-Modus stets erhalten ❹ oder wechselt je nach Ausrichtung ❺ ❻.

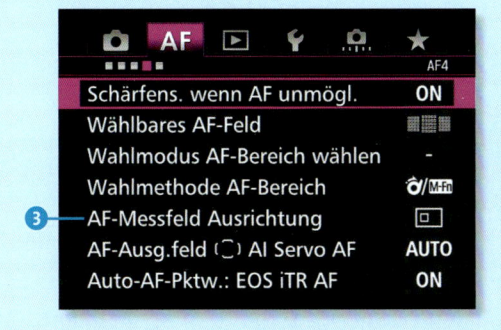

Einstellung **Separ.AF-Fld: Bereich+Feld** ❺ können Sie sogar zwischen den AF-Bereich-Modi wechseln. So ist es möglich, für die horizontale Ausrichtung eine Zone einzustellen und für die vertikale Ausrichtung den **Spot-AF**. Beim Wechsel der Kameraausrichtung erfolgt also zugleich auch ein Wechsel des AF-Bereich-Modus. Mit der Option **Separ. AF-Feld: nur Feld** ❻ passiert dieser Wechsel nicht.

Ein Beispiel: Drehen Sie die Kamera mit aktiviertem **Einzelfeld AF** ins Hochformat, wird dort der zuvor im Hochformat eingestellte **Einzelfeld AF** aufgerufen – und zwar auch dann, wenn Sie im Hochformat zuletzt mit einer Zonenauswahl gearbeitet haben.

Abbildung 4.14
Beim Verändern der Kameraausrichtung kann sich das Messfeld automatisch anpassen.

Das verwendete Messfeld anzeigen

Nutzen Sie die Möglichkeit der **AF-Feldanzeige** im dritten Wiedergabemenü (**PLAY3**), um das verwendete Autofokusfeld im Nachhinein zu sehen. Möglicherweise kommen Sie dadurch der Ursache eines unscharfen Bildes schneller auf den Grund.

Der Spot-AF 🔲

Beim **Spot-AF** misst die Kamera die Schärfe nur in einem sehr kleinen Bereich. Dadurch steigt die Treffsicherheit besonders bei Motiven mit vielen ablenkenden Elementen. Beim Fotografieren durch die Äste eines Baums etwa lässt sich ein Vogel oder ein Insekt mit dem **Spot-AF** sehr gut scharfstellen. Einzelne Blätter im Vordergrund werden durch die geringe Messfeldfläche schließlich nicht mehr erfasst. Ein anderes Beispiel ist die Porträtfotografie. Sofern der Bildausschnitt recht groß ist, können Sie die Schärfe sehr gezielt auf die Pupille legen. Die wegen ihres hohen Kontrasts für den Autofokus so interessanten Wimpern und Lider werden ignoriert. Gerade bei weit offener Blende führt dies zu deutlich schärferen Bildern.

Abbildung 4.15
Der Monitor mit aktiviertem **Spot-AF**

Die Auswahl eines Messfelds im Modus **Spot-AF** erfolgt genau wie bei **Einzelfeld AF** mit einer Kombination aus Haupt- und Schnellwahlrad oder bequemer über den Multi-Controller.

Beim Fotografieren ruhiger Motive mit **ONE SHOT** ist der **Spot-AF** fast immer dem **Einzelfeld AF** überlegen. Im **AI SERVO**-Modus bei bewegten Motiven ist es dagegen umgekehrt. Hier lässt sich das Motiv mit der größeren Abdeckung des Einzelfelds besser erfassen und verfolgen. Im Fall von Bewegung spielen ohnehin die übrigen AF-Bereich-Auswahlmodi ihre Vorteile aus.

Abbildung 4.16 >
Hier konnten mit dem **Spot-AF** gezielt eines der Augen angepeilt werden.

Die Suncherdarstellung täuscht

Der **Spot-AF** arbeitet keineswegs präziser als der **Einzelfeld AF**. Er deckt lediglich einen kleineren Bereich ab, was in einigen Situationen das Scharfstellen erleichtert. Die Messfelddarstellung im Sucher repräsentiert dabei nicht den tatsächlich vom Autofokus erfassten Bereich. Tatsächlich ist dieser bei **Einzelfeld AF** größer als das angezeigte Feld und auch beim **Spot-AF** nicht auf das innere Viereck beschränkt.

< Abbildung 4.17
Der bei den Modi Einzelfeld AF (links) und Spot-AF (rechts) erfasste Bereich entspricht nicht ganz der Darstellung im Sucher.

AF-Bereich-Erweiterung: Manuelle Wahl und Manuelle Wahl (umgebende Felder)

Die Messfelderweiterung gibt es an der 7D Mark II in zwei Varianten. Beide sind eng mit dem Einzelfeld-AF verwandt, und auch ihre Auswahl erfolgt mit den gleichen Tasten. In diesem Modus wird das zentrale Messfeld um vier ❶ oder acht Felder ❸ erweitert. Dabei sinkt die Messfeldzahl in den Randbereichen der drei großen Zonen auf vier beziehungsweise sechs Felder (❷ und ❹).

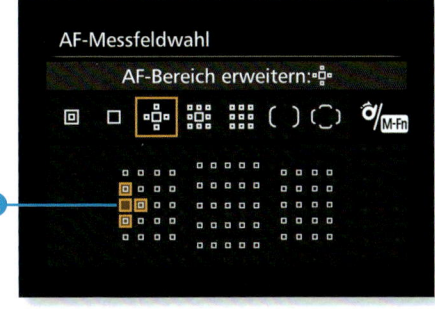

< Abbildung 4.18
Der Monitor bei der AF-Bereich-Erweiterung

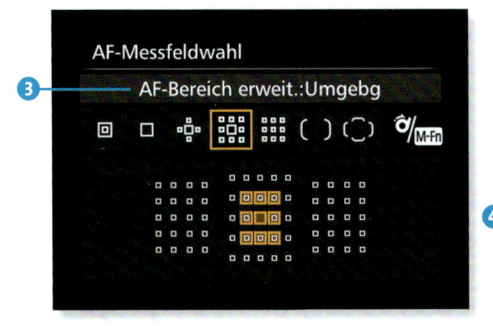

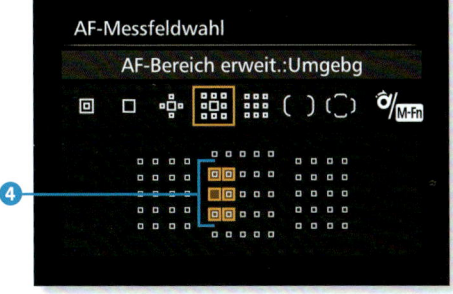

Die Nebenfelder sind in der Autofokusbetriebsart **ONE SHOT** praktisch ohne Bedeutung. Fokussiert wird in diesem Modus stets auf das Hauptfeld. Wirklich interessant ist die Messfelderweiterung vor allem für den Betrieb mit **AI SERVO**.

In diesem Modus müssen Sie mit dem Hauptfeld zunächst auf das Motiv scharfstellen. Sobald es sich in den Bereich eines der Nebenfelder bewegt, wird der Fokus dann automatisch nachgeführt. Damit ist diese Einstellung für die Sport- und Actionfotografie ideal geeignet. Die Details der Übergabe zwischen Haupt- und Nebenfeld können sehr genau eingestellt werden. Mehr dazu erfahren Sie im Abschnitt »Den Autofokus individuell anpassen« auf Seite 123 in diesem Kapitel.

Die Messfeldwahl in einer AF-Zone ▦ ( )

Mit der Messfeldwahl in einer Zone können Sie den Bereich eingrenzen, in dem eine Scharfstellung versucht wird. Auch dieser AF-Bereich-Auswahlmodus existiert in zwei Varianten: Bei der **AF-Messfeldwahl in Zone** ▦ ❶ entscheiden Sie sich für eine von neun kleinen Zonen. In der **AF-Messfeldwahl in großer Zone** ( ) ❷ muss sich das Motiv in einer von drei größeren Zonen befinden.

Abbildung 4.19 >
*Bei der **AF-Messfeldwahl in Zone** sind mehrere AF-Felder zusammengefasst. Auf dem Monitor und im Sucher lässt sich die AF-Zone in festen Bereichen verschieben.*

Anders als bei der **AF-Bereich-Erweiterung**, bei der Sie zunächst mit dem Ausgangsfeld die Fokussierung gezielt vornehmen, sind innerhalb der Zone alle Messfelder gleichberechtigt. In der Regel wird dabei auf den Teil des Motivs fokussiert, der der Kamera am nächsten liegt. Die Automatik entscheidet sich jedoch bisweilen für andere Felder, sofern erkannte Hauttöne auf ein Gesicht unter dem Messfeld deuten. Falls gleich mehrere Fokusfelder aufleuchten, hat die Automatik für alle diese Bildteile eine Scharfeinstellung erzielt.

Abbildung 4.20
Die möglichen Zonen bei der AF-Messfeldwahl in großer Zone

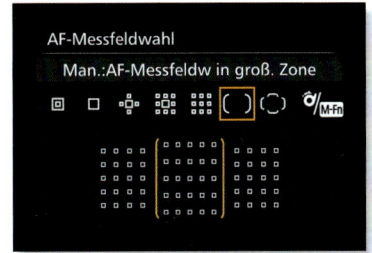

Im **AI SERVO**-Modus wird das Motiv innerhalb der Zone automatisch erfasst und falls nötig von Feld zu Feld innerhalb dieses Bereichs weitergegeben. Sofern sich innerhalb der Zone allerdings ein weiteres Motiv vor das Hauptmotiv schiebt, wechselt der Autofokus möglicherweise darauf. Wie die Kamera auf solche Störungen reagieren soll, lässt sich sehr genau einstellen. Mehr dazu erfahren Sie im Abschnitt »Den Autofokus individuell anpassen« auf Seite 123 in diesem Kapitel.

Die **Zonen-AF-Messfeldwahl** eignet sich in beiden Varianten besonders für Motive, bei denen der Fokus »nur« in den Grenzen des ausgewählten Bereichs liegen soll. Für eine noch genauere Positionierung ist diese Einstellung dagegen nicht geeignet.

Abbildung 4.21
Beim Schwenken der Kamera blieb der Pelikan in der großen Zone.

Die automatische Messfeldwahl ( )

Die **Automatische Messfeldwahl** ist hier zuletzt angeführt, weil sie komplexer und leistungsfähiger ist, als es auf den ersten Blick den Anschein hat. Grundsätzlich sind zwei Fälle zu unterscheiden: Im Autofokusmodus **ONE SHOT** sucht die Kamera vorrangig den nächstgelegenen Punkt, bei dem eine Scharfstellung möglich ist, und wählt das entsprechend passende Autofokusfeld aus. Wie bei der **Zonen-AF-Messfeldwahl** leuchten gleich mehrere Autofokusfelder auf, wenn dabei für mehrere Bereiche eine optimale Schärfemessung erzielt wurde.

Abbildung 4.22
Der Monitor in der automatischen Messfeldwahl

Ein wenig komplizierter wird es im **AI SERVO**-Modus. In der Grundeinstellung der 7D Mark II wählt auch hier die Automatik eines der Messfelder automatisch als Startpunkt aus. Sobald sich Ihr Motiv anschließend unter einem der umliegenden Felder befindet, wird der Fokus an dieses übergeben. Im Rahmen der 65 Autofokusmessfelder ist es also möglich, ein Motiv nachzuverfolgen. Nur bei sehr kleinen Motiven, die das Hauptfokussierfeld verlassen, ohne dass die Kamera erkennen kann, bei welchem der umliegenden Felder es wieder auftaucht, kommt die Automatik an ihre Grenzen.

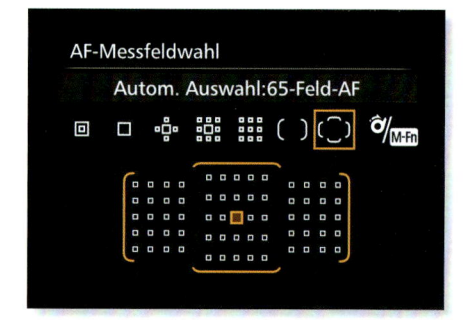

Wesentlich mehr Kontrolle haben Sie jedoch, wenn Sie diesen Startpunkt selbst gezielt wählen können. Dazu müssen Sie im vierten Autofokusmenü (**AF4**) zunächst die Option **AF-Ausg.feld AI Servo AF** ❶ bemühen. Sie finden dort neben der bereits beschriebenen Automatik zwei weitere Einstellungen. Bei der Wahl von **Manuell AF-Feld** ❸ können Sie das Messfeld frei wählen. Mit der Option **Ausgew. AF-Ausgangsfeld** ❷ entspricht das Messfeld stets dem Messfeld, das Sie zuvor unter **Einzelfeld AF** oder **Spot-AF** eingestellt hatten.

^ Abbildung 4.23
Im Autofokusmodus **AI SERVO** *verändert sich bei der automatischen Messfeldwahl vieles. Nur dort lässt sich ein Ausgangsmessfeld frei wählen.*

Dank dieser Funktion muss beim Wechsel von einem Modus wie **Einzelfeld AF** auf die automatische Messfeldwahl nicht auch noch das Messfeld gewechselt werden. Beim Wechsel von der **AF-Bereich-Erweiterung** mit vier oder acht Feldern zur automatischen Messfeldwahl wird das jeweilige Hauptmessfeld übernommen.

Sollte die Kamera bei einem kompletten Durchlauf des Fokus unter dem Hauptfokussierfeld keine Scharfstellung erzielen können, werden auch die übrigen 64 Autofokusfelder herangezogen. Wie im Modus **ONE SHOT** wird dann der nächstgelegene Punkt gewählt. Bei einer Bewegung des Motivs startet der beschriebene Automatismus von Neuem, und von dort aus erfolgt eine Übergabe an die umliegenden Felder.

Den Autofokus individuell anpassen

Mit den bislang vorgestellten Autofokuseinstellungen sind Sie für viele fotografische Situationen bestens gewappnet. Darüber hinaus lässt sich die Autofokusautomatik bei der 7D Mark II sehr individuell an spezielle Anforderungen anpassen.

Es sind vor allem drei zentrale Parameter, mit denen Sie die Wirkungsweise des Autofokus im Modus **AI SERVO** verändern können. Sechs unterschiedliche Kombinationen dieser Parameter hat Canon in sogenannten *Cases* (englisch für »Fälle«) zusammengefasst. Diese finden Sie im ersten Autofokusmenü (**AF1:AF config. tool**). So wie es an anderen Kameras Motivprogramme, etwa für Sport, Porträts und Landschaften gibt, können Sie an der 7D Mark II eine Autofokuseinstellung wählen, die für das jeweilige Motiv am besten geeignet ist. Mit dem Schnellwahlrad und einer Bestätigung durch **SET** aktivieren Sie den gewünschten Case.

⌃ **Abbildung 4.24**
Im ersten Autofokusmenü finden Sie die verschiedenen Cases.

In Tabelle 4.2 finden Sie die drei Parameter **AI Servo Reaktion**, **Nachführ Beschl/Verzög** (Nachführung Beschleunigung/Verzögerung) und **AF-Feld-Nachführung** sowie ihre jeweiligen Werte in den Cases. Im folgenden Abschnitt lernen Sie die Wirkungsweise der einzelnen Parameter genauer kennen. Anschließend wird ihr Zusammenspiel in den Cases im Detail vorgestellt.

Name	Funktion	AI Servo Reaktion	Nachführ Beschl/ Verzög	AF-Feld-Nach-führung
Case 1	vielseitige Mehrzweckeinstellung	0	0	0
Case 2	Ignorieren von Hindernissen vor dem Hauptmotiv	−1	0	0
Case 3	sofortiger Fokus auf plötzlich auftretende Motive	+1	1	0
Case 4	für Motive, die schnell beschleunigen oder langsamer werden	0	1	0
Case 5	für überraschende Bewegungen	0	0	1
Case 6	für überraschende Bewegungen und Geschwindigkeitswechsel	0	1	1

∧ **Tabelle 4.2**
Die sechs Cases im Überblick. Die genaue Funktionsweise erschließt sich Ihnen mit der Kenntnis der drei Parameter. Mehr dazu finden Sie in den folgenden Abschnitten.

Jeder dieser Cases lässt sich noch ein wenig genauer an das jeweilige Motiv adaptieren. Drücken Sie dazu zunächst die Taste **RATE**. Anschließend können Sie mit dem Schnellwahlrad den Parameter auswählen, den Sie ändern möchten, oder mit einem Druck auf die **Löschtaste** 🗑 sämtliche Werte wieder auf den Ursprungszustand des jeweiligen Cases zurücksetzen. Die Parameter selbst verändern Sie nach einem Druck auf **SET** mit dem Schnellwahlrad. Nur bei der **AI Servo Reaktion** gelangen Sie zunächst in ein eigenes Menü. Zur Orientierung bleiben die Ursprungswerte weiterhin ausgegraut sichtbar.

Indem Sie sich die Cases nach eigenen Vorstellungen anpassen, können Sie bis zu sechs individuelle Autofokusprogramme anlegen. Möglicherweise haben diese mit den Icons und Informationstexten auf dem Monitor dann nichts mehr zu tun, aber leider lassen sich diese nicht ändern.

Parameter 1: AI Servo Reaktion

Der Parameter **AI Servo Reaktion** beschreibt, wie schnell der Autofokus auf Störungen reagiert, etwa wenn beim Fotografieren eines Fußballspiels plötzlich der Schiedsrichter durchs Bild läuft. Ein sehr schnell reagierender Autofokus würde in diesem Fall sofort zum Schiedsrichter wechseln, und die eigentlich interessante Spielszene wäre nur unscharf zu erkennen. Ein weiteres Übel in der Actionfotografie entsteht dann, wenn der Fokus plötzlich auf den Hintergrund wechselt, weil das Motiv ein Fokusfeld verlassen hat und die korrekte Übergabe nicht funktioniert. Für all diese Fälle lässt sich mit der Funktion **AI Servo Reaktion** das Verhalten des Autofokus genau steuern.

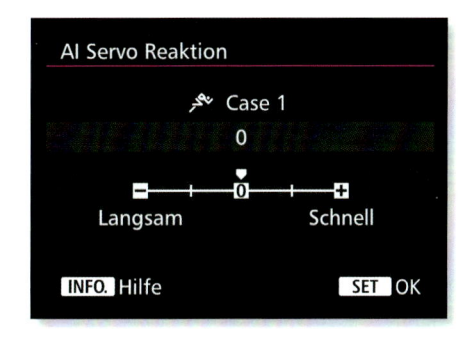

< Abbildung 4.25
Der AF-Parameter ***AI Servo Reaktion***

Die Einstellung –2 (**Langsam**) empfiehlt sich immer dann, wenn der Fokus am gewählten AF-Feld »kleben« soll und Hindernisse, die das Motiv kurzfristig verdecken, ignoriert werden sollen. In der Situation aus Abbildung 4.26 sollte sich der Autofokus nicht durch Büsche und andere Hindernisse im Vordergrund irritieren lassen, sondern weiterhin auf das eigentliche Motiv fokussieren. Ein weiteres Beispiel ist ein Brustschwimmer, der kurzfristig, aber in berechenbaren Intervallen immer wieder untertaucht und damit aus dem Fokusbereich verschwindet. Auch in dieser Aufnahmesituation lässt sich die Automatik davon nicht irritieren und versucht gar nicht erst, einen neuen Fokuspunkt zu finden. Stattdessen wird die Bewegung des Motivs vorausberechnet und die entsprechende Fokuseinstellung gewählt.

v Abbildung 4.26
Trotz des Buschs im Vordergrund bleibt der Autofokus an den Elefanten haften.

Am anderen Ende des Spektrums steht die Einstellung +2 (**Schnell**). Diese ist für Sportarten ideal, bei denen ein schneller Wechsel des Autofokus kein Problem ist, etwa weil ohnehin immer das jeweils nächstgelegene Motiv im Fokus liegen soll. Das ist zum Beispiel der Fall, wenn Sie es bei einem Wettlauf stets auf den führenden Läufer abgesehen haben und von der Ziellinie aus fotografieren. Auch in Situationen, in denen das Motiv sehr schnell innerhalb des zuvor gewählten Bildausschnitts erscheint, ist diese Einstellung ideal. Das trifft beispielsweise zu, wenn Sie einem Skateboarder auflauern, der im nächsten Moment ins Bild springt. In solchen Fällen muss der Autofokus blitzschnell sitzen.

Zwischen diesen Extremen liegen die Einstellungen von −1 bis +1. In der Regel liegen Sie mit einem dieser Werte goldrichtig. Immerhin führt bereits die Standardeinstellung 0 in den meisten Motivsituationen zu sehr scharfen Bildern. Welche Konfiguration bei Ihrem Einsatzgebiet die besten Ergebnisse und den geringsten Ausschuss bringt, ist nur durch Versuch und Irrtum zu erkunden.

Parameter 2: Nachführung Beschleunigung/Verzögerung

Mit dem Parameter **Nachführ Beschl/Verzög** (Nachführung und Beschleunigung des Autofokus) können Sie der Automatik die Bewegungsart Ihres Motivs vorgeben. Wählen Sie für Bewegungen, die sehr gleichförmig verlaufen, die Einstellung 0, etwa für einen Läufer, der mit gleichbleibender Geschwindigkeit seine Runden dreht. Bei Aufnahmen von Motiven, die plötzlich anhalten und dann wieder starten, ist die Einstellung 1 oder 2 ideal. Beispiele dafür sind Jagdszenen in der Wildlife-Fotografie, in denen ein Raubtier sehr schnell

˅ Abbildung 4.27
Wenn schnelle Starts und Stopps für das Motiv typisch sind, ist bei **Nachführ Beschl/Verzög** *die Einstellung 1 eine gute Wahl.*

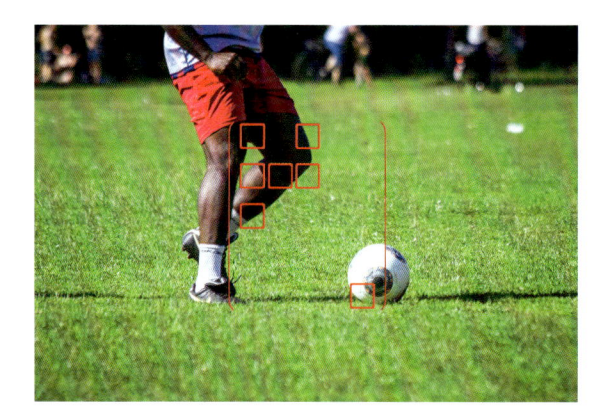

zum Stehen kommt. Auch bei vielen Mannschaftssportarten wechseln sich Phasen gleichförmiger Bewegung mit plötzlichen Stopps und Antritten ab. Insbesondere mit der Einstellung 2 reagiert die 7D Mark II auf die kleinsten Bewegungen des Motivs. Dadurch kann die Scharfstellung auch einmal danebenliegen.

< Abbildung 4.28
Wie die AF-Nachführung bei Beschleunigung und Verzögerung reagiert, lässt sich hier einstellen.

Parameter 3: AF-Feld-Nachführung

Der dritte Parameter, der den Cases zugrunde liegt, heißt **AF-Feld-Nachführung**. Mit ihm lässt sich festlegen, wie schnell der Autofokus von einem Feld an die benachbarten Felder übergeben wird. Damit betrifft er alle AF-Bereich-Auswahlmodi außer **Einzelfeld AF** und **Spot-AF**. Bei der Einstellung 0 wechselt der Autofokus erst das Messfeld, wenn mit dem bisherigen keine Fokussierung mehr erreichbar ist. Mit den Einstellungen 1 und 2 erfolgt der Wechsel dagegen sehr schnell. Damit ist die Einstellung 0 vor allem für die Motive geeignet, die sich durch einen Schwenk relativ leicht an der gewünschten Position im Sucher halten lassen. Bei rasanten Motiven – etwa einem rennenden Tier – ist es hilfreich, wenn der Autofokus die Arbeit übernimmt und schnell zwischen verschiedenen Feldern hin- und herschaltet. Auch bei unvorhersehbar die Richtung wechselnden Motiven kann die Einstellung 1 oder 2 zu besseren Ergebnissen führen.

^ Abbildung 4.29
*Wie schnell die **AF-Feld-Nachführung** erfolgen soll, bestimmen Sie hier.*

v Abbildung 4.30
*Die Geschwindigkeit der Übergabe von Feld zu Feld regelt der Parameter **AF-Feld-Nachführung**.*

Die Cases im Detail

Aus den im vorigen Abschnitt genannten Parametern ergibt sich eine Fülle an Kombinationsmöglichkeiten. Mit den Cases wird die Vielfalt auf einige beispielhafte Motivsituationen reduziert. Im Idealfall lassen sich diese auf Ihre Anforderungen übertragen.

Case 1: vielseitige Mehrzweckeinstellung

Tabelle 4.3 >
Die Einstellungen von Case 1

AI Servo Reaktion	Nachführ Beschl/Verzög	AF-Feld-Nachführung
0	0	0

Bei **Case 1** sind die drei Parameter absolut ausgewogen gewählt. Daher empfiehlt sich dieser Case als Universaleinstellung für den Start. Erst wenn Sie damit dauerhaft bei stets ähnlichen Motivsituationen schlechte Ergebnisse erzielen, sind weitere Experimente mit den übrigen Cases nötig. **Case 1** ist besonders dafür geeignet, große wie kleine Objekte zu verfolgen, die einer einigermaßen vorhersehbaren Bahn folgen. Das ist zum Beispiel bei Vögeln und Flugzeugen der Fall.

< Abbildung 4.31
Case 1 ist für vorhersehbare Bewegungen ideal.

Case 2: Ignorieren von Hindernissen vor dem Hauptmotiv

Tabelle 4.4 >
Die Einstellungen von Case 2

AI Servo Reaktion	Nachführ Beschl/Verzög	AF-Feld-Nachführung
−1	0	0

Bei **Case 2** ist die **AI Servo Reaktion** auf −1 verringert. Damit ist er für alle Situationen ideal, in denen jederzeit mit Hindernissen gerechnet werden muss.

Das gilt zum Beispiel für Mannschaftssportarten wie Fußball, Handball oder Basketball. Dort kann Ihr Wunschmotiv jederzeit von anderen Spielern verdeckt werden. Ein weiterer Fall sind Rennen, in denen beim Kameraschwenk einzelne Bäume im Weg sind. Besonders wenn Hindernisse für längere Zeit im Weg stehen oder wenn sich das Motiv für längere Zeit von Ihnen wegbewegt, können Sie für **AI Servo Reaktion** auch mit dem Wert −2 experimentieren. Umgekehrt gibt es Fälle, in denen der Autofokus nicht auf den Hintergrund springen soll. Das ist zum Beispiel beim Verfolgen eines Tennisspielers der Fall, der diesem Case als Piktogramm dient.

^ **Abbildung 4.32**
*Wenn jederzeit Hindernisse im Vordergrund auftauchen könnten, ist **Case 2** eine gute Wahl.*

Case 3: sofortiger Fokus auf plötzlich auftretende Motive

AI Servo Reaktion	Nachführ Beschl/Verzög	AF-Feld-Nachführung
+1	1	0

^ **Tabelle 4.5**
*Die Einstellungen von **Case 3***

Mit Blick auf die **AI Servo Reaktion** verhält sich **Case 3** deutlich anders als **Case 2**. Hier stehen vorrangig Motive im Vordergrund, die sich plötzlich in das Sichtfeld schieben und schnell erfasst werden. Das Piktogramm von **Case 3**, eine Gruppe von Radfahrern, verdeutlicht diesen Zusammenhang: Es soll in diesem Fall stets auf den Führenden des Felds fokussiert werden. Sobald sich ein neuer Fahrer an die Spitze setzt, wechselt der Fokus sofort auf diesen, statt am nunmehr Zweiten kleben zu bleiben. Dies wäre bei einer **AI Servo Reaktion** im Minusbereich der Fall. Ein weiteres Szenario sind plötzlich im Bildausschnitt erscheinende Motive, etwa ein Radfahrer, der bei einem Straßenrennen hinter einem Haus hervorschießt. Außerdem hilft **Case 3**, wenn Sie die Kamera während einer Reihenaufnahme schwenken, etwa um jeden Sportler einmal scharf abzulichten. Auch in diesem Fall ist ein schneller Sprung des Autofokus von Person zu Person erwünscht.

Abbildung 4.33
*Links: Auch wenn Sie es stets auf den Führenden im Feld abgesehen haben, ist **Case 3** angebracht. Oben: Das Baumhörnchen sprang plötzlich ins Bild – ein Fall für **Case 3**.*

Case 4: für Motive, die schnell beschleunigen oder langsamer werden

Tabelle 4.6 >
*Die Einstellungen von **Case 4***

AI Servo Reaktion	Nachführ Beschl/Verzög	AF-Feld-Nachführung
0	1	0

Case 4 unterscheidet sich von **Case 1** durch den auf +1 erhöhten Wert für den Parameter **Nachführ Beschl/Verzög**. Damit ist er für alle Fälle interessant, in denen ein schneller Wechsel der Geschwindigkeit erfolgt. Das ist bei allen Kontaktsportarten der Fall, in denen sich Phasen der schnellen Bewegung mit dem Dribbling abwechseln. Der Fußballspieler als Piktogramm verdeutlicht dies. Auch in der Wildlife-Fotografie finden Sie viele Fälle, in denen Tiere abrupt stehen bleiben oder die Richtung ändern.

Abbildung 4.34
*Um die schnellen Bewegungswechsel des Eichhörnchens abzubilden, wurde hier **Case 4** gewählt.*

Case 5: für überraschende Bewegungen

AI Servo Reaktion	Nachführ Beschl/Verzög	AF-Feld-Nachführung
0	0	1

◂ Tabelle 4.7
Die Einstellungen von Case 5

Mit der Einstellung +1 für die **AF-Feld-Nachführung** bietet sich **Case 5** für alle Fälle an, in denen das Motiv unvorhergesehene Bewegungen macht, sich dabei aber auf relativ vorhersehbaren Bahnen bewegt. Der Eiskunstläufer im Piktogramm dieses Cases verdeutlicht das optimal. Die Runden eines Eiskunstläufers allein stellen den Autofokus vor keine allzu große Herausforderung. Allerdings sind Kopf, Rumpf, Arme und Beine ständig in Bewegung, und der Fokus muss von Messfeld zu Messfeld wandern. Bei diesem Case ist das problemlos möglich.

▲ Abbildung 4.35
Case 5 bietet sich bei Bewegungen an, die unvorhersehbar sind und dennoch auf absehbaren Bahnen verlaufen.

⚥ Case 6: für überraschende Bewegungen und Geschwindigkeitswechsel

Tabelle 4.8 >
Die Einstellungen von Case 6

AI Servo Reaktion	Nachführ Beschl/Verzög	AF-Feld-Nachführung
0	1	1

Case 6 kombiniert mit seinen jeweils auf +1 gesetzten Werten für die Parameter **Nachführ Beschl/Verzög** sowie **AF-Feld-Nachführung** die Charakteristika von **Case 4** und **5**. Dieser Case ist vor allem dann hilfreich, wenn sich in einer Zone selbst eine Menge tut. Das Piktogramm eines Turners, der rhythmische Sportgymnastik betreibt, verdeutlicht dies. Kurze, schnelle Laufphasen wechseln sich mit abrupten Stopps ab. Zugleich bewegt der Turner seinen Körper, so dass eine schnelle Messfeldübergabe hilfreich ist. Ein weiteres Beispiel für schnelle Bewegungen mit großen Geschwindigkeitsveränderungen und abrupten Stopps sind Kanufahrer.

< Abbildung 4.36
Schnelle Richtungswechsel und gleichzeitig schwer einfangbare Bewegungen mit dem Körper – ein Fall für **Case 6**.

Weitere Anpassungsmöglichkeiten: Reihenaufnahmen und Schärfensuche

Mit diesen Einstellungsmöglichkeiten ist es noch nicht getan. Sie können genau bestimmen, was bei Reihenaufnahmen 🖵 mit dem ersten und allen weiteren Bildern geschehen soll, solange Sie den Auslöser gedrückt halten: Im zweiten Autofokusmenü (**AF2:AI Servo**) unter **AI Servo Priorität 1.Bild** lässt sich definieren, ob die Priorität beim ersten Bild einer Aufnahmeserie auf einer optimalen Scharfstellung (**Fokus**) oder der höchstmöglichen Reihenaufnahmegeschwindigkeit (**Auslösung**) liegen soll. In der Mittelstellung sind beide Faktoren gleich gewichtet. Unter **AI Servo Priorität 2.Bild** können Sie genau die gleiche Wahl für das zweite und damit zugleich jedes weitere Bild treffen.

Weitere Anpassungsmöglichkeiten: Reihenaufnahmen und Schärfensuche

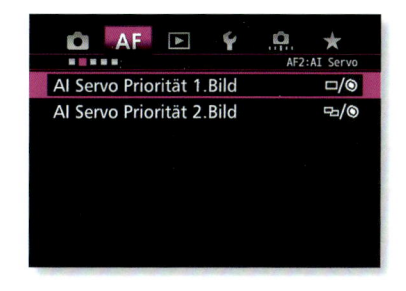

Mit diesen Einstellungen lassen sich sehr viele unterschiedliche Praxisszenarien abdecken. Kommt es Ihnen darauf an, zunächst einmal überhaupt ein Bild des Motivs zu haben, können Sie beim ersten Bild der Auslösegeschwindigkeit den Vorrang geben. Wenn Sie anschließend die maximale Schärfe wünschen, lässt sich dies hier konfigurieren. In der Praxis zeigen sich die Unterschiede zwischen verschiedenen Einstellungen vor allem bei schwachen Lichtverhältnissen, also Situationen, in denen der Autofokus für das Scharfstellen etwas länger benötigt.

⌃ Abbildung 4.37
Diese Autofokusfunktionen helfen Ihnen bei Serienbildern weiter.

⌃ Abbildung 4.38
Links: Wenn es Ihnen darauf ankommt, zunächst einmal überhaupt ein Bild zu haben, geben Sie mit der Autofokusfunktion **AI Servo Priorität 1.Bild** *der Geschwindigkeit den Vorzug. Rechts: Bei allen folgenden Aufnahmen können Sie sich dann für die Schärfe entscheiden.*

Im vierten Autofokusmenü (**AF4**) finden Sie die Option **Schärfensuche wenn AF unmöglich**. Diese greift in die zweite Stufe der Fokuseinstellung ein. Im ersten Schritt wird über die Phasenverschiebung ein Wert ermittelt, um den der Fokus des Objektivs vom Motor verstellt werden muss (Näheres dazu erfahren Sie im Abschnitt »So funktioniert der Autofokus der 7D Mark II« auf

Seite 138). Wird im Rahmen dieser Stufe kein Fokus gefunden, wird einmal der komplette Fokusbereich abgefahren, von der Naheinstellgrenze bis zur Unendlichkeitseinstellung des Objektivs. Mit der Einstellung **Schärfensuche stoppen** können Sie diese zweite Stufe komplett abschalten. Das ist besonders bei den sogenannten Superteleobjektiven ein Vorteil, also etwa beim *EF 600 mm f/4 IS II USM* oder beim *EF 800 mm f/5,6 IS USM*. Bei solch hohen Brennweiten dauert der Fokusdurchlauf besonders lang, und in dieser Zeit ist das Bild im Sucher verschwommen. Über die große Distanz ist es außerdem schwierig, den Ausschnitt im Sucher zu halten oder wiederzufinden. Ein manueller Dreh am Fokusring oder ein einfaches Neupositionieren unter dem AF-Messfeld bringt die Automatik meist schneller wieder auf die richtige Spur. Von der neuen Position aus greift dann wieder die schnelle Phasenautomatik von Stufe eins.

∧ Abbildung 4.39
Die Individualfunktion ***Schärfensuche wenn AF unmöglich***

Manuell fokussieren

Der Autofokus kann über die Messfeldwahl an viele Motivsituationen angepasst werden. Trotzdem gibt es Fälle, in denen er nicht oder nur schlecht funktioniert. Sobald sich zwischen dem Objektiv und dem eigentlichen Motiv Bereiche mit einem hohen Kontrast befinden, wird sich die Kamera an diesen orientieren und darauf fokussieren. Ein typisches Beispiel sind die Maschen eines Drahtzauns oder der Dreck eines ungeputzten Fensters. Es ist in diesen Situationen fast unmöglich, den Autofokus dazu zu bringen, auf das eigentliche Motiv scharfzustellen. Der einzige Weg zu scharfen Bildern führt dann über das Ausschalten des Autofokus am Objektiv.

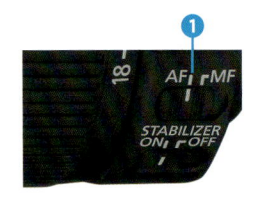

Das manuelle Fokussieren ist mit einer modernen Spiegelreflexkamera wie der 7D Mark II gar nicht so leicht. Schon ein leichter Dreh am Fokusring des Objektivs reicht, und der gewünschte Schärfepunkt ist wieder verschoben. Einige Objektive sind mit einer Entfernungsskala versehen, die anzeigt, auf welche Distanz fokussiert wird. Der praktische Nutzen dieser Information ist für das genaue Scharfstellen allerdings begrenzt.

∧ Abbildung 4.40
*Links: Zwischen Autofokus (**AF**) und manuellem Fokus (**MF**) wechseln Sie am Objektiv* ❶. *Rechts: Die Skala am Objektiv zeigt, in welcher Entfernung die Schärfeebene liegt.*

Scharfstellen im Livebild-Modus

Falls die Kamera auf einem Stativ steht und Sie genügend Zeit für die Bildkomposition haben, spielt der Livebild-Modus seine Vorteile aus. Dabei kommt der sehr leistungsstarke *Dual Pixel CMOS AF* zum Einsatz. Weitere Informationen dazu finden Sie im Exkurs »So funktioniert der Autofokus der 7D Mark II« auf Seite 138.

Der große Vorteil des Livebild-Modus: Sie können den Autofokus ganz gezielt auf einen gewünschten Bereich des Motivs legen und sind dabei nicht durch die Lage der Autofokusmessfelder beschränkt. Noch bevor Sie überhaupt irgendeine Taste gedrückt haben, stellt der Autofokus sogar eine gewisse Grundschärfe ein. Dazu muss der Autofokusschalter am Objektiv aber auf **AF** stehen.

∧ Abbildung 4.41
Diese Taste bringt Sie zum Livebild.

Beim Fokussieren im Livebild-Betrieb haben Sie die Wahl zwischen verschiedenen Autofokusbetriebsarten. Am schnellsten wechseln Sie zwischen diesen, indem Sie im Livebild-Modus die **AF**-Taste drücken. Aber auch über die **Q**-Taste kommen Sie – wie vom Schnelleinstellungsbildschirm gewohnt – in das Menü für die Aufnahmeparameter. Zur Wahl stehen die Optionen **Gesichtserkennung** AF ☺ ⁑, **Flexizone-Multi** AF( ) und **Flexizone-Single** AF ☐.

< Abbildung 4.42
Links: Die verschiedenen Arten der Scharfstellung ❶ *im Livebild-Modus. Rechts: Über die Taste* **AF** *kommen Sie schneller in das Menü als mit* **Q**.

Die Gesichtserkennung AF ☺ ⁑ ist eine von Kompaktkameras übernommene Technik. In diesem Modus wird das Gesicht sogar verfolgt, so dass ein Ausrichten des Fokuspunkts nicht nötig ist. Werden mehrere Gesichter erkannt, kann das gewünschte Gesicht mit dem Schnellwahlrad ausgewählt werden. Findet die 7D Mark II kein Gesicht, arbeitet die Kamera wie im **Flexizone-Multi**-Betrieb AF( ).

Im **Flexizone-Multi**-Betrieb AF( ) stehen gleich 31 Autofokusmessfelder zur Verfügung. Dabei können Sie der Kameraautomatik die Wahl der richtigen AF-Felder überlassen oder sich für eine Eingrenzung auf neun verschiedene

Zonen entscheiden. Diese feinere Auswahl nehmen Sie über den Multi-Controller vor. Innerhalb des abgegrenzten Bereichs sucht sich die 7D Mark II dann eines oder mehrere passende Autofokusfelder aus.

Auch die Betriebsart **Flexizone-Single** AF ☐ funktioniert denkbar einfach: Sie verschieben einfach das Fokusrechteck mit dem Multi-Controller an die Stelle im Bild, die scharf sein soll. Mit diesem Modus überlassen Sie nicht der 7D Mark II die Wahl des passenden Fokuspunkts, sondern können selbst die Entscheidung treffen.

▲ Abbildung 4.43
*Der **Flexizone-Multi**-Betrieb mit eingegrenztem Fokusgebiet. Innerhalb dieses Bereichs trifft die 7D Mark II eine Wahl für die Scharfstellung. Nur im **Flexizone-Single**-Modus lässt sich der Fokuspunkt völlig frei wählen.*

Den Bildausschnitt vergrößern

In allen Livebild-Autofokusmodi – mit Ausnahme der Gesichtserkennung – lässt sich eine fünf- oder eine zehnfache Vergrößerung des Bildausschnitts einschalten. Drücken Sie dazu einfach die **Lupentaste** 🔍. Diese Funktion ist zur Kontrolle, aber auch zum manuellen Scharfstellen sehr hilfreich.

▲ Abbildung 4.44
In der Vergrößerung zeigt sich, ob der Fokus an der richtigen Stelle sitzt.

Mit der **INFO**-Taste bringen Sie weitere Informationen auf den **Livebild**-Monitor. Nach mehrmaligem Drücken erscheint sogar ein Histogramm, wie Sie es aus Kapitel 3, »Die perfekte Belichtung finden«, kennen. Damit lässt sich die Belichtungseinstellung sehr gut beurteilen.

Mit Stativ und Fernauslöser zur maximalen Schärfe

Die Arbeit mit einem Stativ bringt gerade bei langen Brennweiten einen erheblichen Schärfevorteil. Doch selbst wenn das Stativ sehr stabil ist, reicht bereits ein zu kräftiger Druck auf den Auslöser, um die Kamera in Schwingungen zu versetzen. Im Livebild-Modus bei zehnfacher Vergrößerung können Sie sich davon selbst einmal ein Bild machen. Das Auslösen mit Hilfe des Selbstauslösers oder mit einem Fernauslöser verhindert solche Erschütterungen. Der Stecker des Fernauslösers passt in die dafür vorhandene Buchse ❶.

Einen weiteren Schutz vor Vibrationen bietet die sogenannte *Spiegelvorauslösung*, die Canon **Spiegelverriegelung** nennt. Sie finden diese Funktion im vierten Aufnahmemenü (**SHOOT4**). Nach dem Aktivieren der Funktion wird verhindert, dass der Spiegel, der vor der Aufnahme hochschnellt und anschließend ausschwingt, die 7D Mark II in Bewegung versetzt. Auch wenn es sich dabei um sehr kleine Impulse handelt, können sie sich zu Schwingungen aufschaukeln, die sich als Verwacklungsunschärfe im Bild wiederfinden.

Bei aktivierter **Spiegelverriegelung** fährt der erste Druck auf den Auslöser den Spiegel nach oben, die Blende schließt sich auf den eingestellten Wert, und der Kamera wird die Gelegenheit gegeben, zur Ruhe zu kommen. Erst die zweite Betätigung des Auslösers startet den Aufnahmevorgang durch das Öffnen des Verschlusses.

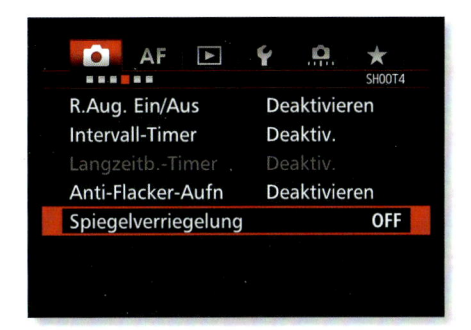

ʌ Abbildung 4.45
Die Buchse für den Fernauslöser ❶ finden Sie hier.

< Abbildung 4.46
*Hier aktivieren Sie die **Spiegelverriegelung**. Diese bringt beim Stativeinsatz das letzte Quäntchen Schärfe.*

Um die **Spiegelverriegelung** optimal zu nutzen, stellen Sie die 7D Mark II am besten auf ein Stativ. Bei einer aus der Hand geschossenen Aufnahme machen die natürlichen Bewegungen des Körpers ansonsten die Vorteile des Systems zunichte. Aus diesem Grund sollten Sie möglichst auch eine Fernbedienung oder zumindest den Selbstauslöser verwenden. Das Durchdrücken des Auslösers könnte ansonsten für Vibrationen sorgen, die ja gerade durch diese Methode verhindert werden sollen.

Neue Technik minimiert Vibrationen

Canon hat die Spiegelmechanik der 7D Mark II mit Blick auf die starken Belastungen bei Reihenaufnahmen optimiert. Dadurch sind die Vibrationen bei dieser Kamera relativ niedrig. Trotzdem bringt die **Spiegelverriegelung** noch kleine Qualitätsvorteile.

So funktioniert der Autofokus der 7D Mark II

Die 7D Mark II nutzt, wie alle modernen Spiegelreflexkameras, den sogenannten Phasenautofokus. Bei diesem sind im Hauptspiegel ❶ der Kamera kleine, halbtransparente Öffnungen, durch die das Licht auf einen weiteren Spiegel ❷ und anschließend auf Autofokussensoren ❹ fällt. Bevor es dort ankommt,

Abbildung 4.47 >
Die Funktionsweise des Autofokus

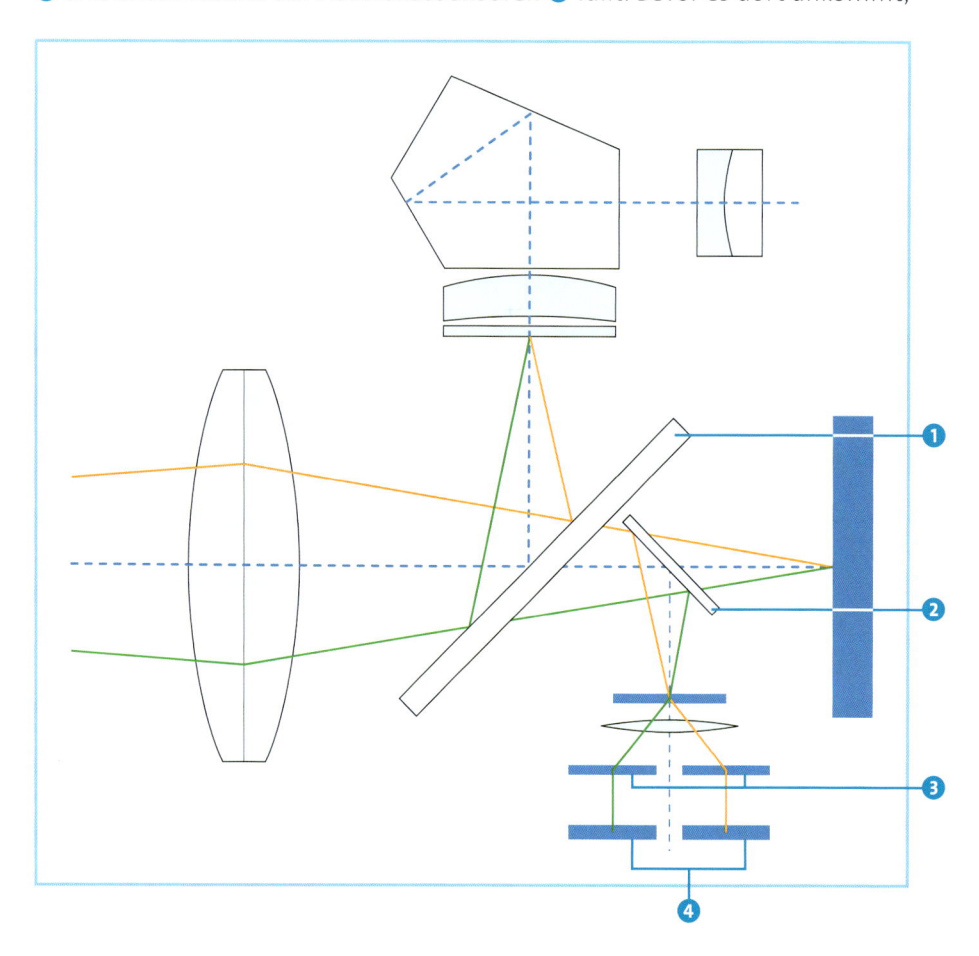

wird es allerdings über eine Reihe von Mikroprismen ❸ aufgesplittet und auf die versetzt angeordneten Messfelder der Autofokussensoren geworfen.

Indem dort die Abweichung (die »Phase«) von einem deckungsgleichen Bild gemessen wird, kann berechnet werden, ob der Fokus zu weit vorn oder hinten sitzt. Dabei liefert die Elektronik sogar einen konkreten Wert, um den der Motor im Objektiv nach links oder rechts drehen muss. Ein Hin- und Herfahren des Autofokus ist deshalb eigentlich nicht nötig. In der Praxis hat jedoch die Mechanik ein gewisses Spiel, und auch die Messung arbeitet nur im Rahmen gewisser Toleranzen. Deshalb wird der Prozess für die Feineinstellung zyklisch wiederholt.

Die Messfelder der Autofokussensoren bestehen aus Pixelreihen, die sich kreuzen. Insgesamt 65 dieser Kreuzsensoren sind in der 7D Mark II verbaut. Über diese können sowohl horizontale als auch vertikale Strukturen sicher fokussiert werden.

Die Sensoren arbeiten dabei mit dem Licht, das vor dem eigentlichen Auslöseprozess durch das Objektiv fällt (siehe auch den Abschnitt »Wie funktioniert eine Spiegelreflexkamera?« auf Seite 47). Da die Blende in diesem Stadium noch komplett geöffnet ist, profitiert der Phasenautofokus von einem lichtstarken Objektiv. Welche Autofokusmessfelder bei welcher Lichtstärke noch ihre Arbeit verrichten, hängt vom verwendeten Objektiv ab. Weitere Informationen dazu finden Sie im Exkurs »Objektive und der Autofokus« auf Seite 141 in diesem Kapitel. Ohne Einschränkungen kann die 7D Mark II mit fast allen Objektiven fokussieren, deren größte Blendenöffnung 5,6 beträgt. Die vertikal angeordneten fünf mittigen AF-Felder bestehen aus versetzt angeordneten Dual-Line-Sensoren und arbeiten dadurch besonders präzise. Ab einer Blende von 2,8 spielt der mittlere Autofokussensor darüber hinaus seine volle Stärke aus: Objektive mit einer solch großen Blendenöffnung liefern so viel Licht, dass sich dieser Autofokussensor in einen empfindlicheren Modus schaltet, indem ein zweiter diagonal versetzter Kreuzsensor seine Arbeit aufnimmt. Damit ist dieses Messfeld so empfindlich, dass es noch bei einer Beleuchtung mit −3LW arbeitet. Dies entspricht ungefähr einem (hellen) Mondlicht.

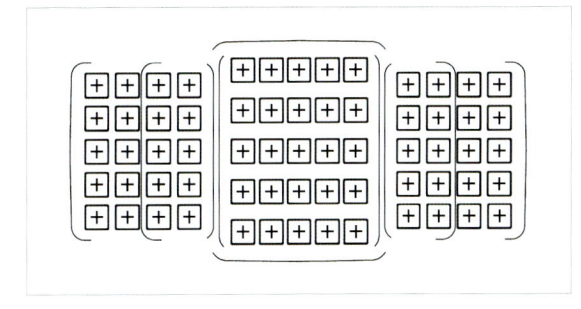

^ **Abbildung 4.48**
Alle Autofokussensoren der 7D Mark II sind leistungsstarke Kreuzsensoren, die auf horizontale und vertikale Motivelemente anspringen.

Ein wichtiger Helfer beim Prozess des Autofokus ist der spezielle 150 000-Pixel-Messsensor mit IR-Erkennung, der Farben identifiziert. Diese Farbinformation wird an das Autofokussystem weitergeben, so dass sie für die Motivverfolgung genutzt werden kann. Dieses System nennt Canon iTR (*intelligent tracking and recognition* (englisch für »intelligente Nachführung und Erkennung«). Es arbeitet allerdings nur in den AF-Bereich-Auswahlmodi **Messfeldwahl in Zone** (große und kleine Zone) sowie in der **Automatischen Messfelderkennung**. Im Abschnitt »Die Belichtungsmessmethoden der 7D Mark II« auf Seite 80 lernen Sie das System genauer kennen.

Neben den klassischen Autofokussensoren ist die EOS 7D Mark II mit einer verbesserten Version des erstmals bei der EOS 70D eingeführten *Dual Pixel CMOS AF* ausgestattet. Dieser spielt im Livebild-Betrieb und beim Filmen seine Vorteile aus: eine Geschwindigkeit, die der des klassischen Spiegelreflexautofokus kaum nachsteht. Das liegt daran, dass auch hier eine auf Phasenverschiebung basierende Technik zum Einsatz kommt. Alle effektiven Pixel auf der Sensorfläche der Kamera besitzen nämlich zwei getrennte Fotodioden, die zum einen für den Phasenerkennungs-AF und zum anderen zum Erzeugen der Bilddaten ausgelesen werden. Für die Phasenerkennung liest die Elektronik die rechte und die linke Fotodiode separat aus. Anschließend werden die Unterschiede der beiden Parallaxenbilder ermittelt.

Abbildung 4.49 >
Jedem Pixel der Sensoroberfläche sind zwei getrennte Fotodioden A und B zugeordnet.

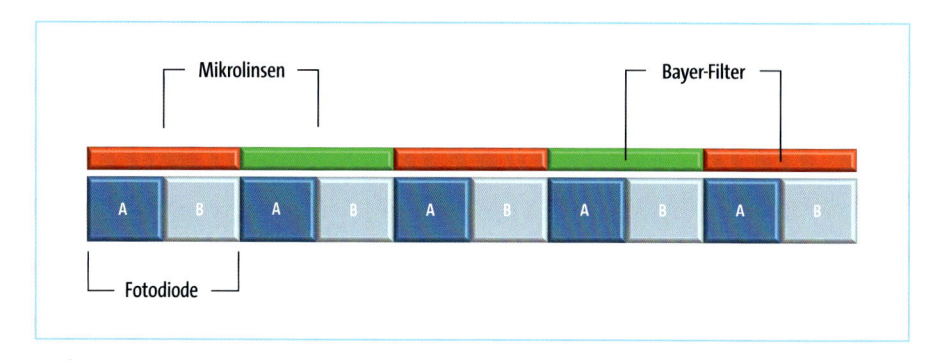

Zu den Vorteilen des weiterentwickelten Dual Pixel CMOS AF gehört, dass sich beim Filmen die Geschwindigkeit regeln lässt, mit der der Autofokus auf Hindernisse im Bild reagiert. Zudem ist es möglich, die Geschwindigkeit zu verändern, mit der der Fokus auf ein anderes Bildelement verlagert wird. Dadurch sind im Film sanfte Übergänge möglich, die bislang nur durch den Fokus von Hand erzielt werden konnten.

Objektive und der Autofokus

EXKURS

Die 7D Mark II ist mit 65 Autofokussensoren ausgestattet. Leider gibt es einige Objektive, bei denen nicht alle dieser Sensoren genutzt werden können. Canon hat alle je für das EOS-System konstruierten Objektive in sieben Gruppen unterteilt. Praxisrelevant sind wohl für die meisten Fotografen nur die Gruppen A, B und G.

Gruppe A

In Gruppe A sind fast alle Objektive aus dem Canon-Programm vertreten, die eine Anfangsblende von 2,8 oder besser bieten, also etwa auch Objektive wie das *EF 50 mm f/1,8 II*. Eine Ausnahme davon stellen die Makroobjektive dar. Sie haben eine Offenblende von 2,5 beziehungsweise 2,8. Diese Einschränkung gilt allerdings nur bei Makroaufnahmen, also Fotos mit einem Abbildungsmaßstab von 1:1. Die – für den Autofokus relevante – effektive Blende hat in diesem Fall eine höhere Blendenzahl.

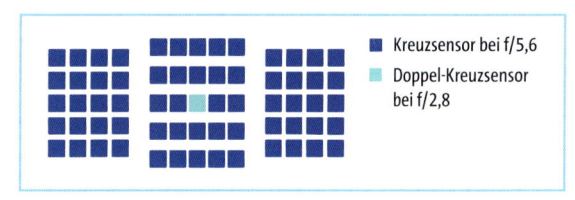

▲ Abbildung 4.50
Sämtliche AF-Felder arbeiten als Kreuzsensoren, das mittlere sogar als besonders präziser Doppel-Kreuzsensor.

Der Gruppe A gehören diese Canon-Objektive an:
- EF-S 24 mm f/2,8 STM
- EF-S 17–55 mm f/2,8 IS USM
- EF 14 mm f/2,8 L II USM
- EF 20 mm f/2,8 USM
- EF 24 mm f/1,4 L II USM
- EF 24 mm f/2,8 IS USM
- EF 28 mm f/1,8 USM
- EF 28 mm f/2,8 IS USM
- EF 35 mm f/1,4 L USM
- EF 35 mm f/2 IS USM
- EF 40 mm f/2,8 STM
- EF 50 mm f/1,2 L USM
- EF 50 mm f/1,4 USM
- EF 50 mm f/1,8 II
- EF 85 mm f/1,2 L II USM
- EF 85 mm f/1,8 USM
- EF 100 mm f/2 USM
- EF 135 mm f/2 L USM
- EF 135 mm f/2 L USM + Extender EF 1,4×
- EF 200 mm f/2,8 L II USM
- EF 300 mm f/2,8 L IS II USM
- EF 400 mm f/2,8 L IS II USM
- EF 16–35 mm f/2,8 L II USM
- EF 24–70 mm f/2,8 L II USM
- EF 70–200 mm f/2,8 L USM
- EF 70–200 mm f/2,8 L IS USM
- TS-E 45 mm f/2,8
- TS-E 90 mm f/2,8

Gruppe B

In Gruppe B ist der Großteil der aktuellen Objektive vertreten, die nicht der Gruppe A zugeordnet sind. Dazu gehören auch Objektive mit Anfangsblende 2,8, die mit einem *1,4×*- oder *2×*-Extender betrieben werden.

Der Gruppe B gehören diese Canon-Objektive an:

- EF-S 60 mm f/2,8 Macro USM
- EF-S 15–85 mm f/3,5–5,6 IS USM
- EF-S 17–85 mm f/4–5,6 IS USM
- EF-S 18–135 mm f/3,5–5,6 IS
- EF-S 18–135 mm f/3,5–5,6 IS STM
- EF-S 18–200 mm f/3,5–5,6 IS
- EF-S 55–250 mm f/4–5,6 IS II
- EF-S 55–250 mm f/4–5,6 IS STM
- EF 50 mm f/2,5 Compact Macro
- EF 50 mm f/2,5 Compact Macro + LIFE SIZE Converter
- EF 100 mm f/2,8 Macro USM
- EF 100 mm f/2,8 L Macro IS USM
- EF 135 mm f/2 L USM + Extender EF 2×
- EF 180 mm f/3,5 L Macro USM
- EF 200 mm f/2,8 L II USM + Extender EF 1,4× (oder EF 2×)
- EF 300 mm f/2,8 L IS II USM +Extender EF 1,4× (oder EF 2×)
- EF 300 mm f/4 L IS USM
- EF 400 mm f/2,8 L IS II USM + Extender EF 1,4× (oder EF 2×)
- EF 400 mm f/4 DO IS USM
- EF 400 mm f/4 DO IS II USM
- EF 400 mm f/5,6 L USM
- EF 500 mm f/4 L IS II USM
- EF 600 mm f/4 L IS II USM
- EF 8–15 mm f/4 L Fisheye USM
- EF 16–35 mm f/4 L IS USM
- EF 17–40 mm f/4 L USM
- EF 24–70 mm f/4 L IS USM
- EF 24–105 mm f/3,5–5,6 IS STM
- EF 24–105 mm f/4 L IS USM
- EF 28–135 mm f/3,5–5,6 IS USM
- EF 28–300 mm f/3,5–5,6 L IS USM
- EF 70–200 mm f/2,8 L IS USM + Extender EF 1,4× (oder EF 2×)
- EF 70–200 mm f/2,8 L IS II USM + Extender EF 1,4× (oder EF 2×)
- EF 70–200 mm f/4 L IS USM
- EF 70–300 mm f/4–5,6 IS USM
- EF 70–300 mm f/4–5,6 L IS USM
- EF 70–300 mm f/4,5–5,6 DO IS USM
- EF 100–400 mm f/4,5–5,6 L IS USM
- EF 100–400 mm f/4,5–5,6 L IS II USM
- EF 200–400 mm f/4 L IS USM Extender 1,4×
- TS-E 17 mm f/4 L
- TS-E 24 mm f/3,5 L
- TS-E 24 mm f/3,5 L II

⌄ **Abbildung 4.51**
Sämtliche Autofokusmessfelder arbeiten als Kreuzsensoren.

■ Kreuzsensor bei f/5,6

Gruppe C

In dieser Gruppe findet sich das häufig genutzte Weitwinkelobjektiv *EF-S 10–22 mm f/3,5–4,5 USM*. Ansonsten sind hier vor allem die 18–55-mm-Linsen vertreten. Diese Kit-Linsen für Einsteigermodelle gibt es in unzähligen Variationen. Für die Zusammenarbeit mit der 7D Mark II sind sie ohnehin weniger gut geeignet.

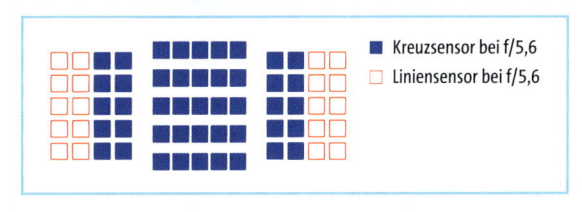

^ Abbildung 4.52
Sämtliche AF-Felder funktionieren. Aber nur 45 arbeiten als Kreuzsensoren, der Rest reagiert mit einer vertikalen Ausrichtung nur auf horizontale Strukturen.

Der Gruppe C gehören diese Canon-Objektive an:
- EF-S 10–22 mm f/3,5–4,5 USM
- EF-S 18–55 mm f/3,5–5,6
- EF-S 18–55 mm f/3,5–5,6 USM
- EF-S 18–55 mm f/3,5–5,6 II
- EF-S 18–55 mm f/3,5–5,6 II USM
- EF-S 18–55 mm f/3,5–5,6 III
- EF-S 18–55 mm f/3,5–5,6 IS
- EF-S 18–55 mm f/3,5–5,6 IS II
- EF-S 18–55 mm f/3,5–5,6 IS STM
- EF 20–35 mm f/3,5–4,5 USM
- EF 35–135 mm f/4–5,6 USM
- EF 75–300 mm f/4–5,6 USM
- EF 100–300 mm f/4,5–5,6 USM

Gruppe D

Wie in Gruppe C finden Sie hier nur einige sehr alte, schon lange nicht mehr erhältliche Canon-Objektive. Diese würden an der 7D Mark II ohnehin keine befriedigenden Ergebnisse liefern. Einzig das *EF 35–350 mm f/3,5–5,6 L USM* – ein Superzoomobjektiv der L-Klasse – sticht in Sachen Bildqualität hervor. Es wurde 1993 vorgestellt und kann mit seinen deutlich jüngeren Nachfolgern durchaus Schritt halten.

^ Abbildung 4.53
Sämtliche AF-Felder funktionieren. Aber nur 25 arbeiten als Kreuzsensoren, der Rest reagiert mit einer vertikalen Ausrichtung nur auf horizontale Strukturen.

Der Gruppe D gehören diese Canon-Objektive an:
- EF 24–85 mm f/3,5–4,5 USM
- EF 35–350 mm f/3,5–5,6 L USM
- EF 55–200 mm f/4,5–5,6 USM
- EF 55–200 mm f/4,5–5,6 II USM
- EF 80–200 mm f/4,5–5,6
- EF 90–300 mm f/4,5–5,6
- EF 90–300 mm f/4,5–5,6 USM
- EF-S 18–55 mm f/3,5–5,6 IS II

Gruppe E

Auch hier finden sich fast nur alte und wenig relevante Objektive. Bemerkenswerte Ausnahmen sind allerdings das recht neue *EF-S 10–18 mm f/4,5–5,6 IS STM* sowie das preiswerte Makroobjektiv *EF 100 mm f/2,8 Macro USM*. Die hier vertretenen 28–80-mm-Objektive wurden zwischen 1991 und 1999 zusammen mit analogen Spiegelreflexkameras der Einsteigerklasse verkauft.

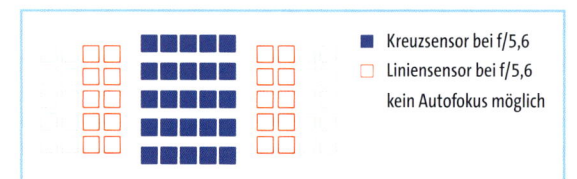

^ Abbildung 4.54
Nur 45 AF-Felder funktionieren. Davon arbeiten 25 als Kreuzsensoren, die übrigen 20 reagieren mit einer vertikalen Ausrichtung nur auf horizontale Strukturen.

Der Gruppe E gehören diese Canon-Objektive an:

- EF-S 10–18 mm f/4,5–5,6 IS STM
- EF 100 mm f/2,8 Macro USM
- EF 800 mm f/5,6 L IS USM
- EF 1200 mm f/5,6 L USM
- EF 28–70 mm f/3,5–4,5
- EF 28–70 mm f/3,5–4,5 II
- EF 28–80 mm f/3,5–5,6
- EF 28–80 mm f/3,5–5,6 USM
- EF 28–80 mm f/3,5–5,6 II
- EF 28–80 mm f/3,5–5,6 II USM
- EF 28–80 mm f/3,5–5,6 III USM
- EF 28–80 mm f/3,5–5,6 IV USM
- EF 28–80 mm f/3,5–5,6 V USM
- EF 35–70 mm f/3,5–4,5
- EF 35–70 mm f/3,5–4,5A
- EF 35–80 mm f/4–5,6 PZ
- EF 35–80 mm f/4–5,6 II E
- EF 38–76 mm f/4,5–5,6
- EF 80–200 mm f/4,5–5,6 USM
- EF 80–200 mm f/4,5–5,6 II

Gruppe F

Auch in dieser Gruppe befinden sich nur wenige, nicht mehr erhältliche Canon-Objektive. So ist das *EF 28–105 mm f/4–5,6 USM* aus dem Jahr 2002 das jüngste Mitglied dieser Gruppe. Mit Blick auf die Bildqualität eine Ausnahme bildet das *EF 180 mm f/3,5L Macro USM* im Betrieb mit dem Extender *EF 1,4×*.

^ Abbildung 4.55
Nur 45 AF-Felder funktionieren. Davon arbeiten 15 als Kreuzsensoren, 10 reagieren mit einer horizontalen Ausrichtung auf vertikale Strukturen, die übrigen 20 reagieren mit einer vertikalen Ausrichtung nur auf horizontale Linien.

Der Gruppe F gehören diese Canon-Objektive an:

- EF 180 mm f/3,5L Macro USM + Extender EF 1,4×
- EF 22–55 mm f/4–5,6 USM
- EF 28–105 mm f/4–5,6
- EF 28–105 mm f/4–5,6 USM
- EF 35–80 mm f/4–5,6
- EF 35–80 mm f/4–5,6 USM
- EF 35–80 mm f/4–5,6 III

Gruppe G

In dieser Gruppe befinden sich sämtliche L-Objektive die, mit einem Extender betrieben, die Grenze der Offenblende von Blende 8 überschreiten. Immerhin ist es so möglich, ein Objektiv wie das *EF 100–400 mm f/4,5–5,6 L II IS USM* mit einem 1,4×-Extender bei eingeschränktem Autofokus zu betreiben. Bislang war das den EOS-Modellen der 1er-Serie vorbehalten, etwa der 1DX oder der 1D Mark IV.

▪ Kreuzsensor bei f/5,6
▫ Liniensensor bei f/5,6
    kein Autofokus möglich
▫ Liniensensor mit
    vertikaler Erkennung

⌃ Abbildung 4.56
Nur 5 AF-Felder arbeiten, das mittlere davon als Kreuzsensor ohne Einschränkungen. Die übrigen 4 reagieren nur bei Offenblende f5,6 auf vertikale (oben und unten) bzw. horizontale (links und rechts) Strukturen.

Der Gruppe G gehören diese Canon-Objektive an:

- EF 35–105 mm f/4,5–5,6
- EF 35–105 mm f/4,5–5,6 USM
- EF 300 mm f/4 L USM + Extender EF 2×
- EF 300 mm f/4 L IS USM + Extender EF 2×
- EF 400 mm f/4 DO IS USM + Extender EF 2×
- EF 400 mm f/4 DO IS II USM + Extender EF 2×
- EF 400 mm f/5,6 L USM + Extender EF 1,4×
- EF 500 mm f/4 L IS USM + Extender EF 2×
- EF 500 mm f/4 L IS II USM+ Extender EF 2×
- EF 500 mm f/4,5 L USM + Extender EF 1,4×
- EF 600 mm f/4 L USM + Extender EF 2×
- EF 600 mm f/4 L IS USM + Extender EF 2×
- EF 600 mm f/4 L IS II USM + Extender EF 2×
- EF 800 mm f/5,6 L IS USM + Extender EF 1,4×
- EF 1200 mm f/5,6 L USM + Extender EF 1,4×
- EF 70–200 mm f/4 L USM + Extender EF 2×
- EF 70–200 mm f/4 L IS USM + Extender EF 2×
- EF 100–400 mm f/4,5–5,6 L IS USM + Extender EF 1,4×
- EF 100–400 mm f/4,5–5,6 L IS II USM + Extender EF 1,4×
- EF 200–400 mm f/4L IS USM Extender 1,4×: eingebauter plus externer Extender

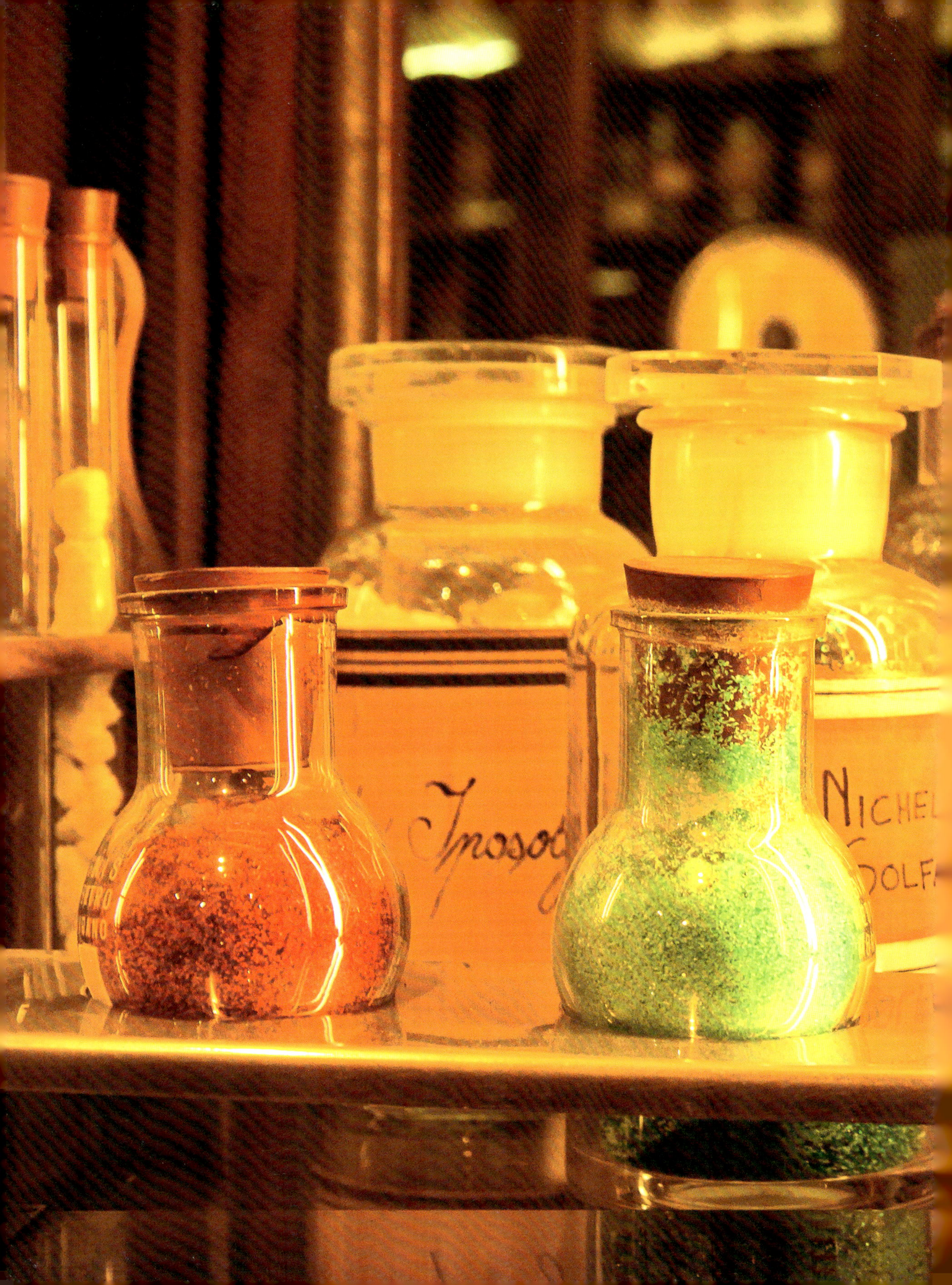

Kapitel 5
Die Tastenbelegung der 7D Mark II anpassen

Den Auslöser anpassen 148

AF-ON- und AE Lock-Taste (Sterntaste) anpassen 149

Abblendtaste anpassen 153

AF-Stopp-Taste (LENS) anpassen 154

M-Fn-Taste anpassen 155

SET-Taste anpassen 155

Das Hauptwahlrad anpassen 156

Das Schnellwahlrad anpassen 156

Den Multi-Controller anpassen 157

Den AF-Bereich-Auswahlschalter anpassen 158

Den Auslöser anpassen

Im Abschnitt »Tasten neu belegen« auf Seite 36 haben Sie bereits einige Tastenbelegungen kennengelernt, die das Fotografieren mit der 7D Mark II erheblich erweitern. Immerhin lassen sich zehn Tasten an der Kamera sowie die **AF-Stopp**-Taste an einigen Objektiven mit anderen Funktionen belegen.

∧ Abbildung 5.1
*Wege zur **Custom-Steuerung**. Über das Piktogramm* ❶ *geht es am schnellsten. Sie können die Tastenbelegung Ihrer EOS 7D Mark II detailliert anpassen. Die jeweils gewählte Taste ist in der schematischen Darstellung markiert (rechts).*

∧ Abbildung 5.2
*Einige Fotografen nutzen zum Fokussieren ausschließlich die **AF-ON**-Taste* ❷.

Wenn Sie den Auslöser antippen, wird die Scharfstellung gestartet und die Belichtung gemessen. Diese beiden Vorgänge, das Fokussieren und die Belichtungsmessung, können Sie bei der EOS 7D Mark II trennen und das Fokussieren beispielsweise ausschließlich auf die Taste **AF-ON** legen. Ein Antippen des Auslösers startet dann nur noch die Belichtungsmessung, und beim Durchdrücken erfolgt die Aufnahme.

Einen praktischen Vorteil bringt diese Einstellung vor allem in Kombination mit dem Autofokusmodus **AI SERVO**. Bei gedrückter **AF-ON**-Taste wird der Fokus permanent nachgeführt, beim Loslassen stoppt der Vorgang. Das ist zum Beispiel nützlich, wenn sich kurzzeitig ein Hindernis durchs Bild schiebt. Zudem herrscht bei dieser Einstellung auch im Modus **ONE SHOT** die Auslösepriorität. Der Druck auf den Auslöser erzeugt also auf jeden Fall ein Bild, auch wenn die Kamera keinen Fokuspunkt ermitteln konnte.

Sie können dem Auslöser auch die Belichtungsmessung entziehen und diese beispielsweise mit der **Sterntaste** ✱ steuern. Der Auslöser ist dann nur noch ein reiner Auslöser, der das Öffnen des Verschlusses einleitet. In der Grundeinstellung liegen Fokus und Belichtungsmessung auf dem Auslöser, die **AF-ON**-Taste bietet nur eine zusätzliche Möglichkeit des Fokussierens.

Für den Auslöser 🔘 finden Sie drei mögliche Varianten:

- In der Standardeinstellung ⚫AF liegen Belichtungsmessung und Autofokus zugleich auf dem Auslöser. Bei der **Mehrfeldmessung** ⚫ bleiben die einmal gemessenen Belichtungswerte so lange unverändert eingefroren, wie der Auslöser gedrückt gehalten wird. Bei allen anderen Messmethoden werden die Werte dynamisch angepasst, etwa wenn Sie einen neuen Bildausschnitt wählen oder den Ausschnitt verändern.
- Die Option ▦ arbeitet wie ⚫AF, allerdings liegt der Autofokus nun nicht mehr auf dem Auslöser.
- Die Einstellung ✱ arbeitet ebenfalls wie ⚫AF, aber über den Auslöser wird nur die Belichtungsmessung, nicht der Autofokus vorgenommen. Die einmal gemessenen Belichtungswerte bleiben nach einem Tastendruck bei allen Messmethoden (Mehrfeld- ⚫, Selektiv- ◯, Spot- ⊙ und mittenbetonte Messung ▢) gespeichert. Mehr zur Belichtungsmesswertspeicherung finden Sie im Abschnitt »Die Belichtungsmessmethoden der 7D Mark II« auf Seite 80.

ˇ **Abbildung 5.3**
Mögliche Belegungsoptionen für den Auslöser

Selbstverständlich startet bei jeder dieser Optionen bei durchgedrücktem Auslöser die Aufnahme. Auch der Bildstabilisator des Objektivs ist nicht betroffen. Er aktiviert sich stets bei halb gedrücktem Auslöser.

🔲 Zurück auf Start

Mit der **Löschtaste** 🗑 setzen Sie die Tastenbelegung der Kamera wieder in den Ausgangszustand zurück.

AF-ON- und AE Lock-Taste (Sterntaste) anpassen

Wie den Auslöser können Sie auch die **AF-ON**-Taste mit verschiedenen Funktionen belegen. Die sehr sinnvolle Standardeinstellung ⚫AF kennen Sie bereits vom Auslöser. Falls Sie diesen vom Fokussieren entkoppelt haben, müssen Sie die **AF-ON**-Taste zwingend drücken, um eine Scharfstellung zu erreichen. Sobald Sie loslassen, wird die Fokusnachführung beendet.

Anders als beim Auslöser können Sie bei der **AF-ON**-Taste den Autofokus nach eigenen Wünschen konfigurieren. Drücken Sie dazu bei gewählter Einstellung ⌾AF ❶ die **INFO**-Taste. Es erscheint das Menü aus Abbildung 5.4 rechts. Unter **AF-Startpunkt** ❷ können Sie das gespeicherte Messfeld auswählen, wie Sie es unten auf dieser Seite kennenlernen. Unter **Eigenschaften AI Servo AF** lässt sich einer der sechs AF-Cases aktivieren. In der Grundeinstellung wird der gerade ohnehin aktivierte Case verwendet. Mit **AF-Betrieb** ist es möglich, auf **ONE SHOT** oder **AI SERVO** zu springen oder die bereits genutzte Betriebsart weiterzuverwenden. Außerdem können Sie unter **AF-Bereich-Auswahlmodus** diesen neu einstellen.

Abbildung 5.4 >
*Links: mögliche Belegungsoptionen für die **AF-ON**-Taste. Rechts: Sie können der Taste komplett neue Autofokuseinstellungen zuweisen.*

Ein Messfeld speichern
DER BESONDERE TIPP

Sie können in der 7D Mark II ein Messfeld speichern, auf das Sie auf unterschiedlichen Wegen schnell wieder zugreifen können. Dieses wird dann auch im Sucher angezeigt. Wählen Sie das zu speichernde Messfeld dazu aus und drücken Sie bei gedrückter Taste ⊞ die Taste ☼. Ein Piepton bestätigt das Speichern. Zum Löschen des Punkts drücken Sie bei gedrückter Taste ⊞ die **ISO**-Taste.

Zu diesem gespeicherten Messfeld kommen Sie – nach Änderung der entsprechenden Tastenbelegung – auf drei Wegen:
- Über die so belegte **AF-ON**- oder **Sterntaste ✱**: In diesem Fall müssen Sie die Taste gedrückt halten, und es wird zum gespeicherten Feld geschaltet. Beim Loslassen landen Sie wieder auf dem zuvor gewählten Messfeld.

AF-ON- und AE Lock-Taste (Sterntaste) anpassen

Mit all diesen Anpassungen ist es also möglich, durch einen Druck auf die **AF-ON**-Taste eine komplett andere Art des Autofokus zu starten. Sie sind damit blitzschnell in der Lage, auf veränderte Situationen, etwa bei einer Sportveranstaltung, zu reagieren.

Interessant ist die Option **AF-OFF**. Dabei unterbricht der Autofokus im AF-Modus **AI SERVO** so lange den Betrieb, wie Sie die **AF-ON**-Taste gedrückt halten. Das ist zum Beispiel nützlich, wenn Sie absehen können, dass sich ein Hindernis durch das Bild bewegt. Sobald es den Ausschnitt passiert hat, lassen Sie die Taste wieder los, und der Autofokus kann ohne Irritationen von der ursprünglichen Stelle aus seine Arbeit fortsetzen.

Auch die Einstellung ✱ wurde bereits vorgestellt. An dieser Stelle gibt es jedoch eine Abweichung: Die Speicherung der Belichtungseinstellungen erfolgt nach einem einmaligen Druck auf die **AF-ON**-Taste und bleibt noch einige Sekunden bestehen, wenn die Taste losgelassen wird. Bei der Einstellung ✱H bleiben die einmal gemessenen Belichtungswerte sogar so lange gespeichert, bis Sie die Taste erneut drücken. Das ist nützlich, wenn Sie eine Serie von Bildern mit konstanten Einstellungen für Blende, Belichtungszeit und ISO-Wert schießen wollen, ohne dafür in den manuellen Modus zu wechseln. Die Option ✱AF-OFF ist eine Kombination aus den Einstellungen ✱AF-OFF

- Über die Abblendtaste (**Schärfentiefe-Prüftaste**) oder die **LENS**-Taste eines entsprechend ausgestatteten Objektivs. Hier können Sie in den Einstellungen festlegen, ob die Taste gedrückt gehalten werden muss oder ob ein einmaliger Druck einen Sprung auslöst.
- Über den Multi-Controller oder den AF-Bereich-Auswahlschalter: Hier führt ein Tastendruck beziehungsweise das Drücken des Schalters zum Sprung auf das neue Messfeld.

Egal für welche der Einstellungen Sie sich entscheiden: Diese Funktion ist ausgesprochen hilfreich, wenn das Messfeld sehr schnell gewechselt werden muss.

Weitere Informationen zur Einstellung finden Sie in den Erklärungen zur jeweiligen Tastenbelegung. Die Option zum Speichern eines Messfelds können Sie auch für die Wahl einer Zone oder eines erweiterten Bereichs nutzen.

und **AF-OFF**. Die Belichtung wird zu dem Zeitpunkt gemessen, an dem der Autofokus seinen Betrieb unterbricht.

Mit der Einstellung **FEL** wird nach einem Tastendruck beim Blitzbetrieb ein Messblitz gezündet. Über diesen wird die erforderliche Blitzleistung ermittelt. Anschließend können Sie den Bildausschnitt verändern und trotzdem mit ebendiesen Werten den Blitz zünden. Weitere Informationen zu der Funktion gibt es auch im Abschnitt »So speichern Sie die Blitzbelichtung« auf Seite 190.

Zusätzlich finden Sie hier über die Option **ONE SHOT↔AI SERVO** die Möglichkeit, mit einem Druck auf die Taste in die jeweils nicht aktivierte Autofokusbetriebsart zu schalten, also vom **ONE SHOT**-Modus kurzfristig zum Modus **AI SERVO** oder umgekehrt.

Am interessantesten ist die Funktion **Aufn.funktion registr./aufrufen**. Damit können Sie der Taste eine ganze Reihe von Kameraeinstellungen zuweisen. Bei dieser Einstellung kann es sich um einen konkreten Wert wie eine Blenden- oder Belichtungszeiteinstellung handeln oder einen allgemeinen Kameramodus wie die Aktivierung von **AI SERVO**. Sie finden diese Parameter nach einem Druck auf die **INFO**-Taste.

Mit dem Schnellwahlrad oder dem Multi-Controller navigieren Sie horizontal durch die Auswahl. Mit dem Hauptwahlrad oder dem Multi-Controller gelangen Sie zur Auswahl und können nach einem Druck auf **SET** einen Parameter verändern. Über die Häkchen ❶ an der linken Seite entscheiden Sie, ob die jeweilige Einstellung beim Druck auf die Taste berücksichtigt wird. Durch die Wahl von **Aktuelle Einstell. registrieren** ❷ werden die gerade an der Kamera eingestellten Parameter übernommen. Sie können diese im folgenden Dialog allerdings korrigieren. Auch über diese Tastenbelegung ist es möglich, sehr schnell auf Aufnahmeeinstellungen zurückzugreifen. Dabei sind die Möglichkeiten noch einmal umfangreicher als bei der Anpassung über AF.

Als letzte Option können Sie in diesem Menü mit Wahl von **OFF** festlegen, dass ein Druck auf die **AF-ON**-Taste keinerlei Folgen hat.

∧ **Abbildung 5.5**
Bei der Tastenbelegung mit ▸◻▸ sind die Optionen umfangreicher als bei AF.

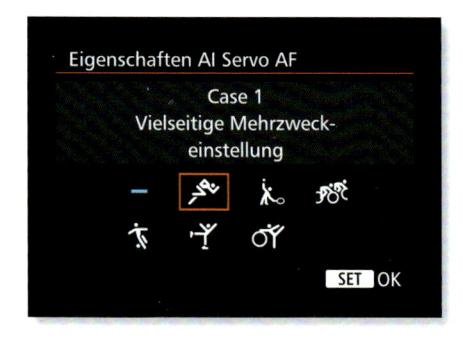

∧ **Abbildung 5.6**
*Sie können die temporäre Umschaltung auf einen bestimmten Case der Taste **AF-ON** zuweisen.*

Bei den Tastenbelegungsoptionen für die **Sterntaste** ✱, die in diesem Zusammenhang auch **AE-Lock** genannt wird, finden Sie die gleichen Einträge wie bei der **AF-ON**-Taste. Die Einstellungen ✱ und **FEL** sind auf dieser Taste der EOS 7D Mark II wesentlich besser aufgehoben als auf der Taste **AF-ON**.

< Abbildung 5.7
*Die Belegungsmöglichen für die **AE Lock-Taste** (**Sterntaste**) entsprechen denen für die **AF-ON**-Taste.*

Abblendtaste anpassen

Mehr über die eigentliche Funktion der Abblendtaste (**Schärfentiefe-Prüftaste**) finden Sie im Abschnitt »Für Auffrischer: Blende, Belichtungszeit, ISO-Wert und deren Zusammenspiel« auf Seite 66. An dieser Stelle können Sie ihr eine andere als ihre Standardaufgabe zuweisen. Viele der möglichen Optionen kennen Sie bereits.

Neu hinzugekommen sind die folgenden Funktionen:

- ((🖐)): Mit diesem Symbol starten Sie den Prozess der Bildstabilisierung. Das ist hilfreich, wenn der Auslöser anders belegt ist. So bleibt für die Bildstabilisierung ein wenig mehr Zeit.

- **AF↔**: Dieser Modus ähnelt ein wenig 📷 bei den Tasten **AF-ON** und **AE Lock** und lässt sich auf gleiche Weise konfigurieren. Hier lassen sich verschiedene Parameter rund um den Autofokus einstellen. Dabei handelt es sich neben dem **AF-Bereich-Auswahlmodus** ❸ um die Parameter rund um die Cases ❹ sowie die zur Steuerung der Fokus- und Auslösepriorität bei Serienaufnahmen ❺.

- **RAW/JPEG**: Bei dieser Einstellung können Sie das Bildformat wechseln. Um welches es sich dabei handelt, legen Sie nach einem Druck auf die **INFO**-Taste fest. Nach einem

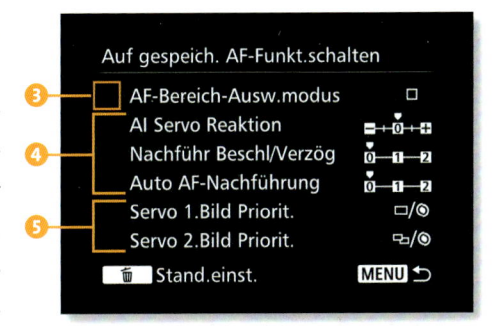

^ Abbildung 5.8
Wählbare Funktionen für die Abblendtaste Auch über die Abblendtaste können Sie wahlweise neue Autofokuseinstellungen abrufen.

v Abbildung 5.9
Den Sprung zum gespeicherten Messfeld können Sie auf zwei Arten durchführen.

Druck auf die Abblendtaste wird dann das nächste Bild auf diese Weise gespeichert.

- RAW/JPEG H: Diese Funktion arbeitet ähnlich wie RAW/JPEG. Allerdings wird das eingestellte Bildformat für alle folgenden Aufnahmen verwendet. Drücken Sie die Taste erneut, um zur vorherigen Einstellung für die Bildaufnahmequalität zurückzukehren.

- HP: Bei der Wahl dieser Option erscheinen nach einem Druck auf die **INFO**-Taste zwei Varianten. Sie können wählen, ob bei gedrückt gehaltener Taste zum Messfeld gesprungen wird ❶ oder ob Sie mit der Taste zwischen gespeichertem Messfeld und Ursprungsfeld hin- und herschalten können ❷.

- **UNLOCK**: Bei gedrückter Abblendtaste können Sie alle Bedienelemente benutzen, die mit dem Schalter für die Multifunktionssperre in der **LOCK**-Stellung eigentlich verriegelt sind. Welche das sind, bestimmen Sie im dritten Individualfunktionenmenü (**C.Fn3:Disp/Operation**) unter **Multifunktionssperre**.

AF-Stopp-Taste (LENS) anpassen

Einige der Superteleobjektive von Canon sind mit einer **AF-Stopp**-Taste ❸ ausgestattet. Deren Funktion lässt sich an dieser Stelle verändern. Die dort möglichen Optionen kennen Sie bereits.

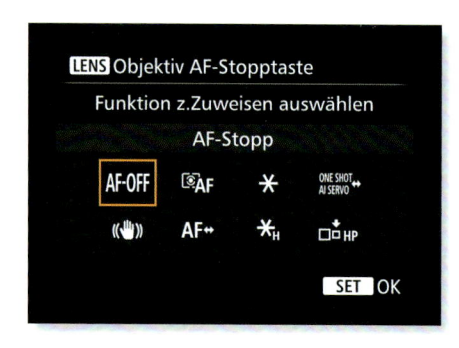

^ Abbildung 5.10
*Mögliche Tastenbelegungen für die **AF-Stopp**-Taste*

^ Abbildung 5.11
Die Stopptaste eines Superteleobjektivs ❸

M-Fn-Taste anpassen

Auch die meisten Optionen für die **M-Fn**-Taste haben Sie bereits zuvor kennengelernt. Neu ist hier die Möglichkeit, mit ▄▄ zwischen den Funktionen der Tasten neben dem oberen Display zu wechseln. Die Reihenfolge ❹ läuft allerdings von rechts nach links. Diese Einstellung ist hilfreich, denn sie vereinfacht das blinde Bedienen, ohne den Blick vom Sucher zu nehmen.

Abbildung 5.12 >
Bei dieser Einstellung wird mit jedem Tastendruck zwischen den Funktionen der oberen Kameratasten umgeschaltet.

SET-Taste anpassen

Während des eigentlichen Fotografierens bleibt ein Druck auf die **SET**-Taste folgenlos, das ist die Standardeinstellung (**OFF**). Sie können dieser Taste jedoch auch allgemeine Kamerafunktionen zuweisen. Dazu finden Sie folgende Optionen:

- ◉: Ermöglicht das Verändern der Bildqualität.
- ✎: Führt direkt in das Menü für die Bildstilauswahl.
- **MENU**: Funktioniert genau so wie die gleichnamige Taste.
- ▶: Startet die Bildwiedergabe wie mit der **Wiedergabetaste**. Aus ergonomischen Gründen ist dies eine gute Tastenbelegung.
- 🔍: Vergrößert die Bilddarstellung wie ihr Pendant auf der linken Kameraseite.
- **ISO**⬇: Ermöglicht das Verstellen des ISO-Werts. Bei gedrückter **SET**-Taste müssen Sie dazu am Schnellwahlrad drehen. Die Einstellung **AUTO** können Sie allerdings weiterhin nur über die **ISO**-Taste verstellen. Vor allem im **M**-Programm bringt diese Tastenbelegung erhebliche Geschwindigkeitsvorteile. Mit dem Hauptwahlrad verstellen Sie die Belichtungszeit, mit dem Schnellwahlrad die Blende und bei gedrückter **SET**-Taste mit dem Hauptwahlrad den ISO-Wert.

⌃ Abbildung 5.13
Die Optionen für die SET-Taste

- ![Symbol]: Bei gedrückter **SET**-Taste können Sie mit dem Schnellwahlrad eine Belichtungskorrektur einstellen.
- ![Symbol]/![Symbol]: Führt in das Menü für die Blitzsteuerung. Wie beim Druck auf die **Blitztaste** handelt es sich auch hier um die reduzierte Darstellung, die weniger Funktionen enthält als beim Zugriff über das erste Aufnahmemenü (**SHOOT1**) und **Blitzsteuerung**.

Das Hauptwahlrad anpassen

Auch die Funktion des Hauptwahlrads lässt sich über die **Custom-Steuerung** ändern. Es ist im **M**-Programm für die Änderung der Belichtungszeit zuständig. Sie können ihm dort mit der Wahl von **Av** die Veränderung der Blende zuweisen.

< Abbildung 5.14
Dem Hauptwahlrad können Sie im M-Programm die Blendeneinstellung zuweisen.

Das Schnellwahlrad anpassen

Standardmäßig verstellen Sie mit dem Schnellwahlrad im Modus **M** die Blende (Einstellung **Av**). Sie können ihm aber auch die Wahl einer Belichtungszeit zuordnen (Einstellung **Tv**). Die übrigen Einstellungen in diesem Menü gelten in allen Aufnahmeprogrammen:

- ![Symbol]: Durch einen Dreh am Schnellwahlrad verstellen Sie das Autofokusmessfeld beziehungsweise den Erweiterungsbereich oder eine Zone – allerdings nur horizontal. Bei der Messfeldwahl in (kleiner) Zone wandert die Auswahl so, dass alle Zonen durch Drehen erreicht werden können. Bei dieser Tastenbelegung sparen Sie sich den vorigen Druck auf ![Symbol]. Wesentlich effizienter ist es, die Multi-Controller-Taste entsprechend zu belegen.

- ⊞: Analog zu ⊞ können Sie die Taste zur vertikalen Verstellung des Messfelds nutzen.
- **ISO** ⊙: Ermöglicht das Verstellen des ISO-Werts mit dem Schnellwahlrad. Die ISO-Einstellung **AUTO** erreichen Sie auf diese Weise jedoch nicht.

< Abbildung 5.15
Optionen für das Schnellwahlrad

Den Multi-Controller anpassen

Besonders interessant ist die Möglichkeit, den Multi-Controller mit der Direktauswahl des Autofokusfelds zu betrauen. Ohne den Umweg über die Taste **AF-Messfeldwahl** ⊞ können Sie dann auf diese Weise schnell und komfortabel ein neues Messfeld aktivieren. Die jeweilige Auswahl sehen Sie allerdings nur beim Blick durch den Sucher.

Nach einem Druck auf die **INFO**-Taste können Sie zusätzlich bestimmen, was beim Druck auf die Taste des Multi-Controllers passiert. So lässt sich einstellen, dass zum zentralen Messfeld gesprungen wird ❶ oder das gespeicherte Messfeld ❷ (siehe den besonderen Tipp »Ein Messfeld speichern« auf Seite 150) aufgerufen wird.

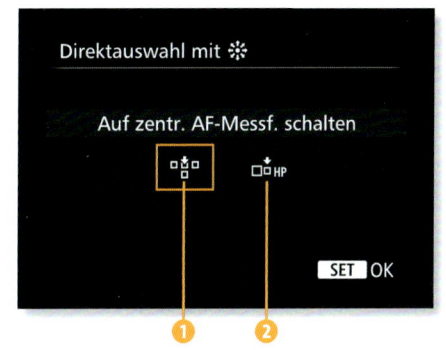

∧ Abbildung 5.16
Der Multi-Controller lässt sich mit der Direktauswahl des Autofokusfelds belegen. Sie haben die Wahl, ob ein Druck auf die Taste des Multi-Controllers zum mittleren ❶ oder dem gespeicherten Messfeld springt ❷.

Den AF-Bereich-Auswahlschalter anpassen

Auch den AF-Bereich-Auswahlschalter können Sie vielfältig belegen. Die Möglichkeiten der Belichtungsspeicherung ✱ und ✱H kennen Sie bereits aus dem Abschnitt »AF-ON- und AE Lock-Taste (Sterntaste) anpassen« auf Seite 149. Zusätzlich finden Sie folgende Optionen:

- ▫▫: Ermöglicht die direkte Auswahl eines AF-Bereichs, auch ohne dass zuvor die Taste **AF-Messfeldwahl** ⊡ gedrückt werden muss. Damit bringt diese Tastenbelegung einen großen Zeitvorteil.
- SEL↔HP: Ermöglicht das schnelle Umschalten auf ein neues Autofokusmessfeld. Drücken Sie die **INFO**-Taste, um näher zu bestimmen, um welches Feld es sich dabei handelt. Zur Wahl steht das jeweils zentrale Feld beziehungsweise die mittlere Zone oder Messfelderweiterung ❶ oder das gespeicherte Feld ❷ (siehe den besonderen Tipp »Ein Messfeld speichern« auf Seite 150).
- ISO🕭: Während Sie den AF-Bereich-Auswahlschalter gedrückt halten, können Sie mit dem Hauptwahlrad den ISO-Wert verändern.
- 🔆🕭: Während Sie den AF-Bereich-Auswahlschalter gedrückt halten, können Sie mit dem Hauptwahlrad eine Belichtungskorrektur vornehmen.

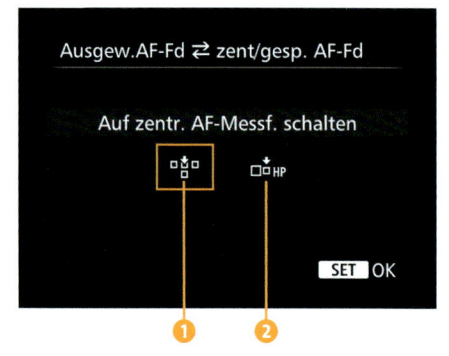

⌃ Abbildung 5.17
Links: Optionen für den AF-Bereich-Auswahlschalter. Rechts: Auch hier haben Sie die Wahl, ob ein Druck auf die Taste zum mittleren ❶ oder dem gespeicherten Messfeld springt ❷.

Eine Tastenbelegung für die Actionfotografie
EXKURS

Die ideale Tastenbelegung hängt vom Motiv und den Präferenzen des Fotografen ab. Grundsätzlich sollten Sie jedoch gerade wenn Bewegung ins Spiel kommt, dem vom Fokussieren entkoppelten Auslöser eine Chance geben. Mit dem Daumen halten Sie die **AF-ON**-Taste zum Fokussieren gedrückt, mit dem Zeigefinger lösen Sie im richtigen Moment aus. Die Tabelle 5.2 zeigt, welche weiteren Tasten-Neubelegungen in bestimmten Standardsituationen sinnvoll sind.

Taste	Belegung	Vorteil
Auslöser	Messung Start	misst die Belichtung
AF-ON-Taste	Messung und AF Start, keine weiteren Detaileinstellungen	gezieltere Scharfstellung
Sterntaste	Messung und AF Start, mit Detaileinstellungen oder Aufnahmefunktion registrieren/aufrufen, mit Detaileinstellungen	gezieltes Verändern von AF-Einstellungen (Cases, Grundparameter, Messfeldwahl etc.)
Abblendtaste	ONE SHOT ↔ AI Servo	schneller Wechsel zu ONE SHOT
M-Fn-Taste	Umschalten	schnelles Verändern der Parameter
SET-Taste	Bildwiedergabe	einhändige Kamerabedienung
Multi-Controller	Direktauswahl AF-Feld	schnelle Messfeldauswahl
AF-Bereich-Auswahltaste	Direktauswahl AF-Bereich	schneller Wechsel des AF-Bereichs

∧ **Tabelle 5.2**
Eine empfehlenswerte Tastenbelegung für Action-Motive.

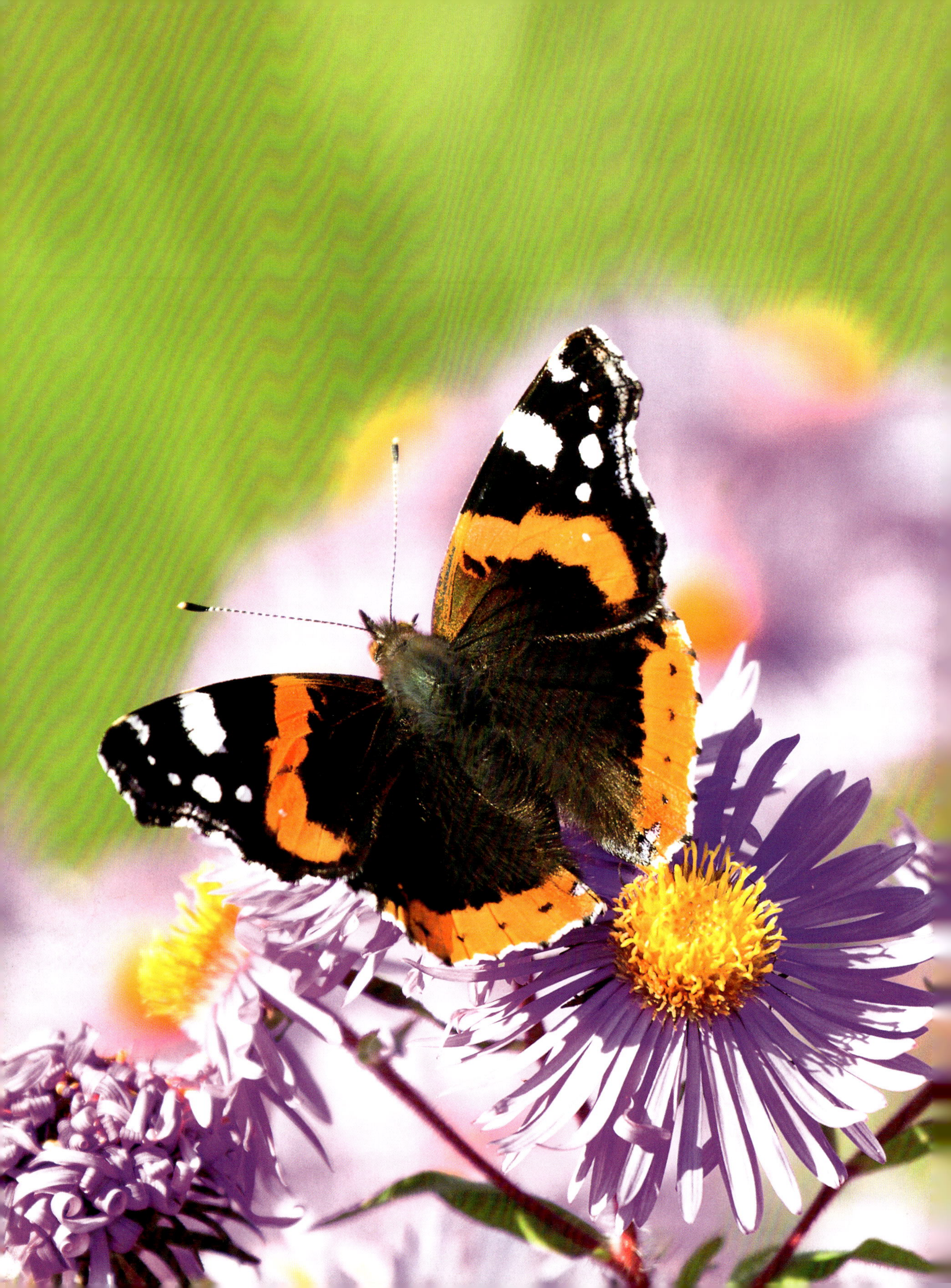

Kapitel 6
Schönere Fotos mit den richtigen Farben

Farbstichige Fotos vermeiden mit
dem richtigen Weißabgleich 162

Farben nach Wunsch: Bildstile einsetzen 166

Schwarzweißbilder optimal aufnehmen 171

Bayer-Sensor, Farbmodelle, Farbräume und Profilierung 177

EXKURS: Maximale Freiheit – das RAW-Format 182

Farbstichige Fotos vermeiden mit dem richtigen Weißabgleich

So wichtig wie die Frage nach Licht oder Schatten ist die nach der richtigen Farbe. Auch hier sind Sie gefragt: Geht es um eine möglichst realistische farbliche Wiedergabe einer Situation, kommt der Weißabgleich ins Spiel. Damit teilt der Fotograf der Kamera mit, was ein reines Weiß ist. Die Kamera kann diese Information als Ausgangsbasis für die Farbgebung nutzen.

Für unser Auge bleibt ein weißes Blatt Papier rund um die Uhr mehr oder minder weiß, egal ob es unter Tages- oder Kunstlicht betrachtet wird. Die Kamera jedoch sieht klar und präzise, welche Wellenlänge des Lichts je nach Tageszeit und Beleuchtungsart dominiert. Über den automatischen Weißabgleich kann sie etwa das blaugrüne Licht einer Leuchtstoffröhre neutralisieren. Funktioniert das nicht, findet sich im Bild ein entsprechender Farbstich.

RAW

Das RAW-Format ermöglicht es, den Weißabgleich auch nachträglich am Computer nach Belieben zu ändern – ein weiterer Grund, die Bilder in diesem Format zu speichern. Nähere Informationen dazu finden Sie im Exkurs »Maximale Freiheit – das RAW-Format« auf Seite 182 in diesem Kapitel.

Farben mit Temperatur

Jeder Regenbogen zeigt, dass das Licht der Sonne das komplette Farbspektrum umfasst. Weil sich aber der Winkel und die Entfernung zwischen Erde und Sonne im Laufe des Tages ändern, wechseln zugleich die Anteile der unterschiedlichen Wellenlängen des Lichts. Das menschliche Auge bemerkt diese Schwankungen fast ausschließlich an der rötlichen Morgen- und Abenddämmerung. An die kleineren Änderungen im Tagesverlauf und die

Abbildung 6.1 >
Die Farbtemperaturen verschiedener Lichtarten

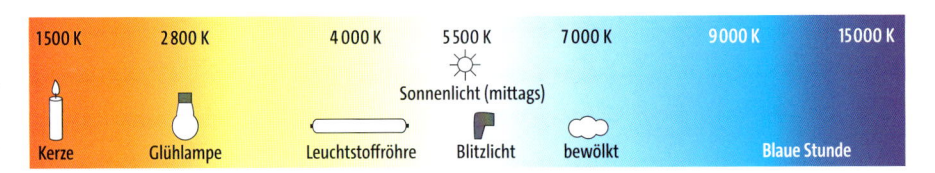

Charakteristika von Kunstlicht passt es sich dank seiner Fähigkeit zur chromatischen Adaption an: Ein weißes Blatt Papier erscheint uns sowohl bei Tageslicht als auch unter einer bläulich leuchtenden Neonröhre weiß.

Alle unterschiedlichen Lichtcharakteristika lassen sich mit verschiedenen Farbtemperaturwerten beschreiben (siehe Abbildung 6.1). Diese werden in der Einheit Kelvin (K) erfasst. Im Gegensatz zu unserer alltäglichen Vorstellung von kalten und warmen Farben ist jedoch rotes Licht physikalisch gesehen weitaus kälter – und damit energieärmer – als blaues Licht.

Beim Weißabgleich findet nun eine Neutralisierung der Lichtfarbe statt: Das nicht ausgeglichene Lichtspektrum wird dazu in Richtung der fehlenden Farben kompensiert. Bei kühlen Farbtemperaturen von beispielsweise 3 500 Kelvin dominieren die Rottöne, es fehlt der blaue Bereich des Lichts. Bei einem Weißabgleich wird dieser stärker mit einbezogen.

Verwirrung bei der Bildbearbeitung

Wenn Sie bei einer Bildbearbeitung oder in einem RAW-Konverter den Regler für den Weißabgleich weit nach rechts schieben, werden die Farben wärmer, wenn Sie ihn nach links bewegen, kühler. Dies scheint auf den ersten Blick der Darstellung in Abbildung 6.1 zu widersprechen. Die Erklärung dafür ist die oben beschriebene Neutralisierung.

So passen Sie den Weißabgleich an

Normalerweise schafft es der automatische Weißabgleich der EOS 7D Mark II recht gut, Farbverfälschungen zu kompensieren. Gerade bei Mischlicht ist es jedoch nötig, den Weißabgleich entweder manuell vorzugeben oder ihn auf die dominierende Lichtquelle einzustellen. Über die Taste **WB** ❶ gelangen Sie auf schnellstem Weg in das Menü zum Weißabgleich. Der automatische Weißabgleich trägt dort die Abkürzung **AWB** für *Automatic White Balance*. Außerdem bieten sich Ihnen vordefinierte Beleuchtungssituationen zur Auswahl: Tageslicht, Schatten, Wolkig, Kunstlicht, Leuchtstoff-

▽ **Abbildung 6.2**
Ins Weißabgleichsmenü gelangen Sie entweder mit der Taste ❶ oder über das Piktogramm ❷.

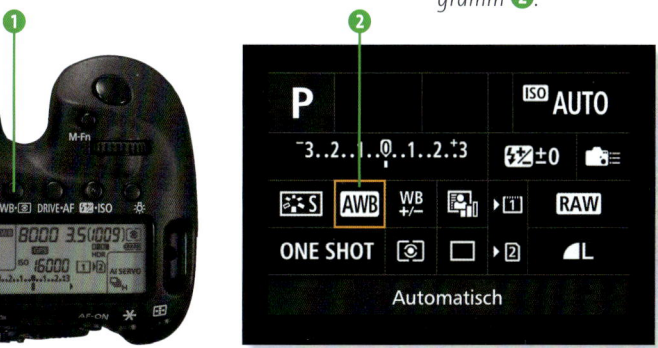

röhre ☼ und **Blitz** ⚡. Unter **Manuell** 📷 können Sie den Weißabgleich auf der Grundlage einer eigenen Aufnahme vornehmen (siehe die Schritt-für-Schritt-Anleitung »So nehmen Sie einen manuellen Weißabgleich vor« auf der folgenden Seite). Alternativ lässt sich unter **K** der passende Kelvin-Wert frei eingeben. Dies funktioniert allerdings nur, wenn Sie das Menü über das Piktogramm statt über die Taste aufrufen.

Tabelle 6.1 >
Lichtsituationen und Kelvin-Werte. Wenn eine der vorgegebenen Standardbelichtungssituationen nicht zum gewünschten Ergebnis führt, hilft ein manueller Weißabgleich oder die Eingabe eines Kelvin-Werts unter **K** *Farbtemperatur.*

Weißabgleichseinstellung		Farbtemperatur
AWB	Automatisch	3 000 – 7 000 Kelvin
☼	Tageslicht	5 200 Kelvin
🏠	Schatten	7 000 Kelvin
☁	Wolkig	6 000 Kelvin
💡	Kunstlicht	3 200 Kelvin
☲	Leuchtstoffröhre	4 000 Kelvin
⚡	Blitz	angepasst an den Blitz (bei Canon Speedlites)
📷	Manuell	2 000 – 10 000 Kelvin
K	Farbtemperatur	2 500 – 10 000 Kelvin (freie Eingabe)

[30 mm | f8 | 1/4 s | ISO 100 | Stativ]

[15 mm | f9 | 1/80 s | ISO 100 | –1/3]

∧ **Abbildung 6.3**
Links: Die Einstellung **Kunstlicht** *(3 200 Kelvin) hat einen starken Blaustich zur Folge. Rechts: Hier stimmt die Darstellung der Farben (5 800 Kelvin).*

∧ **Abbildung 6.4**
Erst der Weißabgleich auf 3 500 Kelvin sorgt bei diesem Bild (links) für eine kühle Stimmung (rechts).

Den Bildlook verändern mit dem Weißabgleich

Nicht immer ist eine farbgetreue Darstellung erwünscht. Durch bewusstes Ändern der Farbtemperatur auf einen vermeintlich falschen Wert erhält ein Foto eine besondere Stimmung. Niedrige Kelvin-Werte sorgen für eher bläuliche Bilder, hohe Einstellungen eher für warme, rötliche Farben. Dadurch kann auch eine Aufnahme zur Mittagszeit einen Hauch von sommerlicher Abendstimmung erhalten.

So nehmen Sie einen manuellen Weißabgleich vor
SCHRITT FÜR SCHRITT

1 Etwas Weißes fotografieren
Fotografieren Sie ein weißes Objekt, etwa ein Blatt Papier, das nicht unbedingt formatfüllend abgelichtet sein muss. Wenn Sie es ganz genau haben wollen, greifen Sie zu einer Graukarte, denn Papier enthält häufig blaue Aufheller. Dadurch erscheint es strahlend weiß – was wieder zeigt, wie sich das Auge an unterschiedliche Farbtemperaturen anpasst.

2 Den manuellen Weißabgleich starten
Drücken Sie die Taste **MENU** und wählen Sie im zweiten Aufnahmemenü (**SHOOT2**) die Option **Custom WB** mit **SET** aus. Nun können Sie auf der Speicherkarte per Schnellwahlrad nach dem Bild suchen, wie Sie es vom Durchblättern von Fotos her kennen. Mit **SET** bestätigen Sie, dass es sich um das richtige Bild handelt.

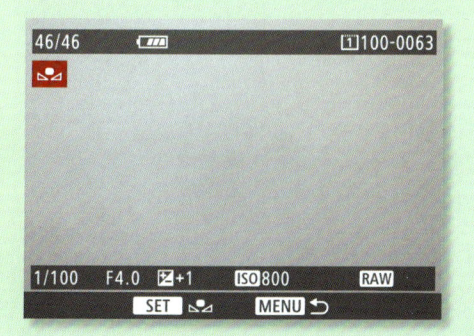

3 Zu Ende bringen
Nutzen Sie nun die gespeicherten Weißabgleichswerte. Verlassen Sie das Aufnahmemenü mit einem Druck auf **MENU** und wählen Sie in den Weißabgleichseinstellungen die Einstellung **Manuell** aus. Nun werden die Farben bei jedem neuen Foto korrekt wiedergegeben – allerdings nur, solange die exakt gleichen Lichtverhältnisse herrschen.

> **Intelligenz beim Farbfilter**
>
> Der Canon-Blitz Speedlite *600EX-RTX* verfügt über einen Filteraufsatz und kommt mit orangefarbenen Folien in zwei Intensitäten. Über Sensoren wird der Einsatz eines solchen Filters erkannt und an die Kamera gemeldet. In den Einstellungen **AWB** oder **Blitz** ist damit automatisch die passende Farbtemperatur eingestellt.

Farben nach Wunsch: Bildstile einsetzen

Bei einer Aufnahme landen die Bildinformationen vom Sensor in einem ersten Schritt als Rohdaten in der Elektronik der Kamera. Sofern Sie mit RAW-Dateien arbeiten, werden sie genau in dieser Form gespeichert. Man spricht auch von einem digitalen Negativ. Anders sieht es beim JPEG-Format aus. Dabei handelt es sich um ein bereits »entwickeltes« Bild. Nach welchen Regeln dies geschieht, bestimmen die sogenannten *Bildstile* (*Picture Styles*). Dabei handelt es sich um Vorgaben zu Schärfe, Kontrast, Sättigung und dazu, ob eine Farbkorrektur in eine bestimmte Richtung vorgenommen werden soll.

Tabelle 6.2 >
Die Standardbildstile von Canon

Bildstil	Beschreibung
Auto	Die EOS 7D Mark II analysiert die Aufnahmesituation und versucht, satte und warme Farben zu erzeugen.
Standard	Universalbildstil, der sehr lebendige Farben erzeugt.
Porträt	Bildstil, der zarte Hauttöne und ein eher weiches Bild liefert.
Landschaft	Farbtöne von Grün bis Blau werden lebhafter dargestellt: Wiese und Himmel erscheinen in kräftigen Farben.
Neutral	Dieser Bildstil eignet sich besonders für die Nachbearbeitung am Computer, da er nicht in die Farbwiedergabe eingreift.
Natürlich	Auch dieser Bildstil ist für die Nachbearbeitung am Computer optimiert. Falls mit einer Farbtemperatur von unter 5 200 Kelvin fotografiert wird, werden die Farben automatisch angepasst.
Monochrom	Die Bilder werden in Schwarzweiß gespeichert.

Einen eigenen Bildstil anlegen
SCHRITT FÜR SCHRITT

1 Ins Bildstil-Menü navigieren
Mit einem selbst kreierten Bildstil ersparen Sie sich jede Menge Nachbearbeitungszeit und geben Ihren Bildern einen ganz eigenen Look. Gehen Sie über das Piktogramm ❶ oder die Taste 📝 in das Menü **Bildstil**.

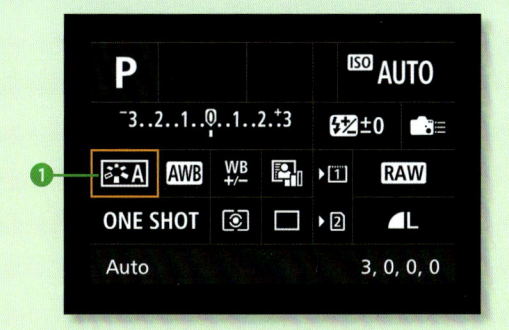

2 Einen Speicherplatz auswählen
Sie können einen existierenden Bildstil ändern oder – was empfehlenswerter ist – einen der anwenderdefinierten Speicherplätze belegen. Drücken Sie die **INFO**-Taste, um Veränderungen vorzunehmen.

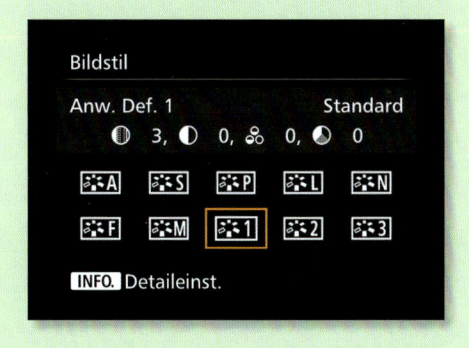

3 Die Parameter einstellen
Im Menü **Bildstil** ist es möglich, einen grundlegenden Bildstil auszuwählen. Die dazugehörigen Parameter lassen sich nach einem Druck auf die **SET**-Taste mit dem Schnellwahlrad individuell anpassen, zum Beispiel der **Kontrast**. Was die Werte genau bedeuten, sehen Sie in Tabelle 6.3 auf Seite 169 in diesem Kapitel. Bei der Wahl von **Monochrom** können Sie, statt **Farbsättigung** und **Farbton** zu verändern, einen **Filtereffekt** und einen **Tonungseffekt** aktivieren. Mehr dazu erfahren Sie im Abschnitt »Schwarzweißbilder optimal aufnehmen« auf Seite 171 in diesem Kapitel.

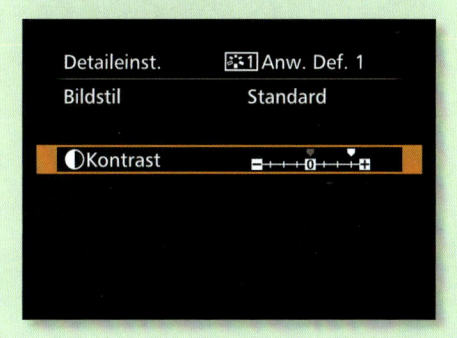

So passen Sie die Bildstile individuell an

In der Vollautomatik nutzt die EOS 7D Mark II stets den Bildstil **Auto**, der automatisch zu schönen Farben führen soll. In allen anderen Aufnahmemodi haben Sie die freie Wahl zwischen fünf weiteren Bildstilen, wobei **Standard** die Grundeinstellung ist. Das Piktogramm ❷ führt schnell in das entsprechende Menü zur Auswahl eines anderen Bildstils. Alternativ können Sie die Taste drücken und dort die Auswahl für den Bildstil treffen.

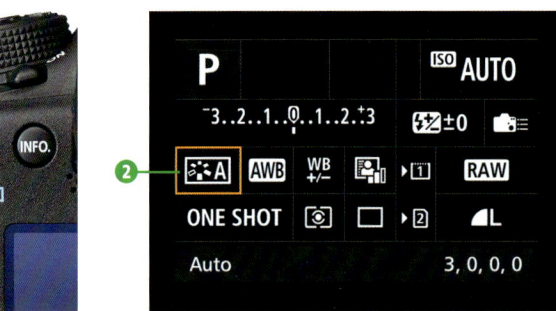

Im Menü sehen Sie nun zusätzlich drei Platzhalter für anwenderdefinierte Bildstile. Sie können nämlich nicht nur die Standardvorgaben nach eigenen Wünschen modifizieren, sondern auch neue Bildstile entwerfen und diese auf die Speicherplätze legen.

∧ Abbildung 6.5
Über die Taste ❶ oder das Piktogramm ❷ gelangen Sie schnell in das Bildstil-Menü.

Das funktioniert über das Menü der Kamera oder über die Software *Picture Style Editor*, die Sie zum Download auf der Canon-Website oder auf einer der mit der EOS 7D Mark II gelieferten CD-ROMs finden. In dieser stehen Ihnen wesentlich mehr Einstellungsmöglichkeiten zur Verfügung als in der Kamera selbst. Die mitgelieferten Standardbildstile beispielsweise sind wesentlich komplexer aufgebaut, als die vier grundlegenden Parameter in der Kamera ahnen lassen, die Sie im **Bildstil**-Menü mit einem Druck auf die **INFO**-Taste ändern können.

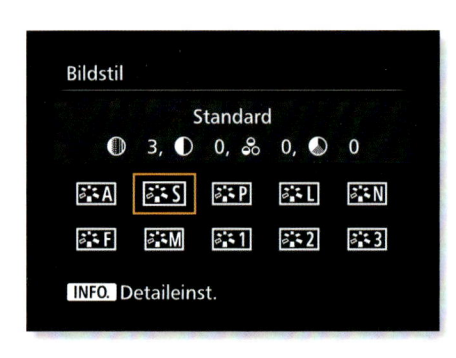

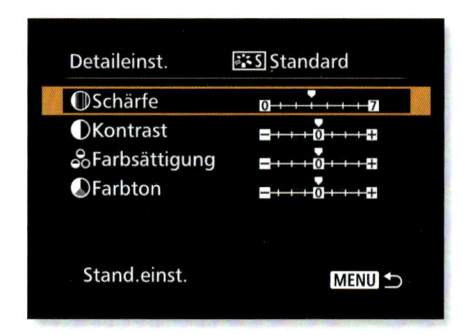

∧ Abbildung 6.6
Links: die Canon-Bildstile in der Übersicht. Rechts: Nach einem Druck auf die INFO-Taste können Sie die Bildstile weiter anpassen.

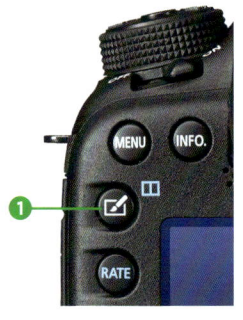

Parameter	Auswirkung
◐ Schärfe	Hier wird bestimmt, wie stark die Bilder geschärft sein sollen. Bei sehr hohen Einstellungen sind oft unschöne weiße Ränder an Stellen mit hohem Kontrast zu sehen. Übertreiben Sie es also nicht – 3 ist ein guter Wert. Wunder kann diese Funktion ohnehin nicht vollbringen. Ein komplett unscharfes Bild bleibt, wie es ist.
◐ Kontrast	Hier stellen Sie den Unterschied zwischen hellen und dunklen Bereichen des Bildes ein. Bei hohen Werten werden helle Bildteile noch heller, dunkle noch dunkler wiedergegeben. Außerdem steigt mit höherem Kontrast der Schärfeeindruck. Ein sehr kontrastarmes Foto wirkt flau, ein sehr kontrastreiches unter Umständen eher silhouettenhaft.
⚇ Farbsättigung	Mit steigender Sättigung der Farben wirken die Bilder bunter – bis hin zu einem sehr kitschigen Bildeindruck.
◐ Farbton	Negative Werte senken den Blauanteil und verstärken damit die Rottöne, positive Werte senken den Grünanteil und verstärken die Gelbtöne.

< **Tabelle 6.3**
*Die **Bildstil**-Parameter im Überblick*

Die von Canon mitgelieferten Bildstile unterscheiden sich nur in Nuancen voneinander. Erst bei genauem Betrachten der Bilder am Computer werden die feinen Unterschiede deutlich. Auf die jeweiligen Extremwerte gesetzte Parameter haben schließlich erhebliche Konsequenzen: Ein hier einmal eingestellter Bonbon-Look mit knalligen Farben zum Beispiel lässt sich anschließend kaum mehr in ein normales Bild zurückverwandeln. Falls Sie die Fotos als JPEG-Dateien aufnehmen, achten Sie deshalb beim Fotografieren besser genau auf den eingestellten Bildstil, und erzeugen Sie ausgefallene Effekte lieber erst später am Computer. Einzig bei im RAW-Format gespeicherten

< **Abbildung 6.7**
Über einen Bildstil können Sie Fotos schon in der Kamera einen Look geben, der ansonsten nur durch Nachbearbeitung am Computer zu erreichen wäre.

Aufnahmen sorgt der eingestellte Bildstil nicht für die endgültige Form. Mit diesem verlustfreien Dateiformat können Sie auch nachträglich noch Veränderungen aller Art vornehmen.

Wenn es Ihnen allerdings nicht auf realistische Farben, sondern das kreative Spiel mit Effekten ankommt, sind extreme Bildstileinstellungen in der EOS 7D Mark II sehr interessant. Eine sehr hohe Schärfe, ein deutlicher Kontrast und stark entsättigte Farben sind beispielsweise denkbare Elemente eines Fashion-Looks. Dieser könnte ansonsten nur mit Bildbearbeitungsprogrammen wie *Photoshop* erzielt werden. Sofern Sie die entsprechenden Werte in den Bildstileinstellungen ändern, bekommen Ihre Fotos auch ganz ohne Nachbearbeitung das gewünschte Aussehen. Hier ist Experimentieren angesagt.

Der Picture Style Editor von Canon

Auf der mitgelieferten CD-ROM beziehungsweise auf der Website von Canon finden Sie den *Picture Style Editor*. Mit diesem können Sie einen Bildstil (englisch *picture style*) ganz nach Ihrem eigenen Gusto entwerfen. Die Möglichkeiten gehen dabei weit über die Anpassungen hinaus, die Sie mit den vier Reglern in der Kamera vornehmen können. So ist es möglich, eine einzelne Farbe oder einen ganzen Farbbereich – also etwas sämtliche Rottöne – zu verändern. Auf diese Weise können Sie sich einen individuellen Look gestalten, der auf jede JPEG-Aufnahme angewandt wird. Wer so viel Zeit und Energie in die Gestaltung einer Vorlage steckt, kann jedoch ebenso gut die Vorteile

Abbildung 6.8 >
Mit dem Picture Style Editor können Sie sich einen Bildstil ganz nach eigenen Vorstellungen basteln.

des RAW-Formats nutzen. In den gängigen Programmen zur RAW-Bearbeitung und -Verwaltung können Sie mit selbst gebastelten oder aus dem Internet heruntergeladenen Vorlagen experimentieren und diese automatisch auf mehrere Fotos anwenden. Anders als beim Bildstil aus der Kamera lässt sich der Urzustand des Fotos hier jedoch zu jeder Zeit wiederherstellen.

Canons kleines Geheimnis

Die Informationen zum Bildstil werden übrigens auch als Teil der RAW-Datei gespeichert. Sie lassen sich allerdings nur mit der Ihrer EOS 7D Mark II beiliegenden Software *Digital Photo Professional* auslesen. Wer als RAW-Nutzer etwa mit Software von Adobe arbeitet, muss auf diese Möglichkeit verzichten. Daher ist es unter Umständen sinnvoll, eine Aufnahme sowohl im RAW- als auch im JPEG-Format abzuspeichern. Die RAW-Datei liefert dann ein Negativ für mögliche Variationen, und das JPEG-Bild lässt sich als kreative Schnellentwicklung ohne weitere Bearbeitungen nutzen.

Schwarzweißbilder optimal aufnehmen

Bei der Schwarzweißfotografie dominieren Formen und Strukturen. Mit der bunten Welt im Blick ist es jedoch gar nicht so einfach, sich das spätere Bild vorzustellen. Dank des Bildstils **Monochrom** können Sie das Ergebnis zumindest sofort nach der Aufnahme beurteilen. Im Livebild-Betrieb haben Sie damit sogar direkt bei der Aufnahme die Chance, das Motiv auf seine Schwarzweißtauglichkeit zu testen.

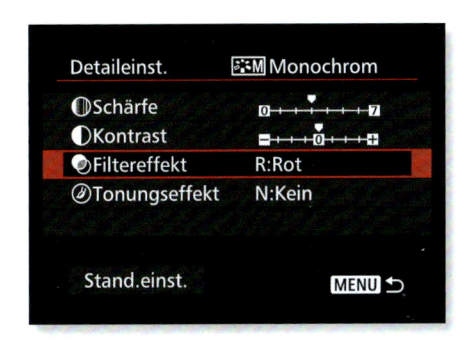

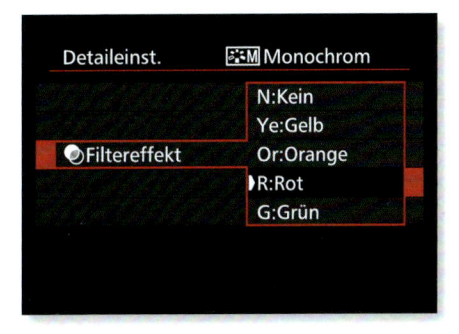

˄ Abbildung 6.9
*Für Schwarzweißbilder ideal: Die Bildstileinstellungen im Modus **Monochrom***

Die Möglichkeiten erweitern mit Bildstilen von Canon
SCHRITT FÜR SCHRITT

Auf der Website *http://web.canon.jp/imaging/picturestyle* finden Sie unter **Picture Style File** sieben weitere Bildstile von Canon. Der Bildstil **Autumn Hue** beispielsweise bringt die herbstlichen Farbtöne schön zur Geltung, und mit **Twilight** bekommen Abendstimmungen eine purpurne Note. Über die nachfolgenden Schritte übertragen Sie die Bildstile auf Ihre EOS 7D Mark II.

1 Einen Bildstil auswählen
Wählen Sie einen Bildstil aus und klicken Sie in der jeweiligen Übersicht auf **Download**.

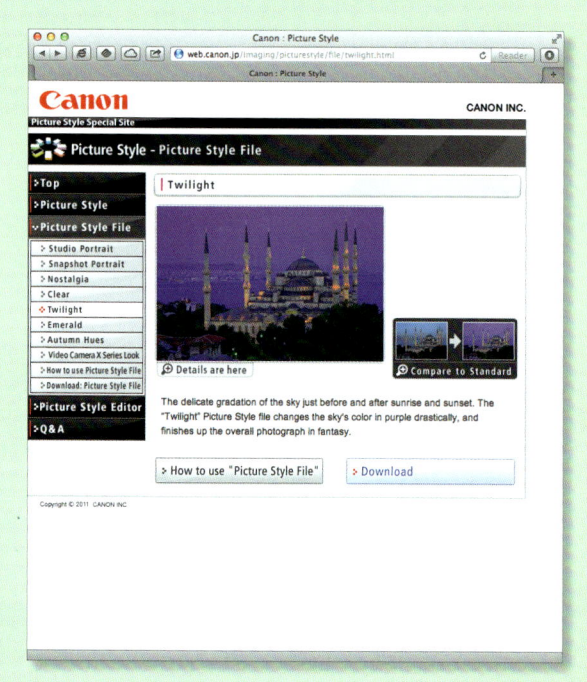

2 Den gewünschten Bildstil herunterladen
Stellen Sie ein, ob Sie einen Mac oder einen PC besitzen ❶, und klicken Sie dann auf den gewünschten Bildstil ❷. Er landet im Normalfall als *pf2*-Datei im Download-Verzeichnis Ihres Rechners.

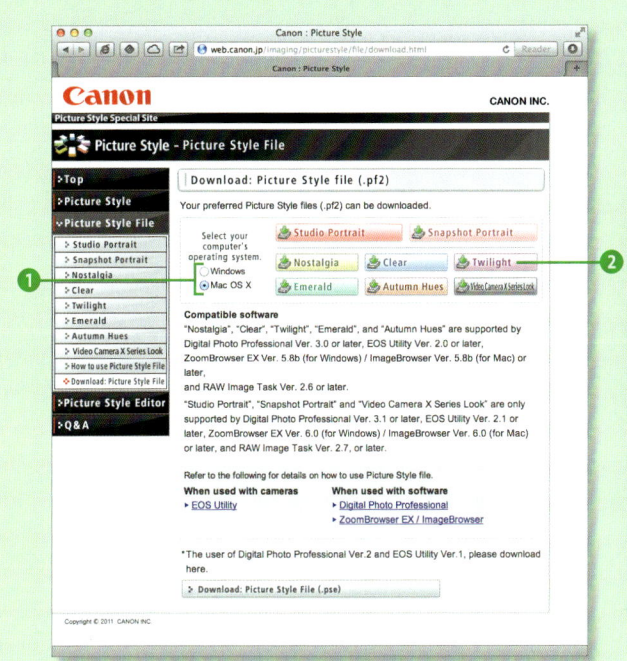

Schwarzweißbilder optimal aufnehmen

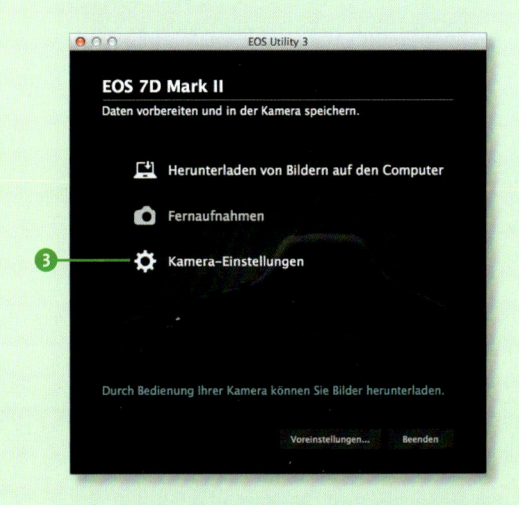

4 Benutzerdefinierte Bildstile aufrufen
Wählen Sie im nächsten Fenster die Option **Bildstildatei registrieren** ❹ aus.

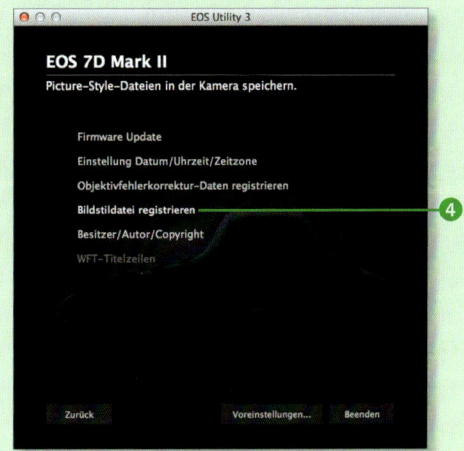

3 Die Kamera an den Rechner anschließen
Verbinden Sie die EOS 7D Mark II über ein USB-Kabel mit dem Computer und starten Sie das Programm *EOS Utility*. Klicken Sie auf **Kamera-Einstellungen** ❸.

5 Bildstil speichern
Sie können sich einen von drei Speicherplätzen für anwenderdefinierte Bildstile aussuchen ❺. Bestehende dort abgelegte Bildstile werden im nächsten Schritt überschrieben. Klicken Sie auf das **Öffnen**-Symbol ❻. Geben Sie den Speicherplatz der im ersten Schritt heruntergeladenen Datei an, und klicken Sie auf **Öffnen**. Klicken Sie dann auf **OK**, um den Bildstil in der EOS 7D Mark II zu registrieren. Sie können ihn nun wie gewohnt im **Bildstil**-Menü aufrufen.

173

Schwarzweißbilder bei der Aufnahme verfeinern

In den Bildstileinstellungen können Sie mit einem **Filtereffekt** und einem **Tonungseffekt** arbeiten. Der Filtereffekt steht in den Varianten **Gelb**, **Orange**, **Rot** und **Grün** zur Verfügung und wirkt wie ein entsprechend gefärbter Filter, der vor das Objektiv geschraubt wird. Dabei werden jeweils die Farben des Filters verstärkt, während dessen Komplementärfarben abgedunkelt werden. Komplementär sind diejenigen Farben, die, miteinander gemischt, einen neutralen Grauton ergeben.

Die Komplementärfarbe von **Gelb** ist Blau. Somit wird bei aktiviertem Filtereffekt **Gelb** der blaue Himmel abgedunkelt, während Laub und Hauttöne etwas heller erscheinen. Auch Hautunreinheiten und Sommersprossen werden etwas abgeschwächt. Zugleich werden Dunst und Nebel minimiert, und bei niedrigem Sonnenstand steigt der Kontrast.

Die Komplementärfarbe von **Orange** ist Hellblau. Dieser Filter wirkt stärker als der Gelbfilter und lässt sich zum Beispiel einsetzen, um den Kontrast zwischen Himmel und Gebäuden zu verstärken. Grüntöne werden allerdings recht dunkel, so dass dieser Filtereffekt für viele Landschaftsmotive ungeeignet ist.

Die Komplementärfarbe von **Rot** ist Türkis. Dieser Filter dunkelt das Himmelsblau stark ab, so dass die Wolken sehr kontrastreich hervorstechen. Für Porträts ist dieser Filter weniger gut geeignet, da Hauttöne stark aufgehellt werden und rote Lippen als fast weiße Stellen im Bild erscheinen.

Die Komplementärfarbe von **Grün** ist Pink. Bei aktiviertem Filtereffekt **Grün** werden Wälder und Wiesen, aber auch die Wolken leicht aufgehellt. Braun gebrannte Haut erscheint ein wenig dunkler, aber auch Hautunreinheiten fallen durch den Helligkeitsunterschied deutlicher auf.

Mit den **Tonungseffekten** geben Sie Ihren Schwarzweißbildern eine Einfärbung. Hier stehen Ihnen die Varianten **Sepia**, **Blau**, **Violett** und **Grün** zur Verfügung.

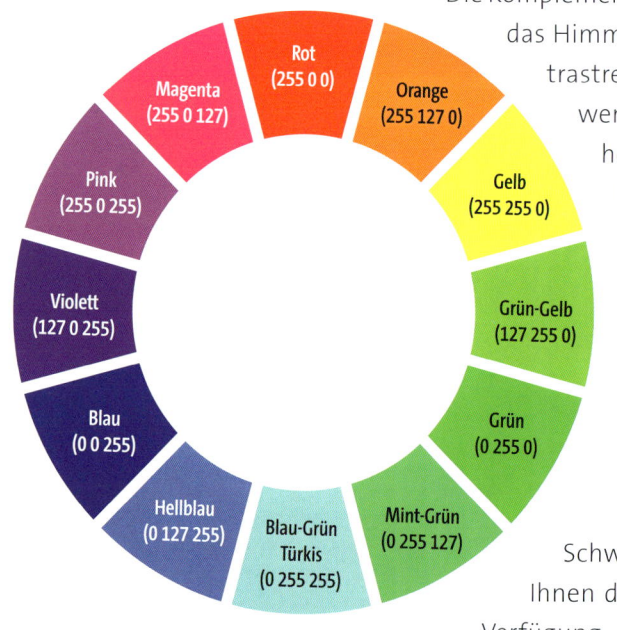

▲ **Abbildung 6.10**
Mit einem Tonungseffekt färben Sie Ihre Bilder ein.

▼ **Abbildung 6.11**
Die Komplementärfarben im RGB-Farbmodell

Schwarzweißbilder optimal aufnehmen

[155 mm | f8 | 1/200 s | ISO 320]

< Abbildung 6.12
Der Tonungseffekt Sepia erzeugt den typischen antiken Fotolook.

Schwarzweißbilder am Computer erstellen

Wenn Sie auf das Spiel mit dem Bildstil **Monochrom** verzichten und die Schwarzweißaufnahmen erst am Computer in ihre endgültige Form bringen, eröffnen sich weitere Freiheiten. Dort haben Sie bei der Bearbeitung nämlich die Wahl, welche Farbanteile von Rot, Grün und Blau zu Graustufen zwischen Schwarz und Weiß verwandelt werden.

[24 mm | f6,3 | 1/200 s | ISO 100]   [24 mm | f6,3 | 1/200 s | ISO 100]

< Abbildung 6.13
*Mit dem Bildstil **Monochrom** lässt sich leicht herausfinden, ob ein Bild in Schwarzweiß die gewünschte Wirkung erhält. Wenn Sie es zusätzlich im RAW-Format abspeichern, haben Sie immer noch die Farbvariante als Alternative.*

Abbildung 6.14
Obwohl das Ergebnis schwarzweiß ist, können Sie für jede Originalfarbe einen Grauwert festlegen.

Es ist in jedem Fall empfehlenswert, als Speicherart **RAW+JPEG** zu wählen. Die JPEG-Version im Bildstil **Monochrom** können Sie dann an der Kamera zur Kontrolle nutzen, während die RAW-Aufnahme mit den enthaltenen Farbinformationen für den heimischen Computer bestimmt ist. Bei der Schwarzweißkonvertierung im RAW-Konverter lässt sich detailliert bestimmen, welche Farbe in welchen Grauwert verwandelt wird. So können Sie mit Hilfe eines Reglers komfortabel entscheiden, ob der blaue Himmel in der Schwarzweißversion bedrohlich dunkel oder eher hell erscheinen soll. Ist nur ein Schwarzweißbild als Ausgangsmaterial vorhanden, gibt es diesen Komfort nicht. In der Bildbearbeitung müssen Sie alle Bildpartien einzeln mit dem Pinsel zur Bildaufhellung oder -abdunklung (Abwedeln und Nachbelichten) bearbeiten.

Abbildung 6.15
Bei der Arbeit mit Farbbildern können Sie den verschiedenen Farben gezielt unterschiedliche Grauwerte zuordnen.

Warum Rot, Grün und Blau?

Wie bei Monitoren, Fernsehern und anderen elektronischen Geräten werden auch in der Kamera die Farben als Kombination aus Rot-, Blau- und Grünwerten verarbeitet. Aus diesen Grundfarben lassen sich alle anderen Farben mischen.

[53 mm | f8 | 1/500 s | ISO 100]

Bayer-Sensor, Farbmodelle, Farbräume und Profilierung

Das Herz der EOS 7D Mark II und damit ihr wichtigstes Bauteil ist der Sensor. Hier wird das Licht in elektrische Impulse verwandelt, aus denen das Bild entsteht. Das geschieht über lichtempfindliche kleine Zellen (auch *Pixel* genannt), von denen die EOS 7D Mark II eine stattliche Anzahl besitzt: 19 961.856, also rund 20 Millionen.

Aus drei Farben wird bunt: der Bayer-Sensor

Die vielen Pixel der Kamera können allerdings nur Helligkeitswerte erfassen. Damit allein ließen sich also höchstens Schwarzweißbilder erzeugen. Um trotzdem Farbinformationen zu bekommen, liegt vor jedem einzelnen Pixel ein Farbfilter in den Grundfarben Rot, Grün oder Blau. Diese Filter sind jeweils abwechselnd aufgebracht: Auf eine Zeile mit Grün und Rot folgt eine Zeile, in der nur Blau und Grün vorkommen (siehe Abbildung 6.16). Diese Aufteilung des Sensors entspricht der Bayer-Matrix, die den Namen ihres Entwicklers Bryce E. Bayer trägt. Die Bayer-Matrix verwendet die Farbe Grün doppelt so häufig wie Blau und Rot, was daran liegt, dass der grüne Farbbereich für das scharfe Sehen am wichtigsten ist.

Bedingt durch die Aufteilung der Farbfilter gibt es für die einzelnen Pixel immer nur Helligkeitsdaten über eine einzige Farbkomponente – eben Rot, Grün oder Blau. Anschließend wird das Ergebnis jedoch verrechnet (interpoliert). Die Elektronik »schätzt« gewissermaßen, welche Farbe ein Pixel zwischen zwei anderen Pixeln hat, und setzt entsprechend diesen Wert. Dabei kann sie sich irren, aber angesichts der Millionen Pixel einer Digitalkamera fallen einzelne Fehleinschätzungen nicht weiter auf.

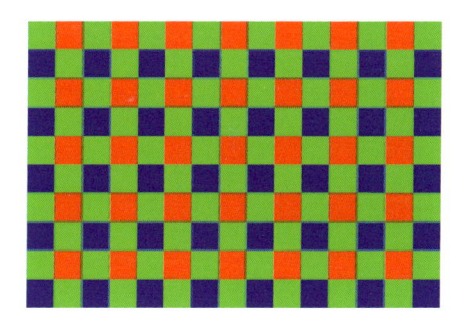

▲ Abbildung 6.16
Das Bayer-Muster

Farbmodelle

Mit den vom Sensor gelieferten Farbinformationen zu den Rot-, Grün- und Blauwerten lassen sich die Farben aufnehmen und auch wiedergeben. Drei Leuchten mit roter, grüner und blauer Farbe erzeugen bei einem elektronischen Gerät wie einem Monitor zum Beispiel die Farbe Weiß, die Kombination aus grünem und rotem Licht liefert Gelb. Weil sich die Intensitäten der verschiedenen Lichtfarben addieren, wird dieses Farbmodell *additives Farbmodell* genannt, wegen der Mischung aus Rot, Grün und Blau heißt es auch RGB-Farbmodell.

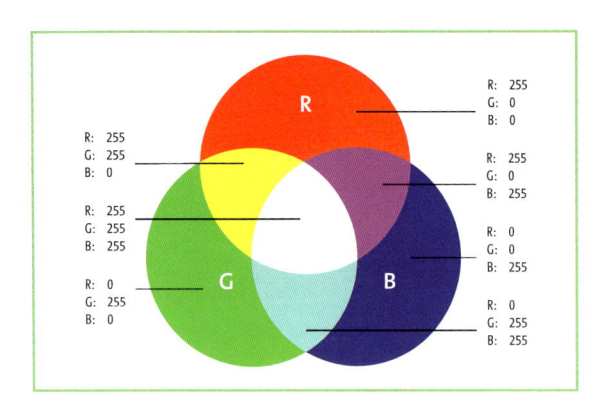

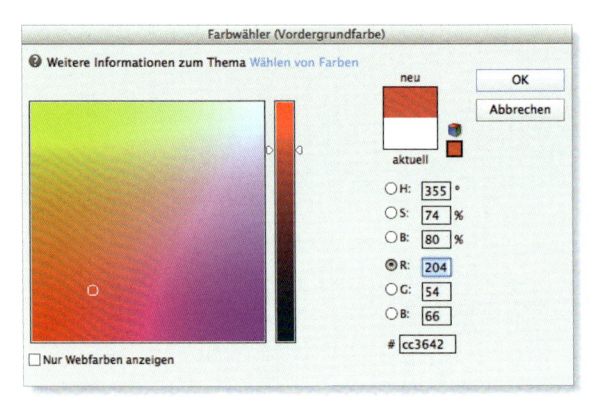

^ Abbildung 6.17
Links: Farbmischung nach dem RGB-Modell. Rechts: Die Farbregler einer Bildbearbeitung. Hier werden für Rot (R), Grün (G) und Blau (B) die genauen Werte angezeigt.

Falls Sie jemals mit einem Malkasten gearbeitet haben, kennen Sie auch ein Farbmodell, das nach ganz anderen Regeln funktioniert. Bei der Arbeit mit Pigmenten wird aus Gelb und Cyan die Farbe Grün, Magenta und Gelb ergeben ein kräftiges Rot. Dieses erscheint uns deshalb rot, weil die blauen, grünen und gelben Anteile des Lichts geschluckt und in Wärme umgewandelt werden. Nur das rote Licht wird abgestrahlt. Da vom Licht mit seinem kompletten Spektrum bestimmte Farben abgezogen werden, spricht man vom *subtraktiven Farbmodell*.

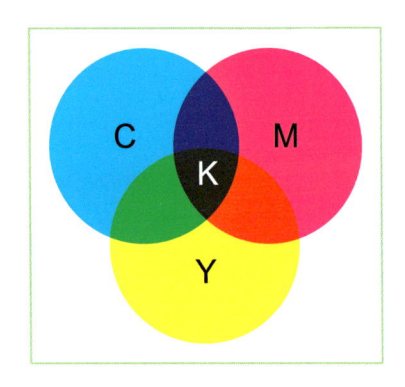

^ Abbildung 6.18
Farbmischung nach dem CMYK-Modell

CMYK in der Bildbearbeitung

Einige Programme, etwa *Photoshop*, unterstützen auch die Simulation von subtraktiven Farbmodellen wie CMYK. In diesem Format gespeicherte Bilder könnten im Prinzip direkt von einer Offsetdruckmaschine verarbeitet werden.

Aus den Grundfarben Cyan, Magenta und Gelb lassen sich grundsätzlich sämtliche Farben mischen. In der Praxis ist es jedoch nicht möglich, ein tiefes

Schwarz zu erzeugen. In den Tanks der Druckmaschinen ist deshalb immer auch Schwarz enthalten. Das Farbmodell wird deshalb häufig als CMYK bezeichnet. Die Buchstaben stehen für Cyan, Magenta, Yellow (Gelb) und *Key Colour* (K), also Schwarz.

In der Welt der Computer spielt das RGB-Farbmodell eine große Rolle. In einer Software zur Bildbearbeitung finden Sie es in den Farbreglern wieder. Schließlich ist innerhalb einer JPEG-Datei für jeden der Kamerapixel ein Helligkeitswert in 256 Abstufungen für die drei Farbkanäle Rot, Grün und Blau hinterlegt. In Abbildung 6.17 links ist dem RGB-Wert 255–255–0 eine Mischung aus reinem Rot und Grün zugeordnet. Das Resultat ist ein reines Gelb.

Die Farbtiefe erklärt

Dass die Farben in 256 Abstufungen verfügbar sind, kommt nicht von ungefähr. Wenn für jedes Pixel des Bildes 8 Bit im Speicher zur Verfügung stehen, sind damit 2^8 = 256 Farbabstufungen (*Tonwerte*) möglich. Diese reichen von 0 bis 255. Da sich im RGB-Modell aus den Farben Rot, Grün und Blau andere Farben mischen lassen, ist es möglich, 256 × 256 × 256 ≈ 16,7 Millionen unterschiedliche Farben zu erzeugen. Das ist weit mehr, als das menschliche Auge unterscheiden kann. Deshalb hat sich in der Computerwelt diese 8-Bit-Farbtiefe in vielen Bereichen durchgesetzt. So arbeiten die meisten Grafikkarten mit 8 Bit pro Farbkanal, und auch beim JPEG-Format werden die Bilder in diesem Format gespeichert.

Sobald Sie allerdings ein solches Foto bearbeiten, reduzieren Sie damit zugleich den Tonwertumfang, und Zwischentöne gehen verloren. Dieser Effekt ist bei kleineren Bearbeitungen kaum sichtbar. Sobald allerdings starke Veränderungen am Bild vorgenommen werden, schrumpft das Spektrum der im Bild vorhandenen Farben. Es kommt zum *Tonwertabriss*.

Farbräume und Farbmanagement

Laut Konvention steht der RGB-Code 255–0–0 für ein reines Rot. Nun stellt sich die Frage, wie rot dieses Rot im Detail sein soll. Hier kommen die sogenannten *Farbräume* ins Spiel. Dabei handelt es sich um Konventionen, nach denen die RGB-Werte in eindeutige Farbinformationen übertragen werden können. Das Beispielrot wäre in diesem Fall eindeutig auf einer Skala verortet, die über Medien- und Gerätegrenzen hinweg den gleichen Seheindruck erzeugt. Ein solcher Farbraum lässt sich ausgehend von den Wellenlängen des

Lichts konstruieren. Die Grundlage der meisten Farbräume ist dabei der sogenannte *Lab-Farbraum*. Dieser umfasst alle von Menschen prinzipiell wahrnehmbaren Farben und ist sehr groß. Aus diesem Referenzfarbraum lassen sich weitere Farbräume ableiten, von denen sich besonders der sRGB-Standard in der Computerwelt etabliert hat. So werden Bilder im Internet in der Regel in diesem Farbraum dargestellt. Die überwiegende Zahl der Monitore kann ohnehin nur etwa 95 bis 98 % der theoretisch darstellbaren Farben des sRGB-Farbraums wiedergeben.

Eine wichtige Rolle spielt auch der AdobeRGB-Farbraum, der deutlich größer ist als der sRGB-Farbraum. Nur sehr hochwertige Monitore können etwa 99 % dieses Farbraums darstellen. Bei stark gesättigten Farben im Blau-Grün-Bereich sind für das geübte Auge durchaus Unterschiede zu erkennen. Um mit diesem Farbraum zu arbeiten, sollten Sie allerdings unbedingt in das komplexe Thema »Farbmanagement« einsteigen. Darunter versteht man, dass sämtliche Komponenten in der Kette von der Bildaufnahme bis zum Druck farbverbindlich arbeiten. Das im Betriebssystem verankerte System für das Farbmanagement übersetzt dabei die verschiedenen Farbinformationen in die jeweils passende Form für jedes Glied der Kette. Nach welchen Regeln dies geschieht, ist in einem sogenannten *ICC-Profil* hinterlegt, das es für alle farbrelevanten Komponenten wie Monitore und Drucker beziehungsweise Druckerpapier gibt.

^ Abbildung 6.19
Der sRGB-Farbraum (hier schwarz umrandet) erfasst nur einen kleinen Teil der möglichen Farben. Der AdobeRGB-Farbraum (weiß umrandet) ist schon größer und bietet vor allem bei den Grüntönen mehr Varianz.

Was bedeutet hardwarekalibrierbar?

Bei hardwarekalibrierbaren Monitoren wird das Profil als sogenannte *look-up table* (LUT) direkt im Monitor gespeichert und nicht in der Grafikkarte.

Für eine farbverbindliche Darstellung am Monitor empfiehlt sich – abgesehen von einem guten Monitor selbst – der Einsatz eines Kolorimeters. Mit Hilfe dieses Messgeräts wird im Prinzip der Farboutput bei gegebenem Input gemessen. Bei diesem Vorgang entsteht ein Profil, das individuelle Charakteristika eines jeden Geräts berücksichtigt, also etwa Fertigungstoleranzen und Einflüsse durch die Alterung. Das Resultat ist eine korrekte Wiedergabe der Farben, so dass es zum Beispiel bei der Ausbelichtung eines Fotos bei einem professionellen Anbieter keine Differenzen gibt. So, wie Sie die Farben am Monitor sehen, erscheinen sie dann auch auf dem Fotopapier oder der Leinwand.

Abbildung 6.20
Mit einem Kolorimeter wird der Monitor profiliert (Bild: Datacolor).

Dunkler Ausdruck – daran liegt's!
Wird Ihr Ausdruck zu dunkel, war der Monitor vermutlich zu hell eingestellt. Die meisten Geräte leuchten in der Grundeinstellung viel zu hell. Sie werden ab Werk so konfiguriert, damit sie in den Regalen der Elektromärkte hervorleuchten.

Farbraumeinstellungen an der 7D Mark II

In Ihrer Kamera können Sie für JPEG-Bilder zwischen zwei Farbräumen wählen: dem sRGB-Standard und AdobeRGB. Sie finden diese Option im zweiten Aufnahmemenü (**SHOOT2**) unter **Farbraum**. Für RAW-Dateien ist diese Einstellung ohne Bedeutung. Nur das in die Datei eingebettete Mini-JPEG-Bild für die schnelle Vorschau ist davon betroffen. Bei Bildern, die im AdobeRGB-Standard gespeichert werden, ersetzt ein Unterstrich den ersten Buchstaben. Der Dateiname lautet also etwa *_MG_0001.JPG*.

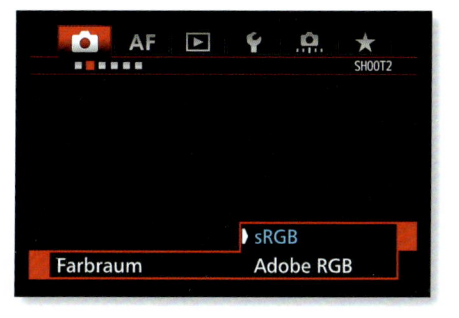

Abbildung 6.21
Der sRGB-Farbraum ist in vielen Fällen eine gute Wahl

Maximale Freiheit – das RAW-Format

EXKURS

Die Vorteile des RAW-Formats wurden an verschiedenen Stellen im Buch bereits erwähnt. Was genau verbirgt sich dahinter? Wie der Name RAW (englisch für *roh*) schon sagt, handelt es sich dabei um die unbearbeiteten Informationen, wie sie der Bayer-Sensor einer Kamera liefert. In der Elektronik der Kamera werden die analogen Impulse des Sensors dazu mit 14 Bit pro Farbkanal in einen digitalen Wert umgewandelt. Beim Speichern im JPEG-Format wird daraus ein Bild mit 8 Bit Farbtiefe. In der RAW-Datei dagegen bleiben alle Informationen enthalten. Erst bei der Wiedergabe oder Bearbeitung im RAW-Konverter müssen diese interpretiert und in einen Farbraum gebracht werden.

Die im 14-Bit-Format gespeicherten Informationen des Kamerasensors ermöglichen sehr große Farbräume. So arbeitet die auf den Umgang mit RAW-Dateien ausgelegte Software *Lightroom* mit einer abgewandelten Form des ProPhotoRGB-Farbraums. Dieser geht sogar noch weit über die Grenzen des AdobeRGB-Farbraums hinaus. Das passende Ausgangsmaterial dafür liefert die 7D Mark II problemlos. Für jeden der Farbkanäle können $2^{14} = 16\,384$ Helligkeitsunterschiede abgerufen werden. Kombiniert, sind so 4,4 Billionen Farben denkbar. Da derart feine Abstufungen innerhalb von Farb- und Helligkeitsverläufen im Ausgangsmaterial gespeichert sind, können auch gröbere Veränderungen wie etwa das Erhöhen der Belichtung um 1,5 Blendenstufen problemlos am Computer durchgeführt werden. Außerdem lässt sich bei RAW-Dateien der Weißpunkt nachträglich wählen. Auf einen genauen Weißabgleich bei der Aufnahme kommt es also nicht unbedingt an.

Das RAW-Format wird wegen dieser Flexibilität häufig als »digitales Negativ« bezeichnet. Dabei ist es wichtig, zu verstehen, dass RAW-Dateien einen unveränderlichen Zustand haben. So, wie sie aus der Kamera kommen, bleiben sie auch. Wenn Sie daraus in einem sogenannten *RAW-Konverter* zum Beispiel eine Schwarzweißversion entwickeln,

▼ **Abbildung 6.22**
Selbst mit wenigen Bearbeitungsschritten lässt sich aus RAW-Bildern viel herausholen.

[24 mm | f8 | 1/800 s | ISO 200]

müssen Sie das dabei generierte Bild etwa als JPEG- oder TIFF-Datei abspeichern oder aber die Entwicklungsschritte in einer zusätzlichen Datei ablegen. Aus den dort gespeicherten Informationen wird die Entwicklung dann erneut »abgespielt«, sobald Sie das Bild wieder aufrufen. Bei RAW-Konvertern wie *Capture One Pro* oder *Lightroom* werden die Entwicklungsschritte für sämtliche Ihrer RAW-Dateien, die Sie im Programm hinterlegt haben, in einer einzigen Datei, dem sogenannten *Katalog*, gesichert. Wird dieser versehentlich gelöscht, sind sämtliche Bearbeitungen verloren. Sie haben jedoch immer noch die Originale.

Nach welchen Regeln aus RAW-Daten ein Bild wird, ist nicht nur von Hersteller zu Hersteller verschieden, sondern unterscheidet sich auch je nach Kameramodell. Die Software zur RAW-Konvertierung muss sich deshalb mindestens auf dem Stand der Kamera befinden, damit der Prozess funktioniert. Ältere Versionen als Canons *Digital Photo Professional 4.1*, *Photoshop CC* oder *CS6* mit *Adobe Camera RAW 8.7.1* oder *Lightroom 5.7* können die RAW-Dateien der 7D Mark II also nicht interpretieren. Grundsätzlich müssen Fremdhersteller von RAW-Konvertern durch sogenanntes *Reverse Engineering* mehr oder weniger selbst herausfinden, welche Geheimnisse in den Rohdaten der verschiedenen Kameramodelle stecken. Im Prinzip gelingt dies recht gut, und die Bedienvorteile von Lösungen wie *Capture One Pro* oder Lightroom gleichen den Wissensvorsprung von Canon mehr als aus.

> **RAW-Dateien mit alter Software bearbeiten**
> Um RAW-Dateien der 7D Mark II mit älteren Versionen von *Photoshop* oder *Lightroom* zu öffnen, können Sie den kostenlosen DNG-Konverter von Adobe nutzen. Er verwandelt ab Version 8.7 die Dateien der Kamera in das universelle DNG-Format. Es ist so flexibel wie eine RAW-Datei, wird jedoch fast nur von Adobe-Programmen unterstützt.

Der wirklich einzige Nachteil des RAW-Formats ist sein Speicherplatzbedarf: Etwa 25 MByte belegt eine RAW-Datei der EOS 7D Mark II auf der Speicherkarte. Mit rund 7 MByte Größe braucht ein JPEG-Foto deutlich weniger Platz.

Wer seine Bilder am PC umfangreich nachbearbeiten möchte, sich ausreichend mit Speicherkarten eindeckt und eine große Festplatte sowie einen aktuellen Computer sein Eigen nennt, braucht vor dem gewaltigen Ressourcenbedarf der RAW-Dateien keine Angst zu haben. Wenn Sie Ihre Bilder jedoch nur sehr geringfügig bearbeiten, ist das JPEG-Format die bessere Wahl.

Kapitel 7
Besser blitzen mit der 7D Mark II

Die Blitzautomatik verstehen 186

Die Blitzphilosophie in den Aufnahmeprogrammen 193

Der interne Blitz und seine Grenzen 198

Die Blitzalternative: der Aufsteckblitz 199

Die Königsklasse: entfesselt blitzen 201

Die Zukunft: Blitzdatenübertragung per Funk 206

EXKURS: Blitz-Individualfunktionen
in der Kamera einstellen 208

Die Blitzautomatik verstehen

Anders als bei vergleichbaren Kameramodellen hat Canon bei der 7D Mark II nicht auf den eingebauten Blitz verzichtet. Auch wenn die kleine Lichtmaschine den Aufsteckblitz nicht ersetzen kann, so leistet sie doch in vielen Fällen gute Dienste, sei es als kleiner Aufheller oder auch als Steuerblitz für das drahtlose Blitzen. Nur in der Vollautomatik klappt der Blitz (in der Grundeinstellung) automatisch aus. In allen anderen Aufnahmeprogrammen müssen Sie ihn durch einen Druck auf die **Blitztaste** ❶ aktivieren.

Abbildung 7.1 >
*Den internen Blitz können Sie mit Hilfe der **Blitztaste** ❶ aufklappen.*

So ermittelt der Blitz seine Leistung

Die Blitzautomatik der 7D Mark II nimmt Ihnen in allen Aufnahmeprogrammen eine Menge Arbeit ab. Sie komponieren Ihr Bild und lösen aus, die 7D Mark II kümmert sich um den Rest. Der interne Blitz der Kamera wie auch entsprechend ausgerüstete externe Aufsteckblitze arbeiten dabei mit dem Canon-E-TTL-II-System (TTL = *Through The Lens* = durch das Objektiv). Dieses sorgt dafür, dass der Blitz nicht einfach nur mit voller Leistung abgefeuert, sondern entsprechend der Aufnahmesituation fein dosiert wird. Sobald Sie den Auslöser halb herunterdrücken, erfolgt eine Messung des Umgebungslichts. Beim Durchdrücken des Auslösers startet zunächst ein Vorblitz, der die Szene erhellt. Dabei erfolgt eine zweite Messung. Die Kameraelektronik weiß nun, wie hell es ohne Hilfsmittel ist und wie viel Licht der Blitz ins Spiel bringen könnte. Mit dieser Information ist es anschließend möglich, den eigentlichen Blitz so zu dosieren, dass eine ausgewogene Mischung aus noch vorhandener Beleuchtung und Blitzlicht erreicht wird. All diese Schritte laufen so schnell hintereinander ab, dass der Vorblitz nicht zu sehen ist – es sei denn, Sie blitzen auf den zweiten Verschlussvorhang (siehe den Abschnitt »Die Wahl des passenden Verschlussvorhangs« auf Seite 205 in diesem Kapitel). Der Belichtungsmesssensor mit 150 000 Pixeln, den Sie im Abschnitt »Die Belichtungsmessmethoden der 7D Mark II« ab Seite 80 kennengelernt haben, spielt bei diesem Prozess eine besondere Rolle. Durch die Farb- und Motiverkennung ist es für die Automatik möglich, Gesichter im Bild zu erkennen und die Blitzleistung sehr genau anzupassen.

Die Blitzautomatik verstehen

Wie jede andere Kameraautomatik ist auch das E-TTL-II-System nicht unfehlbar: Der Blitz kann zu hell oder zu dunkel für Ihr Empfinden ausfallen. Über die Blitzbelichtungskorrektur können Sie dann die Blitzintensität manuell justieren. Von der Vollautomatik abgesehen, funktioniert das in allen Aufnahmeprogrammen.

Blitz und Distanz

Wird der Blitz frontal abgefeuert, wie es beim internen Blitz zwangsläufig der Fall ist, berücksichtigt das E-TTL-II-System sogar die Entfernung zum anfokussierten Motiv. Dazu wird die Entfernungseinstellung des Objektivs an die 7D Mark II übertragen. Einige ältere Objektive wie das *EF 50 mm 1:1,4 USM* und das *EF 50 mm 1:1,8 II* unterstützen diese Funktion allerdings nicht.

[100 mm | f5 | 1/3 s | ISO 400]

∧ **Abbildung 7.2**
Der interne Blitz entfaltet sein Potenzial vor allem beim Aufhellen von Motiven.

Die Blitzbelichtung korrigieren
SCHRITT FÜR SCHRITT

1 Blitzbelichtungskorrektur aufrufen
Drücken Sie die Taste. Im Sucher repräsentiert der untere Balken jetzt nicht mehr eine gezielte Unter- oder Überbelichtung, sondern die Blitzbelichtungskorrektur. Da die Taste zugleich auch zum Verstellen des ISO-Werts dient, sehen Sie auf der rechten Seite den entsprechenden Wert oder ein **A**, das für »Automatisch« steht. Auch der Monitor und das Display zeigen die Korrektur an.

2 Korrektur einstellen
Drehen Sie das Schnellwahlrad der 7D Mark II einfach nach rechts, wenn stärker geblitzt werden soll, oder nach links, wenn Sie schwächer blitzen möchten. Die Schritte sind jeweils in Drittel-Blendenstufen angegeben.

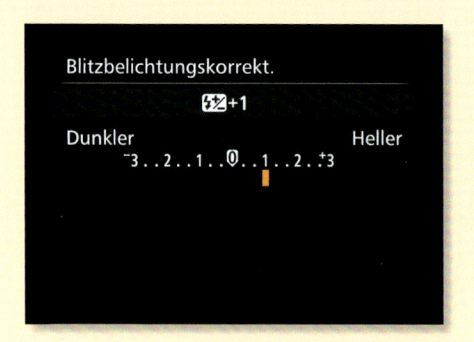

3 Einstellung prüfen
Sobald Sie den Auslöser antippen und durch den Sucher blicken, ist neben dem Balken auf der rechten Seite jetzt ein zweiter Punkt ❶ zu sehen. Dieser weist auf die Blitzbelichtungskorrektur hin. Der Balken am unteren Sucherrand zeigt jetzt wieder die Belichtungskorrektur ❸ an. Dieser Wert ist als erster Punkt ❷ zusätzlich auf der rechten Seite zu sehen.

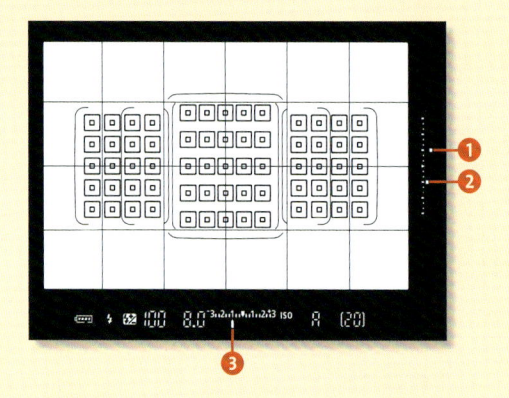

Die M-Fn-Taste neu belegen

Wenn Sie die Blitzbelichtungskorrektur sehr häufig verwenden, lohnt es sich möglicherweise, die Funktion der Taste **M-Fn** zu ändern. Schließlich ist diese sehr gut blind mit dem Zeigefinger zu finden – also beim Blick durch den Sucher. In Kapitel 5 »Die Tastenbelegung der 7D Mark II anpassen«, finden Sie eine Anleitung dazu. Eine der Einstellungen ermöglicht das Umschalten zwischen allen Funktionen, die die Tasten an der Oberseite der Kamera bieten. Für eine Blitzbelichtungskorrektur drücken Sie also einfach mehrmals die **M-Fn**-Taste, bis die Korrekturfunktion im Sucher erscheint. Das weitere Vorgehen gleicht dem von Schritt 2. **Achtung:** Bei einer Neubelegung der **M-Fn**-Taste ist diese nicht mehr mit der Blitzbelichtungsspeicherung belegt. Diese Funktion lernen Sie im Abschnitt »So speichern Sie die Blitzbelichtung« auf der folgenden Seite kennen.

< Abbildung 7.3
Die **M-Fn**-Taste neu belegen

[50 mm | f2,8 | 1/250 s | ISO 100]   [50 mm | f2,8 | 1/250 s | ISO 100]

< Abbildung 7.4
Da der Blitz in diesem Foto (links) zu stark war, wurde die Blitzbelichtung nach unten korrigiert (rechts).

So speichern Sie die Blitzbelichtung

Im Abschnitt »Die Belichtungswerte speichern« auf Seite 85 haben Sie die Belichtungsmesswertspeicherung über die **Sterntaste** ✱ kennengelernt. Sie können damit einen wichtigen Bereich des Motivs anmessen, die Belichtung speichern und den Ausschnitt verändern. Beim Auslösen wird der gespeicherte Wert verwendet. Wenn der Blitz ins Spiel kommt, gelten andere Regeln. Schließlich soll die bei seinem Einsatz gemessene Helligkeit berücksichtigt werden. Ein Druck auf die Taste **M-Fn** startet bei Blitzbetrieb deshalb einen Messblitz. Im Sucher blinkt kurz die Anzeige **FEL** (*Flash Exposure Lock*, englisch für »Blitzbelichtungsspeicherung«), und der Stern als Symbol für die Speicherung leuchtet auf. Der für die Blitzleistung ermittelte Wert wird für die nächste Auslösung verwendet. Dabei gibt es allerdings eine wichtige Einschränkung: Bei der Messung fließt nur der mittlere Teil des Bildes in die Messung ein. Darin ähnelt diese Funktion der Spotmessung, die Sie im Abschnitt »Die Belichtungsmessmethoden der 7D Mark II« auf Seite 80 kennengelernt haben. Unabhängig davon wird das Umgebungslicht weiterhin mit der eingestellten Messmethode gemessen. In der Grundeinstellung ist dies die Matrixmessung. Sie können die Funktion **Blitzbelichtungsspeicherung** auch auf die **AF-ON**-Taste, die **Sterntaste** oder die Abblendtaste legen. Wie Sie dabei vorgehen müssen, erfahren Sie in Kapitel 5 »Die Tastenbelegung der 7D Mark II anpassen«.

> **Korrektur statt Probeblitz**
>
> Das Speichern der Blitzbelichtung ist in der Praxis aufwendig und zeitraubend. Mit einer Blitzbelichtungskorrektur kommen Sie in der Regel schneller ans Ziel. Auf Seite 188 finden Sie dazu die Schritt-für-Schritt-Anleitung »Die Blitzbelichtung korrigieren«.

Wichtig: die Blitzsynchronzeit

Beim Blick durch den Sucher auf die Belichtungs- und Blendenwerte, die Ihnen die Kamera vorschlägt, fällt Ihnen unter Umständen auf, dass nicht mehr alle Zeiteinstellungen verfügbar sind. Sie können im **Tv**-Programm am Hauptwahlrad drehen, soviel Sie wollen, die Belichtungszeit kann niemals kürzer als 1/250 s sein. Dabei handelt es sich um die maximale Blitzsynchronzeit, die auch *X-Synchronzeit* genannt wird. Mit dieser Einschränkung müssen Sie beim Blitzbetrieb leben – es sei denn, Sie verfügen über einen Aufsteckblitz mit Highspeed-Synchronisation. Damit fällt die Grenze von 1/250 s, und Belichtungszeiten von bis zu 1/8000 s werden möglich.

[85 mm | f5,6 | 1/200 s | ISO 400]

< **Abbildung 7.5**
Auch bei Nahaufnahmen ist der Aufhellblitz sehr gut geeignet, um an trüben Tagen mehr Licht aufs Motiv zu bringen.

Die Blitzsynchronzeit ist die kürzeste Belichtungszeit, mit der ein Foto mit Blitzeinsatz geschossen werden kann. Warum es nicht möglich ist, ein Bild mit einer Belichtungszeit von 1/1000 s zu schießen und dabei zu blitzen, wird schnell klar, wenn Sie die Funktionsweise der Kamera betrachten: Beim Auslösen fährt der Spiegel nach oben, und der erste Verschlussvorhang öffnet sich. Jetzt muss der Blitz zünden. Der zweite Vorhang schiebt sich von oben nach unten und verschließt den Sensor wieder. Bei höheren Verschlussgeschwindigkeiten ist der erste Vorhang noch nicht ganz offen, während der zweite schon den Schließvorgang startet. Dies ist an der 7D Mark II bei kürzeren Belichtungszeiten als 1/250 s der Fall. Bei kürzeren Zeiten liegt der Sensor also niemals komplett frei, sondern es schiebt sich während der Belichtung nur ein Schlitz von oben nach unten über den Sensor – daher auch der Name *Schlitzverschluss*. Der Blitz, der ja nur während einer sehr kurzen Zeitspanne sein Licht verbreitet, könnte bei diesen kurzen Belichtungszeiten niemals das komplette Bild belichten. Der zweite Vorhang würde in diesem Fall einen schwarzen Balken im Bild erzeugen. Bei der Highspeed-Synchronisation wird das Limit der Synchronzeit überwunden: Der Blitz feuert während der gesamten Belichtung kurze Lichtimpulse ab, die für das Auge nicht als solche wahrnehmbar sind. In der Zeit, in der sich der Schlitz von oben nach unten über den Sensor bewegt, ist das Motiv somit im Prinzip konstant beleuchtet. Der Nachteil dieser Technik ist allerdings, dass bei diesem Dauerfeuer nicht mit der kompletten Blitzleistung gearbeitet werden kann. Reichweite und Intensität des Blitzes verringern sich bei der Highspeed-Synchronisation erheblich.

Die Highspeed-Synchronisation ist nur mit Aufsteckblitzen möglich. Der interne Blitz unterstützt diese Funktion nicht.

Abbildung 7.6 >
Funktionsweise des Schlitzverschlusses bei langen (oben) und bei kurzen Belichtungszeiten (unten)

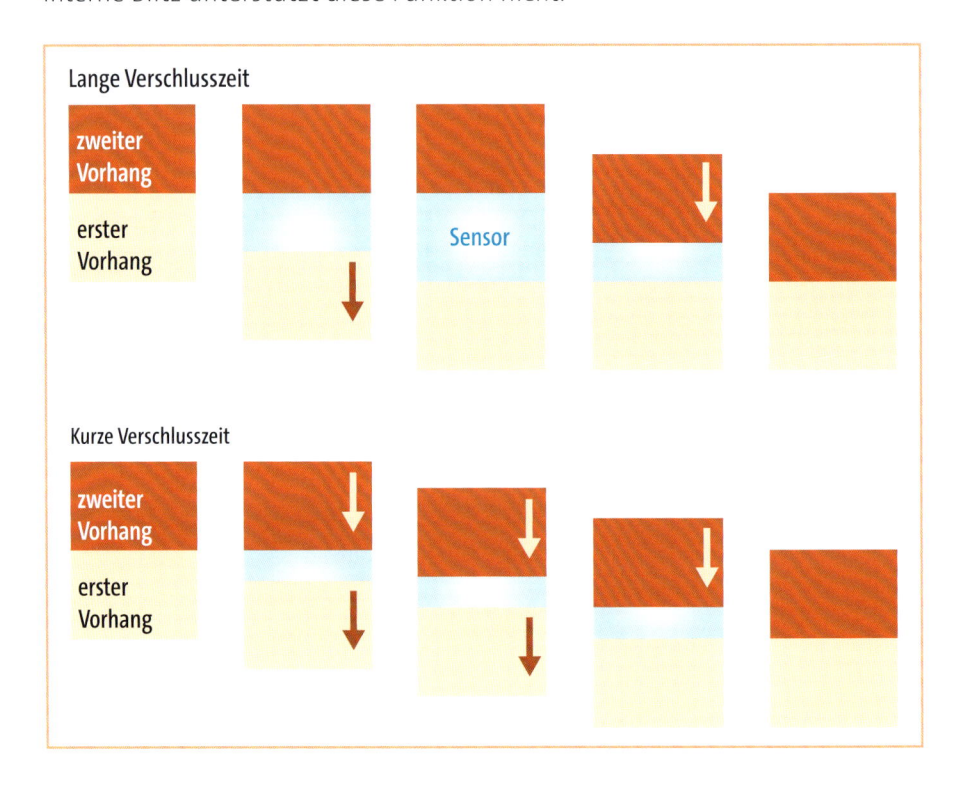

Das Zusammenspiel optimieren

Experimentieren Sie beim Blitzen auch mit der »normalen« Belichtungskorrektur, indem Sie den Auslöser halb drücken und am Schnellwahlrad drehen. Denkbar ist es zum Beispiel, die Umgebung durch die Belichtungskorrektur um ein bis zwei Blenden unterzubelichten. Das angeblitzte Motiv sticht so stärker hervor.

Die Blitzphilosophie in den Aufnahmeprogrammen

In den Programmen **P**, **Tv**, **Av** und **M** gelten für die Abstimmung zwischen dem natürlichen und dem künstlichen Licht jeweils ganz unterschiedliche Regeln. Je nach Einstellung betrachtet die Automatik den Blitz als zentrale Lichtquelle oder dezenten Aufheller. So ist es möglich, die Lichtstimmung eines Abends oder Morgens zu erhalten. Das durch die Sonne oder andere Quellen gelieferte Licht hat bei dieser Art des Blitzens einen größeren Anteil an der Gesamtbelichtung. Die Wirkung ist natürlicher, im Idealfall ist überhaupt nicht zu sehen, dass ein Blitz zum Einsatz kam.

Blitzstärke und Belichtung aufeinander abstimmen

Beim Blitzen bleiben die Funktionen von Blende und Belichtungszeit bestehen: Mit der Blende steuern Sie die Schärfentiefe, mit der Belichtungszeit haben Sie Einfluss auf das Verwacklungsrisiko. Sobald jedoch das Blitzlicht ins Spiel kommt, gelten teilweise etwas andere Regeln: Wenn es völlig dunkel ist, ist es problemlos möglich, mit einer Belichtungszeit von zwei Sekunden ein völlig scharfes Bild einer sich bewegenden Person zu schießen. Bei ausreichender Helligkeit wäre eine solch lange Belichtungszeit auf jeden Fall ein »Verstoß« gegen die sogenannte Kehrwertregel (siehe den Abschnitt »Sicher belichten, ohne zu verwackeln« auf Seite 52) und würde zu einer verwackelten Aufnahme führen.

Die Erklärung dafür: Der Blitz selbst zündet nur etwa 1/20000 s bis 1/800 s lang und erreicht damit eine extrem kurze »Belichtungszeit«. Wie lange vor oder nach dem Blitz der Verschluss der Kamera geöffnet ist, hat bei Dunkelheit für die Lichtwirkung keine Bedeutung. Beim Fotografieren passiert nämlich Folgendes: Der Verschluss öffnet sich, und der Blitz beleuchtet kurz, aber intensiv alles in seiner Reichweite. In der darauffolgenden Dunkelheit spielen Kameraverwackler keine Rolle mehr. Jedenfalls gilt das, wenn ein Motiv in völliger Dunkelheit angeblitzt wird.

Da jedoch die wenigsten Fotos in pechschwarzer Nacht entstehen, gibt es eine wichtige Einschränkung: Alles, was im Bild noch von einer natürlichen oder anderen Lichtquelle dauerhaft beleuchtet wird, unterliegt den bekannten Gesetzen: Ist die Belichtungszeit zu lang, entstehen an diesen Stellen verwackelte Bildbereiche. Bei Blitzfotos sind diese meist in Form von »Schleiern« zu sehen.

Abbildung 7.7 >
Dieses Bild zeigt gut die Wirkung der verschiedenen Beleuchtungsarten sowie der Belichtungszeit.

[55 mm | f5,6 | 1/250 s | ISO 100]

Die an der Kamera eingestellte Belichtungszeit ist also vorrangig dafür verantwortlich, andere Lichtquellen – etwa das Licht der untergehenden Sonne oder der Straßenlaternen – im Bild sichtbar zu machen.

Über die Blende lässt sich beim rein manuellen Blitzen ebenfalls bestimmen, wie viel eines natürlich beleuchteten Hintergrunds auf dem Bild erscheint. Schließlich regelt die Blende, ob viel oder wenig Licht durch das Objektiv kommt – egal ob es sich dabei um Blitz- oder Umgebungslicht handelt. Die E-TTL-Automatik kompensiert jedoch alle Ihre Änderungen der Blende durch eine entsprechend höhere oder niedrigere Blitzintensität. Wenn Sie die Blende weiter schließen, also den Blendenwert erhöhen, und infolgedessen der Hintergrund weniger vom Blitz erhellt wird, regelt die Automatik der 7D Mark II den Blitz hoch. Dies macht das Abstimmen von natürlichen Lichtquellen und Blitz recht schwierig. Der entscheidende Parameter, mit dem sich die Gewichtung des Umgebungslichts beeinflussen lässt, ist beim Blitzen mit der E-TTL-Automatik deshalb die Belichtungszeit.

Versuch und Irrtum

Durch das Sammeln eigener Erfahrungen werden Sie die folgenden Abschnitte besser verstehen. Die Lektüre und eigene Versuche mit dem Blitz in der Dämmerung bringen Ihnen also hoffentlich in jeder Hinsicht die Erleuchtung.

Blitzen im P-Programm

Das **P**-Programm ist auf eine Belichtungszeit hin optimiert, bei der keine Verwacklungen auftreten. Ist das Umgebungslicht hell, wird von einem Aufhellblitz ausgegangen, der mit niedriger Intensität abgefeuert wird. Handelt es sich dagegen um eine insgesamt dunkle Situation, wird eine Belichtungszeit von mindestens 1/60 s bis maximal 1/250 s gewählt. In der Folge erscheint der angeblitzte Motivteil hell, der übrige Teil des Bildes bleibt sehr dunkel. Je kürzer die Belichtungszeit ist, desto eher tritt dieses für viele Blitzfotos typische Muster auf.

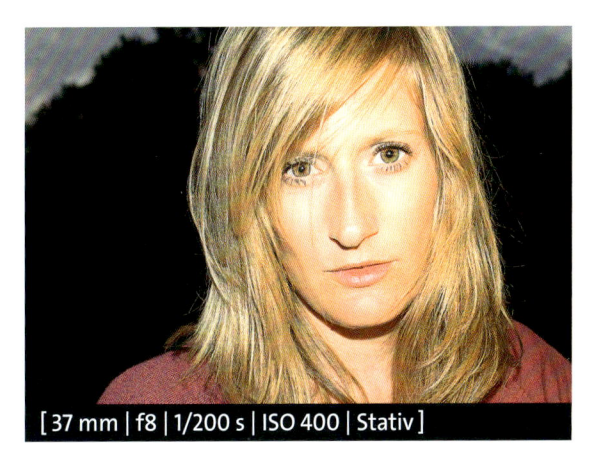

[37 mm | f8 | 1/200 s | ISO 400 | Stativ]

⌃ Abbildung 7.8
Die Umgebung versinkt im Dunkeln, unter dem Kinn entsteht ein schwarzer Schatten: Dieses Bild ist »totgeblitzt«.

Blitzen im Tv-Programm

Im **Tv**-Programm versucht die 7D Mark II, zur eingestellten Belichtungszeit eine passende Blende zu finden. Sofern dies ohne Unterbelichtung gelingt, agiert der Blitz als Aufhelllicht. Praktisch relevant ist dies zum Beispiel draußen in der Natur zur Abendzeit, wenn durchaus noch Licht vorhanden ist. Droht allerdings eine Unterbelichtung, obwohl die Blende so weit wie möglich geöffnet ist, blinkt der Blendenwert im Display und auf dem Monitor. Schalten Sie den Blitz hinzu, füllt dieser den entstandenen Lichtmangel auf. Er wird zur Hauptlichtquelle und löst mit entsprechend höherer Leistung aus.

Im **Tv**-Modus können Sie über die Wahl der Belichtungszeit die Mischung zwischen Blitz- und Umgebungslicht sehr gut bestimmen. Bei kurzen Belichtungszeiten kommt sehr wenig von der natürlich beleuchteten Umgebung ins Bild. Im Extremfall ist der Hintergrund vollkommen schwarz. Das kann etwa im Fall einer Makroaufnahme durchaus ein interessanter Effekt sein.

⌄ Abbildung 7.9
Unschärfe kombiniert mit Blitzlicht kann für interessante Bildeffekte sorgen.

[49 mm | f2,8 | 2 s | ISO 100 | Blitz]

Bei langen Belichtungszeiten dagegen kommt sehr viel von der Umgebung mit auf das Bild – vorausgesetzt natürlich, diese wird vom vorhandenen Licht noch erhellt. Gleichzeitig kann eben dieser Teil des Bildes verwackeln, wie oben beschrieben.

Verwacklungen durch Bewegungsunschärfe können jedoch auch ein bewusst eingesetztes Stilmittel sein. Wie auch bei einer offenen Blende wird die Aufmerksamkeit des Betrachters gezielt auf das Motiv gelenkt. In diesem Fall wird es aber nicht durch eine niedrige Schärfentiefe hervorgehoben, sondern vom Blitz angestrahlt.

Blitzen im Av-Programm

Im **Av**-Programm geht die Kamera davon aus, dass das natürliche Licht dominiert und lediglich durch den Blitz sparsam aufgehellt werden soll. Die Umgebung im Hintergrund wird durch eine entsprechend lange Belichtungszeit ausreichend hell abgebildet, das Motiv im Vordergrund durch den Blitz. Dabei kann es allerdings passieren, dass die Kamera eine so lange Belichtungszeit vorgibt, dass Verwacklungen unvermeidbar sind. Andererseits lässt sich dies für kreative Effekte nutzen.

Wenn die Belichtungszeit nicht zu lang werden soll, können Sie sie im **Av**-Modus durch eine gezielte Unterbelichtung verkürzen. Mit einer auf diese Weise kürzeren Belichtungszeit wird das Bild insgesamt dunkler. Dadurch wird der Blitz zur Kompensation mit größerer Leistung gezündet. Dies wirkt jedoch nur auf die Objekte in seinem unmittelbaren Einflussfeld. Nach hinten hin fällt das Licht immer stärker ab, was für einen dunkleren Hintergrund sorgt.

[50 mm | f3,2 | 1/200 s | ISO 100]

⌃ Abbildung 7.10
*Im **Av**-Programm der 7D Mark II kann der Blitz sehr diskret ins Spiel gebracht werden.*

Sie können das Blitzverhalten der 7D Mark II im **Av**-Programm noch genauer steuern. Unter **Blitzsteuerung** im ersten Aufnahmemenü (**SHOOT1**) finden Sie dazu die Option **Blitzsynchronzeit bei Av**. Ist dort **Automatisch** (**AUTO**) eingestellt, nutzt die 7D Mark II eine Belichtungszeit zwischen 1/250 s und

30 s, je nach Helligkeit des Motivs. Eine grundsätzliche Philosophie des Blitzens im **Av**-Programm ist schließlich, dass dabei der Blitz nur als moderater Aufheller zum Einsatz kommt. Die Folge ist ein möglicherweise verwackelter Hintergrund. Mit der Option **1/250–1/60 Sek. automatisch** dagegen sinkt der mögliche Belichtungszeitwert auf 1/250 s bis 1/60 s. Damit sinkt zwar das Verwacklungsrisiko, der Hintergrund erscheint jedoch unter Umständen zu dunkel. Noch stärker in diese Richtung wirkt die Einstellung **1/250 Sek. (fest)**: Die Belichtungszeit beträgt dann bei allen Blendeneinstellungen 1/250 s. Damit sind verwackelte Porträts sehr unwahrscheinlich, der Hintergrund versinkt jedoch ziemlich sicher in Dunkelheit.

Abbildung 7.11
*Wie sich der Blitz im **Av**-Betrieb verhalten soll, lässt sich im Menü der 7D Mark II genau einstellen.*

Schnellzugang zur Blitzsteuerung

Der schnellste Weg in die **Blitzsteuerung** führt über die **Blitztaste**. Drücken Sie diese bei ausgefahrenem Blitz einfach, und das Menü erscheint. Allerdings handelt es sich dabei nur um eine reduzierte Fassung, in der zum Beispiel die Option **Blitzsynchronzeit bei Av** fehlt.

Blitzen im M-Programm

Auch im manuellen Modus **M** arbeitet der Blitz als Aufhelllicht. Die Blende kann beliebig, die Belichtungszeit bis zur Synchronzeit von 1/250 s eingestellt werden. Ein guter Anhaltspunkt für die Arbeit mit dem Blitz ist die Belichtungsanzeige im Display beziehungsweise auf dem Monitor. Die Angaben dort beziehen sich auf die Belichtung ohne Blitz. Ist der Anzeiger ❶ unterhalb (im Sucher) beziehungsweise links (auf dem Monitor) von der Mitte und zeigt dadurch eine Unterbelichtung an, wird der Blitz versuchen, diese zu kompensieren. Bei einer ausgewogenen Belichtung steht der Zeiger in der Mitte oder

Abbildung 7.12
Die Belichtungsanzeige der 7D Mark II zeigt Ihnen im Sucher mögliche Unter- und Überbelichtungen an.

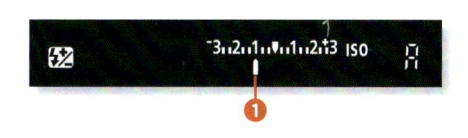

sehr nahe daran. Der Blitz wird mit minimaler Stärke blitzen, sofern Sie nicht über die Blitzbelichtungskorrektur (siehe die Schritt-für-Schritt-Anleitung »Die Blitzbelichtung korrigieren« auf Seite 188) gegensteuern. Eine eventuelle Blitzbelichtungskorrektur wird auch im **M**-Programm durch den rechten Punkt in der Anzeige angezeigt.

Der ISO-Wert beim Blitzen

Wie die Blende und die Belichtungszeit spielt auch der ISO-Wert beim Blitzen eine große Rolle. Das natürliche Licht erhält bei einer höheren ISO-Zahl mehr Gewicht, der Blitz muss weniger stark arbeiten oder erreicht mit gleicher Kraft ein weiter entferntes Ziel. Statt die Belichtungszeit weiter zu verlängern, können Sie also auch durch eine ISO-Erhöhung zum gleichen Ergebnis kommen.

Der interne Blitz und seine Grenzen

Der integrierte Blitz der 7D Mark II eignet sich vor allem gut als Aufhellblitz, um gezielt Licht auf Schattenpartien zu werfen. Die typische Situation dafür sind Aufnahmen im leichten Gegenlicht. Am natürlichsten wirkt das Bild, wenn der Aufhellblitz fein dosiert ist, so dass nicht zu viel Kontrast entsteht.

Das Hilfslicht deaktivieren

Sind beim Blitzen kurze, mitunter etwas nervende Blitzimpulse zu sehen, ist es vermutlich recht dunkel. In solchen Situationen muss die Kamera für ein wenig Licht sorgen, damit der Autofokus in der Dämmerung einwandfrei arbeiten kann. Sie können dieses Verhalten über das dritte Autofokusmenü (**AF3: ONE SHOT**) unter **AF-Hilfslicht-Aussendung** abstellen.

Liegt der betroffene Bildteil dagegen im dunkelsten Schwarz, ist der Blitz die einzige Lichtquelle. In diesem Fall lässt sich der typische Blitz-Look kaum vermeiden. Dass dieser beim internen Blitz so häufig auftritt, liegt vor allem an zwei seiner zentralen Eigenschaften, die für eine gute Beleuchtung eher hinderlich sind.

1. Kleine Lichtquelle: Der interne Blitz der 7D Mark II ist recht klein. Kleine Lichtquellen aber werfen harte Schatten, wie Sie mit einer Taschenlampe leicht selbst überprüfen können. Das in der Fotografie häufig gewünschte und vorteilhaftere weiche Licht kommt dagegen aus einer großen Lichtquelle.
2. Die Nähe zur optischen Achse: Je näher sich die Lichtquelle am Objektiv befindet, desto härter sind die Schattenränder. Außerdem kommt das Licht des internen Blitzes so sehr aus Richtung der Kamera, dass jegliche Plastizität des Motivs verloren geht. Mit diesem Punkt hängen auch die für viele Blitzbilder typischen roten Augen zusammen. Wenigstens dagegen gibt es allerdings Abhilfe. Im vierten Aufnahmemenü (**SHOOT4**) können Sie über die Funktion **R.Aug. Ein/Aus** einstellen, dass bei Blitzbetrieb ein Hilfslicht ausgesendet wird. Es sorgt dafür, dass sich die Pupillen der Augen durch den Vorblitz schließen und die stark durchblutete Netzhaut nicht im Bild zu sehen ist.

^ Abbildung 7.13
Roten Augen beugen Sie vor, indem Sie die Einstellung R.Aug. Ein/Aus aktivieren.

Die Blitzalternative: der Aufsteckblitz

Ein Aufsteckblitz kann die im vorangegangenen Abschnitt beschriebenen Probleme zumindest teilweise aus der Welt schaffen. Neben Canon selbst bietet eine ganze Reihe von Fremdherstellern preiswertere Modelle an. Diese Nachbauten erreichen durchaus die Qualität ihrer japanischen Vorbilder. Mehr zu den Modellen von Canon und dem chinesischen Hersteller Yongnuo erfahren Sie im Abschnitt »Blitze von Canon und Fremdherstellern« auf Seite 239.

Auf jeden Fall ist ein Blitzgerät mit schwenkbarem Kopf empfehlenswert. Mit einem solchen erweitern sich die Blitzmöglichkeiten ganz erheblich. So können Sie durch das Blitzen über Eck – das sogenannte indirekte Blitzen – ganz einfach für weiches Licht sorgen. Dafür richten Sie den Blitzkopf in Richtung Decke. Diese fungiert dann als Reflektor, der das Licht diffus, also in alle Richtungen, streut. Das Ergebnis ist ein viel besser ausgeleuchtetes Bild.

< Abbildung 7.14
Ein externer Blitz liefert deutlich mehr Leistung als der eingebaute Blitz der 7D Mark II (Bild: Canon).

[55 mm | f5,6 | 1/50 s | ISO 800 | Stativ]

[55 mm | f2,8 | 1/125 s | ISO 400 | Stativ]

Farbreflexion

Wenn Sie das Licht über eine farbig angestrichene Fläche reflektieren lassen, hinterlässt es im Bild einen entsprechenden Farbstich. Dies ist besonders bei Hauttönen in Porträts ein Problem, da diese Farbverfälschungen nur aufwendig in der Bildbearbeitung korrigiert werden können.

Wie das Umgebungslicht hat auch der Blitz eine bestimmte Farbtemperatur. Diese schwankt mit der Leistung und bewegt sich etwa um die 5 500 Kelvin. Das entspricht in etwa dem Sonnenlicht zur Mittagszeit an einem unbewölkten Tag. Je später die Stunde, desto größer wird die Differenz zwischen Blitzlicht und Umgebungslicht.

Mit einer Farbfolie, die vor den Blitz gespannt wird, können Sie die Farbtemperatur des Blitzes nach Belieben modifizieren. Eine sogenannte *CTO-Folie* (*clear to orange*) liefert ein gelbliches Blitzlicht mit einer Farbtemperatur von etwa 3 200 Kelvin. Sofern Sie allerdings den Weißabgleich der Kamera ebenfalls auf 3 200 Kelvin einstellen, wird der Hintergrund blau, und das vom Blitz beleuchtete Motiv erscheint in der Aufnahme neutral. Mit Filtern für Blitzgeräte lassen sich also durchaus kreative Effekte erzielen.

Der bekannteste Hersteller von solchen Farbfolien ist die Firma Lee. Vom Anbieter Honl gibt es eine Reihe Einsteiger-Folien-Kits, die eine Auswahl unterschiedlicher Farbfolien enthalten. Neben CTO- sind hier vor allem blaue CTB-Folien (*clear to blue*) interessant.

< ^ Abbildung 7.15
Oben: Das Blitzlicht reflektierte an einer Hauswand und wurde diffus zurückgeworfen. Unten: Über den Blitz wurde zusätzlich eine gelbe Folie gezogen. Dadurch entsteht die warme Lichtstimmung im Bild.

Die Königsklasse: entfesselt blitzen

Der externe Blitz auf dem Blitzschuh der Kamera befreit Sie bereits von vielen Nachteilen des eingebauten Blitzes der 7D Mark II. Noch besseres Licht bringt ein seitlich vom Motiv positionierter Blitz. Dafür müssen Sie diesen von der Kamera lösen – man spricht hier vom sogenannten *entfesselten Blitz*. Im einfachsten Fall funktioniert das über ein spezielles Verlängerungskabel. Die 7D Mark II ist jedoch auch in der Lage, aktuelle Canon-Blitzgeräte drahtlos auszulösen. Der externe Blitz muss also nicht auf dem Blitzschuh montiert sein, sondern kann als zusätzliche Lichtquelle zum Beispiel seitlich vom Motiv positioniert werden. Wenn Sie ein Blitzgerät eines anderen Herstellers verwenden möchten, benötigen Sie einen speziellen Auslöser, der auf dem Blitzschuh montiert wird und über Funk oder Infrarot mit dem Blitzgerät kommuniziert.

Die Vorteile sind auf jeden Fall deutlich sichtbar: Durch seitliches Blitzen lassen sich Konturen oft wesentlich besser herausarbeiten als durch frontales Licht. Sogar eine von hinten oder der Seite scheinende »Sonne« kann so simuliert werden.

Vorsicht, Spannung!

Verwenden Sie keine Blitze, die nicht explizit für Canon-Kameras gebaut worden sind. Der einzige normierte Kontakt am Blitzschuh ist der große runde in der Mitte. Alle anderen Verbindungen werden von Hersteller zu Hersteller unterschiedlich verwendet. Es kann also durchaus sein, dass ein alter Kamerablitz über einen dieser Kontakte eine recht hohe Spannung an die Kamera abgibt – mit fatalen Folgen für die Elektronik. Es gibt jedoch Adapter, die keine überflüssigen Verbindungen weiterleiten.

Abbildung 7.16 >
Ein schwacher Blitz von der Seite brachte Licht ins Haar.

[50 mm | f3,2 | 1/160 s | ISO 400]

Das seitliche Blitzen ist besonders in der Porträtfotografie verbreitet, in der ein im Winkel von etwa 45 Grad zur Kopfrichtung positioniertes Licht für eine schöne Modellierung der Schatten sorgt.

Beim entfesselten Blitzen entstehen besonders schöne Bilder, wenn das Licht weich gemacht wird, etwa durch einen Diffusor, einen Schirm oder eine Softbox. Einfache Aufsteckdiffusoren sind ab 5 Euro erhältlich. Ein weißer Schirm, ein Lichtstativ und eine Halterung für den Blitz kosten etwa 60 Euro.

Ein weiterer Vorteil des entfesselten Blitzens ist, dass Sie mit dem Blitz nahe an Ihr Motiv herankommen. Ähnlich wie durch eine große Lichtquelle lassen sich auch dadurch weiche Schatten erzielen. Zudem können Sie dann mit einer niedrigeren Intensität blitzen.

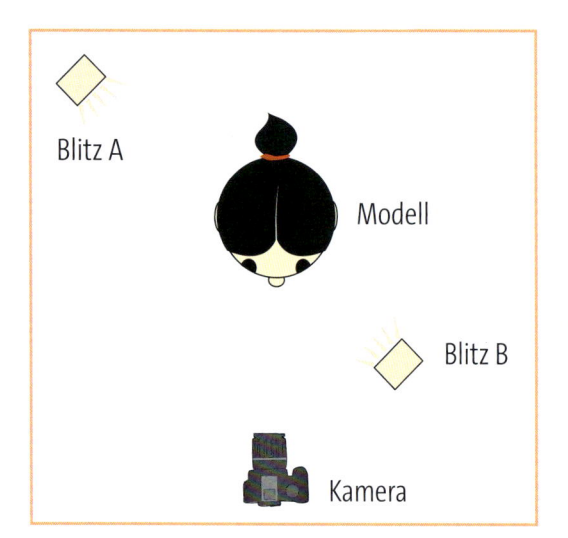

^ **Abbildung 7.17**
Ein typischer Lichtaufbau, bei dem zwei Blitze zum Einsatz kommen. Beim drahtlosen Blitzen lässt sich die Intensität der Blitze getrennt regeln. In diesem Beispiel könnte das Licht von hinten eher schwach ausfallen.

Drahtlos blitzen mit der 7D Mark II
SCHRITT FÜR SCHRITT

1 Blitz anschalten
Schalten Sie den Blitz mit der **ON/OFF**-Taste an. Das drahtlose Blitzen mit E-TTL-Unterstützung funktioniert mit Canon-Modellen der Speedlite-EX-Serie und vielen Nachbauten. Wie sich der Drahtlosmodus starten lässt, erfahren Sie aus der Bedienungsanleitung des Geräts. Beim Modell *Canon 430EX II* aktiviert ein langer Druck auf die **ZOOM**-Taste ❶ den Empfangsmodus.

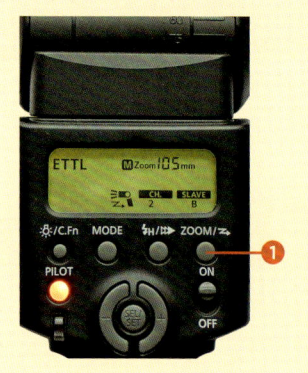

2 Mehrere Blitze nutzen
Falls Sie mehrere Blitze fernsteuern, können Sie jeden einzelnen bequem von der 7D Mark II aus konfigurieren. Dazu müssen Sie die einzelnen Blitze einer von drei Blitzgruppen zuordnen. Drücken Sie die **ZOOM**-Taste mehrmals, bis in der Anzeige **Slave** (Nebengerät) blinkt. Als dazugehöriger **Master** (Hauptgerät) fungiert der

Blitz der 7D Mark II. Mit der **Plus**- oder **Minus**-Taste des Blitzes lassen sich drei Gruppen (A, B oder C) definieren.

3 Zoomreflektor einstellen

Auch die Stellung des Zoomreflektors, der die Blitzleistung an die gewählte Brennweite anpasst, lässt sich frei bestimmen. Die Einstellungen dazu können Sie mit der gleichen Methode ändern, sobald die **ZOOM**-Anzeige blinkt.

4 Sendekanal bestimmen

Damit Sie und andere Fotografen sich nicht gegenseitig in die Quere kommen, können Sie auf vier verschiedenen Kanälen mit Ihren Drahtlosblitzen kommunizieren. Während die Anzeige **CH.** blinkt, wählen Sie dazu mit der **Plus**- oder **Minus**-Taste den gewünschten Kanal.

5 Blitzfunktion der Kamera aktivieren

Weiter geht es an der 7D Mark II: Fahren Sie den Blitz mit der **Blitztaste** aus. Wählen Sie im ersten Aufnahmemenü (**SHOOT1**) den Eintrag **Blitzsteuerung** und anschließend **Einstellung int. Blitz**.

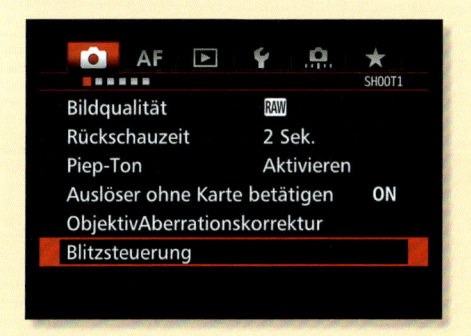

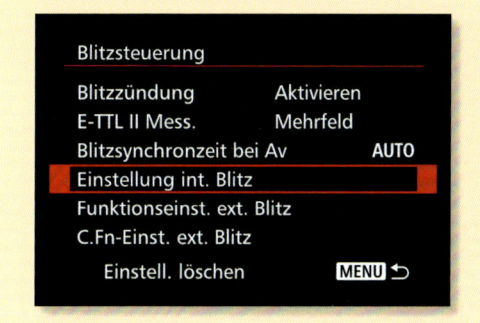

6 Blitzoptionen auswählen

Unter **Drahtlos Funkt.** können Sie nun verschiedene Optionen auswählen. Je nach Einstellung verändert sich das Menü:

- **Deaktivieren**: Es wird ohne Drahtlosfunktion nur mit dem internen Blitz gearbeitet.

- 📷:📸: Externer und interner Blitz arbeiten gleichzeitig, und Sie können das gewünschte Verhältnis der beiden im Menü einstellen. In der Einstellung **8:1** etwa ist der externe Blitz wesentlich intensiver. Die Blitzbelichtungskorrektur arbeitet wie gewohnt, und zwar für beide Blitze.

> **Tipp**
>
> Mit einem Druck auf die Taste **INFO** können Sie aus dem Menü heraus jeweils einen Prüfblitz auslösen.

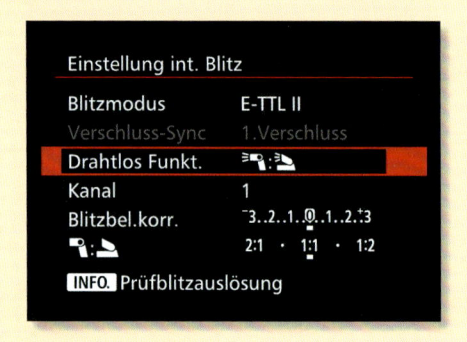

- **⚘: Nur der externe Blitz arbeitet.** Bei dieser Einstellung kommen die Blitzgruppen ins Spiel. In der Einstellung ⚘ **Alle** feuern die Blitze unabhängig von ihrer Gruppenzugehörigkeit mit der gleichen Intensität. Wie gewohnt können Sie eine Belichtungskorrektur vornehmen. In der Blitzgruppeneinstellung ⚘ **(A:B)** erscheinen weitere Menüeinträge, mit denen Sie die Gewichtung der beiden Gruppen steuern und eine Belichtungskorrektur vornehmen können.

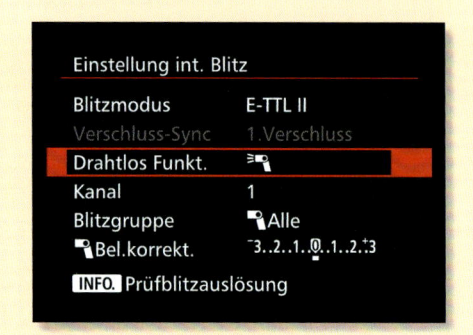

  Bei ⚘ **(A:B C)** kommt die dritte Gruppe ins Spiel. Auch für diese lässt sich eine Belichtungskorrektur einstellen.

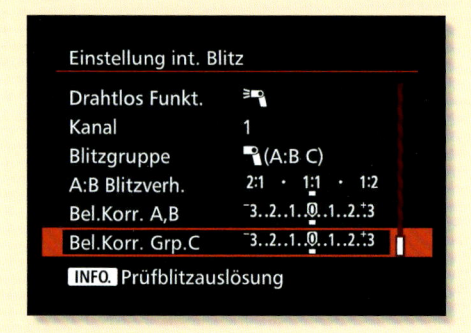

- **⚘ + ⚡: Diese Option folgt der gleichen Logik.** Hier können Sie den internen Blitz mitarbeiten lassen, für externe Blitze und den internen Blitz eine Belichtungskorrektur einstellen und in den Blitzgruppeneinstellungen ⚘(A:B)⚡ und ⚘(A:B C)⚡ die Gewichtung der Blitzgruppe **A** zu **B** verstellen.

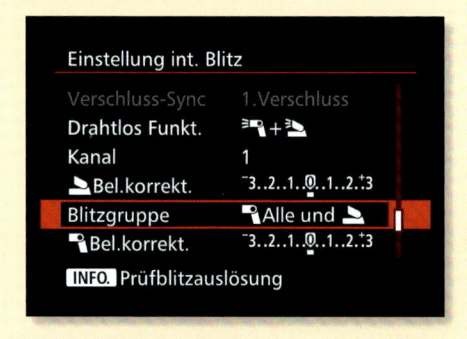

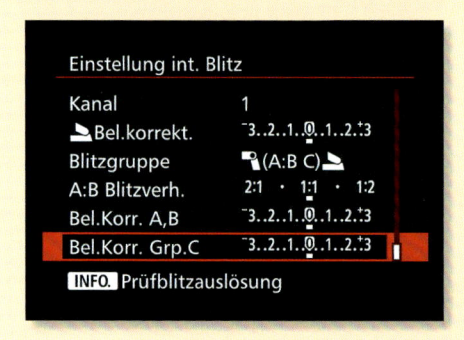

Manuell drahtlos blitzen

Sie können die Möglichkeiten des drahtlosen Blitzens auch ganz ohne Unterstützung des E-TTL-Systems nutzen. Dazu schalten Sie dieses im Blitzmenü unter **Blitzmodus** auf **Man. Blitz** und wählen unter **Drahtlos Funkt.** aus, ob Sie nur mit dem internen Blitz oder auch mit den externen Blitzen arbeiten möchten. Anschließend können Sie für jeden Blitz beziehungsweise jede Blitzgruppe angeben, mit welcher Intensität diese blitzen soll.

Im Prinzip müssen Sie beim manuellen Blitzen auch Blende, Belichtungszeit und ISO-Wert manuell im **M**-Programm einstellen. Ohne E-TTL-Unterstützung liefern Ihnen die übrigen Programme schließlich nur Belichtungswerte für das Fotografieren ohne Blitz.

Durch Versuch und Irrtum tasten Sie sich an die passende Kombination sämtlicher Werte heran. Dabei stellen Sie idealerweise zunächst die Kameraparameter ohne Blitz so ein, dass die Motivumgebung in der gewünschten Helligkeit erscheint. Mit dem Blitz erleuchten Sie dann Ihr Motiv in der gewünschten Intensität. Durch eine Feinabstimmung der Parameter nähern Sie sich anschließend Ihrem gewünschten optimalen Ergebnis.

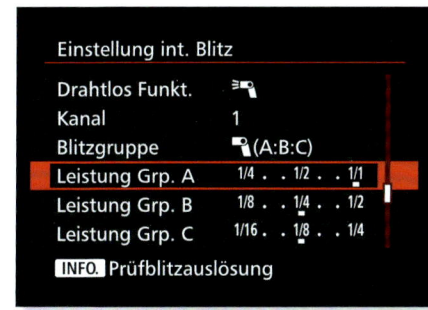

< **Abbildung 7.18**
Im manuellen Blitzmodus verstellen Sie die Blitzleistung. Blitzgruppe A erzeugt viel Licht, während die anderen deutlich schwächer feuern.

Die Wahl des passenden Verschlussvorhangs

Verwacklungen und verwischte Bildelemente sind in der Blitzfotografie ein gutes stilistisches Mittel, um Dynamik zu verdeutlichen. Das ist oft nötig, denn das Blitzlicht hat grundsätzlich den gegenteiligen Effekt: Durch den kurzen Lichtimpuls wird ein sehr knapper Moment auf dem Sensor fixiert, die Bewegung eines Motivs scheint eingefroren zu sein. Mitunter führt das zu seltsamen Effekten, wie in Abbildung 7.19 zu sehen.

Was ist hier passiert? Der Verschluss einer Kamera besteht unter anderem aus zwei Vorhängen, die sich nacheinander öffnen und schließen. In diesem

Fall hat sich der erste Vorhang geöffnet, der Blitz zündete unmittelbar danach und fixierte damit den Radfahrer. Dieser ist währenddessen weitergefahren und hat mit seinem Licht eine Spur gezogen. Beim Blitzen auf den zweiten Verschlussvorhang sind die Abläufe etwas anders: Der erste Vorhang öffnet sich, und der Radfahrer zieht seine Lichtspur. Jetzt erst kommt der Blitz und fixiert ihn in seiner Bewegung. Nun verschließt der zweite Vorhang den Sensor wieder. Die Bildwirkung ist eine komplett andere.

Sie finden die Option **Blitzsteuerung** im ersten Aufnahmemenü (**SHOOT1**). Wählen Sie dort unter **Einstellung int. Blitz** oder **Funktionseinst. ext. Blitz • Verschluss-Sync** die Einstellung **2. Verschluss** ein.

< Abbildung 7.19
Oben: Beim Blitz auf den ersten Vorhang scheinen Bewegungen rückwärts abzulaufen. Unten: Beim Blitz auf den zweiten Vorhang sehen die Lichteffekte für unser Auge natürlich aus, nämlich mit der Bewegungsrichtung statt gegen sie.

Die Zukunft: Blitzdatenübertragung per Funk

Beim Drahtlosblitzen werden Aufsteckblitze wie das *Speedlite 430EX* über Lichtimpulse gesteuert. Dieses Verfahren ist allerdings völlig veraltet. Seit Langem gibt es deshalb Sender und Empfänger, die Kamera und Blitz per Funk verbinden. Der Sender wird dabei auf den Blitzschuh gesteckt, der Empfänger nimmt den Blitz auf. Unter professionellen Fotografen sind besonders die Funklösungen des Herstellers Pocketwizzard verbreitet. Deren Sender *Plus III* kostet rund 130 Euro. Wie ein Blitz wird er auf den Blitzschuh gesteckt und sendet von dort sein Signal.

Mittlerweile gibt es von Herstellern wie Yongnuo wesentlich preiswertere Alternativen. So kosten Sender-Empfänger-Paare des Modells *RF603CII* etwa 30 Euro. Ein Nachteil dieser Gerätekategorie ist jedoch, dass sie lediglich den Impuls für die Blitzzündung übertragen. Der Blitz muss also vollkommen

^ Abbildung 7.20
Der Yongnuo RF603CII arbeitet als kombinierter Sender und Empfänger.

Die Zukunft: Blitzdatenübertragung per Funk

manuell in seiner Leistung reguliert werden. Besonders bei komplexen Lichtaufbauten mit mehreren Blitzen ist das unbequem und zeitraubend.

Wesentlich mehr Komfort bieten Geräte, die auch die E-TTL-Signale per Funk übertragen. Somit lässt sich der Blitz steuern, als säße er direkt auf der Kamera, ohne dass auf den Komfort von E-TTL verzichtet werden muss. Canon selbst bietet diese Technik in Form des *ST-E3-NR* an. Dieses Gerät für 280 Euro versteht sich bislang allerdings nur mit dem Blitz *Canon Speedlite 600EX-RT* und kommuniziert über eine Funkverbindung im 2,4-Gigahertz-Band. Das *Speedlite 600EX-RT* kann einen *ST-E3-NR*-Sender ersetzen, so dass sich ein Blitzaufbau realisieren lässt, bei dem ein Gerät auf der Kamera positioniert wird und ein weiteres entfesselt arbeitet.

Wesentlich preiswerter und genauso gut ist der *YN600EX-RT* von Yongnuo. Er kostet nur etwa 200 Euro und sieht dem *Speedlite 600EX-RT* zum Verwechseln ähnlich – kein Wunder, schließlich bietet er fast den gleichen Funktionsumfang. Zusätzlich ist das Gerät mit einem Autofokushilfslicht ausgestattet und kann über einen eingebauten USB-Port mit neuer Software und damit neuen Funktionen versorgt werden. Das Pendant zum *Canon ST-E3-NR* heißt bei Yongnuo *YN-E3-RT* und ist mit einem Preis von 80 Euro die deutlich interessantere Wahl.

Eine weitere Alternative sind die Transceiver *YN-622C* von Yongnuo, die zum Paarpreis von etwa 70 Euro erhältlich sind. Diese Geräte, die entweder als Empfänger oder als Sender arbeiten können, übertragen die E-TTL-Signale per Funk. Somit ist es zum Beispiel möglich, einen Blitz wie den *Canon 430EX II* entfesselt einzusetzen, ohne dabei auf die rein optische Signalübertragung setzen zu müssen. Die *YN-622C* können um den *YN-622C TX* erweitert werden. Dabei handelt es sich um einen Sender, der über ein Display und mehrere Tasten verfügt und damit etwas komfortablere Steuerungsmöglichkeiten für mehrere Blitzgruppen bietet.

Daneben gibt es noch Sender und Blitze, die per Funk zwar andere Geräte steuern können, aber nur untereinander kompatibel sind. Ein Beispiel dafür ist der *YN560-TX* von Yongnuo. Der Sender ist mit einem Preis von rund 40 Euro recht preiswert und hat sogar ein Display für die komfortable Einstellung der Blitzleistung. Allerdings lässt sich diese nur manuell regeln, E-TTL funktioniert nicht. Außerdem wird der Sender nur vom *YN-560 III* verstanden, einem 60 Euro teuren Blitz, der ebenfalls kein E-TTL unterstützt. Diese Kombination ist vor allem für diejenigen interessant, die lieber manuell blitzen, statt sich auf die E-TTL-Automatik zu verlassen.

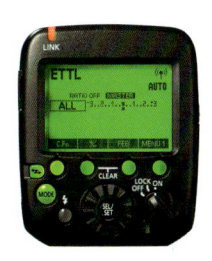

▲ Abbildung 7.21
Die Kombination aus ST-E3-NR und 600EX-RT von Canon kostet rund 800 Euro. Für die Yongnuo-Variante ist nur ein Viertel fällig.

▲ Abbildung 7.22
Die YN-622C übertragen das E-TTL-Signal per Funk.

Blitz-Individualfunktionen in der Kamera einstellen
EXKURS

Einzelne Funktionen des externen Blitzes lassen sich über dessen Individualfunktionen steuern. Dies kann sehr umständlich am Blitz selbst geschehen oder aber komfortabel über den Menüpunkt **C.Fn-Einst. ext. Blitz**, den Sie im ersten Aufnahmemenü (**SHOOT1**) unter **Blitzsteuerung** finden. Die Individualfunktionen unterscheiden sich von Blitz zu Blitz. An dieser Stelle finden Sie eine Auflistung für das häufig genutzte Modell *Canon 430EX II*. Auch einige Nachbauten, die sich an diesem Blitz orientieren, bieten diese Individualfunktionen an.

^ Abbildung 7.23
Hier geht es zu den Individualfunktionen eines externen Blitzes.

❶ **Entfernungsindikator Anzeige**: Der Blitz kann auf seinem Display die maximale Blitzreichweite in Metern oder Fuß (englisch *feet*) anzeigen.

❷ **Stromabschaltung automatisch**: Nach etwa zwei Minuten schaltet der Blitz in den Schlafmodus und lässt sich durch Antippen des Auslösers wieder aufwecken. Diese Stromsparfunktion lässt sich deaktivieren.

❸ **Einstellblitze**: In der Grundeinstellung von Kamera und Blitz feuert ein Druck auf die Abblendtaste eine längere Blitzsalve ab. Mit Hilfe eines solchen Einstellblitzes fällt es leichter, die Wirkung des eigentlichen Blitzes abzuschätzen. Sie können diese Funktion alternativ auf die Testblitztaste des Blitzes (**PILOT**) oder auf beide Tasten legen. Außerdem lässt sie sich komplett deaktivieren.

❹ **Testblitz bei autom. Blitz**: Wenn Sie am Blitz die Taste **PILOT** drücken, wird ein Testblitz gezündet. Dies kann auf 1/32 reduziert oder mit voller Leistung erfolgen.

❺ **AF-Hilfslicht Aussendung**: Das Autofokushilfslicht lässt sich hier – wie auch im dritten Autofokusmenü (**AF3: ONE SHOT**) der Kamera – deaktivieren. Das ist hilfreich, wenn die roten Strahlen des Hilfslichts stören.

❻ **Autozoom bei Sensorgröße**: Der Zoomreflektor des Blitzes kann passend zum Cropfaktor des Sensors eingestellt werden. Dadurch wird der engere Bildwinkel bei einer APS-C-Kamera wie der 7D Mark II berücksichtigt. Diese Funktion lässt sich hier deaktivieren.

❼ **Autom. Stromabschaltung Slave**: Um die Batterie zu schonen, wechselt der Blitz im Slave-Modus nach 60 oder 10 Minuten automatisch in den Schlafmodus. Durch das Auslösen eines Testblitzes über die Master-Einheit lässt er sich wieder aufwecken.

❽ **Löschen autom. Stromabschalt.**: Nach acht Stunden im Schlafmodus schaltet sich der Blitz komplett ab. Sie können diese Zeitspanne auf eine Stunde reduzieren.

❾ **Blitzreichweite/Blenden Info**: Das Display kann entweder die jeweilige maximale Reichweite des Blitzes oder die gerade eingestellte Blende anzeigen. Bei manueller Steuerung der Blitzleistung erscheint stets die Entfernung zum Motiv, bei der dieses korrekt ausgeleuchtet wird.

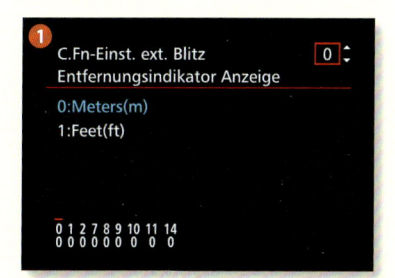

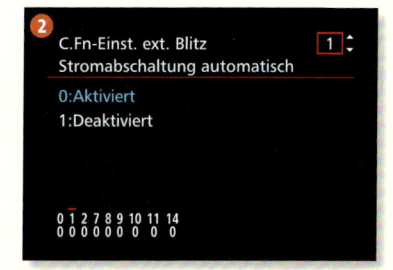

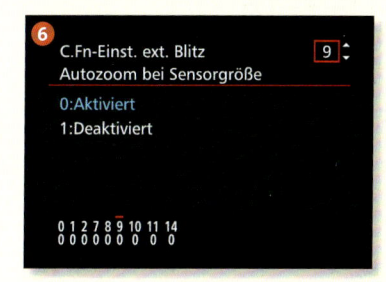

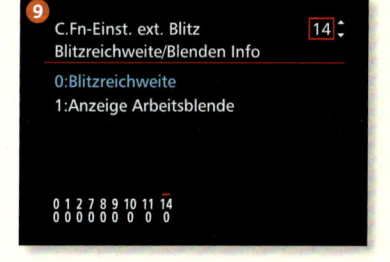

∧ **Abbildung 7.24**
Die wichtigsten Individualfunktionen für externe Blitze

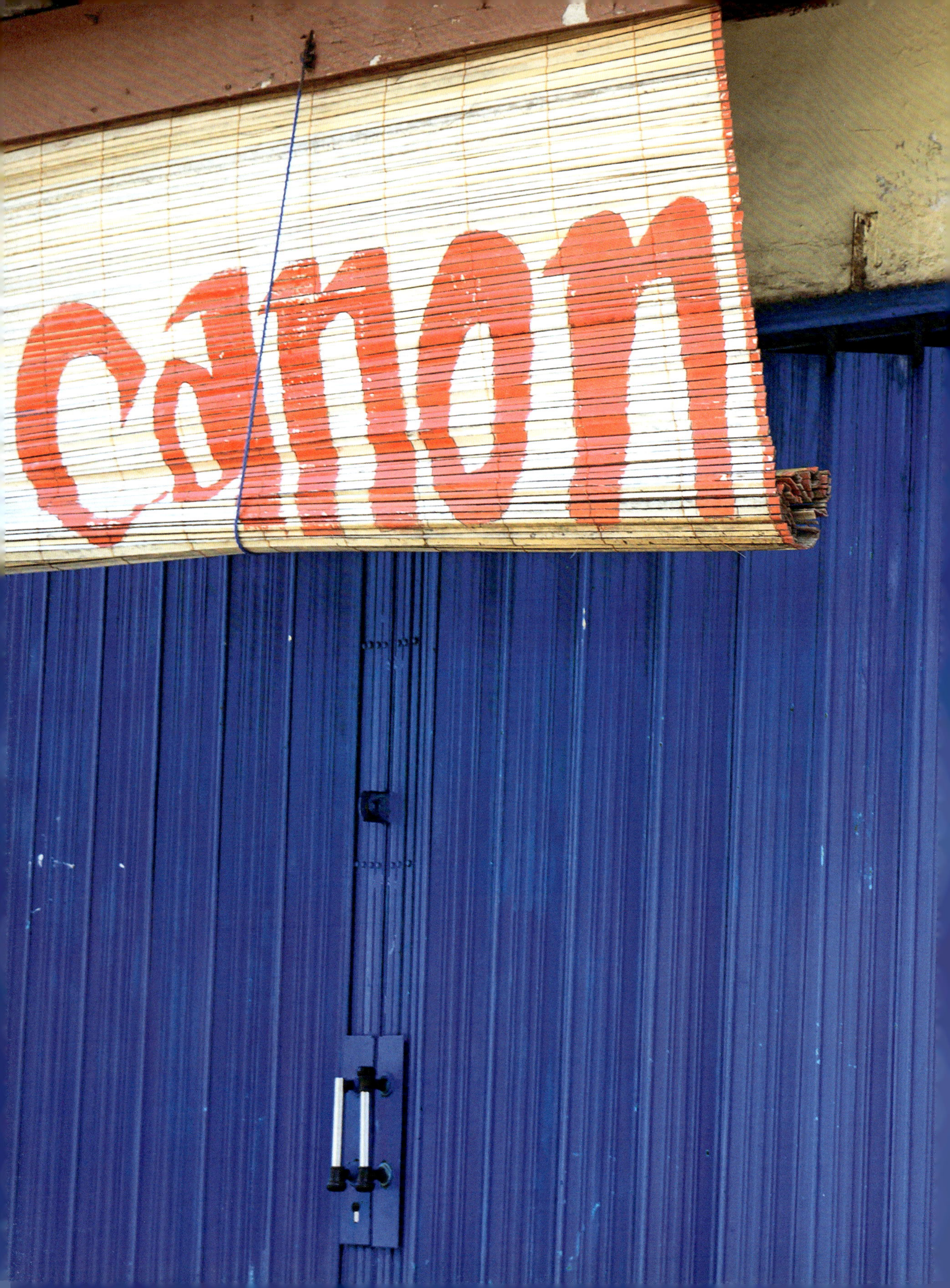
canon

Kapitel 8
Das passende Zubehör finden

Objektive für Ihre EOS 7D Mark II	212
Filter für Ihre Objektive	230
Fester Halt für die 7D Mark II: Stative & Co.	235
Batteriegriff und Akku für ausreichend Power	238
Licht und Schatten: Blitz, Reflektor oder Diffusor	239
Den Sensor und die Objektive reinigen	242
Objektive im Test	244
EXKURS: Optimale Ergebnisse mit der Objektiv-Feinabstimmung	248

Objektive für Ihre EOS 7D Mark II

Das Objektiv ist das Auge Ihrer 7D Mark II. Entsprechend hoch ist seine Bedeutung für die Bildqualität. Mit dem Kauf der passenden Objektive können Sie also nicht nur in neue Brennweitenbereiche vordringen, sondern – mit der Wahl einer guten Linse – die technische Qualität Ihrer Bilder steigern.

Auch Fremdhersteller wie Tamron, Tokina, Sigma und Zeiss bauen Objektive für das EF-Bajonett von Canon. Einige ältere, aus dem analogen Zeitalter stammende Modelle von Fremdherstellern sind nicht mit der 7D Mark II kompatibel. Erkundigen Sie sich vor der Verwendung solcher Altkomponenten besser beim Hersteller, ob Sie das Zubehör noch verwenden können.

Die Übersicht in Abbildung 8.6 auf Seite 216 zeigt fast alle Objektive im Angebot von Canon. Angesichts dieser Vielfalt finden Sie garantiert das für Ihre Zwecke passende Modell. Die Auswahl ist jedoch gar nicht so einfach. Sie hängt von Ihrem bevorzugten Brennweitenbereich, der gewünschten kleinstmöglichen Blendenzahl, den allgemeinen Ansprüchen an die Qualität und natürlich dem Budget ab.

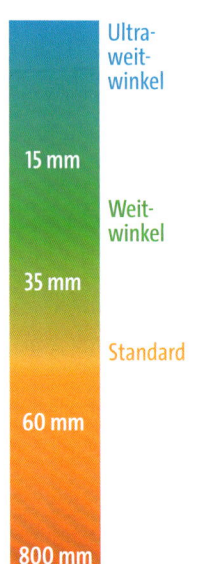

^ **Abbildung 8.1**
Die Einteilung der verschiedenen Objektive wird nach ihrer Brennweite vorgenommen.

Arten von Objektiven

Objektive lassen sich nach unterschiedlichen Merkmalen klassifizieren. So gibt es die Unterteilung nach Brennweiten in Weitwinkel-, Standard- und Teleobjektive sowie Spezialobjektive wie Makroobjektive. Von eher grundsätzlicher Natur ist die Aufteilung in Festbrennweiten und Zoomobjektive. In Abbildung 8.6 auf Seite 216 sind beide Arten von Objektiven vertreten, beispielsweise das *EF 50 mm f/1,4 USM*, dessen grüner Punkt auf eine einzige Brennweite verweist, und das *EF-S 18–135 mm f/3,5–5,6 IS STM*, bei dem sich von 18 bis 135 mm alle Brennweiten frei einstellen lassen.

Brennweite, Aufnahmestandort und Bildausschnitt

Zoomobjektive bieten eine Menge Komfort. Trotzdem sollte Sie das bequeme Verändern des Bildausschnitts nicht am Hin- und Herlaufen hindern, wie es zum Beispiel nötig wäre, wenn Sie mit einem Objektiv mit fester Brennweite arbeiten würden. Die Beispielbilder in Abbildung 8.2 zeigen, warum es sich lohnen kann, den Aufnahmestandort und die Brennweite zu variieren.

Das Modell blieb jeweils an der gleichen Position stehen. Um es auf den Bildern gleich groß abzubilden, musste die Kamera bei steigender Brennweite

Abbildung 8.2
Die Porträts wurden mit zunehmend größerem Abstand aufgenommen, so dass die Größe des Modells trotz größerer Brennweite gleich blieb.

immer weiter wegbewegt werden. Dabei nimmt der Weg immer weniger und der Baum immer mehr Raum im Foto ein. Es ist wichtig, zu wissen, dass nicht allein die Brennweite, sondern auch der Aufnahmestandort über die Bildwirkung entscheidet. Mit einer längeren Brennweite wird lediglich der Blickwinkel immer enger.

Wenn Fotografen davon reden, dass lange Brennweiten die Perspektive verdichten, meinen sie damit Folgendes: Durch die große Entfernung und einen engen Bildwinkel scheinen einzelne Objekte näher beieinanderzuliegen, als wenn das Bild aus nächster Nähe aufgenommen worden wäre. Bei diesen Beispielbildern erkennen Sie das daran, dass der Baum mit zunehmender Brennweite und vergrößertem Aufnahmeabstand näher an die porträtierte Person heranzurücken scheint – dabei hat sich die tatsächliche Entfernung zwischen diesen beiden Bildelementen nicht geändert.

Wie Sie sehen, beeinflusst der Aufnahmestandort die Bildaussage erheblich. Es lohnt sich also, in Bewegung zu bleiben und eigene Experimente durchzuführen.

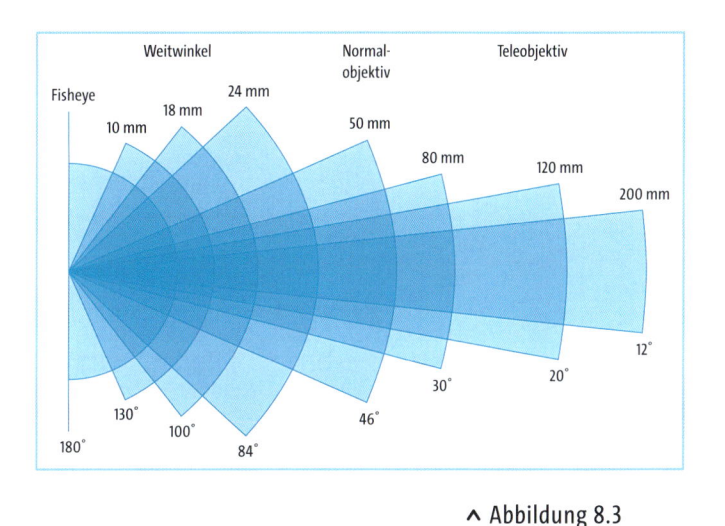

Abbildung 8.3
Die Brennweite, hier die Angaben für einen Sensor im Kleinbildformat, verändert den Bildwinkel.

Der Cropfaktor

Um die digitale Spiegelreflextechnik preiswert anbieten zu können, entschlossen sich die meisten Kamerahersteller, in ihren Einsteiger- und Mittelklassemodellen Sensoren zu verbauen, die kleiner sind als der entsprechende Abschnitt eines klassischen Kleinbildfilms. Während ein Negativ eines solchen

Films eine Größe von 36 × 24 mm hat ❶, ist der Sensor der 7D Mark II nur etwa 22 × 15 mm groß ❷. Dieses Format heißt *APS-C*. Das Verhältnis dieser Größen zueinander beträgt 1,6 und wird auch als *Cropfaktor* bezeichnet.

Aktuell sind alle Kameras der EOS-Reihe mit Ausnahme der 6D, der 5D und der 1D mit einem APS-C-Sensor ausgestattet. Trotzdem können Sie an Ihrer Kamera auch Canon-Objektive verwenden, die für analoge Spiegelreflexkameras oder die teureren digitalen Modelle mit größerem Sensor entwickelt wurden. Die Brennweite des Objektivs ändert sich dabei nicht, und das Licht fällt natürlich auch weiterhin kreisrund in die Kamera ❸. Der davon tatsächlich genutzte Bereich verkleinert sich allerdings um den Faktor 1,6. Ein engerer Bildwinkel und damit kleinerer Bildausschnitt ist die Folge. Das endgültige Foto sieht dadurch – in gleich großem Format ausgedruckt ❹ – so aus, als sei es um den Faktor 1,6 vergrößert worden beziehungsweise mit einer um den Faktor 1,6 höheren Brennweite aufgenommen worden. Ein Objektiv mit einer Brennweite von 100 mm wirkt an einer Kamera mit APS-C-Sensor zum Beispiel wie eine Brennweite von 160 mm (100 × 1,6) an einer Vollformatkamera mit einem Sensor in Kleinbildgröße. Eine solche ist beispielsweise die Canon EOS 5D Mark III.

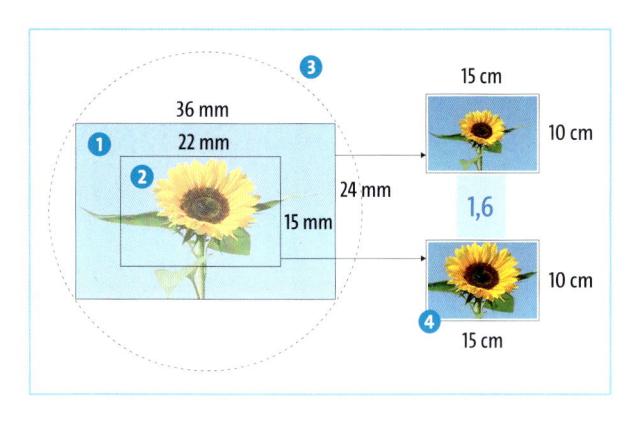

⌃ **Abbildung 8.4**
Sensorgrößen und Cropfaktor

Der Vorteil des Systems ist, dass Teleobjektive noch länger wirken: Wo der Besitzer einer Vollformatkamera für den gleichen Bildeindruck ein 400-mm-Objektiv einsetzen muss, reichen dem Fotografen mit APS-C-Sensor 250 mm (400 ÷ 1,6 = 250). Der Nachteil ist, dass beim APS-C-Sensor sehr niedrige Brennweiten nötig sind, um Weitwinkelaufnahmen zu machen. Der Besitzer einer Vollformatkamera kann bereits bei 16 mm Brennweite Aufnahmen mit sehr großem Bildwinkel erstellen. An der 7D Mark II dagegen muss für den gleichen Effekt ein 10-mm-Objektiv eingesetzt werden.

Die speziell für APS-C-Kameras geeigneten Objektive erkennen Sie an der Bezeichnung EF-S. Der Bildkreis ❸ ist hier nur so groß, dass der kleinere Sensor dieser Kameras ausgeleuchtet wird. Beim *EF-S 18–135 mm f/3,5–5,6 IS STM* handelt es sich um so ein Modell. An der Vollformatkamera 5D Mark III etwa würde es nicht passen. Davon abgesehen, dass es mechanisch nicht möglich ist, ein EF-S-Objektiv dort zu montieren, würde dessen hinteres Ende zu weit in die Kamera hineinragen und den Spiegel beschädigen.

Objektivcodes entschlüsseln

Canon verwendet für seine Objektivbezeichnungen ein einheitliches System. Am Beispiel des Objektivs in der folgenden Abbildung 8.5 lässt sich dieser Code aus Zahlen und Buchstaben leicht entschlüsseln.
Dieses Objektiv von Canon heißt:

EF	70–300 mm	f/4–5,6	L	IS	USM

EF	Der EF-Anschluss von Canon, wie er an jeder EOS-Kamera des Herstellers verwendet wird. An die EOS 7D Mark II allerdings passen auch mit EF-S bezeichnete Objektive, die speziell für APS-C-Sensoren entwickelt wurden.
70	Die kleinste Brennweite, die mit diesem Objektiv eingestellt werden kann.
300	Die größte Brennweite, die mit diesem Objektiv eingestellt werden kann.
4	Die Anfangsöffnung, also die größtmögliche Blendenöffnung, die bei der kleinsten Brennweite (hier 70 mm) möglich ist.
5,6	Die Anfangsöffnung, die bei der größten Brennweite (hier 300 mm) möglich ist. Objektive, bei denen an dieser Stelle nur eine einzige Zahl steht, ermöglichen über den ganzen Brennweitenbereich die gleiche größtmögliche Blendenöffnung.
L	Es handelt sich um ein Objektiv aus der L-Serie von Canon, dies sind die Premium-Modelle des Herstellers.
IS	Das Objektiv ist mit einem Bildstabilisator (*Image Stabilizer*) ausgestattet.
USM	Das Objektiv arbeitet mit einem Ultraschallmotor (*Ultra Sonic Motor*). Dadurch arbeitet der Autofokus schnell, geräuschlos und sehr präzise.

∧ **Abbildung 8.5**
Das Canon EF 70–300 mm f/4–5,6 L IS USM (Bild: Canon)

< **Tabelle 8.1**
Der entschlüsselte Objektivcode

Erklärungen für weitere Abkürzungen:

- **STM:** Das Objektiv ist mit einem Schrittmotor (*Stepper Motor*) ausgestattet. Der Autofokus arbeitet geräuschlos und kann eine neue Fokusposition ohne Ruck anfahren. Damit sind diese Objektive besonders für das Filmen gut geeignet.
- **DO:** Es handelt sich um ein Modell mit Mehrfachbeugungsglied-Linsensystem. Diese Technik ermöglicht den Bau leichter und relativ kompakter Objektive.
- **Makro:** Steht für Makroobjektive. Nicht alle mit dieser Bezeichnung versehenen Objektive ermöglichen allerdings eine 1:1-Darstellung (siehe den Abschnitt »Makroobjektive« auf Seite 229).
- **I, II oder III:** Bezeichnet eine neue Variante des gleichen Objektivs.

Abbildung 8.6 >
Die Vielfalt an Canon-Objektiven für Ihre 7D Mark II können Sie dieser Übersicht entnehmen.

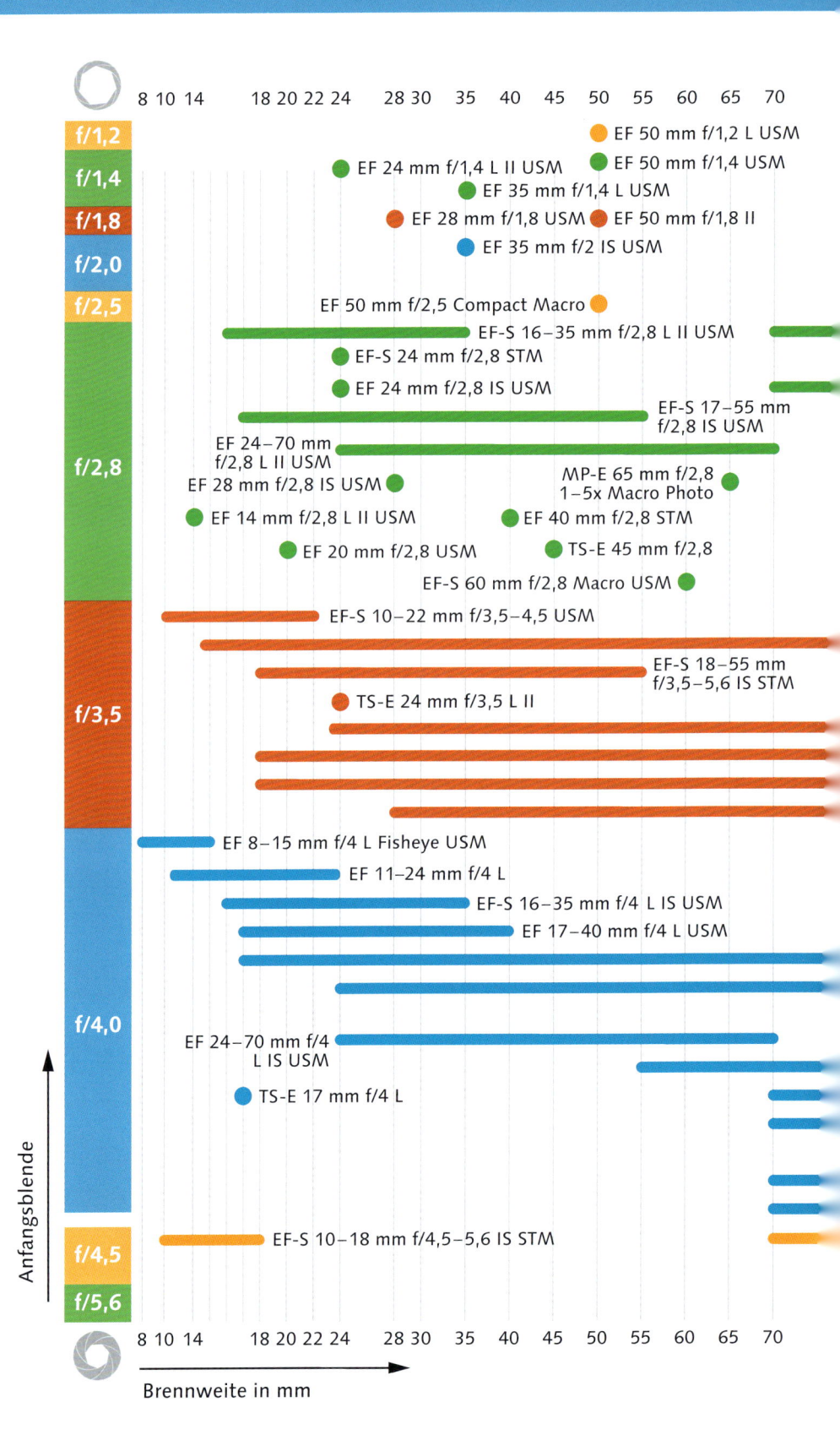

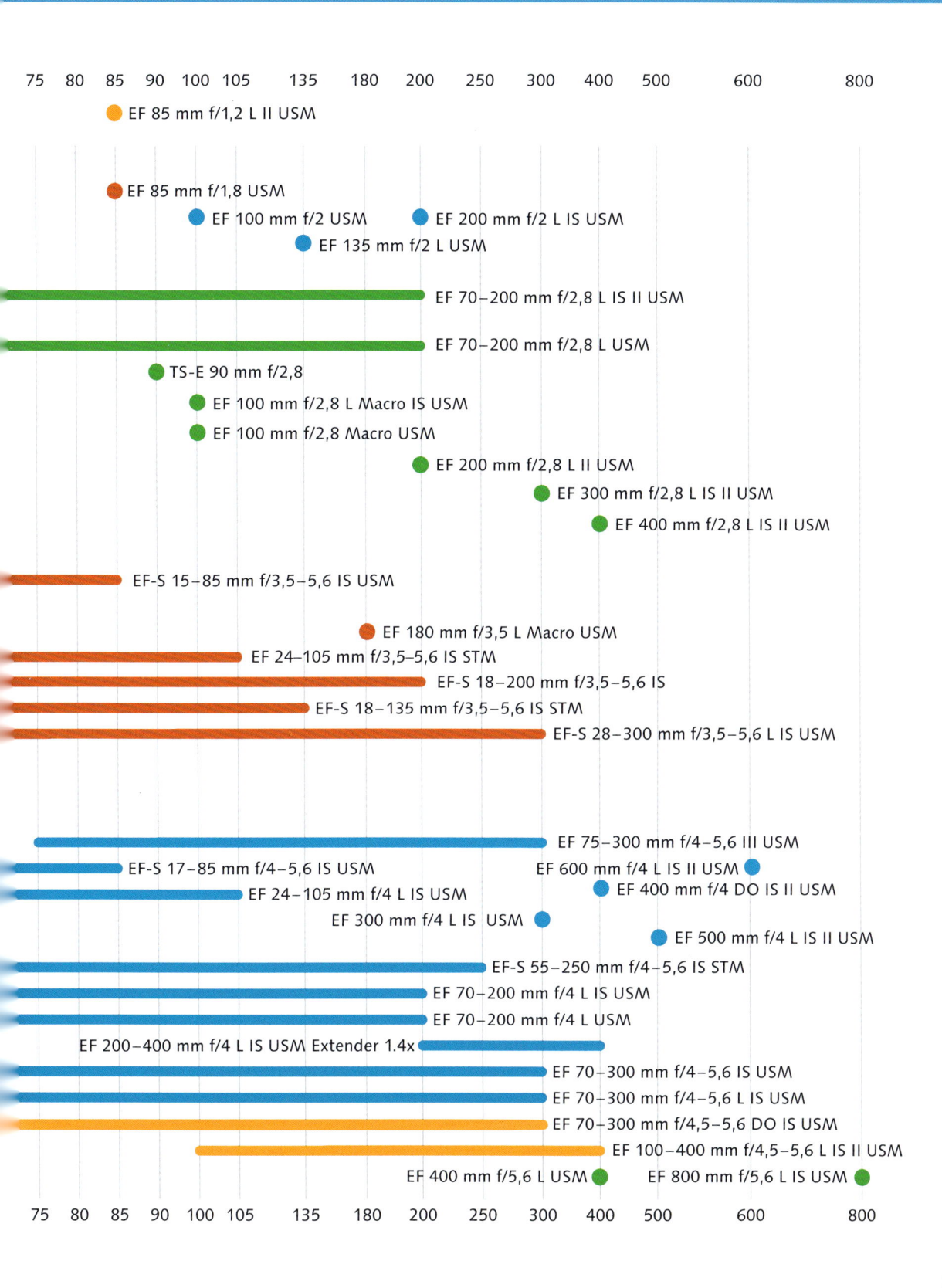

Objektive für Ihre EOS 7D Mark II

| 75 | 80 | 85 | 90 | 100 | 105 | 135 | 180 | 200 | 250 | 300 | 400 | 500 | 600 | 800 |

- EF 85 mm f/1,2 L II USM
- EF 85 mm f/1,8 USM
- EF 100 mm f/2 USM
- EF 200 mm f/2 L IS USM
- EF 135 mm f/2 L USM
- EF 70–200 mm f/2,8 L IS II USM
- EF 70–200 mm f/2,8 L USM
- TS-E 90 mm f/2,8
- EF 100 mm f/2,8 L Macro IS USM
- EF 100 mm f/2,8 Macro USM
- EF 200 mm f/2,8 L II USM
- EF 300 mm f/2,8 L IS II USM
- EF 400 mm f/2,8 L IS II USM
- EF-S 15–85 mm f/3,5–5,6 IS USM
- EF 180 mm f/3,5 L Macro USM
- EF 24–105 mm f/3,5–5,6 IS STM
- EF-S 18–200 mm f/3,5–5,6 IS
- EF-S 18–135 mm f/3,5–5,6 IS STM
- EF-S 28–300 mm f/3,5–5,6 L USM
- EF 75–300 mm f/4–5,6 III USM
- EF-S 17–85 mm f/4–5,6 IS USM
- EF 600 mm f/4 L IS II USM
- EF 24–105 mm f/4 L IS USM
- EF 400 mm f/4 DO IS II USM
- EF 300 mm f/4 L IS USM
- EF 500 mm f/4 L IS II USM
- EF-S 55–250 mm f/4–5,6 IS STM
- EF 70–200 mm f/4 L IS USM
- EF 70–200 mm f/4 L USM
- EF 200–400 mm f/4 L IS USM Extender 1.4x
- EF 70–300 mm f/4–5,6 IS USM
- EF 70–300 mm f/4–5,6 L IS USM
- EF 70–300 mm f/4,5–5,6 DO IS USM
- EF 100–400 mm f/4,5–5,6 L IS II USM
- EF 400 mm f/5,6 L USM
- EF 800 mm f/5,6 L IS USM

| 75 | 80 | 85 | 90 | 100 | 105 | 135 | 180 | 200 | 250 | 300 | 400 | 500 | 600 | 800 |

Bildstabilisierte Objektive

Viele heute erhältliche Objektive sind mit einem Bildstabilisator ausgerüstet. Canon nennt sein System *Image Stabilizer* (IS) und kennzeichnet Modelle wie das *EF-S 18–135 mm f/3,5–5,6 IS STM* entsprechend. Vor allem wenn mit langen Brennweiten ohne Stativ fotografiert wird, sorgen schon kleine Bewegungen des Fotografen für große Verwackler. Über die Bildstabilisierung wird dies bis zu einer gewissen Grenze kompensiert.

Bei einem Bildstabilisierungssystem messen kleine Mikrokreiselsensoren selbst kleinste Schwankungen, die etwa schon durch das Atmen des Fotografen entstehen können. Motoren wiederum verschieben Linsengruppen im Objektiv und kompensieren damit diese Schwankungen. Das Ausmaß an Verwacklungsunschärfe, das diese Technik verhindern kann, wird meist in Blendenstufen angegeben. Beachten Sie dabei, dass der Begriff »Blende« hier als Synonym für Belichtungswert verstanden wird.

In Kapitel 2, »Kreativ werden mit der EOS 7D Mark II«, haben Sie die Kehrwertregel kennengelernt. Mit einem 100-mm-Objektiv können Sie also ein Bild mit einer Belichtungszeit von 1/160 s verwacklungsfrei aufnehmen (1 ÷ [100 mm × 1,6]). Ein Bildstabilisator, der eine, zwei, drei oder vier Blendenstufen kompensiert, ermöglicht es also, auch eine Belichtungszeit von jeweils 1/80, 1/40, 1/20 oder 1/10 s zu verwenden, ohne dass das Bild unscharf wird.

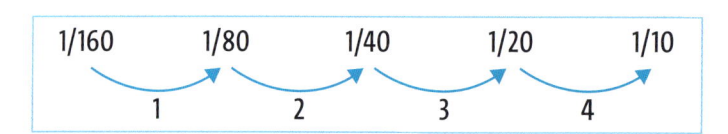

^ Abbildung 8.7
In diesem Objektiv steckt die neueste Generation an Bildstabilisatoren. Damit lassen sich bis zu vier Blendenstufen kompensieren.

Abbildung 8.8 >
In Blendenstufen angegebene Helligkeiten lassen sich durch Belichtungszeiten realisieren.

Andere Hersteller, andere Bezeichnungen

Der Bildstabilisator, der bei Canon *Image Stabilizer* (IS) heißt, wird bei Sigma als *Optical Stabilizer* (OS) und bei Tamron als *Vibration Control* (VC) bezeichnet. Weitere von diesen Firmen verwendete Abkürzungen für verbaute Linsen erlauben nicht per se ein Urteil über die Bildqualität, sorgen aber für imposant lange Bezeichnungen. Ein Beispiel ist das *AF 17–50 mm f/2,8 SP XR Di II LD Aspherical* von Tamron. Mit Ihrem Wissen können Sie nun allerdings auch diesen Code knacken: Es handelt sich um ein über alle Brennweiten hinweg mit offener Blende von f2,8 nutzbares Objektiv, das allerdings nicht mit einem Bildstabilisator (VC) ausgestattet ist. Die übrigen Kürzel stehen für spezielle Linseneigenschaften, die jedoch nicht unbedingt einen direkten Vergleich mit anderen Objektiven ermöglichen, die ohne diese Bezeichnungen auskommen.

Objektive mit STM-Antrieb

Bei einigen Objektiven im Canon-Programm treibt ein Schrittmotor den Autofokus an. Zu dieser relativ neuen Objektivklasse gehört zum Beispiel das *EF-S 18–135 mm f/3,5–5,6 IS STM*. Die Schrittmotortechnologie ermöglicht es, sehr sanft – also ohne ruckartige Bewegungen – eine neue Fokusposition anzusteuern. Objektive mit USM-(Ultraschallmotor-)Antrieb dagegen wechseln sehr sprunghaft zu einem neuen Schärfepunkt. Was beim Fotografieren nicht stört, sieht im Film sehr merkwürdig aus. Schließlich soll zum Beispiel die Fokusverlagerung vom Sprecher auf den Hintergrund eher sanft erfolgen. Bislang setzten ambitionierte Videofilmer deshalb lieber auf das Fokussieren von Hand. Die STM-Modelle eröffnen also gerade bei bewegten Bildern völlig neue Möglichkeiten.

Das *EF-S 18–135 mm f/3,5–5,6 IS STM* zum Einzelpreis von rund 500 Euro überzeugt als universelle Allroundlösung mit attraktivem Brennweitenbereich. Das *EF 40 mm 1:2,8 STM* für etwa 230 Euro ist gerade mal 2,3 cm dick und trägt deshalb die Bezeichnung *Pancake* (englisch für »Pfannkuchen«) zu Recht. Wer gern mit offener Blende fotografiert oder filmt, wird mit diesem Objektiv sehr glücklich. Genauso dünn, teuer und gut ist das *EF-S 24 mm 1:2,8 STM*.

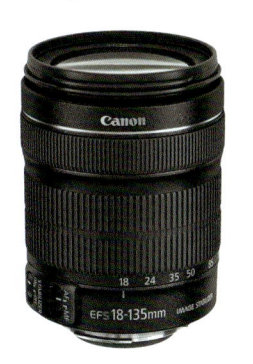

^ Abbildung 8.9
Links: Besonders für passionierte Filmer ist das EF-S 18–135 mm f/3,5–5,6 IS STM interessant. Rechts: Flach, preiswert und gut: Die beiden Pancakes finden in jeder Fototasche Platz.

Diffraktive Optik für geringes Gewicht

Gemeinsam mit der 7D Mark II wurde das Objektiv *EF 400 mm f/4 DO IS II USM* vorgestellt. Zentrale Komponente dieses Modells ist ein sogenanntes Mehrfachbeugungsglied-Linsensystem. Bei dieser *diffraktiven Optik* (DO) kommen Elemente zum Einsatz, die die Lichtstrahlen nicht brechen, wie herkömmliche Linsen, sondern beugen. Durch diese Bauweise sind kürzere Objektive mit niedrigerem Gewicht möglich. Außerdem werden dadurch chromatische Aberrationen verringert. Zu den Nachteilen dieser Technologie zählt allerdings eine etwas höhere Empfindlichkeit gegenüber Streulicht.

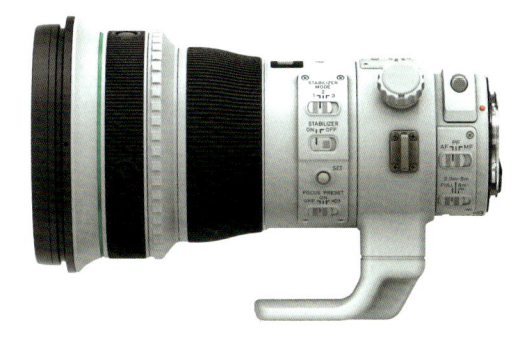

^ Abbildung 8.10
Beim EF 400 mm f/4 DO IS II USM hat Canon auf DO-Elemente gesetzt. Darum trägt es einen grünen und keinen roten Ring (Bild: Canon).

Bokeh und Blendenflecke

Gerade in Internetforen wird oft über die Frage diskutiert, ob ein Objektiv ein schönes oder hässliches Bokeh aufweist. Bokeh ist japanisch und bedeutet *unscharf, verschwommen*. Gemeint ist mit dem Begriff die Ästhetik der unscharfen Bildbereiche. Wie diese aussieht, hängt von den verschiedenen optischen Komponenten des Objektivs ab. Je mehr Lamellen zum Beispiel die Blende hat, desto eher nähert sich die Form der Bildelemente einem Kreis an. Teuren Objektiven wird – zumindest von ihren Besitzern – gern ein schönes Bokeh nachgesagt.

Eng damit zusammen hängen die Blendenflecke, die oft als *Lens Flares* bezeichnet werden. Gemeint sind damit die in der Regel kreisförmigen Muster, die sich bei frontal einstreuendem Licht zeigen. Oft versucht man, diese Reflexionen durch den Einsatz einer Streulichtblende zu vermeiden. Andererseits üben diese vermeintlichen Makel ihren ganz eigenen Reiz aus und verleihen vielen Fotos mit niedriger Schärfentiefe den nötigen Pepp. In vielen Computerspielen und animierten Filmen werden Lens Flares sogar bewusst eingebaut, um Realismus vorzutäuschen.

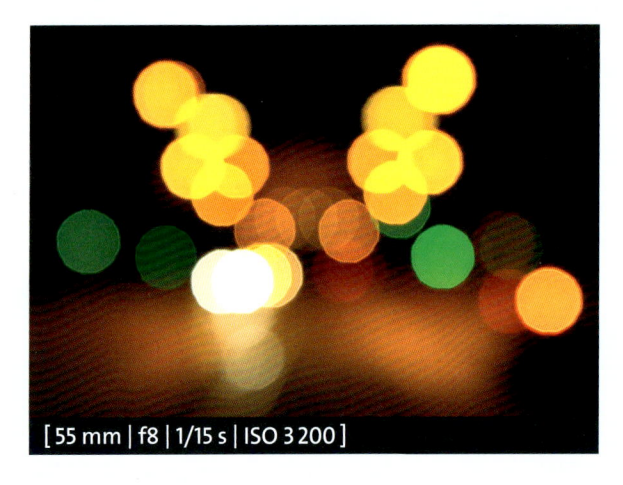

< Abbildung 8.11
Auch in der Unschärfe liegt viel Schönheit. In diesem Bild von unscharf gestellten Lichtern ist das Bokeh direkt sichtbar.

[55 mm | f8 | 1/15 s | ISO 3 200]

Standardbrennweiten

Als Universallinse macht ein Objektiv wie das *EF-S 18–135 mm f/3,5–5,6 IS STM* fürs Erste eine gute Figur. Mit seinem großen Brennweitenbereich ist es im Prinzip kaum schlagbar und damit für viele Fotosituationen gut geeignet. Mit seinem STM-Fokus ist es zudem der ideale Partner für Filmaufnahmen. Die bessere Alternative ist das *EF-S 15–85 mm f/3,5–5,6 IS USM* für etwa 660 Euro. Zu den Vorteilen dieses Objektivs zählt, dass es von einem schon recht beachtlichen Weitwinkel bis in einen nützlichen Telebereich hinein einen interessanten Brennweitenbereich abdeckt. Ein klarer Nachteil ist jedoch die eher mäßige Lichtstärke. Wenn es Ihnen auf diese ankommt, ist das *EF-S 17–55 mm f/2,8 IS USM* zum gleichen Preis eine gute Wahl. Mit einer Anfangsblende von f2,8 bei allen Brennweiten ist es recht lichtstark und gehört zusammen mit dem *EF-S 15–85 mm f/3,5–5,6 IS USM* zu den besten EF-S-Zoomlinsen.

◀ **Abbildung 8.12**
Guter Partner für die 7D Mark II: das EF-S 15–85 mm f/3,5–5,6 IS USM

Das *EF 24–70 mm f/2,8 L II USM* ist gewissermaßen das Pendant des *EF-S 17–55 mm f/2,8 IS USM* für Vollformatkameras, das mit Blick auf die Qualität die oben genannten Modelle noch einmal übertrifft. In Sachen Brennweite scheiden sich die Geister: Während einige Fotografen an einer APS-C-Kamera wie der 7D Mark II den Weitwinkel vermissen, schätzen andere dieses Objektiv mit Blick auf die 70 mm am anderen Ende. Der Preis von rund 1700 Euro ist der höchste für ein Standardzoom im Canon-Programm. Der kaum schlechtere Vorgänger ist für etwa 1300 Euro gebraucht erhältlich. Wie sein Nachfolger besitzt es keinen Bildstabilisator. Angesichts dieses Mankos sollten Sie auch das *Tamron SP 24–70 mm F/2,8 Di VC USD* in die engere Wahl ziehen. Es hat einen Bildstabilisator und ist mit einem Preis von rund 820 Euro erheblich preiswerter. Allerdings erreicht es bei 70 mm an den Bildrändern und mit offener Blende nicht ganz die Bildqualität des Canon-Pendants. Auch der Autofokus ist ein klein wenig langsamer.

Falls es weniger auf eine große Lichtstärke ankommt, sind das *EF 24–105 mm f/4 L IS USM* (etwa 800 Euro) sowie das 2014 vorgestellte *EF 24–105 mm f/3,5–5,6 IS STM* (etwa 480 Euro) interessant. Daneben gibt es noch das *EF 24–70 mm f/4 L IS USM* (etwa 1000 Euro). Dieses macht die fehlende Brennweite am oberen Ende leider nicht unbedingt durch eine sehr viel höhere Bildqualität wett. Es ist jedoch mit dem leistungsfähigeren Bildstabilisator ausgestattet, was in vielen Situationen dann doch zu mehr Schärfe führt. Außerdem ermöglicht es bei einer Naheinstellgrenze von 39 cm Makroaufnahmen mit einem Abbildungsmaßstab von 1:1,4.

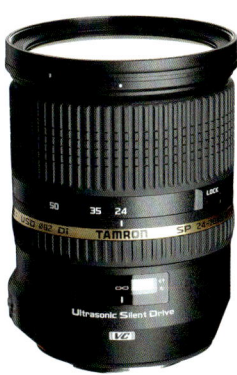

▲ **Abbildung 8.13**
Links: Lichtstark, aber teuer – gegenüber der Vorgängerversion des EF 24–70 mm f/2,8 L USM II hat sich der Preis fast verdoppelt. Rechts: Die Alternative von Tamron ist preiswerter, aber nicht ganz so scharf (Bild: Tamron).

☑ Unverzichtbar: die Streulichtblende

Wer in neue Objektive investiert, sollte sich dazu eine passende Streulichtblende – oft auch *Gegenlichtblende* genannt – kaufen. Dieses unterschätzte Zubehörteil verhindert, dass seitlich einfallendes Licht die Optik erreicht. Kontrastreichere und damit schärfer wirkende Fotos sind der Lohn. Leider liefert Canon – im Gegensatz zu fast allen anderen Herstellern – nur zu seinen L-Objektiven die passende Streulichtblende mit und verlangt für die kleinen Plastikringe recht saftige Beträge. Von Fremdherstellern gibt es Nachbauten dieser Modelle zu einem Bruchteil des Preises.

◂ **Abbildung 8.14**
In eine Streulichtblende sollten Sie auf jeden Fall investieren (Bild: Canon).

Teleobjektive

Wer mit einer 7D Mark II in höhere Brennweitenbereiche vorstoßen möchte, ist mit einem der L-Objektive aus dem Canon-Programm gut beraten. Sie bieten allesamt eine sehr hohe Bildqualität und sind hervorragend verarbeitet. Zu den Klassikern gehören die Modelle mit 70–200 mm Brennweite, die es in insgesamt vier Versionen gibt. Mit 530 Euro am preiswertesten ist das *EF 70–200 mm f/4 L USM*. Angesichts des fehlenden Bildstabilisators ist es jedoch nur für das Fotografieren bei recht viel Licht oder vom Stativ aus geeignet. Die bildstabilisierte Variante *EF 70–200 mm f/4 L IS USM* schlägt mit gut 1000 Euro zu Buche. Mit seinem Gewicht von 760 g und seiner kompakten Größe ist es zudem recht gut zu transportieren. Wer ein noch lichtstärkeres Objektiv benötigt, muss zum *EF 70–200 mm f/2,8 L USM* für ungefähr 1300 Euro greifen. Das bildstabilisierte *EF 70–200 mm f/2,8 L IS II USM* für etwa 1980 Euro ist das Topmodell dieser Reihe und in Sachen Bildqualität eines der besten Zoomobjektive im Canon-Programm. Seine einzige Schwäche: Mit gut 1,5 kg ist es nicht gerade ein Leichtgewicht.

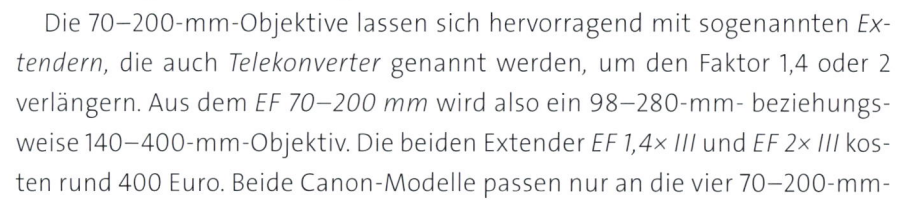

Die 70–200-mm-Objektive lassen sich hervorragend mit sogenannten *Extendern*, die auch *Telekonverter* genannt werden, um den Faktor 1,4 oder 2 verlängern. Aus dem *EF 70–200 mm* wird also ein 98–280-mm- beziehungsweise 140–400-mm-Objektiv. Die beiden Extender *EF 1,4× III* und *EF 2× III* kosten rund 400 Euro. Beide Canon-Modelle passen nur an die vier 70–200-mm-

▴ **Abbildung 8.15**
Ein Extender wird zwischen Kamera und Objektiv geschraubt und erhöht die Brennweite.

Zoomobjektive, an das *EF 100–400 f/4,5–5,6 L IS II USM* sowie an alle L-Klasse-Festbrennweiten ab 135 mm Brennweite. Produkte von Kenko wie der *PRO 300 AF DGX 1,4X* und der *2,0X* funktionieren auch mit vielen anderen EF-Objektiven, sind jedoch für Brennweiten ab 100 mm optimiert.

Leider kommt es mit diesen Konvertern zu einem gewissen Qualitätsverlust, der beim Einsatz von professionellen L-Objektiven allerdings hinnehmbar ist. Das *EF 70–200 mm f/2,8 L IS II USM* etwa ist so gut, dass es in Verbindung mit dem *EF 2× III* – also als 140–400-mm-Objektiv – dem *EF 100–400 mm f/4,5–5,6 L IS USM* ebenbürtig ist. Die Qualität von dessen Nachfolger, dem *EF 100–400 mm f/4,5–5,6 L IS II USM*, erreicht es zwar nicht ganz, doch dafür lässt sich diese Kombination aus Konverter und Objektiv in vielen Situationen gut einsetzen. Ein generelles Problem der Extender ist allerdings, dass sich die Offenblende bei einer Brennweitenverlängerung von 2 beispielsweise von f4 zu f8 verändert. Beim *EF 70–200 mm f/4 L IS USM* und beim Extender *EF 2× III* funktioniert der Autofokus der 7D Mark II dann zwar noch gerade so, allerdings lässt sich nur noch das mittlere Autofokusmessfeld nutzen.

Für Landschafts- und Tierfotografen, die zugunsten von mehr Schärfentiefe auf die Lichtstärke verzichten können, aber mehr Brennweite wünschen, gibt es zwei weitere interessante Modelle: zum einen das im Abschnitt »Objektivcodes entschlüsseln« auf Seite 215 in diesem Kapitel vorgestellte *EF 70–300 mm f/4–5,6 L IS*. Mit etwa 1 300 Euro ist es zwar etwas preiswerter, erreicht dabei aber nicht die Qualität des *EF 70–200 mm f/2,8 L IS II USM*. Es wird allerdings in dieser Klasse in Sachen Größe nur vom *EF 70–200 mm f/4 L (IS) USM* unterboten und wiegt mit 1 050 g vergleichsweise wenig. Dadurch ist es für längere Touren zu Fuß ein sehr guter Begleiter. Auch deshalb ist es mittlerweile als Universalteleobjektiv der Liebling vieler Fotografen.

Alternativ steht das *EF 100–400 mm f/4,5–5,6 L IS II USM* zur Verfügung. Die Version II dieses Klassikers wurde 2014 vorgestellt und kostet mit rund 2 200 Euro deutlich mehr als der Vorgänger, der mit 1 300 Euro zu

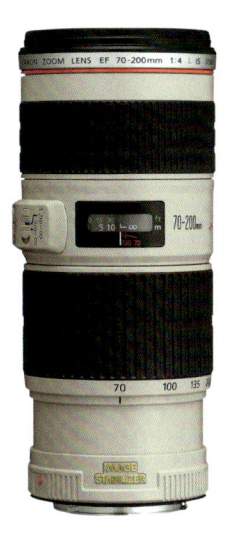

Abbildung 8.16
Zwei der vier Varianten des EF 70–200 mm L (IS) USM von Canon (Bilder: Canon)

Abbildung 8.17
Das Canon EF 100–400 mm f/4,5–5,6 L IS II USM (Bild: Canon)

Buche schlug. Mit seinem Gewicht von 1,6 kg und dem relativ voluminösen Äußeren ist es allerdings nicht unbedingt leicht zu transportieren. So ist es weit eher als das *EF 70–300 mm f/4–5,6 L IS USM* ein »Safari-Objektiv«, das für den Einsatz im Fahrzeug prädestiniert ist und mit seiner hohen Brennweite punktet.

Das gilt erst recht für das *EF 200–400 mm f/4 L IS USM Extender 1,4×*. Bei diesem Objektiv ist der Extender gleich fest eingebaut. Sie legen einen großen Hebel um und verwandeln damit das Objektiv in ein 280–560-mm-Objektiv mit Blende 5,6. Für den Zoomkomfort bei hoher Brennweite werden allerdings dann auch rund 11000 Euro fällig.

Aus dem Lager der Fremdhersteller ist vor allem das *Sigma 150–500 mm F5,0–6,3 DG OS HSM* erwähnenswert. Mit rund 900 Euro ist es relativ preiswert, allerdings etwas lichtschwach und mit 1,9 kg vergleichsweise schwer. Es ist mit Blick auf die Bildqualität in etwa mit dem *EF 100–400 mm f/4,5–5,6 L IS USM* vergleichbar. Dies gilt auch für das 1,6 kg schwere *Sigma 120–400 mm F4,5–5,6 DG OS HSM* für circa 760 Euro.

Die Liga der preiswerten Teleobjektive ist groß: Das 2013 vorgestellte *EF-S 55–250 mm f/4–5,6 IS STM* ist mit seinem Preis von rund 220 Euro allerdings der unangefochtene Preis-Leistungs-Sieger. Das *SP 70–300 F/4–5,6 Di VC USD* von Tamron mag eine Spur besser sein, ist mit ungefähr 310 Euro allerdings vergleichsweise teuer. Das gilt erst recht für das *Canon EF 70–300 mm f/4–5,6 IS USM* für rund 450 Euro. Mit diesen drei Modellen verschenken Sie an einer Topkamera wie der 7D Mark II jedenfalls ein wenig Potenzial.

Interessant für den ambitionierten Fotografen sind auch die Festbrennweiten, die Canon im Telebereich bietet. Dazu zählen die Objektive *EF 300 mm f/4 L IS USM* und *EF 400 mm f/5,6 L USM*, die für etwa 1300 Euro beziehungsweise rund 1400 Euro erhältlich sind. Ist noch mehr Brennweite oder eine höhere Lichtstärke gefragt, wird es dann richtig teuer: Das lichtstarke und bei Natur- wie Sportfotografen beliebte *EF 300 mm 2,8 L IS II*

Abbildung 8.18
Teuer, groß und gut: das EF 200–400 mm f/4 L IS USM Extender 1,4×

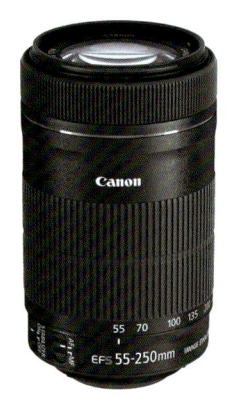

Abbildung 8.19
Links: Für vergleichsweise wenig Geld bietet das EF-S 55–250 mm f/4–5,6 IS STM eine recht gute Leistung (Bild: Canon). Rechts: Ein Telezoomobjektiv mit einem großen Brennweitenbereich (Bild: Tamron)

USM kostet etwa 6 600 Euro. Es lässt sich per Konverter in ein 420-mm- oder ein 600-mm-Objektiv mit Lichtstärke f4 beziehungsweise f5,6 verwandeln und ist dadurch vergleichsweise universell einsetzbar. Mit seinem Gewicht von 2,4 kg ist es in der Klasse der Telefestbrennweiten außerdem noch verhältnismäßig leicht und deshalb eines der beliebtesten Objektive in der Liga der »großen Weißen«.

Sein Pendant mit 100 mm mehr Brennweite ist das *EF 400 mm f/2,8 L IS II USM*. Es bringt 3,8 kg auf die Waage und kostet mit rund 9 700 Euro noch einmal erheblich mehr. Es wird nicht nur von vielen Sportfotografen wegen seiner Lichtstärke geschätzt.

Zusammen mit der 7D Mark II wurde auch das *EF 400 mm f/4 DO IS II USM* vorgestellt. Es kostet rund 6 500 Euro und ist mit rund 2,1 kg Gewicht ausgesprochen handlich und kompakt. Bei diesem Modell hat Canon nach einer längeren Pause wieder auf diffraktive optische Elemente gesetzt. Zuletzt wurde diese Technologie im 2004 erschienenen *EF 70–300 mm f/4,5–5,6 DO IS USM* genutzt. Dieses Objektiv kostet rund 1 200 Euro, bietet aber für den Preis viel zu wenig. Weitere Informationen zum Thema erfahren Sie im Abschnitt »Diffraktive Optik für geringes Gewicht« auf Seite 219.

Ein insbesondere von Naturfotografen häufig benutztes Teleobjektiv ist das *EF 500 f/4 L IS II USM*. Es kostet rund 8 800 Euro und wiegt 3,2 kg. Daneben gibt es noch das *EF 600 mm f/4 L IS II USM* für rund 11 000 Euro (3,9 kg) und das *EF 800 mm f/5,6 L IS USM* (4,5 kg) für etwa 12 000 Euro.

< Abbildung 8.20
Das EF 300 mm f/4 L IS USM gehört noch zu den preiswerteren Teleobjektiven (Bild: Canon).

ʌ Abbildung 8.21
Links: Das Canon EF 300 mm 2,8 L IS II USM ist dank seiner hohen Lichtstärke auch für die Brennweitenverlängerung mit Extendern bestens geeignet (Bild: Canon). Rechts: Das EF 500 f/4 L IS USM II wird von vielen professionellen Naturfotografen eingesetzt (Bild: Canon).

Weitwinkelobjektive

Am kurzen Ende des Brennweitenspektrums stehen die Weit- und Ultraweitwinkelobjektive. Mit ihnen lassen sich Landschaften in ihrer ganzen Breite einfangen. Hervorragende Leistungen liefert hier das *EF-S 10–22 mm f/3,5–4,5 USM* von Canon. Es kostet rund 500 Euro. Eine sehr ähnliche Bildqualität liefert das *EF-S 10–18 mm f/4,5–5,6 IS STM*. Angesichts des Bildstabilisators und des günstigen Preises von rund 250 Euro ist es die eindeutig bessere Wahl. Alternativen sind das *10–20 mm F4,0–5,6 EX DC/HSM* von Sigma für etwa 380 Euro und das *SP AF 10–24 mm F/3,5–4,5 Di II LD Aspherical (IF)* von Tamron (ungefähr 400 Euro).

Mit Weitwinkelobjektiven lassen sich faszinierende Bilder erzeugen. Allerdings ist die Komposition solcher Fotos ziemlich anspruchsvoll. In der Architekturfotografie etwa entstehen schnell sogenannte stürzende Linien (siehe Kapitel 10, »Fotopraxis: Stadt und Architektur«). Soll die Natur eindrucksvoll in Szene gesetzt werden, kommt es darauf an, dem Bild Tiefe zu verleihen. Dazu müssen der Vordergrund, der mittlere Bereich und der Hintergrund sinnvoll ausgefüllt werden (mehr dazu in Kapitel 11, »Fotopraxis: In der Natur unterwegs«).

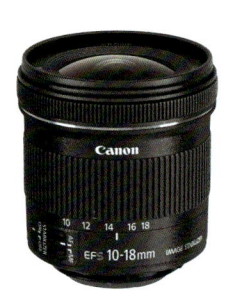

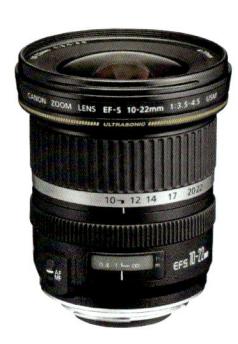

Abbildung 8.22
Links: Preiswert, gut und mit Bildstabilisator: das EF-S 10–18 mm f/4,5–5,6 IS STM.
Rechts: Das Ultraweitwinkelobjektiv Canon EF-S 10–22 mm f/3,5–4,5 USM (Bild: Canon)

Festbrennweiten

Festbrennweite oder Zoomobjektiv? In Sachen Flexibilität sind Zoomobjektive denen mit fester Brennweite klar überlegen. Schließlich können Sie bei Festbrennweiten nur durch einen Schritt nach vorn oder nach hinten den Bildausschnitt ändern. Dennoch haben auch die Festbrennweiten ihre Berechtigung und eine große Fangemeinde.

Zum einen sprechen technische Gründe für Festbrennweiten: Diese Objektive erlauben größere Blendenöffnungen von bis zu f1,2, etwa das *EF 50 mm f/1,2 L USM* und das *EF 85 mm f/1,2 L II USM*, die derzeit lichtstärksten Objektive im Canon-Programm. Zusammen mit anderen Festbrennweiten finden sich diese Modelle ganz oben in der Übersicht aus Abbildung 8.6 auf Seite 216. Zoomobjektive sind erst ab Blende 2,8 im Canon-Programm vertreten, das preiswerteste von ihnen ist für etwa 700 Euro zu haben. Dazwischen tummeln sich viele Objektive mit fester Brennweite, die für vergleichsweise kleines Geld das Fotografieren mit weit geöffneter Blende ermöglichen. Damit haben diese Objektive besondere Stärken in Aufnahmesituationen mit wenig Licht sowie beim gezielten Spiel mit Schärfe und Unschärfe, wie Sie es in Kapitel 2, »Kreativ werden mit der EOS 7D Mark II«, kennengelernt haben. Was diese Modelle außerdem vereint, ist die Bildqualität, die selbst bei den einfacheren Modellen schon denen der meisten Zoomobjektive überlegen ist. Fotografen, die viel Wert auf das letzte Quäntchen an Qualität legen, greifen deshalb bevorzugt zu Festbrennweiten. Jenseits der 400-mm-Marke gibt es im Canon-Programm ohnehin nur noch Festbrennweiten, etwa mit 500, 600 und 800 mm Brennweite, die im Abschnitt »Teleobjektive« auf Seite 222 vorgestellt wurden. Festbrennweiten kommen zwar immer dann an ihre Grenzen, wenn man sich seinem Motiv nicht weiter nähern kann, etwa weil es den Fotografen fressen könnte, mit solchen Superteleobjektiven ist es jedoch problemlos möglich, gefährliche Tiere aus sicherer Entfernung groß abzulichten.

Der preiswerteste Vertreter dieser Gattung der lichtstarken Festbrennweiten ist das *EF 50 mm f/1,8 II* für rund 90 Euro. Mit einem Gewicht von 130 g gehört es zu den Leichtgewichten im aktuellen Canon-Programm und eignet sich besonders gut für erste Experimente mit geringer Schärfentiefe. Dabei lässt jedoch die Trefferquote beim Autofokus stark zu wünschen übrig. Das gilt weniger ausgeprägt auch für das *EF 50 mm f/1,4,* das rund dreimal so teuer ist. Die Anfang der 90er-Jahre entwickelten Objektive sind mit ihren veralteten Motoren für das präzise Scharfstellen nicht optimal ausgerüstet. Auch das *50 mm F1,4 EX DG HSM* von Sigma für rund 350 Euro überzeugt nicht. Beim *EF 50 f/1,2* für rund 1300 Euro dagegen sitzt immerhin der Autofokus meist gut. In der reinen Schärfeleistung ist es seinem Pendant mit Offenblende 1,4 aber nicht überlegen. Fans dieses Objektivs loben vor allem sein gutes Bokeh. Uneingeschränkt empfehlenswert ist in der 50-mm-Klasse nur das *Sigma 50 mm F1,4 DG HSM Art*. Es ist auch bei Offenblende sehr scharf, bietet ein schönes Bokeh und ist absolut hochwertig verarbeitet. Vor allem aber zeichnet sich der Autofokus durch eine große Zuverlässigkeit aus. Mit einem Preis von 800 Euro ist dieses Modell allerdings kein Schnäppchen.

Ebenso interessant ist das *EF 85 mm f/1,8 USM* – ein Objektiv, das an Vollformatkameras als Porträtobjektiv gute Dienste leistet, aber auch an der 7D Mark II eine gut einsetzbare Brennweite bietet. Es kostet rund 380 Euro. Sein noch lichtstärkeres Pendant ist das *EF 85 mm f/1,2 L II USM* für 1700 Euro. Es gehört zu den schärfsten Linsen im Canon-Programm und wird für sein schönes Bokeh gelobt.

˄ **Abbildung 8.23**
Das Canon EF 50 mm f/1,8 II ermöglicht den preiswerten Einstieg in die Welt der lichtstarken Objektive (Bild: Canon).

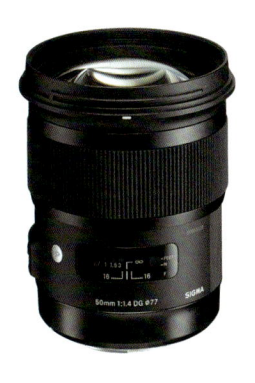

˄ **Abbildung 8.24**
Alternativlos in seiner Klasse: das Sigma 50 mm F1,4 DG HSM Art.

Wer einen weiteren Winkel sucht, findet bei den Festbrennweiten eine große Auswahl. Neben den beiden im Abschnitt »Objektive mit STM-Antrieb« auf Seite 219 vorgestellten Objektiven *EF 40 mm f/2,8 STM* und *EF-S 24 mm f/2,8 STM* gibt es das *EF 35 mm f/2 IS USM*, das *EF 24 mm f/2,8 IS USM* und das *EF 28 mm f/2,8 IS USM*. Diese drei Objektive sind ähnlich konstruiert und kosten etwa 450 Euro. Sie bieten als einzige im unteren Brennweitenbereich einen Bildstabilisator, eine hohe Bildschärfe sowie einen sehr treffsicheren Autofokus.

Für das gleiche Geld ist auch das ältere, aber lichtstärkere *EF 28 mm f/1,8 USM* erhältlich. Da es bei offener Blende in Sachen Schärfe nicht unbedingt überzeugen kann, ist die bildstabilisierte Variante die bessere Wahl. Das *EF 35 mm f/1,4 L USM* ist mit seinem Preis von rund 1300 Euro wohl vorrangig für Festbrennweitenfans mit hohen Qualitätsansprüchen die beste Wahl. Es erzeugt ein sehr schönes Bokeh und überzeugt auch mit Blick auf die Bildschärfe. Die mit 750 Euro preiswertere und dabei besser verarbeitete Alternative ist das *35 mm F1,4 DG HSM Art* von Sigma.

Superzoomobjektive

Oft beworben werden die sogenannten Superzoomobjektive. Dabei handelt es sich zum Beispiel um Modelle wie das *EF-S 18–200 mm f/3,5–5,6 IS* von Canon (etwa 450 Euro) und das *18–200 mm F3,5–6,3 DC OS/HSM* von Sigma (rund 330 Euro). Diese Objektive decken einen ausgesprochen großen Brennweitenbereich ab. Technisch ist es enorm schwierig, unter dieser Prämisse ein Objektiv mit hoher Bildqualität zu bauen. Deshalb verspielen Sie mit diesen Superzoomobjektiven das Potenzial einer Kamera wie der 7D Mark II.

> **Abbildung 8.25**
Dieses Superzoomobjektiv von Sigma deckt einen Brennweitenbereich von 18 bis 200 mm ab (Bild: Sigma).

In höheren Brennweitenbereichen sind als Festbrennweiten vor allem die 90- und 100-mm-Makroobjektive von Tamron und Canon interessant. Sie bieten eine hohe Schärfe bei großer Lichtstärke und sind auch für Porträts und andere Genres ideal geeignet.

Besonders erwähnenswert ist ebenfalls das *EF 200 f/2,8 L II USM*. Es ist mit einem Preis von 680 Euro für ein L-Objektiv relativ preiswert und gehört zu den schärfsten Objektiven im Canon-Programm überhaupt. Einzig der fehlende Bildstabilisator stört an diesem Objektiv, so dass ein 70–200er-Zoom (siehe den Abschnitt »Teleobjektive« auf Seite 222) womöglich doch die bessere Wahl ist.

Makroobjektive

Wer nach tieferen Einblicken in die Welt der kleinen Dinge sucht, braucht ein Makroobjektiv. Von Canon selbst gibt es derzeit fünf verschiedene Modelle zur Auswahl. Das *EF 50 mm f/2,5 Compact Macro* bietet nur einen Abbildungsmaßstab von 1:2. Mit einem Neupreis von 290 Euro ist es zudem vergleichsweise teuer. Gebraucht gibt es dieses Modell jedoch schon für etwa 160 Euro.

Wer zunächst preiswert in die Makrofotografie einsteigen möchte und auf ein echtes Makroobjektiv mit einem 1:1-Abbildungsmaßstab vorerst verzichten kann, sollte diese Alternative ruhig in Betracht ziehen. Über jeden Zweifel erhaben dagegen sind die übrigen vier Makroobjektive im Canon-Programm: das *EF-S 60 mm f/2,8 Macro USM* (rund 380 Euro), das *EF 100 mm f/2,8 Macro USM* (etwa 450 Euro), das *EF 100 mm f/2,8 L Macro IS USM* (rund 800 Euro) sowie das *EF 180 mm f/3,5 L Macro USM* (etwa 1500 Euro). Alle diese Makroobjektive zeichnen sich durch eine ausgesprochen hohe Bildqualität aus.

Das *EF 100 mm f/2,8 L Macro IS USM* bietet dank seines Bildstabilisators die Möglichkeit, aus der Hand heraus, also ohne Stativ, Makroaufnahmen zu schießen. Der Bildstabilisator kompensiert dabei sogar vier Blendenstufen. Auch dieses Modell gehört zu den schärfsten Objektiven von Canon.

Auch die Fremdhersteller haben gute Objektive in dieser Kategorie im Programm. Besonders beliebt sind etwa das *SP 90 mm F/2,8 Di VC USD MACRO 1:1* von Tamron sowie das *MAKRO 105 mm F2,8 EX DG OS HSM* von Sigma, die beide etwa 400 Euro kosten. Das *MAKRO 150 mm F2,8 EX DG OS HSM* für 900 Euro ist gegenüber dem 180-mm-Objektiv von Canon eindeutig die bessere Wahl.

Welche Makrobrennweite die richtige für Sie ist, hängt von Ihren persönlichen Präferenzen ab. Je kürzer die Brennweite ist, desto näher müssen Sie herangehen, um ein kleines Motiv formatfüllend abbilden zu können. Insekten wie zum Beispiel Schmetterlinge ergreifen dann allerdings leicht die Flucht. Eine längere Brennweite ermöglicht einen größeren Arbeitsabstand, dafür ist allerdings der Bildwinkel geringer, und es lässt sich weniger Umgebung in die Bildkomposition mit einbeziehen.

^ **Abbildung 8.26**
Das Makroobjektiv EF 100 mm f/2,8 L Macro IS USM (Bild: Canon)

Zubehör für die Makrofotografie

Für wenig Geld näher an das Motiv heran bringen Sie Zwischenringe oder Nahlinsen. Mit der Nahlinse wird dem Objektiv gewissermaßen eine Brille aufgesetzt, und alles, was vor der Linse erscheint, wird dadurch vergrößert. Der Zwischenring kommt an das andere Ende des Objektivs als Zwischenstück zur Kamera. Er verlängert den Abstand zwischen Objektiv und Sensor und erlaubt es dadurch, näher an das Motiv heranzugehen. Die Bildqualität verschlechtert sich bei beiden Varianten. Wirkungsvoller sind bei kurzen Brennweiten Zwischenringe und bei langen Brennweiten Nahlinsen.

Ganz besonders preiswert lässt sich mit einem Umkehrring für etwa fünf Euro in die Makrowelt eintauchen. Dieser ermöglicht es, das Objektiv verkehrt herum an die Kamera anzusetzen. Das Filtergewinde wird dazu über den Ring an den Objektivanschluss adaptiert. Sämtliche Einstellungen müssen Sie dann manuell vornehmen, weil der Autofokus und die Blendenverstellung damit nicht funktionieren. Bei einem STM-Objektiv funktioniert darüber hinaus nicht einmal das manuelle Fokussieren (siehe den Abschnitt »Objektive mit STM-Antrieb« auf Seite 219).

Abbildung 8.27 >
Mit Nahlinsen erschließen Sie sich für den Anfang leicht und preiswert den Nahbereich (Bild: Schneider).

Filter für Ihre Objektive

In der analogen Fotografie werden häufig Filter vor das Objektiv geschraubt. Damit lassen sich Effekte erzielen und Farben so beeinflussen, wie dies in der Dunkelkammer nur schwer möglich wäre. Beim Fotografieren mit der Digitalkamera ermöglicht die elektronische Bildbearbeitung viele weiterreichende Eingriffsmöglichkeiten auf die Bildwirkung. Noch immer gibt es jedoch Filter, die auch die beste Software nicht nachbilden kann.

^ Abbildung 8.28
Für Ihre 7D Mark II benötigen Sie einen zirkularen Polfilter (Bild: Marumi).

Intensivere Farben mit dem Polfilter

Mit dem *Polarisationsfilter* – oder kurz *Polfilter* – lassen sich Reflexionen auf Wasser, Glas und anderen nicht metallischen Oberflächen beseitigen.

Zudem kann damit die Darstellung des Blaus des Himmels und des Grüns von Laub und Gräsern ein wenig intensiviert werden. Die Erklärung für dieses Phänomen: Licht bewegt sich – in der Vorstellung als Welle – in die unterschiedlichsten Richtungen. Der Polfilter sorgt nun dafür, dass nur noch solches Licht durchgelassen wird, das in die eingestellte Richtung schwingt. Polfilter sind in verschiedenen zum Objektivdurchmesser passenden Größen erhältlich. Die zu Ihrem Objektiv passende Größenangabe finden Sie zum Beispiel auf der Rückseite des Objektivdeckels. Es empfiehlt sich der Kauf eines Filters für das größte vorhandene Objektiv und die Adaption an kleinere Exemplare über Filteradapterringe. Gute Polfilter verkauft der japanische Hersteller Marumi ab etwa 80 Euro.

[50 mm | f7,1 | 1/60 s | ISO 100]

∧ **Abbildung 8.29**
Mit Hilfe des Polfilters erzielen Sie einen sattblauen Himmel.

Schöne Effekte mit dem Graufilter

Ein weiterer Filter, der im Digitalzeitalter seine Daseinsberechtigung nicht verloren hat, ist der *Graufilter*. Er wird auch als *Neutraldichte-* oder *ND-Filter* bezeichnet und verdunkelt das Bild um eine oder mehrere Blendenstufen. Dabei verfälscht er die Farben nicht. Zum Einsatz kommt er immer dann, wenn zu viel Licht der Kreativität enge Grenzen setzt. Um bei strahlendem Sonnenschein mit weit geöffneter Blende zu fotografieren, muss die Belichtungszeit schließlich sehr kurz sein. Bei einer Belichtungszeit von 1/8000 s ist im Fall der 7D Mark II allerdings Schluss.

In Situationen wie diesen sorgt der Graufilter für künstliche Dunkelheit und gibt damit Spielraum bei der Belichtung. Umgekehrt hilft er auch, wenn die Belichtungszeit besonders lang sein soll. Das ist zum Beispiel dann der Fall, wenn es darum geht, fließendem Wasser einen seidigen Glanz zu verpassen.

∧ **Abbildung 8.30**
Graufilter (Bild: Schneider)

Bei Belichtungszeiten von mehreren Sekunden erreicht so viel Licht den Sensor, dass die Blende um sehr viele Stufen geschlossen werden muss. Auch hier setzt die Mechanik Grenzen. Bei Blendenwerten wie 22 oder 32 ist bei den meisten Objektiven die kleinstmögliche Öffnung erreicht.

Der Graufilter lässt weniger Licht durch und ermöglicht so, die Blende weiter zu öffnen. Das ist auch deshalb sinnvoll, weil bei weit geschlossener Blende die sogenannte Beugungsunschärfe auftritt: Die Bildschärfe eines Objektivs steigt von der geöffneten Blende bis zur sogenannten optimalen Blende an und sinkt von diesem Punkt an wieder ab (siehe den Abschnitt »Auflösungsvermögen« auf Seite 244).

Graufilter werden mit unterschiedlichen Stärkebezeichnungen verkauft: Ein 2-fach-Filter halbiert die Lichtmenge, ein 4-fach-Filter viertelt sie. Eine weitere Darstellungsweise sind Angaben wie ND 0,3 oder ND 0,6. Auch diese geben einen Blendenfaktor an, wobei 0,3 für jeweils eine Blendenstufe steht. Ein ND-1,2-Filter verdunkelt das Bild also um vier Blendenstufen.

˅ Abbildung 8.31
Der Graufilter erlaubt es, länger zu belichten. Das kann für kreative Effekte genutzt werden.

[18 mm | f8 | 20 s | ISO 100]

Kontraste im Griff mit dem Grauverlaufsfilter

Vor allem für die Landschaftsfotografie interessant ist der *Grauverlaufsfilter*. Bei diesem ist nicht die komplette Fläche verdunkelt, sondern meist nur die Hälfte. Wird der dunkle Bereich vor dem Himmel platziert, lassen sich überbelichtete Stellen dort sehr gut vermeiden. Das funktioniert allerdings nur dann, wenn der Horizont flach verläuft. Aus diesem Grund ist eine »elektronische« Lösung für dieses Problem häufig die bessere Wahl: mit einer HDR-Aufnahme in der Kamera (siehe den Abschnitt »Hell und dunkel im Griff mit HDR« auf Seite 99) oder über eine entsprechende Bearbeitung am Computer. Dabei muss es sich nicht um eine HDR-Bearbeitung aus Einzelbildern handeln. Auch über einen Verlaufsfilter in einem RAW-Konverter wie *Lightroom* lässt sich der Himmel nachträglich gut abdunkeln.

^ Abbildung 8.32
Grauverlaufsfilter (Bild: Phottix)

[16 mm | f8 | 1/400 s | ISO 100]

^ Abbildung 8.33
Zu hohe Kontraste zwischen Himmel und Landschaft können Sie mit dem Grauverlaufsfilter ausgleichen.

Empfehlenswerte Grauverlaufsfilter sind viereckig und werden mit der Hand vor der Linse in Position gebracht. Alternativ gibt es spezielle Objektivhalterungen, über die sich die Filter flexibel verschieben lassen. Bei runden Grauverlaufsfiltern zum Aufschrauben auf das Objektiv ist die Grenze zwischen hell und dunkel stets in der Mitte des Bildes. Aus gestalterischer Sicht ist das keine gute Wahl.

Ein sehr gutes Preis-Leistungs-Verhältnis bietet der Hersteller Hitech. Ein Dreifachset mit je einem ND-0,3-, -0,6- und -0,9-Filter kostet rund 40 Euro. Da sich leichte Korrekturen problemlos auch über die RAW-Bearbeitung vornehmen lassen, sollten Sie im Zweifel eher stärkere Filter kaufen. Wählen Sie beim Kauf eine ausreichende Größe von mindestens 85 mm, und verwenden Sie gegebenenfalls Filteradapterringe. Zum einen muss der Filter Ihr größtes Objektiv bedecken, zum anderen wollen Sie schließlich die empfindliche Plastikscheibe bequem zwischen den Fingern halten können.

UV- und Schutzfilter

Ein Utensil, das Verkäufer gern mit neuen Objektiven anbieten, ist der Schutzfilter. Er wird vorn auf das Objektiv geschraubt und soll dessen Frontlinse vor Kratzern schützen. Beliebt für diese Zwecke ist der UV-Filter. Zwar ist bereits auf dem Sensor der Kamera ein Schutzfilm, der ultraviolettes Licht absorbiert, ein weiterer Filter vor der Linse richtet in dieser Hinsicht jedoch keinen Schaden an und erfüllt seinen mechanischen Zweck.

Trotzdem kann über Sinn und Unsinn dieses Zubehörteils diskutiert werden. Denn jede weitere Schicht vor der Optik hat natürlich auch Auswirkungen auf die Abbildungsqualität des Objektivs. Um diese Effekte denkbar gering zu halten, bedarf es hochwertiger Filter, die ab etwa 80 Euro erhältlich sind. Der genaue Preis richtet sich wie beim Polfilter nach dem Objektivdurchmesser. Empfehlenswert ist das Modell *Hoya HD*, das es in einer UV- und in einer reinen Schutzvariante gibt.

Abbildung 8.34 >
UV-Filter (Bild: Hoya)

Es geht jedoch auch gut ohne diese Filter. Die Folgen kleiner und mittlerer Kratzer sind schließlich fast nicht zu bemerken oder zumindest ausgesprochen gering. Selbst bei tiefen Schrammen kann die Frontlinse vom Service ausgetauscht werden. Weitaus mehr Schutz zum Beispiel bei Stürzen bietet eine Streulichtblende.

Fester Halt für die 7D Mark II: Stative & Co.

Die Entscheidung für das richtige Stativ ist nicht einfach: Die vier Variablen Gewicht, Stabilität, Packmaß und Preis müssen nach den eigenen Präferenzen gewichtet werden. Dabei schließen sich Punkte wie beispielsweise ein bombensicherer Stand und ein geringes Gewicht weitgehend aus. Durch die Verwendung von Materialien wie Carbon oder Basalt ist es allerdings möglich, dickere und damit standfestere Rohre mit einem vergleichsweise niedrigen Gewicht herzustellen.

Das passende Stativ auswählen

Schon beim Stativ selbst haben Sie die Qual der Wahl. Hersteller wie Velbon, Vanguard, Sirui und Benro haben empfehlenswerte Modelle im Angebot, die sich mit Blick auf ihre maximale Höhe, die Verwendung von Aluminium oder Carbon, das Gewicht und die Anzahl der Beinsegmente unterscheiden. In der Preisklasse um 300 Euro finden Sie hier zahlreiche Modelle, die der 7D Mark II einen sicheren Stand geben und für viele Jahre eine im wahrsten Sinn des Wortes stabile Investition sind.

v **Abbildung 8.35**
Stative gibt es in verschiedenen Ausstattungs- und Preisklassen.

Die absolute Stativoberliga repräsentieren die Modelle von Gitzo. Diese sind ab etwa 600 Euro erhältlich und vor allem dann eine gute Wahl, wenn auch größere Teleobjektive, etwa mit 500 mm Brennweite, verwendet werden sollen.

Steht der Beschluss für das eigentliche Stativ, müssen Sie sich im nächsten Schritt für einen geeigneten Stativkopf entscheiden. Hier stehen die unterschiedlichsten Varianten zur Auswahl. Beim Kugelkopf hält eine starke Schraube die Kugel unter Spannung. Hochwertige Modelle arbeiten dabei mit einer ausgefeilten Mechanik mit sehr hochwertigen Komponenten. Was hier die Spitzenklasse von einfachen Modellen unterscheidet, ist die mechanische Qualität. Teure Kugelköpfe bieten einen über Jahre und Jahrzehnte optimalen Lauf der Kugel. In preiswerteren Modellen kaschiert eine Menge Schmierfett kleine Ungenauigkeiten in der Verarbeitung und bereitet auf längere Sicht Probleme.

Bei einfachen Modellen führt insbesondere ein Dreh an der Feststellschraube dazu, dass der sorgfältig ausgerichtete Bildausschnitt wieder verschoben wird. Dieses

Abbildung 8.36
Kugelkopf (Bild: Manfrotto)

Abbildung 8.37
Stativkopf mit Dreiwegeneiger (Bild: Manfrotto)

»Verziehen« ist besonders in der Makrofotografie, wenn es auf eine genaue Einstellung ankommt, ärgerlich und kann auch dem geduldigsten Fotografen den letzten Nerv rauben. Der Effekt tritt bei höherwertigen Modellen, die ab etwa 300 Euro erhältlich sind, nur noch extrem gering auf. Empfehlenswerte Hersteller sind hier Novoflex mit dem *Classic Ball 3* oder *5*, Really Right Stuff mit dem *BH-55* und dem *BH-40*, Markins mit dem *Q20* sowie Arca Swiss mit dem *Z1*.

Alternativ arbeiten einige Fotografen mit einem Zwei- und Dreiwege- oder einem Getriebeneiger. Diese erlauben – anders als der Kugelkopf – die genaue Verstellung der einzelnen Achsen. Besonders in der Panoramafotografie ist dies von Vorteil. Dafür dauert das Ausrichten der Kamera auch etwas länger, und das Gewicht der Komponente ist erheblich höher. Die Angebote unterscheiden sich hinsichtlich ihrer mechanischen Ausführung und in der Tragkraft. Für die 7D Mark II und schwere Teleobjektive ausreichend sind Modelle, die ein Gewicht von bis zu 8 kg verkraften.

Die dritte wichtige Komponente eines Stativs ist das Schnellwechselsystem. Mit dieser Platte lässt sich die Kamera über eine unter die Kamera geschraubte Platte bequem mit dem Stativ verbinden und lösen. Viele Stativköpfe sind bereits mit einem Wechselsystem ausgestattet, bei den teureren Modellen muss auch dieses extra dazugekauft werden. Der bekannteste Standard in diesem Bereich ist das Arca-Swiss-System mit seinem charakteristischen Schwalbenschwanzprofil. Herstellerübergreifend lassen sich damit Wechselplatten und Schnellwechselsysteme miteinander verbinden. Üblicherweise funktioniert das über das Zusammenschrauben zweier Backen. Der deutsche Hersteller Novoflex hat mit der *Q=Base* (etwa 120 Euro) eine Lösung im Angebot, bei der die Platte mit einem Klick einrastet.

Wenn Sie sich das mühevolle Zusammenstellen der unterschiedlichen Einzelteile sparen möchten, können Sie auch ein Komplettset aus den aufeinander abgestimmten Komponenten Stativ, Stativkopf und Schnellwechselsystem erwerben. Einen gravierenden Nachteil haben solche Kombiangebote: Sie bieten der 7D Mark II und einer Standardbrennweite zwar einen akzeptablen verwacklungsarmen Stand, wenn Sie aber auf größere und schwerere Teleobjektive umsteigen, ist ein neuer Stativkauf angesagt. Denn häufig lässt sich bei diesen Modellen der Kugelkopf nicht vom Stativ trennen, so dass späteres sukzessives Auf- oder Umrüsten unmöglich ist.

Nun kostet bereits eine Mittelklassekombination aus Stativ, Kugelkopf und Schnellwechselsystem insgesamt etwa 800 Euro. Ein vertretbarer

Kompromiss besteht darin, beim Stativkauf zu den einfacheren Modellen von Firmen wie Benro, Sirui, Velbon und Vanguard zu greifen. Unter den preiswerten Stativköpfen gehört der *Sirui K-20X* für rund 120 Euro inklusive Schnellwechselsystem zu den besten Modellen. Verbunden mit einem Stativ, lässt sich so eine Gesamtlösung für rund 400 Euro zusammenstellen, die sich in Sachen Gewicht, Tragkraft und Standfestigkeit deutlich von den preiswerten Starter-Kits unterscheidet.

Finger weg vom Billigstativ

Ausgesprochen billige Stative sind für die 7D Mark II ungeeignet. Spätestens wenn Kamera und Objektiv nach einem Windstoß auf dem Asphalt landen, zeigen sich die wahren Kosten einer solchen Lösung.

Einbeinstativ und Bohnensack

Nicht immer muss es ein Dreibeinstativ sein. Gerade wenn Sie den Aufnahmeort oft wechseln, leistet ein Einbeinstativ gute Dienste. Es entlastet beim Tragen schwerer Objektive und ermöglicht längere Belichtungszeiten bei wenig Licht. Gerade Stativmuffel schätzen am Einbein die erhöhte Stabilität bei gleichzeitig maximaler Flexibilität. Einbeinstative, etwa von Benro, gibt es ab etwa 60 Euro. Hier ist der Einstieg in die Carbonliga wesentlich preiswerter als bei den Pendants auf drei Beinen: Ab rund 90 Euro sind Modelle zu bekommen, die nur etwa 400 g wiegen. Auch hier empfiehlt sich der Einsatz eines einfachen in eine Richtung neigbaren Stativkopfs mit Schnellwechselplatte für etwa 20 Euro.

Hilfreich zum geraden Ausrichten und Stabilisieren der Kamera ist auch ein sogenannter Bohnensack. Er kann auf Reisen leer mitgenommen und vor Ort mit Bohnen oder Reis gefüllt werden. Eine Fläche zum Ablegen findet sich fast immer, sei es ein Weidezaun, eine Astgabel oder eine Mauer, das heruntergekurbelte Autofenster oder ganz einfach der Boden im Fall von Makroaufnahmen.

< Abbildung 8.38
Besser eins als keins: Das Einbeinstativ bietet stabilen Halt und Flexibilität (Bild: Manfrotto).

Abbildung 8.39 >
Ein Bohnensack bringt Stabilität auf jedem Untergrund.

Batteriegriff und Akku für ausreichend Power

Ein Batteriegriff verschafft der 7D Mark II mehr Grifffläche und Energiereserven. Damit ist er sowohl für Personen mit großen Händen als auch für Situationen fern jeder Steckdose die ideale Lösung. Zudem hat eine solche Kameraverlängerung einen weiteren Auslöser an der Seite und einen Multi-Controller. Beim Drehen der Kamera ins Hochformat sind also keine Verrenkungen nötig, um auszulösen.

Der zur 7D Mark II gehörende Originalbatteriegriff von Canon heißt *BG-E16*. Er bietet Platz für zwei Kamera-Akkus oder sechs AA-Batterien und kostet etwa 280 Euro. Wer Sorge hat, beim Fotografieren irgendwann mit leerem Akku dazustehen, kommt allerdings mit einem Ersatzakku preiswerter über die Runden. Der mit der 7D Mark II neu vorgestellte Akku namens *LP-E6N* unterscheidet sich von seinem Vorgänger durch eine um 65 mAh höhere Kapazität und ist mit diesem vollständig kompatibel. Er kostet etwa 70 Euro.

˄ Abbildung 8.40
Die 7D Mark II mit Batteriegriff (Bild: Canon)

Der Akku der 7D Mark II ist mit einem eigenen Speicherchip ausgerüstet. Auf diesem sind diverse Informationen gespeichert, die Sie im dritten Einstellungsmenü (**SET UP3**) unter **Info Akkuladung** abrufen können. Dort erfahren Sie unter **Restkapazität** etwas zum aktuellen Ladezustand, mit dem **Auslösezähler** die Anzahl der seit der letzten Aufladung gemachten Aufnahmen sowie unter **Aufladeleistung** Informationen zum allgemeinen Zustand. Erst wenn an dieser Stelle nur noch ein einziges grünes Feld oder gar ein rotes zu sehen ist, nähert sich der Akku seinem Lebensende und sollte ersetzt werden. Da jede Batterie außerdem mit einem individuellen Code versehen ist, können Sie all diese Informationen für sämtliche Ihrer Batterien abrufen. Drücken Sie dazu einfach auf die Taste **INFO**.

Abbildung 8.41 >
Wichtige Infos zur Akkuladung finden Sie hier.

Mit dem Menüpunkt **Registrieren** ❶ machen Sie Ihre 7D Mark II mit einer neuen Ersatzbatterie bekannt. In diesem Fenster sehen Sie auch, wie es um Ihre übrigen Stromspender derzeit bestellt ist – sofern Sie sie in der Zwischenzeit nicht im Ladegerät hatten.

> **Abbildung 8.42**
> Jeder Akku ist mit einer einmaligen Seriennummer versehen, über die Sie den Ladezustand nachverfolgen können.

Licht und Schatten: Blitz, Reflektor oder Diffusor

Sind die Grenzen des internen Blitzes der 7D Mark II erst einmal ausgelotet und als unbefriedigend erkannt, entsteht bestimmt der Wunsch nach einem externen Blitz. Ein solcher kann idealerweise in mehrere Richtungen gedreht werden und damit auch über Eck arbeiten.

Blitze von Canon und Fremdherstellern

Von Canon selbst gibt es unterschiedliche Modelle zur Auswahl. Das *Speedlite 270EX* ist ziemlich klein und findet in jeder Fototasche Platz, lässt sich aber nur in eine Richtung drehen. Mit 120 Euro ist der Preis für ein derart eingeschränktes Gerät relativ hoch. Interessanter ist das *Speedlite 320EX* für 180 Euro. Dieser Blitz bietet als einziger eine integrierte LED-Videoleuchte und kann in mehreren Achsen bewegt werden. Der gravierende Nachteil dieses Geräts ist, dass es sich manuell nur direkt über die Kamera einstellen lässt. Wer Blitze manuell fernauslösen möchte und dabei auf Funktechnologie setzt, ist mit diesem Modell nicht gut beraten. Mit einem Preis von rund 230 Euro sehr empfehlenswert ist das Modell *Speedlite 430EX II*. Bei diesem lassen sich fast alle Einstellungen mit Hilfe eines zusätzlichen Displays am Blitz selbst unkompliziert vornehmen. Damit sind Sie für fast alle kritischen Belichtungssituationen gut gerüstet.

Das Topmodell aus dem Canon-Blitz-Programm ist das *Speedlite 600EX-RT*. Sie können dieses Gerät sogar

> **Abbildung 8.43**
> Das Speedlite 320EX (links) und das aktuelle Topmodell unter den externen Blitzgeräten, das Speedlite 600EX-RT (rechts, Bilder: Canon)

dafür einsetzen, andere *600EX-RT*-Blitze per Funk fernzusteuern. Diese Übertragungsart ist wesentlich weniger störanfällig als die Blitzsteuerung über Lichtimpulse, wie sie bislang alle Kameras der EOS-Reihe bieten. Für rund 570 Euro eröffnen sich damit zahlreiche neue Möglichkeiten der Lichtgestaltung. Mehr dazu erfahren Sie im Abschnitt »Die Zukunft: Blitzdatenübertragung per Funk« auf Seite 206.

Dort finden Sie auch eine Beschreibung des preiswerten *600EX-RT*-Rivalen von Yongnuo. Mittlerweile hat sich das chinesische Unternehmen zum etablierten Anbieter von Aufsteckblitzen entwickelt. Deren Modelle entsprechen denen von Canon in vielen Fällen sehr stark, vom Design über die Tastenbelegung bis zu den Funktionen. Zu den preiswertesten Modellen des Herstellers gehört der *Yongnuo YN-560 IV* für etwa 70 Euro. Er ist sogar mit einem Funksender und einem Funkempfänger für die drahtlose Steuerung ausgestattet, bietet aber kein E-TTL. Der *YN 565 EX II* für etwa 90 Euro dagegen entspricht weitgehend dem *Canon Speedlite 430EX II*, beherrscht also auch den E-TTL-Standard. Der *Yongnuo YN-568EX II* für rund 110 Euro ähnelt dem nicht mehr hergestellten *Canon Speedlite 580 EX II*. Er kann als Master auch andere Blitze per optischer Übertragung fernsteuern.

Das Original unter Druck

Mittlerweile hat neben Yongnuo auch der chinesische Hersteller Shanny mehrere Blitze im Programm, die den Canon-Modellen in nichts nachstehen und diese im Preis ganz deutlich unterbieten. Auch Firmen wie Sigma und Nissin bieten Blitzgeräte an. Der Preisunterschied zum Original ist bei diesen Geräten allerdings relativ gering.

Wofür steht die Leitzahl?

Die Stärke eines Blitzgeräts wird mit dem Begriff *Leitzahl* beschrieben. Während der interne Blitz der 7D Mark II eine Leitzahl von 11 bietet, können die Canon-Modelle *Speedlite 270EX*, *320EX*, *430EX II* und *600EX-RT* mit den Leitzahlen 27, 32, 43 beziehungsweise 60 blitzen. Mit Hilfe der Leitzahl lässt sich leicht berechnen, aus welcher Entfernung ein Motiv bei ISO 100 aufgehellt werden kann: Die Leitzahl muss dafür durch die eingestellte Blende dividiert werden. Bei Blende 5,6 reicht der interne Blitz also gerade einmal 1,96 m weit (11 ÷ 5,6). Der *430EX II* schafft dagegen 7,7 m (43 ÷ 5,6).

Bei vielen Blitzgeräten erscheint im Display die Blitzreichweite in Metern, sobald der Blitzkopf nach vorn gerichtet ist. Eine hohe Leitzahl ist übrigens nicht das Maß aller Dinge. In der Praxis wird ohnehin meist mit reduzierter Blitzleistung gefeuert.

Das Licht mit Reflektoren lenken

Wer für das Fotografieren gern auf natürliches Licht zurückgreift, statt den Blitz zu benutzen, kommt in vielen Fällen nicht um den Einsatz eines Reflektors herum. Wie der Name schon sagt, lässt sich damit das Licht auf gewünschte Motivbereiche umlenken. Es gibt Reflektoren in den unterschiedlichsten Größen und mit verschiedenen Bespannungen ab etwa 20 Euro. Silberne und goldene Reflektoren werfen viel Licht zurück, das jedoch gerade im Fall von Gold leicht einen Rotstich bei Hauttönen hervorruft. Ein guter Kompromiss ist eine Zebra-Beschichtung, bei der jeweils Silber und Gold im Wechsel verwendet werden. Weiß wiederum sorgt für einen recht neutralen Effekt, dafür ist jedoch die Aufhellwirkung eher gering.

⌄ **Abbildung 8.44**
Mit einem Reflektor können Sie das Licht gezielt lenken.

[55 mm | f2,8 | 1/125 s | ISO 200]

Abbildung 8.45
Reflektoren gibt es für jeden Einsatzzweck und in fast jeder Größe (Bild: Lastolite).

Auch für den gegenteiligen Fall – ein Zuviel an hartem Licht – gibt es eine Lösung. Ein Diffusor wird zwischen Modell und Sonne gehalten, streut das Licht und macht es weicher und damit hautschmeichelnder. Die verschiedenen Diffusor- und Reflektorprodukte unterscheiden sich durch ihre Stoffqualität und die Robustheit der Griffe. Bekannte Hersteller sind Lastolite und das deutsche Unternehmen California Sunbounce.

Die meisten Diffusoren und Reflektoren lassen sich für den Transport durch Zusammenfalten in eine recht handliche Größe bringen. Dazu umfassen Sie den Reflektor einfach wie ein Lenkrad, greifen mit einer Hand um, verdrehen die beiden Seiten des Reflektors gegeneinander und schieben sie dann übereinander. Anschließend passt er problemlos in seine kleine Transporttasche.

Reflektor – selbst gemacht
Ein Stück Styropor aus dem Baumarkt leistet für erste Experimente als Reflektor ebenfalls gute Dienste und kostet erheblich weniger als die professionelle Variante.

Den Sensor und die Objektive reinigen

Sicherlich haben Sie beim Ausschalten der Kamera schon einmal die Monitoranzeige **Sensorreinigung** gesehen. Dabei wird durch hochfrequente Vibrationen der Staub von der Sensoroberfläche geschüttelt. Das ist auch nötig, denn bei jedem Objektivwechsel sammelt sich Staub aus der Luft im Gehäuseinneren. Zwar ist der Sensor der 7D Mark II durch den Verschluss gut geschützt, aber letztendlich bahnen sich die kleinen Partikel doch den Weg zu ihm. Um diese Verschmutzungen zu minimieren, wechseln Sie das Objektiv deshalb besser nicht in staubiger Umgebung, und gehen Sie beim Objektivwechsel auch zügig vor. Übermäßige Angst allerdings ist nicht angebracht. Letztlich ist Staub überall, und die automatische Sensorreinigung der 7D Mark II funktioniert recht gut.

Den Sensor reinigen

Je nachdem, wie häufig Sie Ihre 7D Mark II benutzen, wird früher oder später das Ausmaß der Staubablagerungen recht groß sein. Dann kommt zwangsläufig auch die Rütteltechnik an ihre Grenzen. Bemerkbar macht sich ein verstaubter Sensor durch kleine schwarze Punkte auf dem Bild. Um gezielt nach ihnen zu suchen, empfiehlt es sich, mit einer relativ weit geschlossenen Blende wie etwa f22 gegen den blauen Himmel zu fotografieren.

◀ Abbildung 8.46
Ein Blasebalg befördert Staub von der Linse und aus der Kamera (Bild: Hama).

Wenn Sie dagegen etwas unternehmen wollen, betrauen Sie lieber einen Reinigungsprofi damit. Bei »Check & Clean«-Aktionen von Canon geben Sie Ihre 7D Mark II aus der Hand, um sie wenig später mit frisch gereinigtem Sensor zurückzuerhalten. Solche Veranstaltungen finden oft im Rahmen von Hausmessen von größeren Fotohändlern statt und sind meist kostenlos.

Genauso ärgerlich wie Staub auf dem Sensor sind kleine Fussel auf einem der Spiegel. Diese zeigen sich zwar nicht im Bild, können aber beim Blick durch den Sucher trotzdem nerven. Um sie loszuwerden, sollten Sie auf keinen Fall in das Gehäuse pusten. Ein kleiner Blasebalg erledigt die Aufgabe wesentlich sauberer.

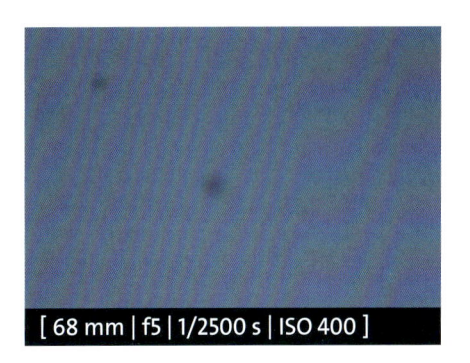

[68 mm | f5 | 1/2500 s | ISO 400]

◀ Abbildung 8.47
Gegen den klaren Himmel fotografiert, fällt Staub auf dem Sensor schnell störend ins Auge.

Das Objektiv reinigen

Staub auf und sogar im Objektiv ist für das Bildergebnis weit weniger schlimm als vielfach angenommen. Trotzdem sollten natürlich auch die Linsen pfleglich behandelt werden. Hier empfiehlt sich erneut zunächst das Wegblasen des Staubs mit dem Blasebalg. Für hartnäckigere Fälle ist der sogenannte *Lenspen* gut geeignet, eine Art Stift mit ausfahrbarem Pinsel. Bei der Reinigung mit Mikrofasertüchern ist darauf zu achten, dass diese weitgehend unbenutzt sind. Kleine Staubpartikel, die sich im Stoff angesammelt haben, verkratzen nämlich ansonsten die Linsenoberfläche.

◀ Abbildung 8.48
Der Lenspen ist vor allem für das Entfernen von Fingerabdrücken gut geeignet.

Objektive im Test

Wenn es um Objektive und deren Tests geht, tauchen in Fachzeitschriften und Testseiten im Internet immer wieder die gleichen Begriffe auf. Hier erfahren Sie, was sich hinter ihnen verbirgt.

Auflösungsvermögen

Mit dem Begriff *Auflösungsvermögen* wird die Schärfeleistung eines Objektivs beschrieben. So lässt sich messen, bis zu welchem Grad auf Fotos noch ein Unterschied zwischen feinen Strukturen erkennbar ist. Dafür eignen sich besonders gut eng nebeneinanderliegende Linien. In Testberichten wird entsprechend meistens mit der Maßeinheit *Anzahl Linien pro Bildhöhe* gearbeitet.

Zur Ermittlung des Auflösungsvermögens werden Testbilder abfotografiert, die zum Beispiel aus immer enger beieinanderliegenden Linien bestehen. Die Grenze, ab der nebeneinanderliegende Linien nicht mehr als solche erkennbar sind, markiert das maximale Auflösungsvermögen eines Objektivs. Dieses ist in der Regel in der Bildmitte am höchsten und nimmt zum Rand hin ab. Dabei ist dieser Unterschied bei sehr guten Objektiven wie dem *EF 24–70 mm f/2,8 L II USM* nur minimal.

Außerdem erreichen die meisten Objektive ihr maximales Auflösungsvermögen erst bei einer leicht geschlossenen Blende (siehe die Darstellung in Abbildung 8.49). Jenseits eines bestimmten Werts nimmt das Auflösungsvermögen dann wieder ab. Ab diesem Punkt tritt die sogenannte *Beugungsunschärfe* ein. Sehr gute Objektive überzeugen auch mit Blick auf diesen Aspekt. Sie sind bereits mit offener Blende sehr scharf.

Nicht zuletzt bieten die meisten Zoomobjektive nicht bei allen Brennweitenstellungen das gleiche Auflösungsvermögen. Ob das Maximum eher bei kurzen oder eher bei langen Brennweiten erreicht wird, ist von Modell zu Modell unterschiedlich.

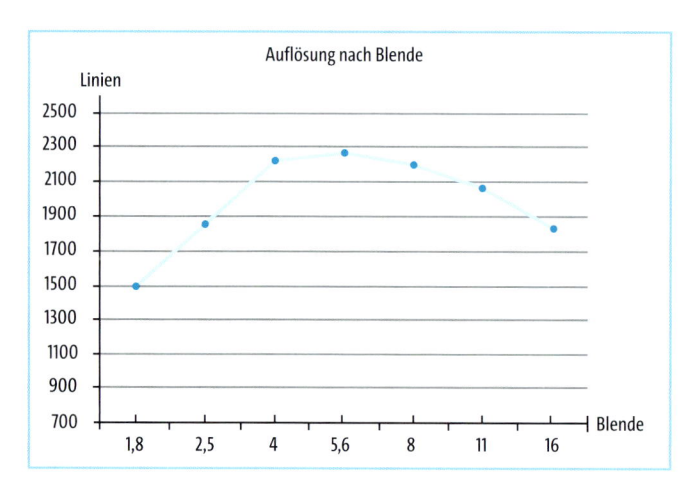

Abbildung 8.49
Die Auflösung, und damit die Bildschärfe, der meisten Objektive nimmt bis zu einer bestimmten Blendeneinstellung zu und fällt dann wieder ab.

Vignettierung

Mit *Vignettierung* wird die Abschattung des Bildes zum Rand hin bezeichnet. Eine Vignettierung kann meist durch Abblenden, also das Einstellen einer kleineren Blendenöffnung, vermieden werden. Viele Bildbearbeitungsprogramme bieten Funktionen, mit denen sich die dunkleren Randbereiche eines Bildes wieder aufhellen lassen. Umgekehrt ist es damit auch möglich, absichtlich eine Vignettierung zu erzeugen und diese gezielt als Stilmittel einzusetzen. Der Blick des Betrachters wird dadurch auf das Zentrum des Bildes gelenkt. Vignettierungen können bis zu einem gewissen Grad von der Elektronik der Kamera kompensiert werden. Die abgedunkelten Ecken werden dazu einfach künstlich aufgehellt. Sie finden diese Funktion im ersten Aufnahmemenü (**SHOOT1**) unter **ObjektivAberrationskorrektur**. Sofern Ihr Objektiv unterstützt wird, erscheint ein entsprechender Hinweis, und Sie können diese Funktion aktivieren.

Abbildung 8.50
Beispiel für eine Vignettierung, hier jedoch nachträglich in der Bildbearbeitung eingesetzt

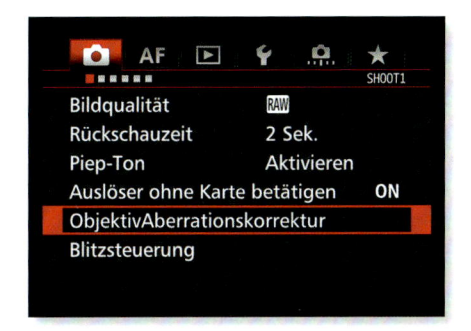

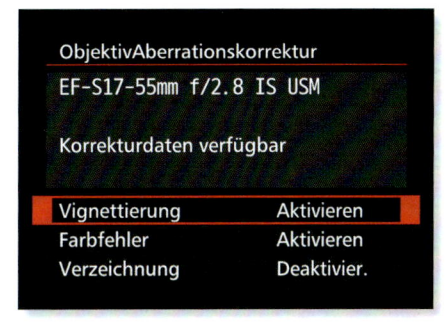

Abbildung 8.51
Die gängigsten Abbildungsfehler lassen sich bereits in der Kamera beheben.

Falls Ihr Objektiv als nicht unterstützt gemeldet wird, können Sie die Korrekturdaten über *EOS Utility* an die Kamera übertragen. Wählen Sie dort einfach den Punkt **Kameraeinstellungen • Objektivfehlerkorrektur-Daten registrieren**. Weitere Informationen dazu finden Sie im Abschnitt »Typische Objektivfehler korrigieren« auf Seite 356. Die Korrekturen betreffen übrigens nur JPEG-Bilder und haben auf die RAW-Erstellung keinen Einfluss. In den verschiedenen RAW-Konvertern wie Canons *Digital Photo Professional* (*DPP*) und *Lightroom* können Sie diesen Abbildungsfehler jedoch nachträglich automatisiert beheben lassen. Auch dort geschieht die Reparatur auf der Grundlage von Objektivprofilen, die für verschiedene Modelle in der Software enthalten sind.

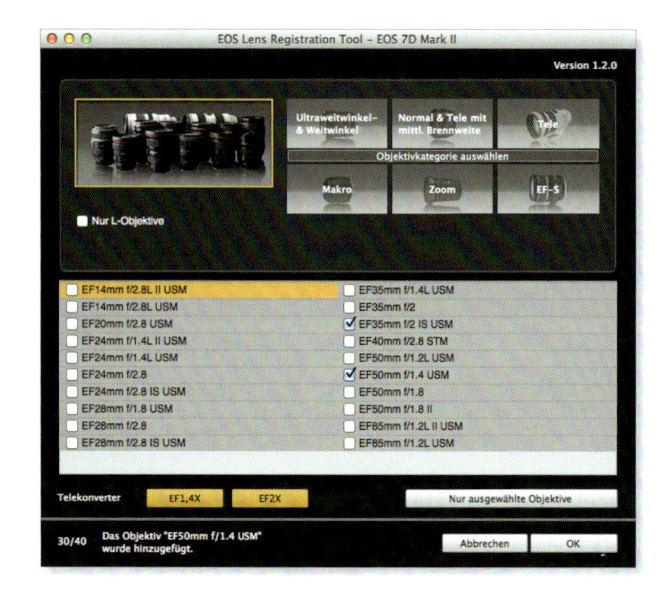

< Abbildung 8.52
Die Kamera erkennt viele, aber nicht alle Objektive. Mit dem Lens Registration Tool unter EOS Utility fügen Sie unbekannte Modelle hinzu.

Chromatische Aberrationen

Bei chromatischen Aberrationen handelt es sich um Abbildungsfehler, die durch eine unterschiedliche Brechung des Lichts je nach Wellenlänge entstehen. Da von einer Linse der kurzwellige blaue Lichtanteil stärker als der langwellige rote gebrochen wird, treffen die unterschiedlichen Strahlen auf verschiedenen Fokusebenen auf. Farbränder, die besonders bei großen Kontrasten im Bild störend wirken, sind die Folge. Bei guten Objektiven wird dieses Phänomen durch die Verwendung spezieller Linsen weitgehend vermieden. Wie die Vignettierung können Sie dieses Problem sowohl nachträglich in der Bildbearbeitung als auch in der Kamera selbst bekämpfen (siehe Abbildung 8.51). Im ersten Aufnahmemenü (**SHOOT1**) unter **ObjektivAberrationskorrektur** wird es als **Farbfehler** bezeichnet.

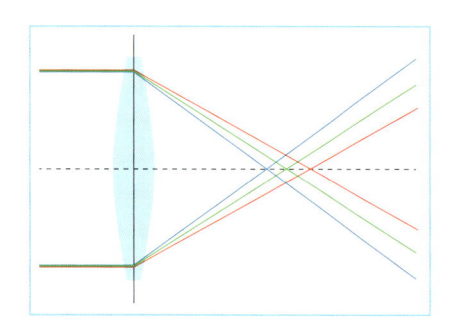

Auch chromatische Aberrationen zeigen sich nicht über die gesamte Bildfläche in gleichem Ausmaß, sondern sind bei vielen Objektiven besonders an den Rändern zu sehen.

< Abbildung 8.53
Die Lichtstrahlen treffen je nach Wellenlänge an unterschiedlichen Punkten auf die Sensorebene. Dadurch entstehen chromatische Aberrationen.

Abbildung 8.54
Chromatische Aberrationen zeigen sich vor allem an Hell-dunkel-Übergängen.

Verzeichnungen

Bei Verzeichnungen werden gerade Linien in eine bestimmte Richtung verzogen dargestellt. Übliche Verzeichnungsmuster weisen kissenförmige und tonnenförmige Charakteristika auf. Auch Verzeichnungen kann die 7D Mark II automatisch beheben. Diese Option ist allerdings in der Grundeinstellung deaktiviert, da die Auflösung bei diesem Schritt sinkt. Die beiden Verzeichnungsarten in Abbildung 8.55 zeigen dies. Bei einer elektronischen Korrektur werden kissen- und tonnenförmige Verzeichnungen durch Strecken und Stauchen wieder in Form gebracht. Dies funktioniert nicht, ohne dass an den Rändern Bildinformationen verloren gehen.

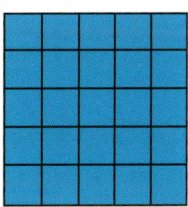

Abbildung 8.55
Typische Verzeichnungen (von links nach rechts): kissenförmig, nicht verzeichnet, tonnenförmig

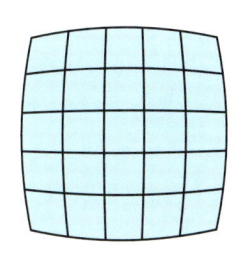

Optimale Ergebnisse mit der Objektiv-Feinabstimmung
EXKURS

Falls beim Fokussieren der scharfe Bereich ständig zu weit vorn (*Frontfokus*) oder zu weit hinten (*Backfokus*) liegt, können Sie dies in der Kamera korrigieren. Bevor Sie die entsprechenden Einstellungen verändern, sollten Sie jedoch für verlässliche Testbedingungen sorgen. Dazu gehört, dass die Kamera auf einem Stativ steht und die Entfernung zum Motiv mindestens das Fünfzigfache der Brennweite beträgt. Bei einer Brennweite von 50 mm wären das $50 \times 50 = 2\,500$ mm $= 2{,}5$ m. Zudem muss das Fokusziel exakt parallel zum Sensor ausgerichtet sein. Vergleichen Sie die Ergebnisse insbesondere mit solchen, die im Livebild-Betrieb entstanden sind. Schließlich wird dort neben der Phasenmethode über den *Dual Pixel CMOS AF* auch mit der Kontrastmethode fokussiert, was unabhängig von einem falsch justierten Objektiv zu einer perfekten Scharfstellung führen muss. Testen Sie vor allem, ob die veränderten Werte auch unter reellen Bedingungen bessere Ergebnisse bringen.

Sie finden die Option zur Autofokus-Justage unter dem Menüpunkt **AF Feinabstimmung** im fünften Autofokusmenü (**AF5**). Dort können Sie die Korrektur für all Ihre Objektive mit den gleichen Parametern vornehmen (**Alle gleichen Wert**) oder für einzelne Modelle gezielt Korrekturen hinterlegen (**Abst. pro Objektiv**).

Abbildung 8.56 >
*Die **AF Feinabstimmung** finden Sie im fünften Autofokusmenü (**AF5**).*

Abbildung 8.57 >
Die Kamera kann sich die Einstellungen von 40 verschiedenen Objektiven merken und sie lassen sich für Weitwinkel- und Telebereich getrennt einstellen.

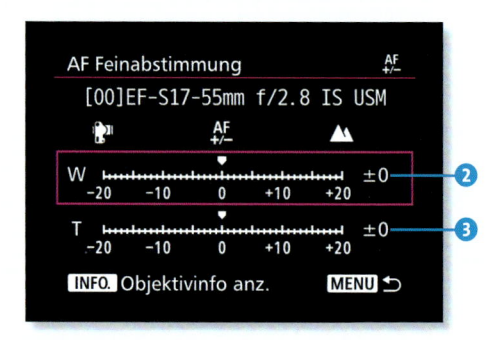

EXKURS

Sobald Sie dazu ein Objektiv einmalig über den Menüpunkt **INFO Register** ❶ mit der 7D Mark II bekannt gemacht haben, werden die Korrekturen jedes Mal wieder abgerufen, wenn es an der Kamera montiert ist.

Die Feinabstimmung können Sie bei einem Zoomobjektiv für den Weitwinkelbereich **W** ❷ und den Telebereich **T** ❸ getrennt vornehmen. Wenn Sie mit einer mittleren Brennweite fotografieren, errechnet die Kameraautomatik einen mittleren Korrekturwert.

Insbesondere bei größeren Abweichungen von der Norm können Sie das Objektiv in der Werkstatt von Canon neu justieren lassen. Bevor Sie zu dieser Maßnahme greifen, sollten Sie jedoch zunächst sämtliche Faktoren ausgeschlossen haben, die ebenfalls zu unscharfen Bildern führen können. In vielen Fällen eines vermeintlichen Fehlfokus sind nämlich tatsächlich Blende und Belichtungszeit mit der gewünschten Schärfe unvereinbar.

Abbildung 8.58 ⋀ >
*Tasten Sie sich durch Verändern der **AF-Feinabstimmung** an das optimale Schärfeergebnis heran*

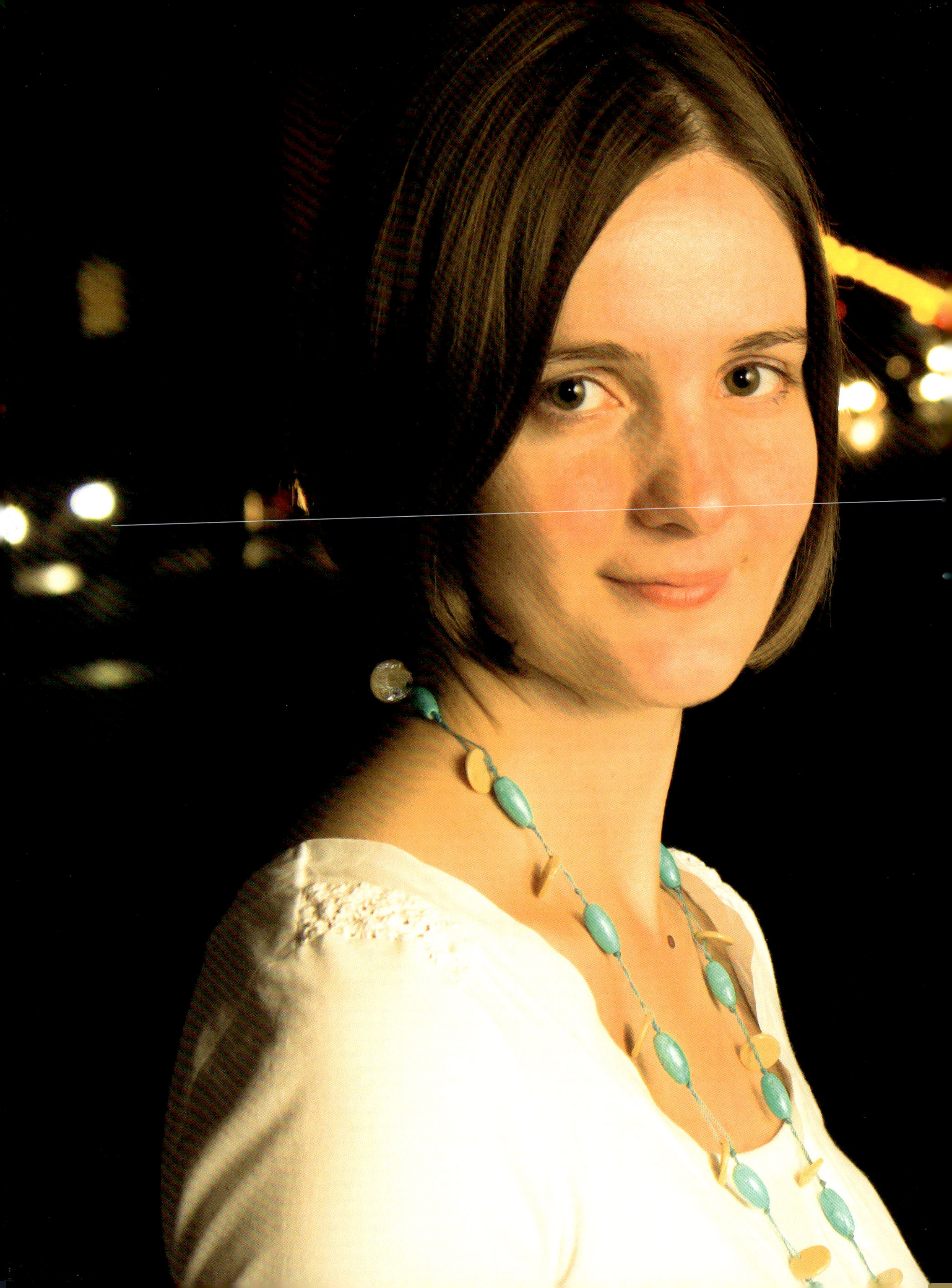

Kapitel 9
Fotopraxis: Menschen inszenieren

Die richtige Technik für gute Porträts 252

Porträtaufnahmen bei natürlichem Licht 258

EXKURS: Mit der 7D Mark II im Studio 260

Die richtige Technik für gute Porträts

Menschen gehören zu den beliebtesten Motiven überhaupt. Mit Porträts lassen sich schließlich intensive Momente festhalten, aber auch Geschichten erzählen. Damit Ihr Gegenüber auf Bildern gut zur Geltung kommt, müssen neben der Kameratechnik auch Licht, Perspektive und Umfeld stimmen. Schärfe und Unschärfe an den richtigen Stellen, schöne Farbstimmungen: Die 7D Mark II ist für die Porträtfotografie bestens geeignet. Schließlich bietet die ausgewiesene Actionkamera auch für Porträtfotografen einige sehr hilfreiche und praxisrelevante Komfortfunktionen.

Empfehlenswerte Einstellungen für klassische Porträtfotos

- **Av**-Modus
- Brennweite: 50–70 mm
- Blende: kleine Blendenzahl für niedrige Schärfentiefe
- Autofokus: **ONE SHOT**
- Betriebsart: **Einzelbild** oder **Reihenaufnahme**
- Bildstil: **Porträt** oder eigener, angepasster Bildstil
- Weißabgleich: nach Bedarf (zum Beispiel **Schatten** für eine warme Lichtstimmung)
- ISO: maximal 800 (sofern das Rauschen kein Problem ist, auch höher)

Brennweitenbereiche für Porträts

Als typische Porträtobjektive gelten gemeinhin die lichtstarken Festbrennweiten zwischen 30 und etwa 80 mm. Die meisten Porträtfotografen greifen zu Linsen aus diesem Bereich, da hier keine Verzerrungen der Proportionen auftreten und sich bei einem bequemen Aufnahmeabstand wahlweise der ganze Körper oder das Gesicht formatfüllend abbilden lässt.

Niedrigere Brennweiten, etwa im Bereich von 10 bis 20 mm, verzerren bei ungünstiger Platzierung die Proportionen des Modells. Die Nase erscheint dann überdimensional groß, das Gesicht kreisrund. Geht es allerdings darum, die Beine extrem verlängert darzustellen oder einen Menschen in weiter Landschaft zu zeigen, können Sie bei Ganzkörperaufnahmen die gewünschte Wirkung damit sehr gut erzielen.

Höhere Brennweiten wiederum erfordern einen großen Abstand zum Modell, was nicht nur räumlich zu großer Distanz führt. Andererseits mögen viele Fotografen den besonderen Bildeffekt einer langen Brennweite und nutzen sie auch in diesem Genre.

Grundsätzlich stellt sich die Frage, ob nicht auch ein lichtstarkes Zoomobjektiv für Porträtaufnahmen die perfekte Wahl ist. Blende 2,8 ist immer noch offen genug, um den Hintergrund in Unschärfe verschwimmen zu lassen. In jedem Fall gewinnen Sie dabei erheblich an Flexibilität.

Natürlich lassen sich auch mit einem weniger lichtstarken Objektiv wie dem *EF-S 18–135 mm 1:3,5–5,6 IS STM* gute Porträts schießen. Nah ran ans Motiv, die Brennweite auf einen mittleren bis hohen Wert stellen und die Blende auf f5,6 öffnen sind die Erfolgsfaktoren, die auch in diesem Fall zu einem unscharfen Hintergrund führen.

Eine ausführliche Darstellung der verschiedenen Objektive finden Sie im Abschnitt »Objektive für Ihre 7D Mark II« auf Seite 212.

Wege zu scharfen Porträts

Die hohe Lichtstärke der typischen Porträtobjektive hat ihre Tücken. Denn mit großen Blendenöffnungen, also kleinen Blendenzahlen, und einem Motiv in unmittelbarer Nähe der Kamera ist die Schärfeebene ausgesprochen gering.

< **Abbildung 9.1**
Die geringe Schärfentiefe hat auch ihre Tücken. Hier liegt das linke Auge des Modells schon außerhalb der Schärfeebene.

Bei einer Brennweite von 50 mm, einer Blende von f3,2 und einer Entfernung des Modells von der Sensorachse der 7D Mark II von 1 m erstreckt sich die Schärfe von 0,98 bis 1,02 m. Sie ist also nur 4 cm tief. Damit sind interessante kreative Effekte möglich: Die Augen sind scharf, die Ohren jedoch verschwinden bereits in der Unschärfe.

Andererseits passiert es schnell, dass das Motiv die Schärfeebene ungewollt verlässt. Ein leichtes Pendeln von Fotograf oder Modell reicht, und statt der Augen sind nur die Ohrläppchen oder die Nasenspitze scharf. Bei der Arbeit mit weit geöffneten Blenden wie 1,8, 1,4 oder gar 1,2 lässt sich dies kaum verhindern. Es empfiehlt sich deshalb, mehrere Fotos per Reihenaufnahme zu schießen. Mit jedem Auslösen steigt die Wahrscheinlichkeit, dass Sie ein wirklich scharfes Bild bekommen. Im zweiten Individualfunktionenmenü (**C.Fn2:Exposure/Drive**) können Sie unter **Geschwindigk. Reihenaufnahme** die Serienbildgeschwindigkeit auf einen etwas niedrigeren Wert verringern. So wird die Speicherkarte etwas weniger schnell voll.

Tricks für mehr Hintergrundunschärfe

Mehr Hintergrundunschärfe erreichen Sie mit Hilfe dieser vier Methoden:
- Öffnen Sie die Blende weiter. Je kleiner die Blendenzahl, desto besser.
- Benutzen Sie eine höhere Brennweite. Bei 70 mm Brennweite, Blende 5,6 und einem Aufnahmeabstand von 8 m erstreckt sich die Schärfentiefe über etwa 2,9 m. Bei einer Brennweite von 100 mm sind es 1,4 m, bei 200 mm nur noch rund 35 cm.
- Verringern Sie die Entfernung zwischen der Kamera und dem Modell.
- Erhöhen Sie die Distanz zwischen dem Modell und dem Hintergrund.

Durch eine Kombination dieser Techniken verstärkt sich der Effekt jeweils.

Abbildung 9.2
Spot-AF ist bei Porträts der Autofokusmodus der Wahl.

Egal ob Sie mit offener oder eher weit geschlossener Blende fotografieren: Der Fokus beim Porträt muss sitzen. Dafür ist in diesem Fall der **AF-Bereichsmodus Spot-AF** die beste Wahl. Dadurch können Sie die Schärfe sehr präzise auf die Augen – genauer gesagt die Pupille – legen. Im Abschnitt »Einstellungen für einen guten Start« auf Seite 33 haben Sie außerdem erfahren, wie sich das Umschalten der Messfelder mit dem Multi-Controller beschleunigen lässt. Beim dort vorgestellten Trick ist es nicht nötig, zunächst auf die Taste **AF-Messfeldwahl** zu drücken.

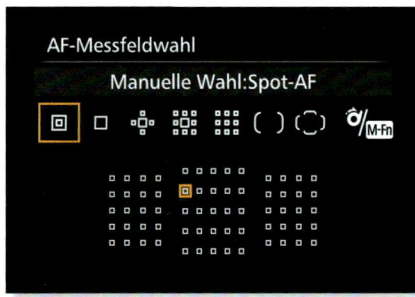

Eine weitere sinnvolle Funktion für Porträtfotografen finden Sie im vierten Autofokusmenü (**AF4**). Dort können Sie unter **AF-Messfeld Ausrichtung** bestimmen, dass je nach Ausrichtung der Kamera automatisch auf ein zuvor in dieser Lage verwendetes Messfeld gesprungen wird. Die Details zu dieser Funktion lernen Sie im besonderen Tipp »Die Auswahl von AF-Messfeld und AF-Zone vereinfachen« auf Seite 116 kennen.

< Abbildung 9.3
Bei jedem Wechsel der Kameraausrichtung ist das passende Messfeld aktiv.

Schließlich lohnt es sich noch, sich mit den Möglichkeiten der Messfeldspeicherung zu beschäftigen. Beim Druck auf die **AF-Messfeldwahl**-Taste und die Taste lässt sich eines der 65 Autofokusmessfelder speichern. Dieses kann über mehrere Tasten der Kamera wieder abgerufen werden. Auch auf diese Weise lässt sich der Wechsel zwischen den Messfeldern stark beschleunigen. Weitere Details dazu erfahren Sie im besonderen Tipp »Ein Messfeld speichern« auf Seite 150.

< Abbildung 9.4
Nutzen Sie die Möglichkeit, eine Taste mit dem Sprung auf ein gespeichertes Messfeld zu belegen.

Wohin mit der Schärfe?

Die Schärfe sollte bei der klassischen Porträtfotografie immer auf den Augen liegen. Dieser Bereich erweckt beim Betrachter die größte Aufmerksamkeit. Sind die Augen unscharf, ist die Bildwirkung in den meisten Fällen dahin.

Neben dem richtigen Autofokusmessfeld spielt auch die Belichtungszeit eine wichtige Rolle. Hier finden Sie im zweiten Aufnahmemenü (**SHOOT2**) unter **ISO-Empfindl.Einstellungen** einige Funktionen, die Sie vor Fehlern im Eifer des Gefechts bewahren. Zunächst einmal können Sie unter **Min. Verschl.zeit** eine Mindestbelichtungszeit eingeben, die nicht unterschritten werden darf. Außerdem können Sie den **Auto ISO-Bereich** bei einem höheren Wert starten lassen, so dass sich ganz grundsätzlich die Möglichkeit für kürzere Belichtungszeiten ergibt. Auf der anderen Seite ist es dort möglich, den höchstmöglichen

ISO-Wert zu begrenzen. Dies bewahrt Sie vor verrauschten Bildern. Weitere Informationen zu diesen Einstellungen erfahren Sie im Abschnitt »Der Automatik auf die Sprünge helfen« auf Seite 76.

Abbildung 9.5
Die Einstellungsmöglichkeiten in diesem Menü bewahren Sie vor verwackelten und verrauschten Bildern.

Schöne Farben für Porträts

Großen Einfluss auf das Bild hat der Weißabgleich, der unterschiedliche Farbtemperaturen und damit die Farbgebung des Bildes bestimmt. Dabei sind Ihrer Kreativität insofern Grenzen gesetzt, als dass Hauttöne in der Regel noch eine halbwegs natürliche Wirkung haben sollten.

Warme oder pastellfarbene Hauttöne lassen Gesichter deutlich vorteilhafter erscheinen als zum Beispiel rötliche oder anders farbstichige Hautpartien.

Abbildung 9.6
Experimentieren Sie mit verschiedenen Weißabgleichseinstellungen.

Über die Taste **WB** für den Weißabgleich gelangen Sie schnell in das entsprechende Menü. Experimentieren Sie zu Beginn einer Porträtreihe ruhig mit verschiedenen Einstellungen, die auf den ersten Blick falsch erscheinen. Mit einem Dreh am Schnellwahlrad ○ geht das sehr komfortabel und schnell. Wenn Sie den Weißabgleich bei hellem Sonnenlicht auf **Schatten** stellen, bekommen die Bilder eine sehr warme, eher abendliche Note. Vielleicht sagt Ihnen aber auch der ins Bläuliche gehende Look zu, den Sie mit der Einstellung **Kunstlicht** erreichen.

Beim Fotografieren im RAW-Format können Sie die Entscheidung über den Weißabgleich bei der Aufnahme vertagen. Schließlich lässt er sich in der Software nachträglich nach Belieben verstellen. Sofern Sie im JPEG-Format fotografieren, sollten Sie allerdings sehr genau auf Farbstiche achten. Diese lassen sich später nur recht mühsam entfernen.

Die verfügbaren **Bildstile** erreichen Sie über einen Druck auf die Taste und die anschließende Wahl des Symbols . Der mit der 7D Mark II mitgelieferte Bildstil **Porträt** eignet sich besonders gut für die Aufnahme von Menschen. Seine Parameter sind auf eine natürliche Darstellung von Hauttönen ausgerichtet. Wenn Sie im RAW-Format arbeiten, können Sie Bildstil und Farbtemperatur auch nachträglich am Rechner ändern. Weitere Informationen zu diesem Thema finden Sie im Abschnitt »Farben nach Wunsch: Bildstile einsetzen« auf Seite 166.

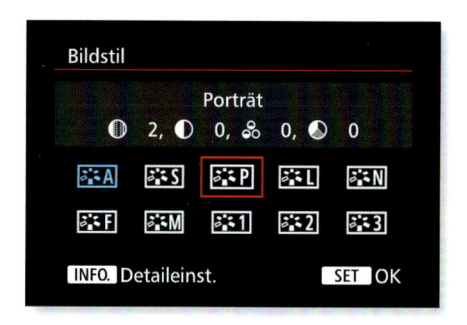

^ Abbildung 9.7
Die Bildstimmung beeinflussen Sie am einfachsten mit dem richtigen Bildstil.

^ Abbildung 9.8
Die höhere Farbtemperatur beim Weißabgleich sorgt für wärmere Farben beim rechten Bild.

Porträtaufnahmen bei natürlichem Licht

Wie in allen Bereichen der Fotografie kommt es auch bei Porträts auf das richtige Licht an. Die von Wind und Wetter gezeichnete Haut eines alten Seemanns verträgt eine andere Beleuchtung als die einer jungen Frau oder eines Kindes. Bei einer Charakterstudie dürfen Partien im tiefsten Schatten liegen, während in anderen Fällen das Gesicht in seiner ganzen Schönheit gezeigt werden soll. Mit der Kenntnis von Licht in all seinen Varianten und dem Wissen um Einflussmöglichkeiten darauf können Sie Ihre gestalterische Vision wesentlich besser umsetzen.

Am schmeichelhaftesten ist in der Regel weiches Licht. Dieses kommt immer dann zustande, wenn Licht aus einer beliebigen Quelle diffus und flächig gestreut wird. Dabei entstehen gar keine oder nur sehr weiche Schatten.

v **Abbildung 9.9**
Links: Das starke Gegenlicht stört hier keineswegs. Allerdings hätte ein Reflektor von vorne die Ausleuchtung des Modells noch verbessert. Rechts: Für diese Gegenlichtaufnahme im Abendrot wurde ein Reflektor verwendet.

[50 mm | f2,8 | 1/200 s | ISO 100]

[50 mm | f3,2 | 1/200 s | ISO 200]

In der Natur herrscht ein solches Licht an bewölkten Tagen, die deshalb für Porträtaufnahmen gut geeignet sind. Auch an vielen leicht schattigen Plätzen dominiert weiches Licht, das über eine Vielzahl von Flächen reflektiert wird und deshalb diffus ist. Gute Bedingungen finden Sie zum Beispiel unter einem Baum oder Torbogen oder auch an einem Fenster zur Nordseite. Dort strahlt die Sonne nie mit voller Kraft auf Ihr Modell.

Das warme Abend- und Morgenlicht schmeichelt mit seiner Farbtemperatur den Hauttönen. Die Schatten sind um diese Tageszeiten zwar lang, sorgen aber auch für Konturen, und durch die weichen Schattenränder fallen sie nicht unangenehm auf. Selbst Gegenlichtaufnahmen funktionieren um diese Zeit ohne übermäßig ausgebrannte Partien am Himmel. Möglicherweise müssen Sie allerdings mit einem Aufhellblitz oder einem Reflektor Licht auf das Gesicht bringen. Die Augen wirken ohnehin dann lebendiger, wenn sich in Ihnen eine Lichtquelle spiegelt. Diese im Englischen *Catch Lights* genannten Reflexionen können die Bildwirkung erheblich verbessern.

Eine gute Investition für die Porträtfotografie ist ein Reflektor. Diese gibt es mit verschiedenen Bespannungen. Goldene und gold-silberne Modelle (Letztere werden auch *Zebra-Modelle* genannt) sorgen für besonders schöne Hauttöne. Für die Arbeit mit einem Reflektor benötigen Sie allerdings meist einen Assistenten.

Es gibt jedoch auch Beispiele, in denen gerade die kontrastreichen Schatten des harten Lichts erwünscht sind, wie es um die Mittagszeit herrscht. Falten werden tiefer und damit sichtbarer, die Gesichtszüge markanter. Gerade bei Porträts von Männern kann dies genau die gewünschte Bildwirkung sein.

Hell macht glatt

Experimentieren Sie ruhig mit mehreren Belichtungsvarianten. Eine leichte Überbelichtung ❶ lässt die Strukturen der Haut verschwinden und diese glatter erscheinen. Drücken Sie dafür den Auslöser halb durch und drehen Sie das Schnellwahlrad ⊙ nach rechts.

< Abbildung 9.10
Kontrollieren Sie die Stärke der Belichtungskorrektur am Monitor.

Mit der 7D Mark II im Studio

EXKURS

Beim Fotografieren im Studio haben Sie die volle Kontrolle über die Beleuchtung. Die Funktion des Aufsteckblitzes übernimmt hier ein Studioblitz, der mit einem sogenannten *Einstelllicht* bereits vor der Aufnahme eine ungefähre Vorstellung davon vermittelt, wie das Licht im Bild wirken wird. Die völlige Klarheit schafft allerdings erst der tatsächlich ausgelöste Blitz auf dem fertigen Foto.

Technik im Heimstudio

Auf eine Automatik wie das E-TTL-System, das im Prinzip per Testblitz für die richtige Belichtung sorgt, können Sie sich beim Fotografieren im Studio nicht mehr verlassen. In dieser Aufnahmesituation ist das **M**-Programm deshalb die Einstellung der Wahl. Wie beim Betrieb mit integriertem Blitz oder Aufsteckblitz ist auch hier die Blitzsynchronzeit (siehe den Abschnitt »Wichtig: die Blitzsynchronzeit« auf Seite 190) die Grenze, bis zu der Sie die Belichtungszeit einstellen können. Mit der Blende regeln Sie wie gewohnt die Schärfentiefe, der ISO-Wert schafft zusätzlichen Spielraum. Bei der Verwendung von höheren ISO-Werten kann außerdem die Stärke des Blitzes etwas geringer ausfallen. Das ermöglicht schneller hintereinander abgefeuerte Blitze beziehungsweise die Arbeit mit kleineren und schwächeren, dafür aber auch preiswerteren Geräten. Am Studioblitz selbst stellen Sie die Stärke des Blitzes ein. Je nach Modell ist dies stufenlos oder in Schritten mit einem Drehschalter oder über Tasten möglich. Im Idealfall lässt sich dabei über eine Skala ablesen, ob der Blitz um eine ganze Blendenstufe, Drittelblenden oder sogar noch feinere Abstufungen stärker oder schwächer abfeuert. Natürlich ist es nicht ganz einfach, die Einstellungen an Blitz und Kamera aufeinander abzustimmen. Dabei ist ein Blitzbelichtungsmesser hilfreich, der das auf das zu fotografierende Objekt auftreffende Blitzlicht misst und die Beleuchtungsstärke als Blendenwert anzeigt. Aber auch mit ein

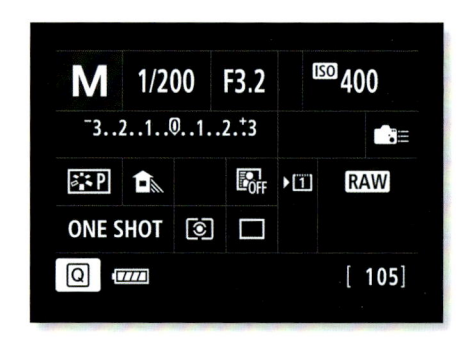

∧ *Abbildung 9.11*
Beim Fotografieren im Studio müssen Sie manuell arbeiten

Abbildung 9.12 >
Ein Blitzbelichtungsmesser macht es Ihnen besonders leicht, die Intensität des Studioblitzes richtig einzustellen (Bild: Gossen).

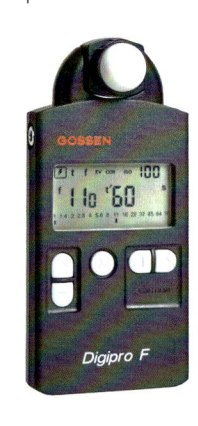

wenig Ausprobieren und dem Histogramm als Belichtungshelfer ist der Weg zu einem ansehnlichen Studioporträt nicht allzu schwer.

Das Auslösen des Blitzes erfolgt in der Regel über Funk. Immer wenn Sie den Auslöser betätigen, wird über den Blitzschuh der EOS 7D Mark II ein Signal abgegeben. Dieses kann über eine Kombination aus Sender und Empfänger an den Blitz weitergegeben werden. Einige Studioblitze haben den Empfänger bereits fest eingebaut und den Sender im Lieferumfang.

Schon mit einem einzigen Studioblitz können Sie sehr gute Ergebnisse erzielen. Mit jedem weiteren Blitz erweitern sich zwar die Möglichkeiten, dafür kommen jedoch auch größere Herausforderungen auf Sie zu. Schließlich beeinflussen sich die beiden Lichtquellen durchaus gegenseitig. Fangen Sie also lieber klein an und arbeiten Sie sich Schritt für Schritt zu ausgereifteren Lichtsettings vor.

< Abbildung 9.13
Bei diesem Blitz können Sie die Stärke in Zehntelschritten regulieren. Der Wert (hier 7,5) sagt als solcher nichts über die Helligkeit aus, sondern zeigt an, ob die volle Blitzleistung genutzt wird oder nicht (Bild: Profoto).

Kauftipps Studioblitze

Studioblitze gibt es von Firmen wie Walimex bereits ab 100 Euro. Die meisten Modelle von Premium-Herstellern wie Richter, Hensel oder Elinchrom kosten dagegen das Zehnfache. Die Unterschiede liegen vor allem in der Verarbeitung, der Zuverlässigkeit und der Langlebigkeit. Schließlich sollen diese Geräte im täglichen Einsatz eines professionellen Studiofotografen problemlos ihren Dienst verrichten. Als Einsteiger können Sie dagegen auch zu einer preiswerteren Variante greifen. Nicht sparen sollten Sie jedoch am Lichtstativ. Ohne einen stabilen Stand sind böse Unfälle vorprogrammiert.

Abbildung 9.14 >
Ein Studiokit enthält alles, was Sie für den Einstieg in die Studiofotografie an Licht benötigen (Bild: Profoto).

EXKURS

Mit Lichtformern das Licht beeinflussen

In der Studiofotografie können Sie nicht nur die Stärke des Lichts sehr genau dosieren, sondern haben über Lichtformer auch die Möglichkeit, die Lichtqualität besser zu steuern.

Ein häufig eingesetzter Lichtformer ist die sogenannte *Softbox*. In ihrem Inneren befinden sich Reflektoren, die das Licht über die ganze Fläche des Lichtformers streuen und für ein diffuses, weiches Licht sorgen. Dieses schmeichelt der Haut und ist ein gutes Mittel, ein Modell gut aussehen zu lassen. Eine ähnliche Wirkung erzielen Durchlicht- oder Reflexschirme. Allerdings streuen diese das Licht weit in den Raum und erlauben damit etwas weniger Kontrolle als eine Softbox. Für den Einstieg in die Studiofotografie sind sie jedoch sehr gut geeignet.

[50 mm | f2,8 | 1/200 s | ISO 400]

Abbildung 9.15 >
Ein einfacher Durchlichtschirm liefert, ähnlich wie eine Softbox, ein sehr weiches Licht.

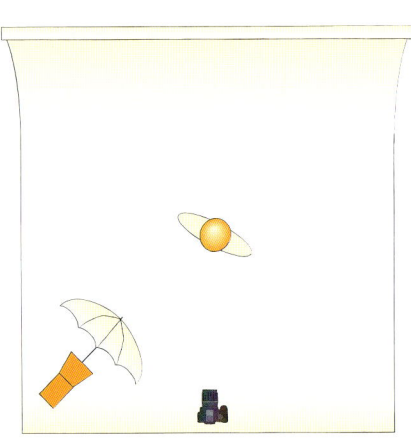

Wenn Sie ein etwas härteres Licht erzeugen wollen, das etwa die Ecken und Kanten eines Mannes hervorhebt, können Sie dafür den reinen Blitz ohne jeden Vorsatz verwenden. Alternativ lässt sich dessen Licht mit verschiedenen Lichtformern abschirmen, etwa über Klappen oder einen Spotvorsatz.

Die goldene Mitte zwischen der weichen Anmutung einer Softbox-Beleuchtung und dem harten Licht des nackten Blitzes repräsentiert der sogenannte *Beauty Dish*. Ein solcher »Metallreflektor« erzeugt einen relativ harten Mittelpunkt mit weichen Rändern. Besonders in der Modefotografie wird gern und häufig mit dem Beauty Dish gearbeitet.

Abbildung 9.16
Beim Beauty Dish erzeugt ein Deflektor in der Mitte relativ hartes Licht, das zu den Rändern hin stark abfällt und weicher wird.

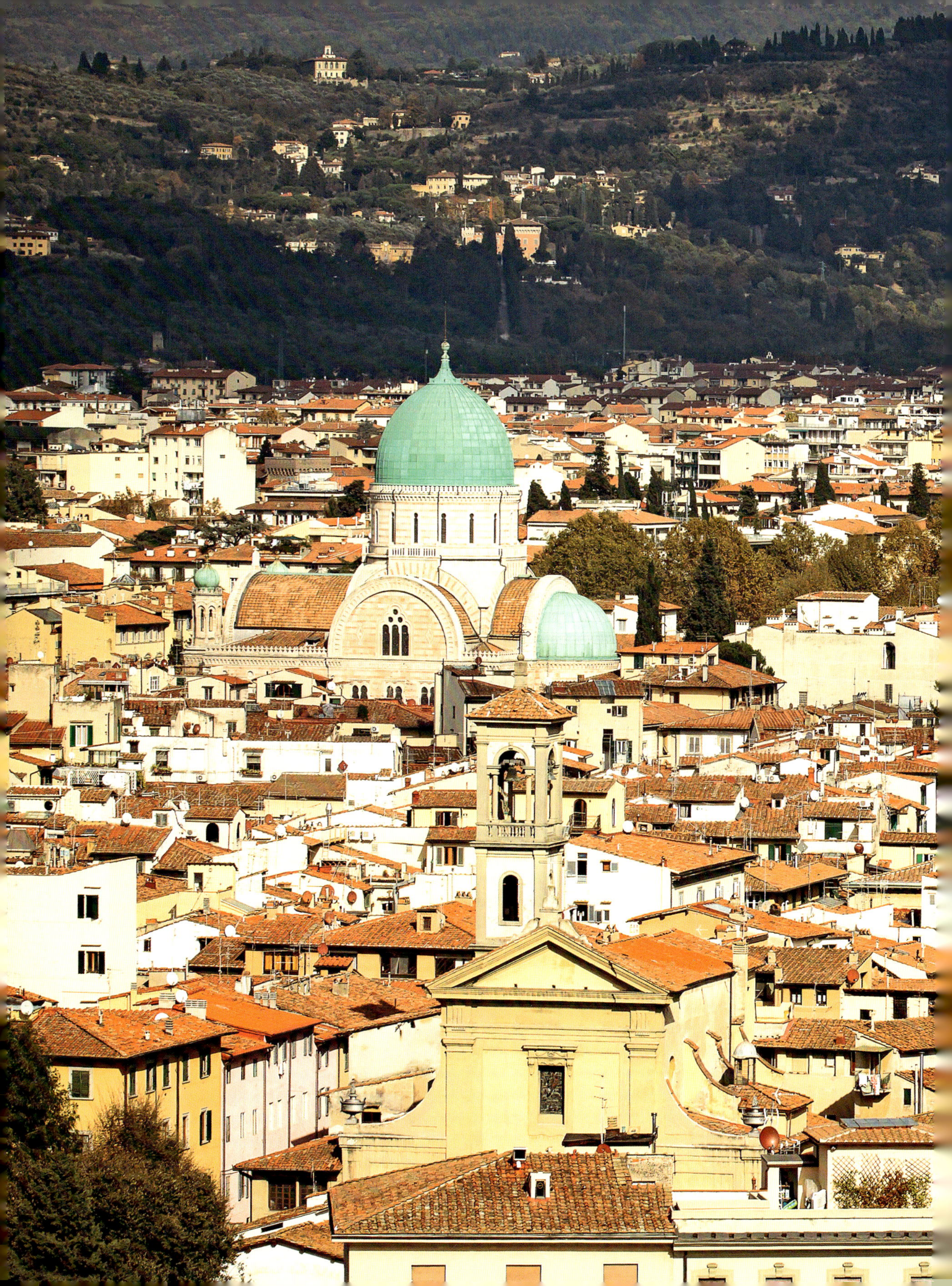

Kapitel 10
Fotopraxis: Stadt und Architektur

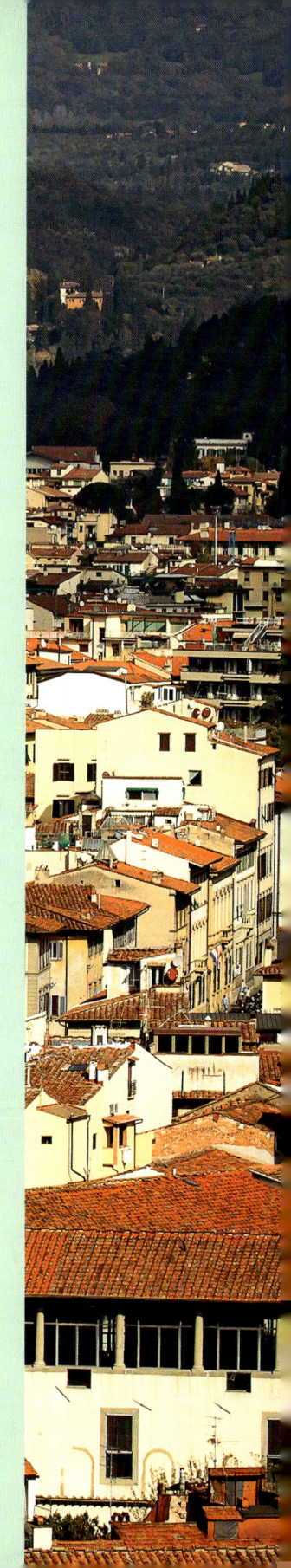

Straßenszenen einfangen	266
Schärfe und Unschärfe mit Stil: Mitziehen	269
Bauwerke zur Geltung bringen	271
Architektur und Bewegung	275
EXKURS: Stürzende Linien am Computer beseitigen	278

Abbildung 10.1
Suchen Sie nach interessanten Details und Gegensätzen.

Straßenszenen einfangen

Ob die Straßencafés in Paris, die hektische Betriebsamkeit New Yorks oder das bunte Treiben auf den Basaren in Istanbul – jede Stadt hat ihr eigenes, ganz besonderes Flair. Und so vielfältig wie Städte selbst sind auch die Motive: einerseits die Gebäude, die den Rahmen für das Stadtleben bilden und das Bindeglied zwischen längst vergangenen Epochen und der Gegenwart sind, andererseits die Menschen, die Straßen und Plätze mit Leben füllen.

Die Fotos einer Stadt sollen diese oftmals nicht nur dokumentieren, sondern auch die damit verbundene Ausstrahlung dieser Orte transportieren. Das ist gar nicht so einfach, denn das Drumherum – wie etwa das Stimmengewirr oder die Gerüche – landet nicht in den engen Grenzen des Fotoausschnitts. Die Herausforderung bei der Motivwahl besteht also darin, aus der Summe der visuellen Informationen diejenigen herauszupicken, die symbolhaft für Ihren Gesamteindruck stehen. Versuchen Sie erst einmal herauszufinden, was für Sie das Besondere an dem Ort ist. Wenn Ihnen klar ist, was Sie fasziniert, wird es Ihnen sicher leichter fallen, dies in Szene zu setzen.

Statt den quirligen Markt in seiner Gesamtheit abzulichten, wählen Sie lieber einen typischen Marktstand aus, den Sie dann im Detail in Szene zu setzen versuchen. Indem Sie sich auf konkrete Situationen oder Ausschnitte beschränken, wird es einfacher, mit dem Bild auch eine Geschichte zu erzählen.

Weil in diesem Genre fremde Personen ins Spiel kommen, bewegen Sie sich allerdings schnell auf dünnem Eis. Ihrem Wunsch, das Stadtleben einzufangen, steht das Bedürfnis Ihres »Mo-

[15 mm | f8 | 1/200 s | ISO 100]

dells« gegenüber, nicht als (folkloristisches) Motiv für Touristen herhalten zu müssen. Hier gilt es, eine Abwägung zu treffen. Sie werden erstaunt sein, wie viele Menschen bereitwillig posieren, wenn Sie sie vor dem Fotografieren nur fragen.

[85 mm | f5,6 | 1/160 s | ISO 1600]

< Abbildung 10.2
Ein enger Bildausschnitt wirkt oftmals besser als die Totale eines Markts.

Falls das Gesicht für die Bildaussage keine Rolle spielt, können Sie die Personen auch als nicht identifizierbare Silhouetten darstellen. Im Gegenlicht des Morgens oder Abends lassen sich interessante Stadtszenen einfangen, ohne dass Sie dafür einzelnen Personen zu nah kommen müssen.

Im Genre der Straßenfotografie arbeiten viele Fotografen mit Schwarzweißaufnahmen. Dieses Stilmittel reduziert die Wirkung auf Kontraste und Strukturen und betont diese damit. Über die **Bildstil**-Einstellungen der 7D Mark II können auch Sie sich darin versuchen. Sie erreichen sie schnell nach einen Druck auf die Taste und über das Symbol . Sobald Sie dort den Bildstil **Monochrom** aktivieren, gelten einige Besonderheiten, die Sie im Abschnitt »Schwarzweißbilder optimal aufnehmen« auf Seite 171 näher kennenlernen. So können Sie in der Architekturfotografie mit dem Orange- oder Rotfilter experimentieren und so den Himmel besonders betonen. Wenn Sie die Schwarzweißumwandlung erst am Computer vornehmen, halten Sie sich mit einer Farbaufnahme alle Möglichkeiten offen. Die Aufnahmekombination aus JPEG-Bild im **Monochrom**-Bildstil und RAW-Datei ist optimal. Sie sehen Ihr Motiv sofort in Schwarzweiß und haben dennoch sämtliche Möglichkeiten der Nachbearbeitung.

Abbildung 10.3 >
Experimentieren Sie mit dem Bildstil **Monochrom.**

[18 mm | f8 | 1/125 s | ISO 200]

Die Farbgebung beeinflussen

Im Abschnitt »Die Belichtung gezielt anpassen« auf Seite 86 haben Sie erfahren, wie in hellen Umgebungen eine Überbelichtung verhindert, dass Bildteile grau statt weiß erscheinen. Weiße Fassaden in heller Umgebung sind ein Einsatzgebiet, bei dem diese Methode sehr nützlich ist.

Moderne Gebäude bestehen oft aus spiegelnden Materialien wie Glas und Metall. Um unerwünschte Reflexionen zu vermeiden, können Sie einen Polfilter einsetzen. Ein schöner Nebeneffekt dabei ist der kräftig dunkelblaue Himmel. Mehr dazu erfahren Sie unter »Intensivere Farben mit dem Polfilter« auf Seite 230.

Häufig geben selbst die weniger schönen Ecken einer Stadt interessante Motive ab – zum Beispiel weil sie den Verfall und städtebauliche Sünden dokumentieren oder gesellschaftliche Spannungen offenbaren. Auch beim Anfertigen solcher Bilder können Sie sich jedoch von fotografischen Gestaltungsregeln leiten lassen. Dadurch wird der Inhalt nicht schöner, aber kommt prägnanter zur Geltung.

Schärfe und Unschärfe mit Stil: Mitziehen

Ein scharfes ganz offensichtlich in Bewegung befindliches Motiv vor einem verwaschenen Hintergrund bringt Dynamik ins Bild. Dieser als *Mitzieher* bekannte Effekt ist ein beliebtes Gestaltungsmittel in der Street-Fotografie, um Aktivität und Betriebsamkeit in der Stadt besser zu verdeutlichen. Ein solcher Eindruck entsteht dadurch, dass der Fotograf mit der Kamera und einer relativ langen Belichtungszeit dem Zielobjekt folgt.

[50 mm | f14 | 1/8 s | ISO 100]

< Abbildung 10.4
Bei Mitziehern von Fußgängern müssen Sie mit viel Ausschuss rechnen.

Stellen Sie den Autofokus dafür am besten in den AF-Modus **AI SERVO** und wählen Sie das **Tv**-Programm. Anschließend stehen Sie vor der Frage, welche Belichtungszeit für das Mitziehen die richtige ist. Dies hängt ganz von der verwendeten Brennweite und der Geschwindigkeit des verfolgten Objekts ab. Hier gilt es, sich durch Versuch und Irrtum an den idealen Wert anzunähern. Ausgehend von der Faustregel »Belichtungszeit in s = 1 ÷ (Geschwindigkeit in km/h)«, können Sie sich schnell an den optimalen Wert herantasten. Ist der Wischeffekt nicht ausgeprägt genug, muss die Belichtungszeit verlängert werden. Wirkt das gesamte Bild verschwommen, steht eine Verkürzung an. Zudem gilt, dass die Belichtungszeit umso kürzer sein muss, je weiter Sie sich Ihrem Motiv nähern.

Mitzieher und Bildstabilisator

Die Bildstabilisatoren aktueller Objektive erkennen, dass es sich um einen Mitzieher handelt, und schalten die Verwacklungskorrektur automatisch aus. Sie würde ansonsten den Wischeffekt zunichtemachen. Einige Modelle verfügen über zwei oder sogar drei unterschiedliche Bildstabilisatoreinstellungen, bei denen eine (**Modus 2**) speziell auf diese Fälle ausgerichtet ist. Die Schwenkbewegung in die eine Richtung wird dann nicht stabilisiert. In der jeweils anderen Bewegungsrichtung dagegen erfolgt eine Korrektur.

Das Geheimnis guter Mitzieher liegt neben der richtigen Belichtungszeit auch in einer ruhigen, gleichmäßigen Schwenkbewegung. Verfolgen Sie das Motiv schon eine Weile vor der Aufnahme und drücken Sie in einer fließenden Bewegung auf den Auslöser, ohne dabei zu stocken oder gar mit dem Schwenken aufzuhören. Insofern gleicht ein sauberer Mitzieher sogar einer Tai-Chi-Übung – mit vielen Versuchen, Geduld und etwas Erfahrung werden sich Ihre Ergebnisse schnell verbessern.

v **Abbildung 10.5**
Die Belichtungszeit passte in diesem Fall gut zur Geschwindigkeit des Radfahrers.

[15 mm | f16 | 1/13 s | ISO 100]

Bauwerke zur Geltung bringen

Ob großbürgerlich, mondän, ländlich oder avantgardistisch – Bauwerke bestimmen die Wahrnehmung einer Stadt. Es ist jedoch gar nicht so einfach, diese raumgreifenden Konstruktionen in einem zweidimensionalen Foto gut zur Geltung zu bringen. Mit der richtigen Technik und einigen Gestaltungstricks gelingt es besser.

Verschmutzte Stadtluft

Eindrucksvolle Bilder einer Stadt sind häufig auch von Aussichtsplattformen, Türmen oder Hügeln aus möglich. Gerade im Sommer rauben jedoch häufig Staub und Wärmedunst den Bildern Schärfe und Kontrast. Nach einem Regenschauer herrschen meist günstigere Bedingungen.

Objektive und Aufnahmeprogramme für Architekturbilder

In der Theorie gibt es für die Architekturfotografie kein prädestiniertes Objektiv. In der Praxis allerdings hängt die Wahl einer geeigneten Brennweite vom Platz hinter Ihrem Rücken ab. In den Schluchten einer Großstadt wird es kaum gelingen, mit mittleren Brennweiten einen Wolkenkratzer abzulichten. Falls es dennoch möglich ist, stören im Vordergrund womöglich Objekte wie Schilder, Ampeln und Laternen. Hier entfalten die Weit- und Ultraweitwinkelobjektive ihr volles Potenzial. Damit sind in der Regel Brennweiten von unter 20 mm gemeint. Eine interessante, aber leider teure Alternative

⌄ **Abbildung 10.6**
Bei diesem Motiv wirkt eine zentrale Anordnung der Bildelemente am besten. Die Brücke führt den Blick des Betrachters.

[35 mm | f11 | 1/200 s | ISO 100]

sind spezielle Objektive, die Sie im Abschnitt »Die professionelle Lösung: Tilt-Shift-Objektive« auf Seite 274 kennenlernen.

Ist auf dem Bild mehr als nur die reine Fassade eines Gebäudes zu sehen, kommt auch in diesem Genre die Steuerung der Schärfentiefe über die Blende ins Spiel. Sollen alle Bereiche des Bildes scharf abgebildet werden, ist es am einfachsten, im **Av**-Modus eine höhere Blendenzahl einzustellen. Doch auch das **Tv**-Programm hat in diesem Genre seine Berechtigung: Lange Belichtungszeiten und der Einsatz eines Stativs ermöglichen kreative Effekte mit bewegten Elementen.

Hilfe bei der Kameraausrichtung

Die Anzeige von Gitterlinien im Sucher hilft bei der Linienführung im Bild. Die Einstellung dazu finden Sie im zweiten Einstellungsmenü (**SET UP2**) unter **Sucheranzeige**. Auch im Livebild-Modus lassen sich Hilfslinien einblenden. Die Option **Gitteranzeige** mit mehreren Anzeigeoptionen finden Sie im fünften Aufnahmemenü (**SHOOT5:Lv func.**). Falls Sie mit dem Stativ arbeiten, ist auch die Wasserwaage im Sucher, im Livebild-Modus oder auf dem Monitor eine große Unterstützung. Drücken Sie – für die beiden letztgenannten Fälle – mehrmals die **INFO**-Taste, bis die Wasserwaage auf dem Monitor erscheint.

^ Abbildung 10.7
Mit Hilfe von Gitteranzeige und Wasserwaage lässt sich die EOS 7D Mark II sehr genau ausrichten.

So bekommen Sie stürzende Linien in den Griff

Wer versucht, ein großes Gebäude auf einem Bild unterzubringen, macht früher oder später mit einem interessanten Phänomen Bekanntschaft. Es zeigt sich vor allem, wenn der Fotograf in die Knie geht und die Kamera leicht nach oben schwenkt. Man spricht dann von *stürzenden Linien*: Das Bauwerk scheint nach hinten zu kippen. Dieser Eindruck entsteht, wenn die Sensorebene der Kamera nicht parallel zu den vertikalen oder horizontalen Linien des Gebäudes liegt. Die Linien im Bild verlaufen dann ebenfalls nicht mehr parallel zueinander. Sie treffen sich stattdessen im sogenannten Fluchtpunkt, der in der Regel außerhalb des Bildes liegt.

Die stürzenden Linien müssen nicht unbedingt stören, sondern können durchaus auch als Stilelement eingesetzt werden. Bei einigen Gebäuden lässt sich dieses optische Phänomen sogar gut nutzen, um Größe und Höhe stärker zu betonen. Wenn Sie den Effekt nicht wünschen, kann er auf verschiedenen Wegen auch vermieden oder zumindest abgeschwächt werden. Statt die EOS 7D Mark II nach oben zu schwenken, richten Sie sie für die Aufnahme exakt parallel zur Fassade aus. Meist müssen Sie die Kamera dafür in eine höhere Position bringen, etwa über die ausgestreckten Arme, das Stativ oder einen höher gelegenen Standort.

Stürzende Linien verschwinden auch, wenn der Abstand zum Motiv steigt. Hier stößt der Fotograf allerdings schnell an Grenzen: In eng bebauten Städten beschränken Häuserwände häufig die Möglichkeit, auf Distanz zu gehen.

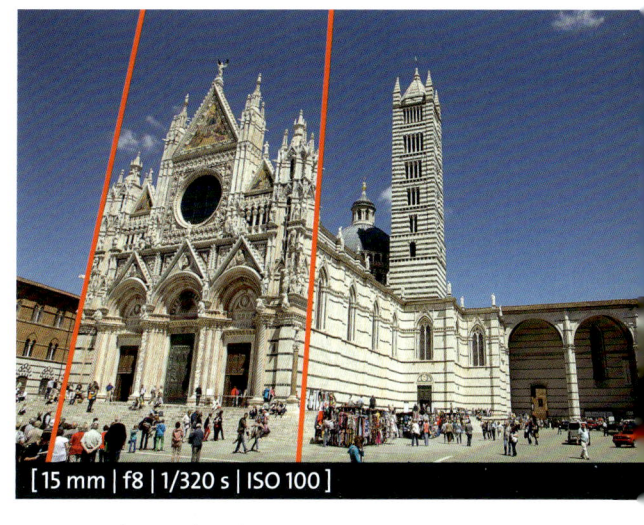

^ Abbildung 10.8
Auf dieser Weitwinkelaufnahme zeigen sich die stürzenden Linien deutlich.

Abbildung 10.9 >
Links: Die Kirche scheint nach hinten zu kippen. Rechts: Um stürzende Linien zu vermeiden, wurde das Bild aus einer größeren Entfernung aufgenommen. Der leere Raum im Vordergrund kann durch Zuschneiden am Computer entfernt werden.

Ein weiterer Trick besteht darin, das Hochformat und eine kurze Brennweite, etwa im Bereich von 10 bis 20 mm, zu nutzen. Durch den großen Bildwinkel ist es nicht nötig, die Kamera aus der Parallele zum Gebäude zu schwenken, und der Aufnahmeabstand kann größer sein. Dabei landet allerdings in der Regel zu viel vom Boden mit auf dem Bild. Dieser überflüssige Teil kann jedoch später am Computer leicht entfernt werden.

Mit einer Software wie *Photoshop Elements* lassen sich stürzende Linien korrigieren. Wie das geht, erfahren Sie im Exkurs »Stürzende Linien am Computer beseitigen« ab Seite 278. Da dadurch an den Seiten des Bildes Informationen verloren gehen, empfiehlt sich bei der Aufnahme ein etwas größerer Ausschnitt. Die Software zieht bei diesem Verfahren das Foto in die Breite. Damit sind leider leichte Verluste in der Bildqualität verbunden.

Die professionelle Lösung: Tilt-Shift-Objektive

Abbildung 10.10 >
Bei Tilt-Shift-Objektiven können die Linsen gegenüber der Sensorebene bewegt werden (Bild: Canon).

Viele professionelle Architekturfotografen arbeiten mit sogenannten Tilt-Shift-Objektiven. Bei diesen lässt sich das Objektiv in der Höhe verschieben. Dies wird auf Englisch *shift* genannt. Dadurch verändert sich der Strahlengang, und Gebäudekanten bleiben im späteren Bild parallel. Das Problem der stürzenden Linien wird somit schon bei der Aufnahme beseitigt.

Zum anderen lassen sich diese Objektive schwenken, was auf Englisch *tilt* heißt. Dadurch ist es möglich, die Schärfeebene nicht parallel zum Sensor auszurichten. Außerdem lässt sich die Schärfeebene so kippen, dass nur ein schmaler Bereich des Motivs in der Schärfeebene liegt. Dadurch entsteht ein Miniatureffekt, der eine Zeit lang in der Werbung ausgesprochen beliebt war.

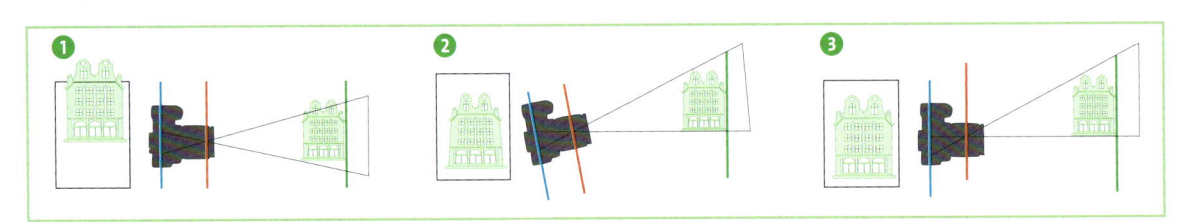

^ Abbildung 10.11
Bei paralleler Ausrichtung passt nicht das komplette Gebäude aufs Bild ❶*, beim Schwenken entstehen stürzende Linien* ❷*, die sich durch ein Verschieben (Shiften) verhindern lassen* ❸*.*

Tilt-Shift-Objektive tragen bei Canon die Bezeichnung *TS-E*. Diese Modelle bilden sehr scharf ab, bieten aber keinen Autofokus. Es gibt sie mit den Brennweiten 17, 24, 45 und 90 mm für 1300 bis 2 300 Euro. Eine *Low-Cost*-Alternative ist das Lensbaby, das in verschiedenen Varianten ab etwa 150 Euro erhältlich ist. Es ermöglicht allerdings nur das Schwenken und dient vor allem als Kreativwerkzeug für interessante Effekte. In Sachen Schärfe ist es eher mittelmäßig und daher für die Architekturfotografie weniger gut geeignet.

Abbildung 10.12 >
Durch das Schwenken (Tilten) lässt sich die Schärfeebene relativ frei positionieren.

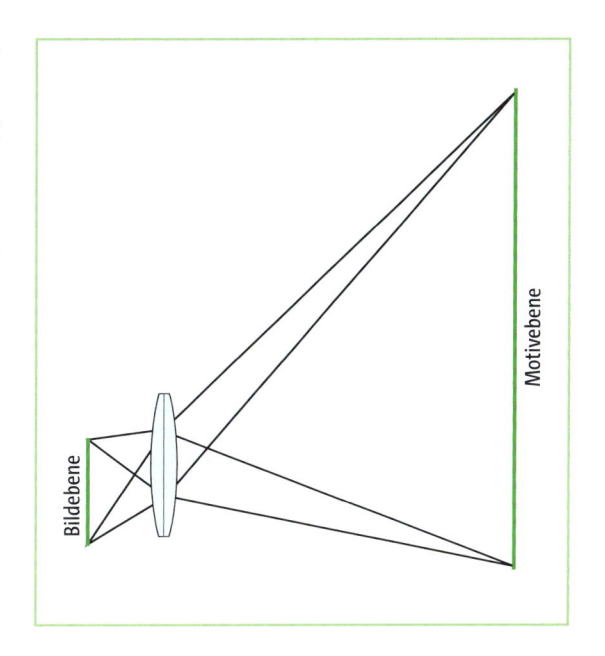

Architektur und Bewegung

An schönen Orten sind Sie selten allein, und so ist manch eine Sehenswürdigkeit von früh morgens bis spät abends von Menschenmassen umgeben. Oft lässt sich kein einziger guter Ausschnitt finden, bei dem keine Passanten zu sehen sind. Nicht immer ist das negativ. Schließlich kommt manchmal erst dadurch Leben ins Spiel, und der Betrachter kann die wahren Ausmaße eines Bauwerks besser abschätzen.

Wenn absolut keine erkennbaren Personen auf das Bild sollen, können Sie zu Belichtungszeiten von mehreren Sekunden greifen. Diese führen dazu, dass Menschen oder bewegte Objekte wie Autos in der Aufnahme nur schemenhaft wahrzunehmen sind. Ein solch »umgekehrter Mitzieher« ist ein gern gebrauchtes Stilmittel, um die alltägliche Hektik des Stadtlebens als Kontrast zur Ruhe der Gebäude darzustellen. Verwenden Sie dafür am besten das **Tv**-Programm an der EOS 7D Mark II und ein Stativ oder eine feste Unterlage.

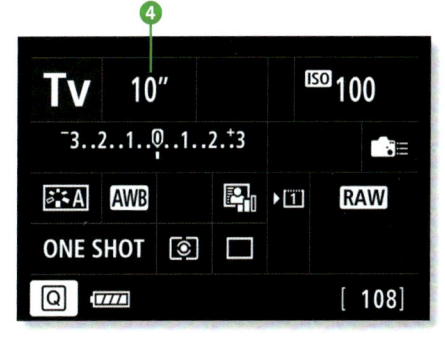

^ Abbildung 10.13
Experimentieren Sie für kreative Langzeitbelichtungen mit Belichtungszeiten im Sekundenbereich ❹.

Abbildung 10.14 >
Bei längeren Belichtungszeiten und fixer Kameraposition verwischen die Bewegungen abstrakt.

[21 mm | f29 | 4 s | ISO 100 | Stativ]

Menschen am Computer verschwinden lassen

Bei einer Retusche des Bildes am Computer können Sie durchaus Personen aus dem Bild verschwinden lassen. Das ist mit der richtigen Software nicht einmal besonders kompliziert, sofern Sie mit dem Stativ mehrere Fotos aus der gleichen Position gemacht haben. Das Programm verrechnet dann einfach Partien ohne Personen zu einem »leeren« Gesamtwerk. Wichtig ist allerdings, dass es für jede Stelle im gewünschten Gesamtbild eine Aufnahme gibt, auf der keine Menschen zu sehen sind.

^ Abbildung 10.15
Achten Sie in der Nacht besonders auf den ISO-Wert und legen Sie im ISO-Menü Ihren Maximalwert fest.

Stimmungsvolle Nachtaufnahmen

Die Nacht in der Stadt bietet für den Fotografen ein schönes Betätigungsfeld. Die Bars und Restaurants füllen sich, Leuchtreklamen kommen zur Geltung, und auch die Nachtschwärmer auf den Flaniermeilen liefern lohnenswerte Motive. Wenn Sie die besondere Stimmung nicht durch das helle Licht des Blitzes zerstören und auch ohne Stativ mobil bleiben wollen, brauchen Sie ein lichtstarkes Objektiv. Arbeiten Sie bei Nachtaufnahmen stets mit einer gezielten Unterbelichtung. Ansonsten interpretiert die EOS 7D Mark II das fehlende Licht falsch und belichtet das Bild so, dass die Szenerie eher grau als schwarz erscheint. Wie Sie eine

Unterbelichtung einstellen, erfahren Sie in der Schritt-für-Schritt-Anleitung »Eine Belichtungskorrektur einstellen« auf Seite 88.

Trotz Unterbelichtung ist die Belichtungszeit in der Nacht meist zu lang, um aus der Hand gute Aufnahmen schießen zu können. Ohne Begrenzung des ISO-Werts wird die EOS 7D Mark II den ISO-Wert so hoch setzen, dass deutlich sichtbares Rauschen auftritt. Die Einstellungen dazu finden Sie im zweiten Aufnahmemenü (**SHOOT2**) unter **ISO-Empfindl. Einstellungen**.

Ein Stativ oder eine feste Unterlage ist bei Nachteinsätzen sehr empfehlenswert. Sie können dann einen niedrigeren ISO-Wert einstellen und mit längeren Belichtungszeiten arbeiten. Achten Sie dabei auf leichte Verwacklungen, die durch das Betätigen des Auslösers entstehen. Dieses Risiko lässt sich verringern, wenn Sie die Aufnahme per Fernauslöser oder über den Selbstauslöser starten.

Interessant sind auch Nachtaufnahmen mit einer sehr langen Belichtungszeit. Diese verwandelt zum Beispiel die Lichter der Fahrzeuge in Lichtschweife, die sich über die Straße legen. Anders als tagsüber sind solche Bilder in der Nacht meist problemlos möglich. Selbst beim niedrigsten ISO-Wert und Belichtungszeiten von mehreren Sekunden muss die Blende nicht allzu weit geschlossen werden. Somit entsteht keine Beugungsunschärfe, und eine gute Belichtung ist möglich. Bei Eintritt der Dämmerung oder im Morgengrauen kommen Sie um einen Graufilter möglicherweise nicht herum. Mehr dazu erfahren Sie im Abschnitt »Schöne Effekte mit dem Graufilter« auf Seite 231.

⌃ **Abbildung 10.16**
Auf nächtlichen Streifzügen finden Sie viele interessante Motive.

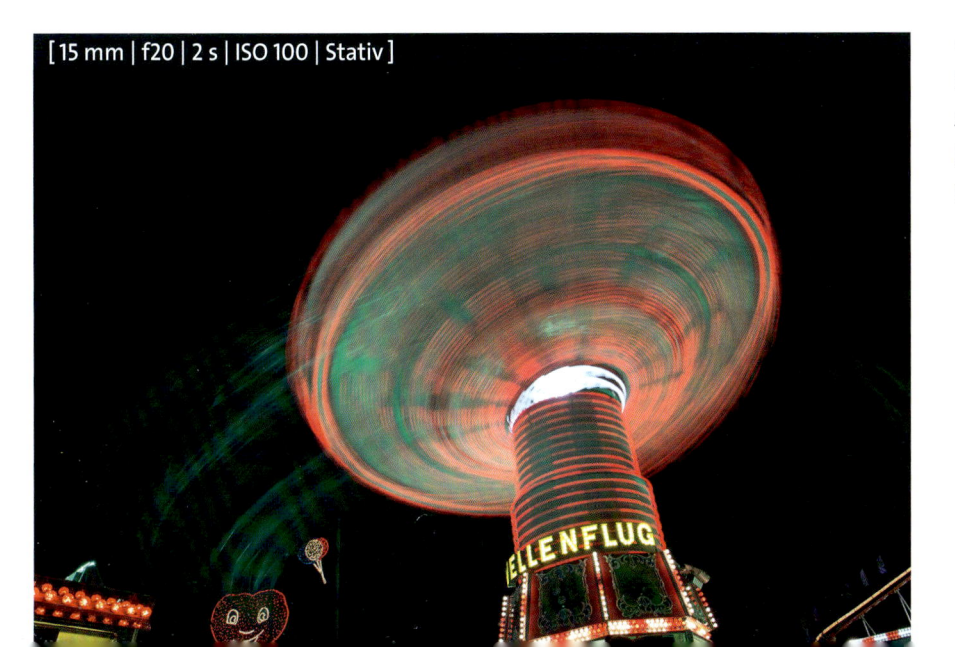

⌃ **Abbildung 10.17**
Bei langen Belichtungszeiten lassen sich mit Lichtern bei Nacht kreative Effekte erzielen.

EXKURS

Stürzende Linien am Computer beseitigen
EXKURS

1 Filter zur Perspektivkorrektur aufrufen
Stürzende Linien lassen sich in Programmen wie *Photoshop Elements* ganz einfach beseitigen. Öffnen Sie das Bild über **Datei • Öffnen**. Klicken Sie auf den Menüpunkt **Filter** und wählen Sie **Kameraverzerrung korrigieren**.

2 Perspektive korrigieren
Gleichen Sie im folgenden Dialog über den Regler **Vertikale Perspektive** ❷ die stürzenden Linien aus. Das Raster hilft Ihnen bei der Orientierung. Durch das Ausgleichen der Perspektive werden jeweils an den Rändern des Bildes Teile abgeschnitten ❶. Indem Sie den Regler ❸ unter **Kantenerweiterung** nach links schieben, können Sie die Arbeitsfläche ein wenig erweitern. Klicken Sie auf **OK**.

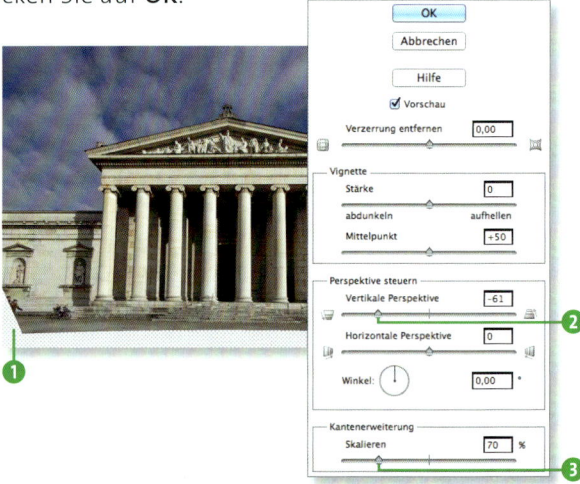

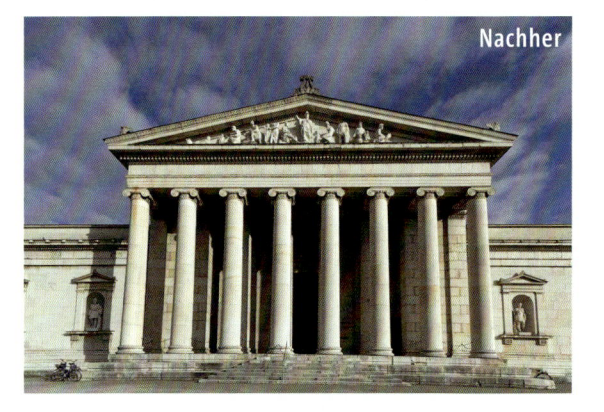

∨ Abbildung 10.18
Wenn die stürzenden Linien am Computer korrigiert werden, ergibt sich durch den Zuschnitt ein etwas anderer Bildausschnitt.

3 Bildausschnitt wählen

Jetzt muss das Bild nur noch zugeschnitten werden: Wählen Sie dazu aus der Werkzeugpalette am linken Rand das **Freistellungswerkzeug** 4 oder drücken Sie auf C. Ziehen Sie anschließend das größtmögliche Rechteck innerhalb des Bildes auf, ohne karierte Bildbereiche mit aufzunehmen. Diese sind transparent, enthalten also keine Informationen. Klicken Sie auf das grüne Bestätigungshäkchen 5 und speichern Sie das Ergebnis über **Speichern unter** ab. Fertig ist das Bild ohne stürzende Linien!

Alternative Methode

Komplizierte Verzerrungen können Sie übrigens auch über **Bild • Transformieren • Verzerren** beheben. Unter **Ansicht • Raster** 10 lässt sich auch hier ein Raster einblenden, das die Beurteilung erleichtert. Mit einem Klick auf die **Zoominformation** 6 und der Eingabe eines geringeren Prozentwertes können Sie sich das Foto zudem etwas kleiner anzeigen lassen. Bei dieser Variante des Entzerrens können Sie nach einem Klick auf **Neigen** 7 durch Klicken und Ziehen an den Anfassern 9 das Bild in die gewünschte Form bringen. Auch hier schließt ein Klick auf das grüne Häkchen 8 den Vorgang ab.

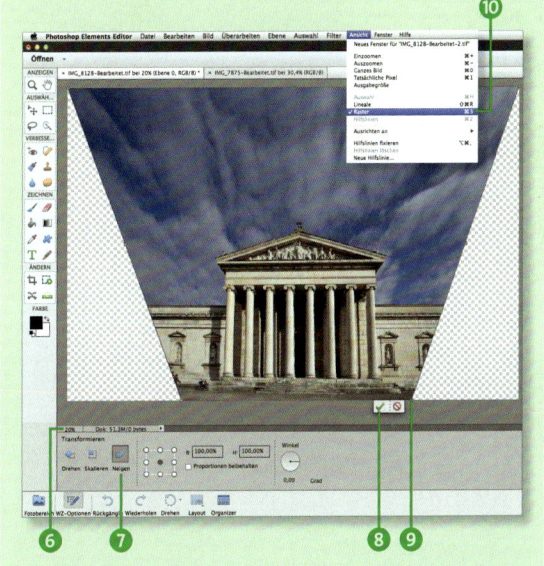

▲ Abbildung 10.19
*Photoshop Elements bietet mit dem Befehl **Transformieren** eine weitere Möglichkeit, um die stürzenden Linien zu entfernen.*

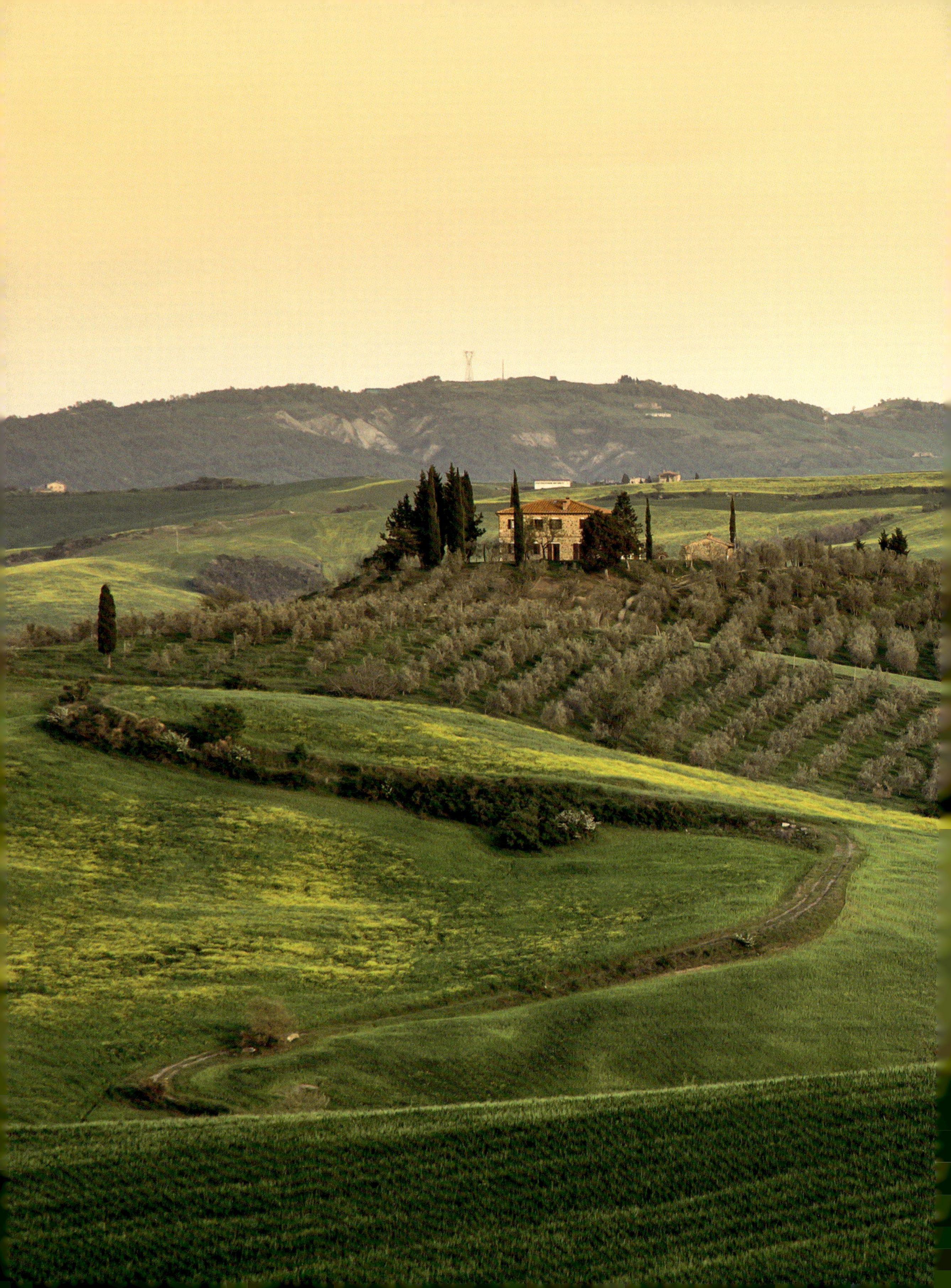

Kapitel 11
Fotopraxis: In der Natur unterwegs

Technik für die Naturfotografie 282

Makroaufnahmen mit der 7D Mark II 291

EXKURS: Bestens im Bild durch GPS 298

Technik für die Naturfotografie

Die Naturfotografie bietet eine Fülle von Motiven, die sehr unterschiedliche Brennweiten und damit Objektive verlangen. Für einige gehört zur Landschaftsfotografie unbedingt die kleine Brennweite eines Ultraweitwinkelobjektivs zwischen 10 und 20 mm. Mit ihm lassen sich eindrucksvoll weite Szenerien abbilden.

[15 mm | f7,1 | 1/250 s | ISO 100]

⌃ Abbildung 11.1
Bei Weitwinkelaufnahmen hilft ein Blickfang im Vordergrund, um dem Bild die nötige Tiefe zu geben.

Viele Fotografen arbeiten in der Natur aber auch gern mit langen Brennweiten wie 300 mm. Schließlich erlauben es Teleobjektive, sowohl das Terrain optisch zu »verdichten« als auch Tiere aus großen Entfernungen formatfüllend abzulichten. In vielen Situationen ist auch ein Makroobjektiv in der Fototasche hilfreich, um Blumen und Insekten jederzeit besonders groß abbilden zu können.

Technik für die Naturfotografie

[300 mm | f5,6 | 1/2500 s | ISO 400]

◀ Abbildung 11.2
Mit einem Teleobjektiv lassen sich Landschaften perspektivisch verdichten.

Welche Kameraeinstellungen?

Das **Av**-Programm der 7D Mark II ist für die Landschaftsfotografie ideal geeignet. Über die Einstellung der Blende haben Sie die volle Kontrolle über die Schärfentiefe. Als AF-Modus ist die Einstellung **ONE SHOT** ideal.

Kommt Bewegung ins Spiel – beispielsweise beim Fotografieren von Tieren –, ist es sinnvoll, das **Tv**-Programm auszuwählen. Um einen Vogel im Flug oder ein Pferd im Galopp scharf zu fotografieren, bedarf es schließlich recht kurzer Belichtungszeiten. Zudem ist ein schnell und jederzeit arbeitender Autofokus gefragt. Stellen Sie die 7D Mark II am besten auf den AF-Modus **AI SERVO**. Weitere Informationen zur idealen Autofokuskonfiguration über die Cases erfahren Sie unter »Den Autofokus individuell anpassen« auf Seite 123.

Scharfe Bilder und die richtige Belichtung

Ein für viele Naturfotografen besonders wichtiges Hilfsmittel ist das Stativ. Abgesehen vom stabilen Kamerastand, schätzen sie daran den »Entschleunigungsfaktor«: Durch den Sucher oder im Livebild-Modus der EOS 7D Mark II können sie in aller Ruhe das Motiv analysieren und den Ausschnitt sehr genau und überlegt justieren.

Viele empfinden den Auf- und Abbau sowie das Tragen eines Stativs allerdings als umständlich und kompliziert. Das Einbeinstativ und auch der Bohnensack sind in dieser Hinsicht gute Kompromisse zwischen der Stabilität des Stativs und der Flexibilität des Freihandfotografierens. Nähere Informationen zu diesen Stabilisierungsmöglichkeiten finden Sie im Abschnitt »Fester Halt für die 7D Mark II: Stative & Co.« auf Seite 235.

In der Landschaftsfotografie ist oft eine hohe Schärfentiefe gefragt. Je weiter der Punkt entfernt ist, den Sie anfokussieren, desto weniger sorgt eine weit geöffnete Blende in dieser Hinsicht für Probleme. In der Naturfotografie mit ihren oft großen Distanzen zwischen Motiv und Kamera können Sie sich diesen Effekt zunutze machen. Das gilt insbesondere dann, wenn im Vordergrund keine weiteren Elemente vorhanden sind, etwa bei der Abbildung eines Bergmassivs in weiter Ferne. Ähnlich hilfreich ist auch das optische Prinzip der *hyperfokalen Distanz*. Weitere Informationen zu diesem Thema finden Sie auf Seite 58 im Abschnitt »Die Tücken der Schärfentiefe und die hyperfokale Distanz«.

Gerade bei hellem Sonnenlicht lässt sich der Monitor nur schwer ablesen. Dadurch ist es kaum abzuschätzen, ob die Belichtung eines Bildes richtig oder falsch war. Das Histogramm ist in solchen Situationen ein weitaus besserer Indikator für die richtige Wahl von Blende und Belichtungszeit. Experimentieren Sie im Zweifelsfall mit verschiedenen Über- oder Unterbelichtungen und kontrollieren Sie die Wirkung auf das Histogramm. Da es aber manchmal selbst mit dem Histogramm recht schwer ist, eine Entscheidung für eine eher helle oder dunkle Bildwirkung zu fällen, empfiehlt es sich, sicherheitshalber eine Belichtungsreihe aufzunehmen. Die Auswahl des besten Bildes kann dann an den heimischen Computer verlagert werden.

Abbildung 11.3 >
Die Schattenpartien und der helle Vordergrund erschweren bei diesem Bild die Belichtung. Das Histogramm half bei der Entscheidung.

[15 mm | f8 | 1/320 s | ISO 100 | –⅓]

Landschaftsbilder verbessern mit dem Grauverlaufsfilter

Zu den klassischen Problemen der Landschaftsfotografie gehört ein überbelichteter Himmel: Wird der Boden ausreichend hell abgebildet, sind in der oberen Bildhälfte oft keine Details mehr zu erkennen. Ohne weitere Hilfsmittel müssen Sie sich als Fotograf also für eine Belichtung »auf die Schatten« oder »auf die Lichter« entscheiden.

Ein lohnenswertes Utensil für die Fototasche ist deshalb ein Satz Grauverlaufsfilter in verschiedenen Stärken. Damit dunkeln Sie den Himmel einfach um einige Blendenstufen ab und schaffen es so, das Bild innerhalb des Dynamikumfangs der 7D Mark II zu belichten.

Eine Nachbearbeitung des Bildes ist zwar prinzipiell möglich, der Umfang der Helligkeitsanpassung am Computer ist aber begrenzt. Mehr als 1,5 Blendenstufen lassen sich kaum nach oben oder unten verändern. Wenn Sie einen Grauverlaufsfilter bereits bei der Aufnahme einsetzen, sparen Sie sich wertvolle Zeit vor dem Rechner. Weitere Informationen finden Sie im Abschnitt »Kontraste im Griff mit dem Grauverlaufsfilter« auf Seite 233.

v **Abbildung 11.4**
Dank des Grauverlaufsfilters blieb die Zeichnung des Himmels erhalten.

[85 mm | f8 | 1/320 s | ISO 100 | Grauverlaufsfilter]

Den Grauverlaufsfilter verwenden
SCHRITT FÜR SCHRITT

1 Grauverlaufsfilter vor das Objektiv setzen
Halten Sie den Grauverlaufsfilter vor das Objektiv und legen Sie dabei den abgedunkelten Bereich sauber über den Horizont. Wenn dieser zu weit in das Bild hineinragt, sehen Sie am Übergang zwischen Landschaft und Himmel unschöne dunkle Stellen.

Ein absolut gerade auf dem Objektiv aufliegender Filter verhindert hässliche Reflexionen durch seitlich eintretendes Licht. Wahrscheinlich müssen Sie dafür die Streulichtblende abschrauben. Halterungen, in die der Filter gesteckt wird, sorgen zwar automatisch für den richtigen Sitz, sind aber wesentlich unflexibler als die Arbeit von Hand.

2 Auslösen
Nach dem Auslösen sollte ein Foto entstehen, das in puncto Belichtung ausgewogen ist und keinerlei ausgebrannte Stellen aufweist. Möglicherweise ist der Kontrastumfang jedoch derartig groß, dass Sie einen stärkeren Grauverlaufsfilter verwenden müssen. Mit Hilfe des Histogramms können Sie auch in hellen Umgebungen gut kontrollieren, ob Sie bei Filterauswahl und Belichtungseinstellungen richtig lagen.

3 Testen
Sofern Sie einen Satz mit Filtern unterschiedlicher Stärke besitzen, empfiehlt es sich, mit den verschiedenen Varianten Probeaufnahmen zu machen. Gerade in hellen Situationen ist es recht schwer, die richtige Verdunklung zu finden. Was am Monitor der Kamera noch gut aussieht, entpuppt sich am heimischen Bildschirm oft als völlig übertrieben.

▼ **Abbildung 11.5**
Durch das sehr helle Licht an diesem Tag hat der Himmel kaum Zeichnung.

▼ **Abbildung 11.6**
Dieser Filter war mit zwei Blendenstufen Abdunklung zu stark.

▼ **Abbildung 11.7**
Die Filterstärke von einer Blendenstufe war ausreichend: Der Himmel erhält ein schönes Blau.

Reflexionen im Griff mit dem Polfilter

Ein weiterer Filter, der in der Natur gute Dienste leistet, ist ein Polfilter. Dieser beseitigt störende Lichtreflexionen, erhöht die Farbsättigung und verstärkt den Kontrast. Besonders eindrucksvoll lässt sich dies am Blau des Himmels und an spiegelnden Wasserflächen beobachten. Schrauben Sie den Polfilter auf das Objektiv und drehen Sie ihn so lange, bis Ihnen das Ergebnis gefällt.

[15 mm | f8 | 1/80 s | ISO 100]

[15 mm | f8 | 1/60 s | ISO 100 | Polfilter]

∧ Abbildung 11.8
Der Polfilter (Bild rechts) ermöglicht den Blick durch das Wasser.

Langzeitbelichtung mit Graufilter und Timer

Der dritte nützliche Filter im Bunde ist der Graufilter. Mit diesem können Sie auch im hellen Sonnenlicht problemlos Belichtungszeiten von mehreren Sekunden einstellen. Das Bild wird trotzdem nicht überbelichtet, da der Filter die durchs Objektiv einfallende Helligkeit erheblich reduziert. In der Praxis lässt sich damit zum Beispiel einer Wasserfläche ein mystisch verwischtes Aussehen geben.

Für sehr lange Belichtungszeiten ist das **Tv**-Programm nicht geeignet. Darin lassen sich maximal 30 Sekunden einstellen. Längere Zeiten erlaubt nur das **B**-Programm. Dank des **Langzeitbelichtungs-Timers**, den Sie im vierten Aufnahmemenü (**SHOOT4**) finden, müssen Sie dabei nicht den Finger quälend lange auf dem Auslöser halten.

⌄ Abbildung 11.9
Um am helllichten Tag mit einer langen Belichtungszeit arbeiten zu können, war ein Graufilter nötig.

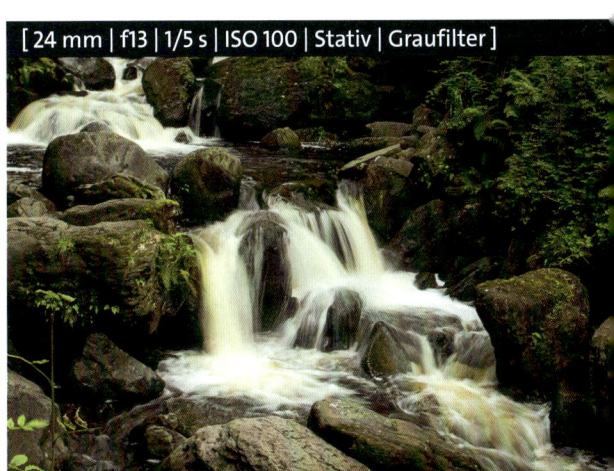

[24 mm | f13 | 1/5 s | ISO 100 | Stativ | Graufilter]

Drücken Sie nach dem Aktivieren der Funktion die Taste **INFO** und geben Sie im **Langzeitbelichtungs-Timer** eine Belichtungszeit vor. Sogar Aufnahmen von mehreren Stunden sind möglich. Dies wird besonders in der Astrofotografie genutzt. Nach einem Druck auf den Auslöser erfolgt dann eine entsprechend lange Aufnahme.

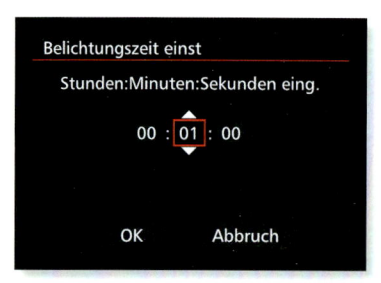

˄ Abbildung 11.10
*Oben: Der **Langzeitbelichtungs-Timer** ermöglicht sogar Aufnahmen von mehreren Stunden. Er funktioniert nur im **B**-Aufnahmeprogramm. Unten: Bei solch langen Belichtungszeiten ist der Langzeitbelichtungs-Timer sehr hilfreich.*

Mit dem Intervallometer arbeiten

Zeitrafferaufnahmen üben eine ganz besondere Faszination aus. Schließlich erlauben diese Filme einen ganz besonderen Blick auf eher langsam ablaufende Vorgänge. Das Verfahren dafür ist vergleichsweise einfach. So wird in regelmäßigen Abständen ein Bild geschossen. Zusammengesetzt, entsteht daraus ein ganzer Film.

Die 7D Mark II verfügt über eine Intervallfunktion, mit der die Kamera in frei einstellbaren Abständen ein Bild schießt. Sie finden den **Intervall-Timer** im vierten Aufnahmemenü (**SHOOT4**). Nach dem **Aktivieren** ❶ drücken Sie die **INFO**-Taste. Nun können Sie mit der **SET**-Taste und dem Schnellwahlrad ein Intervall ❷ einstellen, das zwischen einer Aufnahme jede Sekunde und einer Aufnahme alle 99 Stunden, 59 Minuten und 59 Sekunden betragen kann. Außerdem lässt sich die Zahl der gewünschten Aufnahmen angeben ❸. Bei der Wahl von **00 Unbegrenzt** schießt die EOS 7D Mark II so lange Bilder, bis die Speicherkarten voll sind oder Sie die Reihe durch Ausschalten unterbrechen.

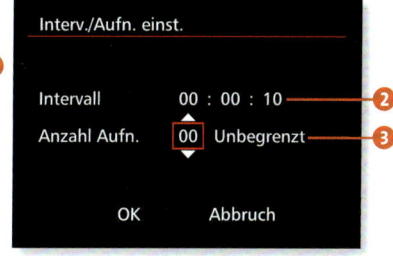

Abbildung 11.11
Mit der Intervallfunktion schießt die EOS 7D Mark II in bestimmten Abständen regelmäßig ein Bild.

Die Wahl des Aufnahmeintervalls ist alles andere als leicht. Grundsätzlich brauchen Sie für jede Sekunde Film mindestens 24 Bilder (mehr zum Thema »Bildrate« erfahren Sie im Abschnitt »Eine Frage des Formats« auf Seite 322). Je nach Intervallgröße »komprimieren« Sie die Zeit mehr oder weniger. Zugleich wird die Bewegung bei kurzen Werten flüssiger. Bei sich schnell bewegenden Wolken sind Werte von einer Sekunde gut geeignet. Vorgänge wie Sonnenauf- und -untergang können Sie gut alle zwei bis drei Sekunden aufnehmen. Wenn Sie zeigen wollen, wie sich der Schatten langsam über die Landschaft bewegt, sind dagegen längere Intervalle zwischen 15 und 30 Sekunden eine gute Wahl. Aufnahmen mit Abständen im Minutenbereich sind eher für die Dokumentation sehr langsam ablaufender Vorgänge interessant. Jenseits der Naturfotografie, zum Beispiel bei der Dokumentation großer Bauprojekte, reicht es unter Umständen sogar aus, nur ein- oder zweimal am Tag eine Aufnahme zu machen.

HDR und Intervallometer im Zusammenspiel

Sie können die Intervallfunktion mit der HDR-Funktion kombinieren. Die Kamera schießt dann in regelmäßigen Abständen drei oder mehr Aufnahmen und erstellt daraus ein HDR-Bild. Mehr dazu erfahren Sie auf Seite 99 im Abschnitt »Hell und dunkel im Griff mit HDR«.

Interessant werden Zeitrafferaufnahmen vor allem dann, wenn Sie Kamerafahrten und Schwenks einbauen. Verschieben Sie die EOS 7D Mark II dazu einfach von Aufnahme zu Aufnahme um wenige Zentimeter. Dafür sind Kameraschienen ideal geeignet, aber selbst eine Minifahrt auf einem Makroschlitten bringt Dynamik in den Film.

Am Computer wird aus den Hunderten oder gar Tausenden Aufnahmen ein kleiner Film. Die meisten Fotografen starten den Prozess in einer Fotosoftware wie *Lightroom*. Dort können Sie ein einzelnes Bild einer Szene bearbeiten und die Korrekturschritte automatisch auf alle übrigen Bilder übertragen lassen. Im Entwickeln-Modul von *Lightroom* geht das über **Einstellungen kopieren** und **Einstellungen einfügen** im Menü **Einstellungen**. Achten Sie auch auf den passenden Beschnitt der Bilder. Schließlich haben die Aufnahmen zunächst das Kameraseitenverhältnis von 3:2 anstelle des gängigen 16:9-Formats.

Interessante Möglichkeiten tun sich bei der Wahl der Bildgröße auf. Im Prinzip bietet die Auflösung der 7D Mark II genug Potenzial, um sogar Zeitrafferfilme in 4K-Auflösung, also zum Beispiel mit 4 096 × 2 304 Pixeln, zu produzieren. Sinnvoller ist es allerdings, sich auf die Full-HD-Auflösung mit 1920 × 1080 Pixeln zu beschränken.

˅ Abbildung 11.12
Pflanzenversuch mit dem Intervallometer: Das Aufrichten der Tulpe nach der Zugabe von Wasser ist im fertigen Film gut zu sehen.

Die Verwandlung der Einzelbilder in einen Film überlassen Sie am besten Programmen wie VirtualDub, das es kostenlos für Windows-Systeme gibt. Mac-Nutzer können auf den ebenfalls kostenlosen Time Lapse Assembler zurückgreifen. Dort geben Sie das Verzeichnis mit sämtlichen – idealerweise durchnummerierten – Fotos an. Die Software fügt die einzelnen Bilder dann zu einem fertigen Timelapse-Video zusammen.

Makroaufnahmen mit der 7D Mark II

Mit Makro- und Nahaufnahmen ermöglichen Sie dem Betrachter eine nicht alltägliche Sicht auf kleine Gegenstände, Pflanzen und Tiere. Erst diese Art der Fotografie offenbart so schöne Details wie die feinen Strukturen einer Pflanze oder die Facettenaugen eines Insekts. Interessante Motive finden sich dafür in Hülle und Fülle vor der eigenen Haustür. Schon der heimische Garten oder ein kleiner Park bietet Ihnen gehörig Spielraum für große Entdeckungen.

Um in die Welt der kleinen Dinge vorzudringen, müssen Sie vor allem eines: nah ran. Dem allerdings setzt das Objektiv eine Grenze. Bei einem Standardzoomobjektiv wie dem *EF-S 18–135 mm 1:3,5–5,6 IS STM* liegt diese beispielsweise bei 39 cm. Wenn Sie versuchen, noch näher an das Motiv heranzugehen, werden Sie feststellen, dass das Scharfstellen nicht mehr funktioniert. Diese Naheinstellgrenze ist auch am Objektiv aufgedruckt. Damit ist die geringste mögliche Entfernung zwischen dem Motiv und der Sensorebene gemeint. Deren Lage wiederum ist auf der Oberseite der 7D Mark II mit dem Symbol ⊖ markiert.

v **Abbildung 11.13**
Ein Schmetterling, der gerade mit seinem Saugrüssel Blütennektar zu sich nimmt

[100 mm | f5,6 | 1/125 s | ISO 1600 | Stativ]

< **Abbildung 11.14**
Die kleine Markierung ❶ zeigt die Lage des Sensors in der 7D Mark II.

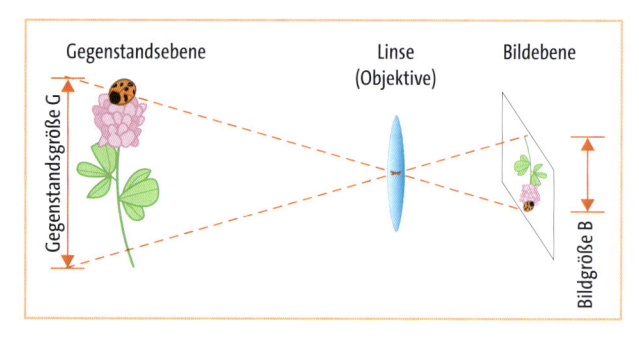

Abbildung 11.15
Die kleine Blume mit dem Marienkäfer kann in Lebensgröße vom Sensor erfasst werden.

Ebenso wichtig ist der *Abbildungsmaßstab*: Ein Gegenstand in der Größe des Sensors der 7D Mark II würde um diesen Faktor verkleinert abgebildet. Ein Makroobjektiv trägt diese Bezeichnung eigentlich erst dann zu Recht, wenn sein Abbildungsmaßstab das Verhältnis 1:1 erreicht. Ein Motiv, dessen Abmessungen der Sensorgröße entsprechen – im Fall der 7D Mark II sind das rund 15 × 22 mm –, kann in diesem Fall das komplette Bild ausfüllen.

Mit der richtigen Ausrüstung in den Nahbereich: Objektive und Makrozubehör

Im Abschnitt »Makroobjektive« auf Seite 229 wurden bereits einige Objektive vorgestellt, die sich für die Fotografie kleiner Dinge besonders gut eignen. Sie bieten einen komfortablen, wenn auch teuren Einstieg in die professionelle Makrofotografie. Preiswerter in den Nahbereich geht es mit Zwischenringen und Nahlinsen (Achromaten). Mit diesen ist zwar kein Abbildungsmaßstab von 1:1 zu erreichen, die Naheinstellgrenze verringert sich jedoch um einige Zentimeter, die entscheidend sein können.

Gut geeignet für beeindruckende Nahaufnahmen sind auch Teleobjektive. Sie erfordern zwar einen größeren Mindestabstand, ermöglichen aber dennoch ausreichende Abbildungsmaßstäbe. Auch Weitwinkel- und Ultraweitwinkelobjektive haben in der Nahfotografie ihre Berechtigung und

Abbildung 11.16
Das Teleobjektiv ist für Nahaufnahmen gut geeignet, vor allem wenn man sich dem Motiv nicht nähern kann.

[300 mm | f6,3 | 1/400 s | ISO 200]

Abbildung 11.17
Der große Bildwinkel des Weitwinkelobjektivs bringt Blume und Himmel aufs Bild.

[15 mm | f8 | 1/125 s | ISO 100]

ermöglichen interessante Perspektiven. Die recht niedrige Naheinstellgrenze dieser Objektive kann über kleinere Zwischenringe obendrein recht gut verkürzt werden. Durch den extrem weiten Bildwinkel ist es sehr gut möglich, Tiere und insbesondere Pflanzen in ihrer natürlichen Umgebung abzulichten.

Die geringe Schärfentiefe im Makrobereich meistern

Die große technische Herausforderung der Makrofotografie ist Schärfe. Wenn sich das Motiv nur wenige Zentimeter von der Kamera entfernt befindet, sinkt die Schärfentiefe auf ein Minimum. Eine Berechnung mit einem Schärfentieferechner wie dem Dof-Master (*www.dofmaster.com*) liefert für eine Nahaufnahme mit 60 mm Brennweite aus 30 cm Entfernung folgende Werte:

Vorgaben	Ergebnis
Fokus auf 30 cm Blende 2,8 60 mm Brennweite	vordere Grenze der Schärfentiefe: 29,9 cm
	hintere Grenze der Schärfentiefe: 30,1 cm

◁ Tabelle 11.2
Die Ausdehnung der Schärfentiefe im Makrobereich

Die Schärfeebene erstreckt sich also gerade einmal über 6 mm. Wäre das Motiv noch näher, würde die vordere Grenze zugleich auch die hintere sein, und damit würde die Schärfeebene durch eine parallel zum Sensor stehende Fläche gebildet werden.

Angesichts einer solch geringen Schärfentiefe müssen Sie Kompromisse eingehen. Der scharf abgebildete Bereich reicht zum Beispiel gerade einmal dafür, die Augen eines Insekts oder den Stempel einer Blüte zu erfassen. Der Rest löst sich in Unschärfe auf. Gerade der dadurch entstehende Bildeindruck macht jedoch den Reiz vieler Makrofotografien aus.

Doch auch solche Aufnahmen sind schwer genug: Eine kleine Bewegung während des Auslösens reicht bereits, und die Kamera bewegt sich so weit, dass die Schärfe an der falschen Stelle sitzt. Durch das Schließen der Blende lässt sich die Schärfentiefe erhöhen. Eine Blende von 16 würde im vorigen Beispiel (Tabelle 11.2) zu folgenden Ergebnissen führen:

Vorgaben	Ergebnis
Fokus auf 30 cm Blende 16 60 mm Brennweite	vordere Grenze der Schärfentiefe: 29,4 cm
	hintere Grenze der Schärfentiefe: 30,6 cm

◁ Tabelle 11.3
Die Ausdehnung der Schärfentiefe bei Blende 16

Immerhin hat sich die Schärfentiefe nahezu versechsfacht. Sie beträgt nun circa 1,2 cm. Bei der Fotografie von kleinen Blüten oder Insekten ist das eine ganze Menge. Auch in diesem Fall ist allerdings das Risiko, die Kamera zu weit zu bewegen, noch immer recht hoch. Zudem hat sich von Blende 2,8 auf Blende 16 die Lichtmenge um fünf Blendenstufen verringert. Damit aber muss die Belichtungszeit entsprechend steigen. Ohne Stativ verwackelt das Bild. Zudem lassen sich flinke Insekten oder im Wind schaukelnde Blüten bei langen Belichtungszeiten kaum scharf abbilden.

[100 mm | f5,6 | 1/125 s | ISO 200 | Stativ]

[100 mm | f2,8 | 1/400 s | ISO 100]

∧ **Abbildung 11.18**
Links: Die Schärfeebene liegt auf dem Kopf der Raupe, der Rest ist verschwommen. Das zeigt, wie schnell die Schärfeebene in der Makrofotografie verlassen ist. Rechts: Bei diesem Bild landete der Fokus zu weit hinten auf dem Rücken statt auf dem Kopf.

Den Focus Limiter richtig nutzen

Viele Makroobjektive haben einen sogenannten *Focus Limiter* ❶. Statt das komplette Fokusspektrum von der Naheinstellgrenze bis zur Unendlichkeitseinstellung abzufahren, sucht die Automatik damit nur im momentanen Aufnahmegebiet nach der richtigen Schärfeeinstellung. Mit der Einstellung **0,3 m – 0,5 m** beim *Canon EF 100 mm 1:2,8 L Macro IS USM* können Makromotive schneller erfasst werden, während sich die Vorgabe **0,5 m – ∞** (unendlich) für den Einsatz in der Porträtfotografie eignet.

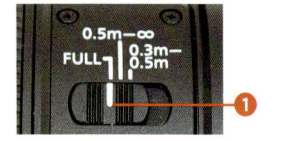

< **Abbildung 11.19**
Der Focus-Limit-Schalter an einem Canon-Objektiv

Selbst mit dem sehr genauen **Spot-AF** ist es gar nicht so leicht, den richtigen Punkt im Bild zu treffen und zu halten. Gerade für die Makrofotografie ist hierbei der Livebild-Modus ausgesprochen hilfreich. Dort ist es im **Flexizone-Single**-Modus AF ☐ möglich, den Fokuspunkt auf eine beliebige Stelle zu setzen.

Häufig ziehen Makrofotografen aber auch den Einsatz des manuellen Fokus dem Autofokus vor. Dabei gibt es im Prinzip gleich zwei Einstellungsmöglichkeiten. Zum einen können Sie wie beim manuellen Scharfstellen am Fokusring des Objektivs drehen. Zum anderen ist es möglich, über ein Vor- und Zurückbewegen der Kamera die Bildschärfe zu verändern. Besonders komfortabel geht dies über einen Einstellschlitten.

Dieser wird auf den Stativkopf geschraubt und nimmt die EOS 7D Mark II auf. Über das Drehen an einer Einstellschraube sind dann auch sehr kleine, wohldosierte Kamerafahrten möglich. Entsprechende Modelle wie der Einstellschlitten *454* von Manfrotto kosten rund 100 Euro. Von vielen Makrofotografen werden auch die Modelle von Novoflex geschätzt, die ab etwa 130 Euro erhältlich sind.

Abbildung 11.20
Im Livebild-Modus können Sie gezielt die Schärfe auf den gewünschten Punkt legen.

Abbildung 11.21
Ein Einstellschlitten vereinfacht das Fokussieren bei Nahaufnahmen (Bild: Novoflex).

Abbildung 11.22
Manuelles Scharfstellen funktionierte bei diesem Motiv am besten.

So gelingen verwacklungsfreie Nahaufnahmen

Bei Makroaufnahmen ist für scharfe Bilder in vielen Situationen das Stativ unverzichtbar. Eine weitere gute Idee ist der Einsatz einer einfachen Kabelfernbedienung für etwa 15 Euro. Das damit berührungslose Betätigen des Auslösers ist ein weiterer Weg, Ihre 7D Mark II in einem ruhigen Zustand zu halten.

Wie stark sie tatsächlich schon bei kleinsten Berührungen ins Schwanken gerät, lässt sich übrigens leicht in der zehnfachen Vergrößerung des Livebild-Modus erkennen. Eine – wenngleich auf Dauer recht nervige – Alternative ist die Verwendung des Selbstauslösers. Oft reicht die Zwei-Sekunden-Version dieser Funktion nicht aus, da in diesem Zeitraum die Verwacklungen durch Betätigen des Auslösers noch nicht wieder zum Stillstand gekommen sind. Bei zehn Sekunden wiederum ist die Wartezeit recht lang – selbst bei der entschleunigten Makrofotografie ein störender Faktor.

Greifen Sie ein: Beleuchten mit Blitz und Reflektor

Wenn das Licht nicht reicht, muss ein Blitz zum Einsatz kommen. Der interne Blitz ist für Makroaufnahmen jedoch weniger gut geeignet. Mit einem externen Blitz auf der Kamera wiederum ist es in der freien Natur nicht leicht, das Licht gezielt zum Motiv zu bringen. Es empfiehlt sich, den Blitz von der Kamera zu entkoppeln, wie es im Abschnitt »Die Königsklasse: entfesselt blitzen« ab Seite 201 beschrieben wird. Wenn der Blitz nicht direkt auf der 7D Mark II sitzt, kann er zum Beispiel das seitlich einfallende Sonnenlicht simulieren. Empfehlenswert für eine weiche Ausleuchtung ohne Schlagschatten ist auch hier der Einsatz eines kleinen Diffusors, der vor den Blitz gesteckt wird.

Ambitionierte Makrofotografen setzen einen sogenannten Ringblitz ein. Bei diesem wird eine ringförmige Blitzröhre am Filtergewinde des Makroobjektivs befestigt und mit einem Generator, der auf den Blitzschuh geschoben wird, verbunden. Preiswerte Varianten sind zwar bereits für rund 100 Euro erhältlich, diese Modelle sind jedoch nur mit einer durchgehenden Leuchte ausgestattet und eignen sich damit eher zur Fotografie von Briefmarken, Münzen und anderen kleinen Objekten. Eine plastische, gestalterisch sinnvolle Ausleuchtung ermöglichen die Geräte, bei denen gleich zwei getrennt ansteuerbare Blitzröhren einen Ring formen. Leider sind diese recht teuer. So schlägt etwa der Canon-Ringblitz *MR-14EX II* mit rund 600 Euro zu Buche. Auch hier hat Yongnuo eine preiswerte Alternative im Angebot: Der *YN-14EX* kostet 100 Euro. Einzig die fehlende Highspeed-Synchronisation unterscheidet ihn von seinem Vorbild.

Es muss jedoch nicht immer ausschließlich künstliches Licht sein: Ein sinnvolles Zubehör für die Nah- und Makrofotografie ist ein Reflektor. Selbst mit kleinen Modellen lassen sich störende Schatten gut beseitigen oder interessante Motivteile zusätzlich aufhellen. Zur Not leistet sogar ein Blatt Papier

Abbildung 11.23
Ein Ringblitz mit zwei separat steuerbaren Blitzröhren ermöglicht eine plastische Ausleuchtung (Bild: Canon).

gute Dienste. Überhaupt ist es eine gute Idee, einige transportable Hintergründe im Fotogepäck dabeizuhaben. Von Kartons in verschiedenen Farben bis hin zu Ihrer eigenen Jacke eignet sich vieles, um etwa störende Bildelemente in der Ferne auszublenden oder aber eine einzelne Blüte besonders hervorzuheben. Falls kein Helfer zum Halten zur Verfügung steht, muss mit dem Stativ und der Fernbedienung gearbeitet werden. Ansonsten gibt es auch Klemmsysteme, mit denen sich Hintergründe und Reflektoren fixieren lassen. Solche Vorrichtungen eignen sich ebenfalls gut dafür, störende Äste kurzfristig aus dem Bild zu halten oder Pflanzen im Wind zu stabilisieren. Schon bei einer leichten Brise und längeren Belichtungszeiten ist es nämlich recht schwer, Blumen verwacklungsfrei abzulichten.

[100 mm | f2,8 | 1/160 s | ISO 800]

▲ Abbildung 11.24
Die Blüte wurde mit einem Reflektor aufgehellt.

Kein Kinderspiel: Makromotive in Bewegung

Um Insekten im Flug abzulichten, sollten Sie in das **Tv**-Programm wechseln und dort eine möglichst kurze Belichtungszeit einstellen. Werte um 1/500 s sind dafür gut geeignet. Der Autofokus hat gerade mit kleinen Tieren oft Probleme. Er wird schnell durch Äste oder andere kontrastreiche Bildelemente abgelenkt, und schon ist der richtige Augenblick verflogen. Eine auf Werte wie –2 oder –1 reduzierte Einstellung der Funktion **AI Servo Reaktion** verhindert ein zu schnelles Abgleiten auf den Hintergrund. Weitere Informationen dazu finden Sie unter »Den Autofokus individuell anpassen« auf Seite 123.

In der Praxis bewährt hat sich das Vorfokussieren. Dabei suchen Sie sich einen Punkt, an dem sich das Insekt voraussichtlich bald befinden wird, und stellen auf diesen manuell scharf. Anschließend schalten Sie den Autofokus wieder ein und müssen nur noch den Auslöser drücken, sobald sich das Tier tatsächlich im Bereich des Autofokusmessfelds befindet. Alternativ können Sie das Scharfstellen vom Auslöser entkoppeln, wie es auf Seite 148 im Abschnitt »Den Auslöser anpassen« beschrieben wird. Ist das Motiv erst einmal fest erfasst, funktioniert die automatische Fokusnachführung sehr gut. Wählen Sie dazu am besten eine sehr eng abgegrenzte Messfeldzone. Vergessen Sie nicht, den Autofokusbetrieb auf **AI SERVO** zu stellen.

⌄ Abbildung 11.25
Insekten lassen sich nur mit kurzen Belichtungszeiten einfangen. 1/30 s wie hier ist schon zu lang.

[100 mm | f5,6 | 1/30 s | ISO 800 | Stativ]

EXKURS

Bestens im Bild durch GPS
EXKURS

Über die GPS-Funktion der 7D Mark II können Sie jederzeit nachvollziehen, wo genau Ihre Fotos entstanden sind. Die GPS-Koordinaten werden dabei als Teil der Bilddatei gespeichert. Das funktioniert sowohl für JPEG- als auch für RAW-Aufnahmen. Die Kamera empfängt dazu das als GPS bekannte NAVSTAR-GPS der USA, GLONASS aus Russland sowie das japanische Quasi-Zenith Satellite System (QZSS), das allerdings nur Nutzern im Pazifikraum einen Vorteil bringt.

Sie finden die GPS-Einstellungen im zweiten Einstellungsmenü (**SET UP2**). Dort müssen Sie den GPS-Empfang **Aktivieren** und können mit **Set up** ❷ weitere Optionen einstellen. Ihre aktuelle Position finden Sie unter **GPS-Informationsanzeige**. Die Buchstabenfolge **UTC** ❸ steht für die koordinierte Weltzeit. Zu dieser muss eine Stunde addiert werden, um auf die mitteleuropäische Zeit zu kommen, zur Sommerzeit sind es zwei Stunden.

^ Abbildung 11.26
Der **GPS**-Empfang wird auf dem Monitor ❶ und im oberen Display angezeigt. Bei der Wegaufzeichnung sehen Sie zusätzlich den Eintrag **LOG**.

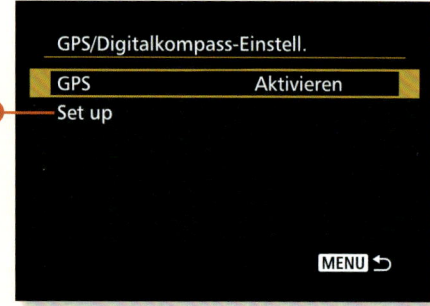

Abbildung 11.27 >
Den GPS-Empfang müssen Sie zunächst aktivieren. Mit **Set up** rufen Sie die Einstellungen auf. Ihnen werden dann die GPS-Koordinaten angezeigt.

EXKURS

> **Strom sparen ohne GPS**
> Auch wenn Sie die EOS 7D Mark II ausschalten, bleibt der GPS-Empfang aktiv. Deaktivieren Sie die GPS-Funktion besser, wenn Sie Strom sparen möchten.

Beim allerersten Start der GPS-Funktion oder nach dem Zurücksetzen der Kameraeinstellungen kann es rund 15 Minuten dauern, bis eine Position angezeigt wird. Halten Sie sich mit der Kamera dazu am besten im Freien auf. Bei jedem weiteren GPS-Start dauert es nur wenige Sekunden, bis die Koordinaten errechnet sind. Wie häufig das GPS-System der Kamera diese erneuert, können Sie unter **Pos.-Update Intervall** festlegen. Je kürzer der Wert ist, den Sie dort einstellen, desto verlässlicher ist das Geotagging, wenn Sie sich schnell von Ort zu Ort bewegen. Andererseits wird bei einer häufigen Aktualisierung mehr Strom verbraucht. Im naturfotografischen Alltag führt eine Einstellung von einer Minute oder länger zu verlässlichen Ergebnissen.

Mit der GPS-Funktion können Sie unter der Option **GPS-Aufzeichnung** auch Ihren Weg nachzeichnen. Dies wird in der GPS-Welt als *Track* bezeichnet. Bei sehr kurzen Positionierungsintervallen wird jede Abzweigung erfasst, bei sporadisch aktualisierten Daten ist in der Kartendarstellung womöglich nur eine gerade Linie zwischen zwei Punkten zu sehen. In jedem Fall steigt der Stromverbrauch weiter an. Eine zusätzliche Batterie ist für Touren deshalb sehr empfehlenswert.

Abbildung 11.28
Häufige Positions-Updates verbrauchen mehr Strom.

Den aufgezeichneten Track müssen Sie nach Ende einer Tour sichern. Gehen Sie dazu in das Menü zur **GPS-Aufzeichnung** und wählen Sie dort **Aufz.daten auf Karte übertr.** ❹. Sie finden auf der zuvor gewählten Speicherkarte anschließend eine Datei mit der Endung **LOG**. Leider können die wenigsten Programme etwas mit diesen im Format *NMEA-0183* gespeicherten Daten anfangen. Das gilt für *Adobe Photoshop Lightroom*, aber auch für beliebte GPS-Kartenprogramme wie *Garmin Basecamp* (Stand März 2015). Sie brauchen also zusätzlich kostenlose Tools wie *GPSBabel* für den PC oder *LoadMyTracks* für Apple, um eine Konvertierung in das gängigere GPX-Format vorzunehmen. Mit **Aufzeichnungsdaten**

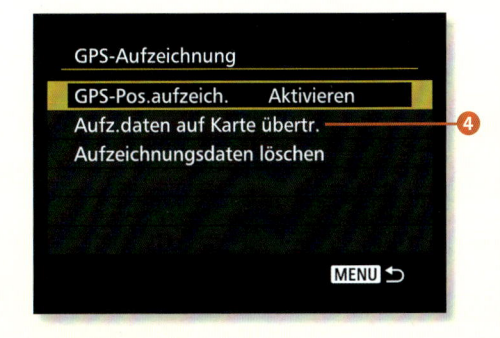

Abbildung 11.29
Die LOG-Daten der Aufzeichnung landen in einem eigenen Verzeichnis auf der Speicherkarte.

EXKURS

löschen werden die Daten nicht von der Speicherkarte verbannt, sondern nur aus dem internen Speicher der Kamera entfernt.

Besonders nützlich ist auch der in der Kamera integrierte **Digitalkompass**. Dank dieser Funktion kann zusätzlich zum Aufnahmeort auch die Himmelsrichtung ermittelt werden, in die die Aufnahme erfolgt. Dazu müssen Sie den **Digitalkompass** zunächst **Aktivieren** und gegebenenfalls **Digitalkompass kalibrieren** wählen. Zum Kalibrieren drehen Sie die EOS 7D Mark II wie auf dem Monitor angezeigt um ihre drei Achsen. Sobald Sie die Wasserwaage mit der **INFO**-Taste aufrufen, erscheint in der Darstellung zusätzlich die Kompassausrichtung. Leider lässt sich diese Funktion nicht unabhängig vom GPS-Empfang aktivieren.

Abbildung 11.30 >
*Kalibrieren Sie den **Digitalkompass**. Die Kameraausrichtung wird mit den Bilddaten gespeichert und bei der Wasserwaage angegeben.*

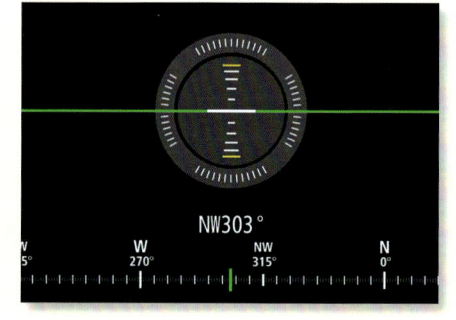

Eine weitere interessante Option im GPS-Menü ermöglicht das Synchronisieren der eingebauten Kamerauhr mit dem Zeitsignal der GPS-Satelliten, sodass Ihnen immer die Zeit Ihres aktuellen Standorts angezeigt wird. Dazu wählen Sie die Option **Auto-Zeiteinst**. Bei der Wahl von **Auto-Update** wird die interne Uhr permanent abgeglichen. Mit **Jetzt einst.** starten Sie den Vorgang nur einmalig.

In *Lightroom* sehen Sie in der Kartenansicht sofort, an welchen Orten Sie Bilder gemacht haben. Alternativ können Sie die mit der Kamera gelieferte Software *Map Utility* nutzen. Dieses kleine Tool bietet nicht gerade sehr viele Funktionen. Sie ziehen die Bilder mit der Maus aus dem Explorer (Windows) beziehungsweise Finder (Mac) auf die linke Seitenleiste unter **Bilder** ❶. Anschließend sehen Sie auf der Karte dort Stecknadeln ❷,

Abbildung 11.31 >
Über das GPS-System können Sie die interne Uhr präzise einstellen.

EXKURS

wo die Bilder entstanden sind. Auch die Richtung, in die die Aufnahme erfolgte, lässt sich dabei ablesen ❸. Umgekehrt zeigt ein Klick auf die Nadel sämtliche an dieser Stelle aufgenommenen Fotos.

Um den aufgezeichneten Track zu sehen, klicken Sie auf den Button **GPS-Protokolldateien** ❹ und schließen die Kamera oder die Speicherkarte über ein Kartenlesegerät an den Computer an. Klicken Sie dann auf die Schaltfläche für den Import ❺. Anschließend ist die zurückgelegte Strecke in der Kartendarstellung zu sehen.

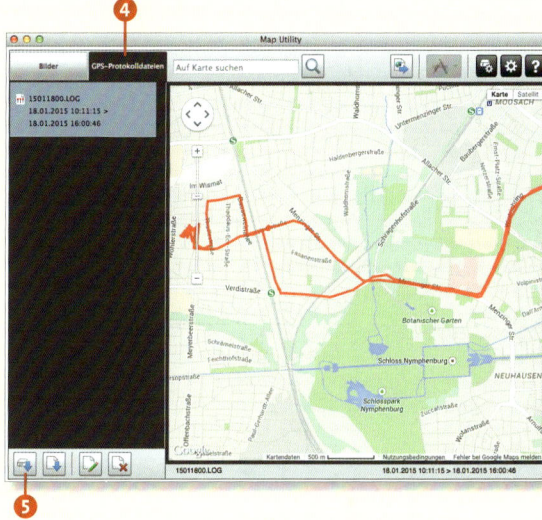

˄ Abbildung 11.32
Links: Map Utility zeigt Ihnen den Aufnahmeort Ihrer Bilder an. Rechts: Auch die zurückgelegte Strecke zeigt das Programm an, sofern Sie die Aufzeichnung aktiviert haben.

> **Wo finde ich Map Utility?**
>
> Die Software *Map Utility* wird nur dann installiert, wenn Sie bei der Installation der zur Kamera mitgelieferten Software auf **Einfache Installation** klicken.

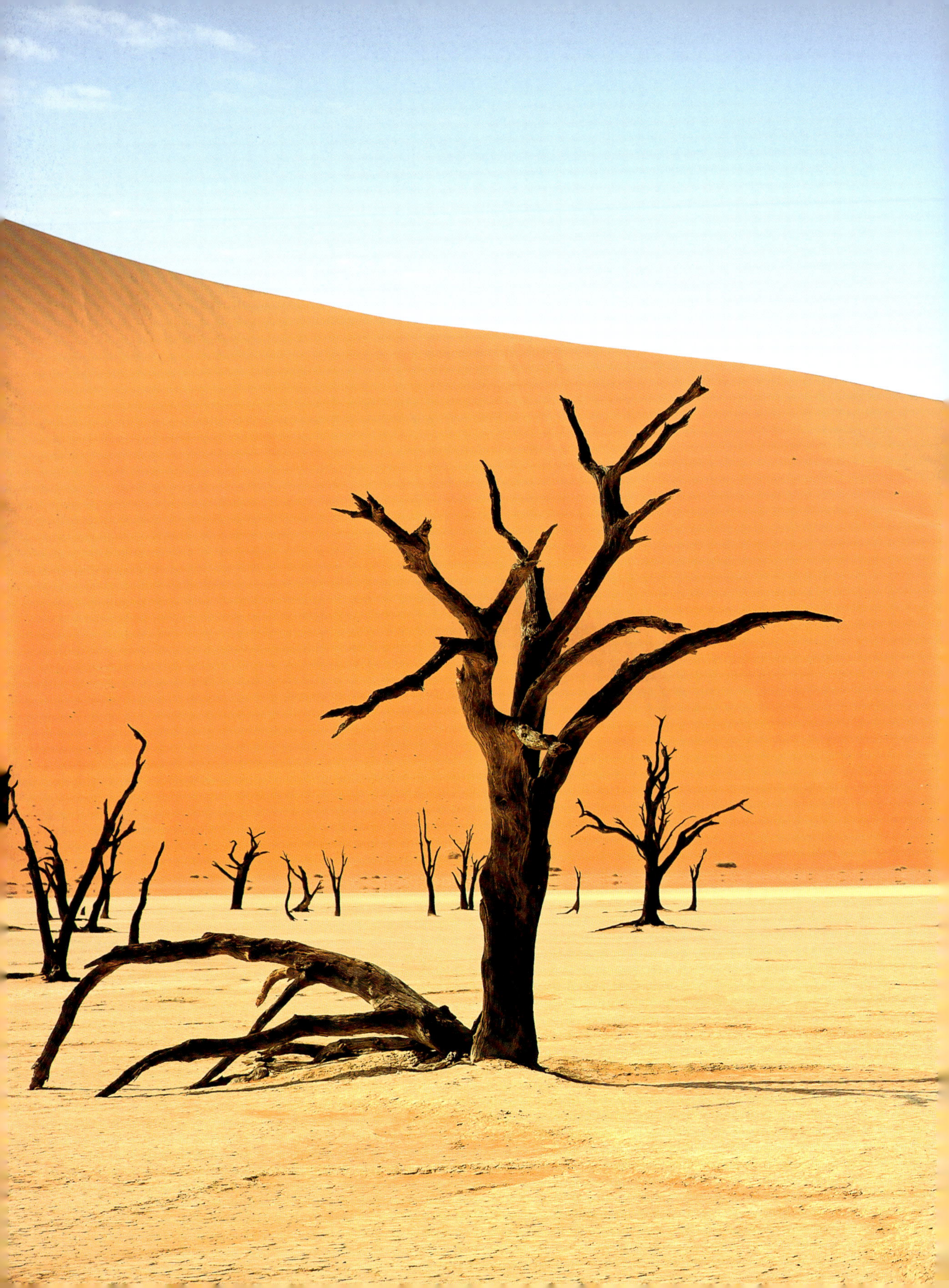

Kapitel 12
Fotopraxis: Die Weite als Panorama einfangen

Der Weg zum Panorama 304

Die passende Brennweite auswählen 305

Technische Voraussetzungen für gute Panoramen 306

EXKURS: Panoramen mit Hugin zusammensetzen 313

Der Weg zum Panorama

Wenn es links und rechts von der Mitte sehr viel zu sehen gibt, schlägt die Stunde der Panoramafotografie. Mit ihr lässt sich die Weite einer Landschaft ideal einfangen. Das klassische Seitenverhältnis eines Kleinbildfotos von 3:2 wird dabei eindrucksvoll durchbrochen. Ausreichend viele Aufnahmen vorausgesetzt, ermöglicht ein Panorama den 360°-Rundumblick und kann dabei sogar die Ansicht von Boden und Himmel beinhalten. Landet das Panorama nicht als Bild, sondern als 3D-Viewer-Datei auf dem Computer, kann der Betrachter mit der Maus auf Entdeckungsreise gehen.

Die einfachste Möglichkeit, ein Panorama herzustellen, besteht natürlich darin, am oberen und unteren Bildrand etwas wegzuschneiden. Vor allem Fotos mit weitläufigen Motiven, denen ein interessanter Vordergrund fehlt, bekommt ein solcher Beschnitt gut. Es lohnt sich, die eigene Bildersammlung auf dem PC einmal gezielt mit einem »Panoramablick« zu durchforsten. Bestimmt finden Sie den einen oder anderen Kandidaten, der sich auf diese Art durch einen nachträglichen Beschnitt erheblich verschönern lässt.

An dieser Stelle dreht sich allerdings alles um die Möglichkeit, mehrere Einzelbilder im Computer zu einem Panorama zusammenzufügen. Dabei gibt es unterschiedliche Möglichkeiten der Projektion. Vielleicht kennen Sie die Probleme unterschiedlicher Projektionsarten noch aus dem Erdkundeunterricht in der Schule. Dort haben Sie vermutlich irgendwann einmal gelernt, wie sich die kugelförmige Erde am besten im flachen Atlas

ᵛ Abbildung 12.1
Dieses Panoramabild ist durch Zuschnitt eines im regulären Format aufgenommenen Bildes entstanden.

[70 mm | f8 | 1/60 s | ISO 400]

abbilden lässt. Dabei müssen auf jeden Fall Kompromisse bei einer realistischen Darstellung von Flächen, Entfernungen und Winkeln gemacht werden. In der Panoramafotografie können Sie sich beim automatischen Zusammenfügen der Einzelbilder am Computer ebenfalls zwischen verschiedenen Abbildungsarten entscheiden.

Unterschiedliche Panoramatypen

Bei einem *zylindrischen Panorama* ist es möglich, sich nach links und rechts zu drehen. Die Sicht nach oben und unten ist allerdings begrenzt. Vereinfacht ausgedrückt, gibt es weder einen Himmel noch einen Boden. Beim *Kugelpanorama* dagegen wird die Umgebung des Fotografen in ihrer Gesamtheit abgebildet, inklusive des Bodens und des Himmels. Mit jedem aufgenommenen Bild entstehen nun quasi einzelne Teile einer kugelförmigen Hülle um den Fotografen. Hier hilft der Vergleich mit den einzelnen Stücken einer geschälten Orange. Um diese in eine flache Form ohne Lücken zu bringen, sind Verzerrungen an den oberen und unteren Enden unumgänglich. Den Prozess des Geradeziehens erledigt hier die Panoramasoftware. Bei der Betrachtung des Panoramas als Animation am Computer stellt sich dieses Problem nicht. Hier wird der gekrümmte Raum einfach als solcher dargestellt.

Die passende Brennweite auswählen

Ein Panorama lässt sich aus allen Bildern erstellen, die nebeneinanderliegen. Daher gibt es auch kein Objektiv, das für diese Aufgabe prinzipiell ungeeignet ist. Möchten Sie zum Beispiel ein weit entferntes Bergmassiv mit zwei oder mehr Einzelbildern erfassen, so geht dies kaum ohne Telebrennweite.

Der einfachste Weg zu 360°-Panoramen führt dagegen über Fotos, die mit einer möglichst kleinen Brennweite gemacht wurden. Der Bildwinkel ist in diesem Fall so groß, dass nur wenige Aufnahmen reichen, um eine Rundumsicht zu bekommen. Für die Software ist es zudem einfacher, aus wenigen Fotos ein Gesamtergebnis zu berechnen: Je mehr Aufnahmen zusammengefügt werden, desto größer ist schließlich das Risiko, dass es zu unsauberen Übergängen zwischen den einzelnen Teilen kommt. Außerdem ist der Computer mit dem Zusammensetzen vieler verschiedener Aufnahmen länger beschäftigt.

Abbildung 12.2 >
Ein Fisheye-Objektiv erzeugt surreale Effekte.

[15 mm | f8 | 1/100 s | ISO 200]

Abbildung 12.3
Fisheye-Objektiv von Canon (Bild: Canon)

Fisheye-Objektiv

Professionelle Panoramafotografen schwören auf Fisheye-Objektive. In Fisheye-Aufnahmen werden gerade Linien, die nicht durch die Bildmitte laufen, zwar sehr stark verkrümmt abgebildet, dafür geben sie die Flächenverhältnisse ziemlich realitätsgetreu wieder und bieten dabei einen Bildwinkel von etwa 180°. Ein beliebtes Objektiv bei ambitionierten Panoramafreunden ist das 8-mm-Fisheye-Objektiv *MC 3,5/8 A* des Herstellers BelOMO. Es wird oft unter seinem alten Namen *Peleng* angeboten und kostet rund 300 Euro. Ebenfalls sehr gut geeignet ist das *Canon EF 8–15 mm f/4 L Fisheye USM* für rund 1 100 Euro.

Technische Voraussetzungen für gute Panoramen

Die Programme zum Erstellen eines Panoramas erfüllen auch mit mäßig sauber von Hand geschossenen Aufnahmen ihre Aufgabe in der Regel erstaunlich gut, jedoch nicht immer. In einigen Fällen ist dann eine ausgesprochen mühselige Nacharbeit am Computer erforderlich. Die Verwendung eines Stativs erspart diese Mühen. Hilfreich ist dabei ein Stativkopf mit Panoramafunktion. Mit ihm können Sie die Kamera zur Seite bewegen, ohne dass die anderen Achsen davon betroffen sind. Ebenfalls gut geeignet für eine Panoramaaufnahme ist ein Einstellschlitten, wie er auch bei der Makrofotografie zum Einsatz kommt (siehe den Abschnitt »Die geringe Schärfentiefe im Makrobereich meistern« auf Seite 293). Um die 7D Mark II darauf im Hochformat zu befestigen, benötigen Sie einen L-Winkel. Abbildung 12.5 zeigt eine solche Konstruktion. Hersteller wie Kirk Photo und Really Right Stuff haben speziell an die 7D Mark II angepasste Modelle im Programm, die so gestaltet sind, dass Sie weiterhin auf die Anschlüsse an der linken Kameraseite zugreifen können.

Wenn Sie Aufnahmen machen möchten, bei denen sich im Vordergrund Bildelemente befinden, sollte vielleicht auch ein Nodalpunktadapter in Ihrer Fototasche landen. Mit diesem können Sie die 7D Mark II nicht nur um einen festen Punkt drehen, der durch die Lage der Stativkupplung bestimmt wird, sondern um eine beliebig einstellbare Achse. Diese muss so gewählt werden, dass keine Parallaxenverschiebungen stattfinden. Ein preiswerter Nodalpunktadapter für Einsteiger ist beispielsweise der *Panosaurus 2.0* für etwa 130 Euro.

Gegen Schieflagen

Bei Panoramaaufnahmen kann leicht der Horizont in Schieflage geraten. Nutzen Sie die **Wasserwaage** im Sucher, die Sie im zweiten Einstellungsmenü (**SET UP2**) unter **Sucheranzeige** finden. Bei der Aufnahme im Livebild-Modus erscheint die Wasserwaage nach einem Druck auf die Taste **INFO**.

Was ist eine Parallaxenverschiebung?

Was eine Parallaxenverschiebung ist, können Sie mit einem kleinen Experiment schnell selbst erfahren: Wenn Sie Ihre beiden Daumen in unterschiedlicher Entfernung zum Kopf ausstrecken und diesen hin- und herdrehen, scheinen sich die Daumen aufeinander zu- und voneinander wegzubewegen. Dieser Effekt ist natürlich umso stärker, je näher der vordere Daumen Ihren Augen ist.

Stellen Sie sich vor, Ihr Kopf ist die Kamera, und es entstehen zwei Fotos aus unterschiedlichen Perspektiven. Jetzt sieht sich die Panoramasoftware mit einer unlösbaren Aufgabe konfrontiert. Denn das Objekt im Vordergrund scheint auf beiden Bildern eine unterschiedliche Position einzunehmen: einmal rechts und einmal links vom hinteren Objekt. Dies passiert immer dann, wenn sich der kritische Bereich auf gleich zwei Bildern befindet. Das Zusammenfügen der Aufnahmen ist damit kaum möglich. Achten Sie daher darauf, dass Sie ein im Vordergrund liegendes Objekt nicht auf sich überlappende Bildregionen legen. Wenn sich allerdings gleich mehrere Bildelemente über den gesamten Blickwinkel verteilen, lässt sich das kaum umsetzen.

In der Praxis gibt es jedoch einen Punkt, um den sich die Kamera samt Objektiv drehen kann, ohne dass der Parallaxenfehler auftritt. Dieser Punkt liegt mitten im Objektiv. Fälschlicherweise wird dieser *parallaxenfreie* oder *No-Parallax-Punkt* häufig als *Nodalpunkt* bezeichnet. Wie Sie Ihre 7D Mark II entsprechend ausrichten können, erfahren Sie in der Schritt-für-Schritt-Anleitung »Den parallaxenfreien Punkt bestimmen« auf der folgenden Seite.

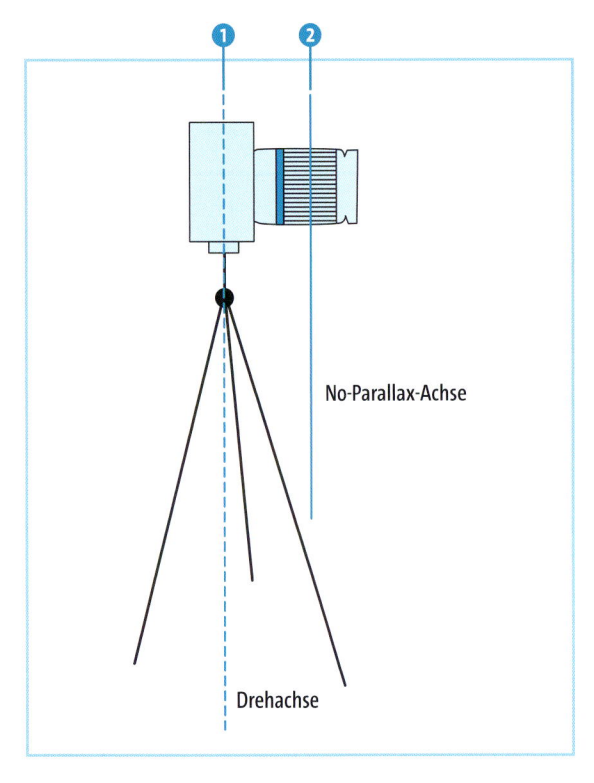

^ Abbildung 12.4
Beim Schwenken der Kamera auf dem Stativ läuft die Drehachse mitten durch die Kamera ❶. *Der No-Parallax-Punkt liegt aber weiter vorn im Objektiv. Nur wenn die Drehachse durch diesen verläuft* ❷, *lassen sich parallaxenfreie Aufnahmen anfertigen.*

Es geht auch ohne Nodalpunktadapter

Mit steigendem Abstand zwischen Kamera und den Objekten im Bild erledigt sich das Parallaxenproblem von selbst. Wenn Sie aus gestalterischer Sicht also auf Motive im Vordergrund verzichten können, ist es auch ohne Nodalpunktadapter oder andere Hilfsmittel möglich, stimmige Panoramaaufnahmen anzufertigen.

Abbildung 12.5 >
Mit einem Nodalpunktadapter lässt sich die Kamera um den parallaxenfreien Punkt drehen (Bild: Novoflex).

Den parallaxenfreien Punkt bestimmen
SCHRITT FÜR SCHRITT

1 Nodalpunktadapter
Den parallaxenfreien Punkt bestimmen Sie am besten durch Versuch und Irrtum. Montieren Sie die 7D Mark II auf einem Nodalpunktadapter. Alternativ können Sie auch einen Bindfaden um das Objektiv wickeln und mit einem kleinen Gewicht beschwert als Lot über dem Boden schweben lassen. Mit dieser einfachen Methode lassen sich erstaunlich gute Panoramaaufnahmen ohne Parallaxenprobleme schießen.

Abbildung 12.6
Die Kamera muss so lange ausgerichtet werden, bis die Mitte des Objektivs über der Drehachse des Stativs liegt.

3 Referenzpunkte auswählen
Ausgehend von dieser Konstruktion, starten die Versuche. Fixieren Sie zwei unterschiedlich weit von der Kamera entfernte Punkte an. Im Bildbeispiel wurden dafür zwei Wanderstöcke hintereinander aufgestellt. Die Kamera positionieren Sie so, dass beide Stöcke direkt hintereinander im Sucher erscheinen.

2 Objektiv einrichten
Beim Einsatz eines Nodalpunktadapters sollte das Objektiv über die Links-rechts-Verstellung mittig über der Drehachse des Stativs positioniert werden. Verschieben Sie das Objektiv dann so lange in Vor-zurück-Richtung, bis sich die Drehachse in dessen Mitte befindet.

Abbildung 12.7
Die Wanderstöcke befinden sich auf einer Linie.

4 Fokussieren

Schalten Sie den Autofokus aus. Stellen Sie dann die Entfernungseinstellung am Objektiv manuell auf **Unendlich** ein oder auf den Wert, mit dem Sie später Ihre Panoramen erstellen möchten. Die Lage des parallaxenfreien Punkts hängt auch von der Entfernungseinstellung ab.

5 Kameraposition überprüfen

Schwenken Sie die Kamera nach links und beobachten Sie die Position der gewählten Objekte im Sucher. Scheint sich das hintere Objekt nach links zu bewegen, liegt der No-Parallax-Punkt weiter hinten als eingestellt. Die Kamera muss auf dem Schlitten weiter nach vorn bewegt oder – wenn Sie mit dem Lot arbeiten – der Faden weiter nach hinten verschoben werden. Bewegt sich das hintere Objekt allerdings nach rechts, gehen Sie genau umgekehrt vor. Der parallaxenfreie Punkt befindet sich weiter vorn.

6 Schrittweise Annäherung an den parallaxenfreien Punkt

Mit immer kleineren Änderungen nähern Sie sich nun langsam dem Punkt, an dem sich die beiden Objekte im Sucher nicht mehr gegeneinander verschieben, wenn Sie die Kamera nach links und rechts schwenken. Die beiden Wanderstöcke im Beispiel bleiben trotz Schwenkens der Kamera hintereinander. Damit haben Sie für das verwendete Objektiv und die aktuelle Entfernungseinstellung den No-Parallax-Punkt gefunden.

^ **Abbildung 12.9**
Der parallaxenfreie Punkt ist gefunden, da die Wanderstöcke auch beim Schwenken der Kamera nach links oder rechts immer hintereinander zu sehen sind.

^ **Abbildung 12.8**
Beim Schwenken der Kamera sind die Wanderstöcke versetzt nebeneinander zu sehen. Der parallaxenfreie Punkt ist noch nicht gefunden. Beim Aneinanderfügen der Bilder zu einem Panorama wäre die Software überfordert.

Gute Ausgangsbilder für Panoramen anfertigen

Es klingt trivial, ist aber in der Praxis gar nicht so einfach: Bei Panoramaaufnahmen müssen die einzelnen Bilder zusammenpassen. Das betrifft nicht nur den Bildausschnitt, sondern auch die Belichtung, den Weißabgleich und die Schärfentiefe. Sie ahnen vermutlich bereits, dass dies am einfachsten über manuelle Einstellungen zu realisieren ist. Stellen Sie also den ISO-Wert und den Weißabgleich auf einen festen Parameter und schenken Sie der Belichtung eine Menge Aufmerksamkeit. Ist jedes einzelne Bild unterschiedlich belichtet, sieht das zusammengesetzte Endergebnis entsprechend merkwürdig aus. Zudem macht die unterschiedliche Belichtung in den einzelnen Bildern der Panoramasoftware beim Zusammensetzen große Schwierigkeiten.

Genug mit aufs Bild

Lassen Sie jeweils an den oberen und unteren Rändern genug Platz. Das gibt Ihnen beim späteren Zuschneiden des zusammengesetzten Panoramas mehr Spielraum. Das Hochformat bringt in dieser Hinsicht Vorteile.

Je mehr Sie von der Umgebung in das Gesamtbild integrieren wollen, desto mehr müssen Sie mit einem breiten Spektrum an Lichtverhältnissen leben. Im Fall eines 360°-Panoramas sind das Stellen mit hartem Gegenlicht auf der einen Seite sowie eher wenig beleuchtete Bereiche auf der anderen. Das Problem eines hohen Kontrastumfangs kommt hier besonders zur Geltung.

[50 mm | f7,1 | 1/320 s | ISO 100]

∧ **Abbildung 12.10**
Wenn die Belichtungseinstellung nicht stimmt, sieht das Ergebnis entsprechend aus.

Idealerweise arbeiten Sie beim Stativeinsatz mit einer Kabelfernauslösung. Auf diese Weise können Sie sich ganz auf das saubere Drehen der Kamera konzentrieren und sind schneller. Ein zügiges Abfotografieren der einzelnen Elemente ist besonders dann nötig, wenn sich die Wetterverhältnisse schnell ändern. Ansonsten passen die Belichtungseinstellungen der ersten Aufnahme nicht mehr zu den Lichtverhältnissen der letzten.

Ein wenig zusätzliche Freiheit lässt auch in diesem Fall das RAW-Format. Damit können Sie die Helligkeit und besonders den Weißabgleich der verschiedenen Bilder ein wenig einfacher aneinander anpassen, als dies beim JPEG-Format möglich ist.

Panoramasoftware und ihre Grenzen

Mit *PhotoStitch* befindet sich bereits eine recht ordentliche Panoramasoftware im Lieferumfang der 7D Mark II. Ähnlich viele Möglichkeiten bietet *Photoshop Elements*, das in dieser Hinsicht den gleichen Funktionsumfang wie das große *Photoshop* aufweist. Bei all diesen Softwarelösungen müssen Sie sich jedoch auf Automatiken verlassen, die die Bilder zusammensetzen. Die Möglichkeiten, als Anwender den Prozess gezielt zu beeinflussen, sind eher gering.

Das ist bei Spezialsoftware zur Panoramaerstellung anders. So arbeiten viele Panoramaprofis mit *PTGui*, das es für Mac und PC gibt und etwa 80 Euro kostet. Eine kostenlose Alternative ist *Hugin*, das es ebenfalls für beide Plattformen gibt (*http://hugin.sourceforge.net*). Im Exkurs »Panoramen mit Hugin zusammensetzen« auf der folgenden Seite lernen Sie es kennen.

Es ist erstaunlich, wie gut die Softwarelösungen für die Panoramaerstellung auch aus Bildern mit kleinen Fehlern ein schönes Gesamtergebnis zusammensetzen können. Dazu wird mit komplexen optischen und mathematischen Gesetzen operiert, von denen der Anwender zum Glück unbehelligt bleibt. Zaubern kann allerdings auch das beste Programm nicht. Deshalb sorgen nur sorgfältig erstellte Einzelbilder für das optimale Resultat, das für die Nacharbeit am Computer wenig Zeit beansprucht. Die in die Aufnahme der Fotos gesteckte Zeit holen Sie bei der anschließenden Bearbeitung am Computer also locker wieder heraus.

Panoramen mit Hugin zusammensetzen

EXKURS

1 Ausgangsbilder auswählen

Wenn die Bilder im Kasten sind, muss der Computer ran. Starten Sie *Hugin*, klicken Sie auf **Bilder laden** und wählen Sie sämtliche Bilder aus, die zu einem Panorama zusammengesetzt werden sollen. In der Dateiauswahl halten Sie dazu während der Auswahl die ⇧-Taste gedrückt. Über die Strg - beziehungsweise cmd -Taste am Mac lassen sich auch nicht zusammenhängende Bilder selektieren.

Bevor das Zusammensetzen der Bilder beginnen kann, möchte *Hugin* von Ihnen wissen, mit welchem **Objektivtyp** Sie fotografiert haben. Sofern Sie nicht mit einer Spezialoptik gearbeitet haben, liegen Sie hier mit der Option **Geradlinig (Rectilinear)** richtig. Zudem werden Sie möglicherweise gefragt, mit welcher **Brennweite** die Aufnahme erfolgte. Der **Formatfaktor**, also der Cropfaktor, beträgt 1,57. Mit **Ausrichten** geht es weiter.

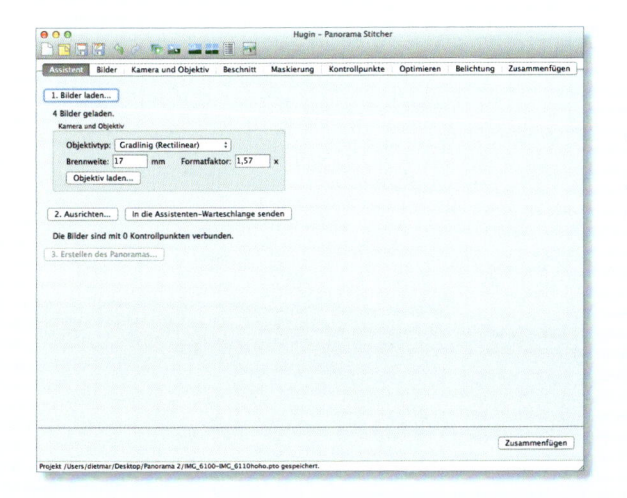

2 Den Computer arbeiten lassen

Nun starten der Kontrollpunktgenerator sowie eine Reihe weiterer Automatiken. Diese erkennen automatisch die auf jeweils zwei Bildern vorhandenen Gemeinsamkeiten und kümmern sich um die korrekte Überlagerung. Je nach Leistungsfähigkeit Ihres Computers kann dieser Vorgang durchaus ein Weilchen dauern.

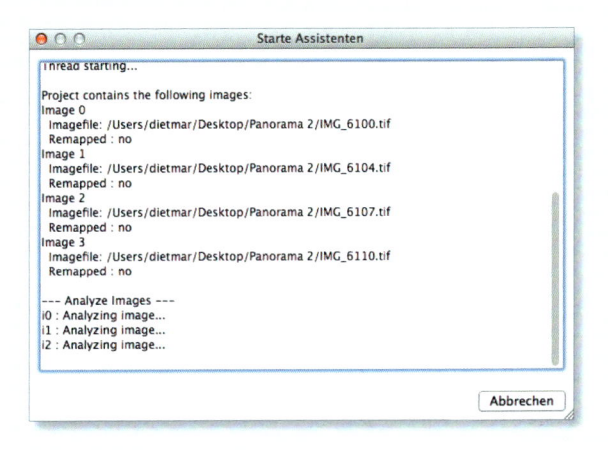

3 Einen ersten Überblick verschaffen

Die **Schnelle Panoramavorschau** erscheint. An dieser Stelle können Sie sich bereits ein recht gutes Bild vom Endergebnis machen. Einzelne Optimierungen, etwa die Angleichung der Bildhelligkeit, sind jedoch noch nicht in dieser Darstellung enthalten. Mit den beiden Reglern rechts und unterhalb des Bildes können Sie den Bildwinkel festlegen. Über die Schalter bei **EV** ❶ lässt sich die Gesamthelligkeit des Panoramas anpassen.

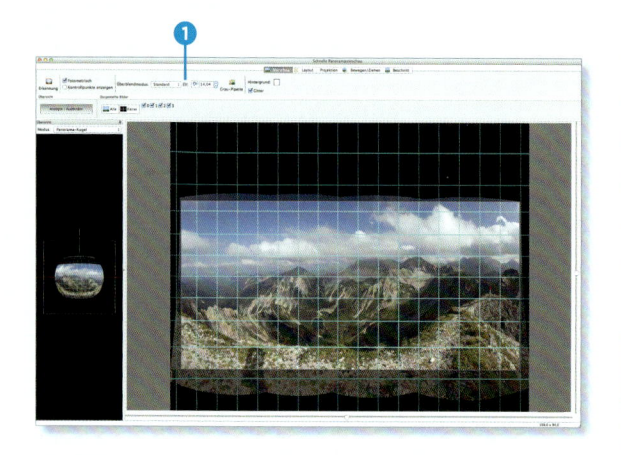

EXKURS

Bewegungen. Dadurch lassen sich geringfügige Unzulänglichkeiten bei der Ausrichtung gut beheben. Ein Klick auf **Ausrichten** ❹ bringt alle Bilder auf eine gerade Horizontlinie. Dazu muss die Automatik allerdings zuvor horizontale Linien entdeckt haben.

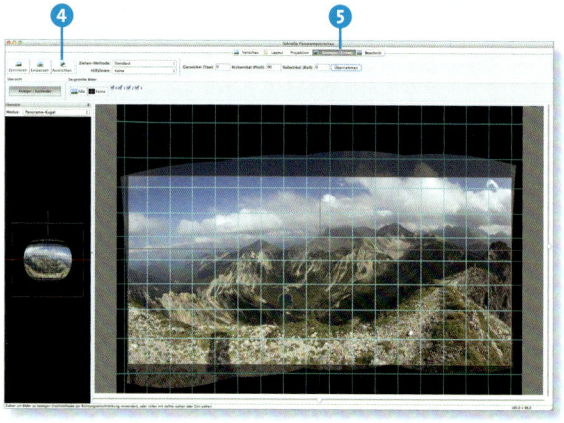

4 Projektionsart wählen

Unter **Projektion** ❸ stehen verschiedene Projektionsarten zur Auswahl. Mit **Zylindrisch** ❷ liegen Sie bei einfachen Panoramen richtig. Vielleicht sagt Ihnen das Ergebnis einer anderen Auswahl jedoch ebenso zu.

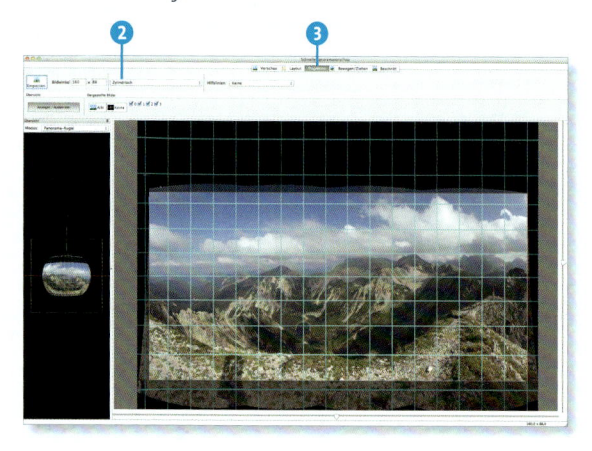

6 Den Bildausschnitt wählen

Zuletzt legen Sie in der Vorschau den **Beschnitt** ❼ fest. Ziehen Sie dazu einfach mit der Maus an den Bildrändern. Unter **Hilfslinien** ❻ können Sie sich einige Linien anzeigen lassen, die das Beschneiden nach gestalterischen Gesichtspunkten erleichtern. Sobald Sie mit dem Ergebnis zufrieden sind, schließen Sie die **Schnelle Panoramavorschau** wieder.

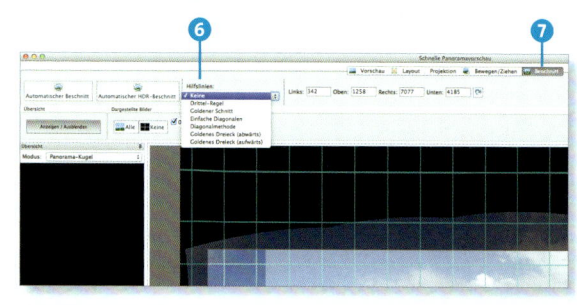

5 Das Panorama verfeinern

Mit **Bewegen/Ziehen** ❺ können Sie das Panorama in Form bringen. Klicken Sie dazu mit gedrückter Maustaste an eine Stelle im Bild und verformen Sie das Panorama mit kleinen

EXKURS

7 Das Panorama erstellen

Zurück im Hauptfenster von *Hugin*, klicken Sie auf das Register **Zusammenfügen** ❾. Auch hier gibt es viele Optionen. Die Einstellung **Mit Belichtungskorrektur, niedriger Dynamikumfang** ❽ ist in der Regel ausreichend. An dieser Stelle können Sie außerdem zwischen dem Speichern des Bildes als TIFF- oder JPEG-Datei wählen. Mit einem Klick auf **Optimale Größe berechnen** ❿ wird die Ausgabegröße an das Format der Ursprungsbilder angepasst. Mit dem Button **Zusammenfügen** ⓫ unten rechts starten Sie den eigentlichen Ausgabeprozess. Zunächst werden Sie nach einem Namen für die Projektdatei gefragt. Damit lassen sich alle Einstellungen später erneut verändern. Anschließend geben Sie den tatsächlichen Bildnamen an, und das Panorama wird erstellt.

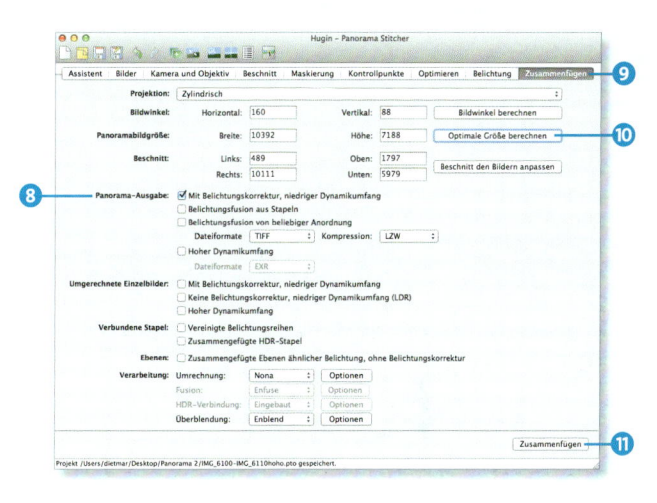

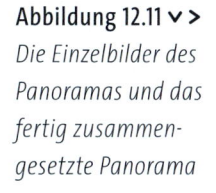

Abbildung 12.11 ˅ >
Die Einzelbilder des Panoramas und das fertig zusammengesetzte Panorama

PROD. CANON

ROLL	SCENE
13	Film ab!

DIRECTOR:
CAMERA: 7D Mk II
DATE: 2o15   Day·Ni
                     Filter

Kapitel 13
Film ab mit der EOS 7D Mark II!

Die Filmaufnahmen starten 318

So fokussieren Sie beim Filmen 319

Beim Filmen die Belichtung korrigieren 322

Eine Frage des Formats 322

Der Weißabgleich 328

Manuelle Kontrolle über die Belichtung 329

Der gute Ton 334

Filme planen, drehen und schneiden 335

EXKURS: Ideales Material für die Bearbeitung am PC 341

Die Filmaufnahmen starten

Die EOS 7D Mark II schlägt sich auch als Filmkamera ausgesprochen gut. Die Filme unterscheiden sich dabei ganz erheblich von denen einer herkömmlichen Videokamera. Das liegt vor allem daran, dass der Sensor des Spiegelreflexmodells im Vergleich geradezu riesig ist. Dadurch ist es sehr gut möglich, eine geringe Schärfentiefe als stilistisches Mittel einzusetzen. Wie Sie es von Fotos gewohnt sind, kann die Aufmerksamkeit ganz gezielt auf bestimmte Bereiche gelenkt werden. Der Rest bleibt unscharf. Die Möglichkeit, mit offener Blende zu arbeiten, schafft also einen Look, den Sie von Hollywoodfilmen her kennen.

Ein zweiter wichtiger Faktor ist, dass die EOS 7D Mark II die Filmaufnahme mit 24 Bildern pro Sekunde erlaubt, was der Abspielgeschwindigkeit von Kinofilmen entspricht. Kein Wunder, dass Filmemacher mit geringem Budget auf Spiegelreflexkameras zurückgreifen.

Ihr Weg zum Film führt über den kleinen Umschalter ❶ an der **Livebild-**Taste. Legen Sie diesen auf das Filmkamerasymbol 🎥 um und starten Sie die Aufnahme mit einem Druck auf die Taste **START/STOP**.

Wie Sie es vom Livebild-Betrieb her kennen, führt ein Druck auf die Taste Q zu weiteren Einstellungsmöglichkeiten. Dieser Weg in die Menüs funktioniert allerdings nur bei gestoppter Aufnahme. Es erscheinen viele alte Bekannte: Je nachdem, ob das Moduswahlrad auf der Vollautomatik oder einem der Programme **P**, **Tv**, **Av**, **M**, **B** oder **C1–C3** steht, präsentiert sich das Menü umfangreicher oder etwas abgespeckt.

- AF☐: Ermöglicht den Wechsel der Autofokusbetriebsart, wie Sie es vom Livebild-Betrieb kennen (siehe auch den Abschnitt »Scharfstellen im Livebild-Modus« auf Seite 135).
- ☐: Sie können während des Filmens ein Foto machen. Der Aufnahmevorgang wird dazu unterbrochen und das Bild in der hier eingestellten Betriebsart aufgenommen.
- FHD: Dient zur Einstellung des Filmformats.
- 🎧: Die Lautstärke eines angeschlossenen Kopfhörers lässt sich mit dem Schnellwahlrad verändern.

▲ **Abbildung 13.1**
Hier geht es in den Filmmodus.

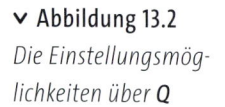

▼ **Abbildung 13.2**
Die Einstellungsmöglichkeiten über Q

- **RAW**: Definiert, in welchem Format und wo ein zwischendurch geschossenes Foto abgespeichert wird. Zugleich können Sie über die Taste **INFO** festlegen, auf welcher Karte der Film gespeichert wird.
- **AWB**: Der Weißabgleich spielt auch beim Filmen eine wichtige Rolle.
- **Bildstil**: Mit den Bildstilen geben Sie Ihren Filmen einen bestimmten Look.
- **ALO**: Die Option **Automatische Belichtungsoptimierung** verhindert Verluste in der Detaildarstellung von sehr dunklen und hellen Bereichen im Film (siehe den Abschnitt »Belichtungsprobleme erkennen und meistern« auf Seite 89).

Schneller über die Tasten

Über die Tasten auf der Oberseite der EOS 7D Mark II erreichen Sie viele der Funktionen wesentlich schneller als über die **Q**-Taste und die Navigation mit dem Multi-Controller.

Wie beim Fotografieren werden die Einzelbilder, aus denen sich der Film zusammensetzt, mit einer Kombination aus Blende, Belichtungszeit und ISO-Wert erfasst. Dementsprechend funktionieren die Automatiken des Hauptwahlrads auch beim Filmen nach der gleichen Logik. Am unteren Bildrand sehen Sie in den Aufnahmeprogrammen die Werte von Blende (im **Av**-Programm), Belichtungszeit (im **Tv**-Programm) oder beiden Parametern (im **M**-Programm). Für den Anfang ist das **P**-Programm eine gute Wahl.

So fokussieren Sie beim Filmen

Beim Filmen mit der EOS 7D Mark II ist der Autofokus die ganze Zeit über aktiviert, solange die Option **Movie-Servo-AF** eingeschaltet ist (viertes Aufnahmemenü **SHOOT4:Movie**). Die Kamera versucht dabei beständig, den scharf gewünschten Bereich herauszufinden und den Fokuspunkt darauf zu legen. Dabei kommt ihr der phasenbasierte *Dual Pixel CMOS AF* zugute, der auch bei Livebildern für eine hohe Fokusgeschwindigkeit sorgt. Weitere Informationen dazu finden Sie im Abschnitt »So funktioniert der Autofokus der 7D Mark II« auf Seite 138.

Die Grenzen von Servo-AF

Bei Full-HD-Aufnahmen mit einer Bildrate von 50 oder 59,94 Bildern pro Sekunde funktioniert der **Movie-Servo-AF** nicht. Das Menü erscheint in diesem Fall ausgegraut.

Bei aktivierter Gesichtserkennung ❶ schalten Sie mit **SET** zwischen der Gesichtserkennung und der automatischen Motivverfolgung hin und her.

Bei den AF-Methoden **FlexiZoneAF-Multi** ❷ und **FlexiZoneAF-Single** ❸ können Sie mit dem Multi-Controller die Feldauswahl steuern oder den Autofokus gezielt auf einen Bereich legen.

Objektive mit *STM* im Namen leisten beim Fokussieren besonders gute Dienste. Schließlich sind sie durch ihren Schrittmotor (*Stepper Motor*) optimal für das Filmen geeignet. Geräuschlos und in einer sehr angenehmen Geschwindigkeit fahren sie ihr Ziel an. Trotzdem kann die Kameraelektronik im Prinzip nur raten, welches Bildelement Sie gerade hervorheben wollen. Schalten Sie **Movie-Servo**-**AF** also im Zweifelsfall eher aus. Dazu müssen Sie im Filmmodus in das vierte Aufnahmemenü (**SHOOT4:Movie**) wechseln und dort den entsprechenden Eintrag ❹ wählen. Zum Fokussieren müssen Sie anschließend den Auslöser oder die Taste **AF-ON** drücken. Manchmal ist auch das komplett manuelle Scharfstellen die beste Wahl. Stellen Sie dazu einfach den Fokusschalter am Objektiv auf **MF**.

∧ Abbildung 13.3
Die Autofokusbetriebsarten beim Filmen

Den Fokus pausieren lassen

Durch Drücken der **Blitztaste** können Sie den Autofokus kurzfristig unterbrechen. Das ist hilfreich, wenn Ihr Motiv für einen Moment von einem Hindernis verdeckt wird.

∨ Abbildung 13.4
Movie-Servo-AF kann hier deaktiviert werden

Sofern Sie **FlexiZoneAF-Single** als AF-Methode verwenden, können Sie sehr genau einstellen, wie der Autofokus funktionieren soll. Im vierten Aufnahmemenü (**SHOOT4:Movie**) finden Sie die Option **Movie-Servo-AF Geschwind.** Dort können Sie selbst bestimmen, mit welcher Geschwindigkeit das Objektiv fokussiert. Anders als beim Fotografieren ist ein schnelles Scharfstellen beim Filmen manchmal unerwünscht. Stellen Sie sich eine Dialogszene vor, in der der Fokus jeweils auf der sprechenden Person liegen soll, während der Rest des Bildausschnitts in Unschärfe verschwimmt. Ein ruckhafter Wechsel wäre in diesem Fall sehr irritierend. Falls Sie den verlangsamten Autofokuswechsel erst bei der Aufnahme selbst verwenden möchten, können Sie unter **Wenn Aktiv** die Einstellung **Beim Aufnehmen** aktivieren.

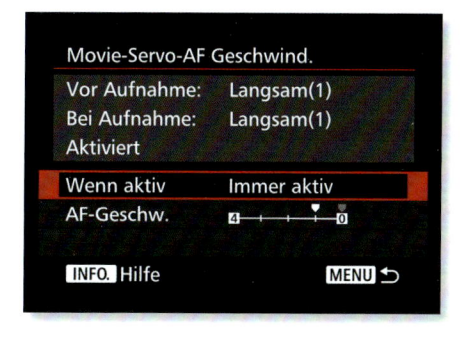

◂ Abbildung 13.5
Die AF-Geschwindigkeit lässt sich nur im Filmmodus bei aktiviertem Movie-Servo-AF ❺ und bei der Wahl von FlexiZoneAF-Single ❻ anpassen.

Die Einstellung der Autofokusgeschwindigkeit ❼ funktioniert mit allen ab 2009 erschienenen Canon-Objektiven. Dazu gehören sämtliche STM-Objektive sowie die im Folgenden aufgelisteten Modelle. Bei allen anderen Objektiven sind die Menüoptionen zwar sichtbar, jedoch ohne Wirkung.

- EF 24 mm f/2,8 IS USM
- EF 28 mm f/2,8 IS USM
- EF 35 mm f/2 IS USM
- EF 100 mm f/2,8 L Macro IS USM
- EF 300 mm f/2,8 L IS II USM
- EF 400 mm f/2,8 L IS II USM
- EF 500 mm f/4 L IS II USM
- EF 600 mm f/4 L IS II USM
- EF 8–15 mm f/4 L Fisheye USM

- EF 16–35 mm f/4 L IS USM
- EF-S 15–85 mm f/3,5–5,6 IS USM
- EF 24–70 mm f/2,8 L II USM
- EF 24–70 mm f/4 L IS USM
- EF 70–200 mm f/2,8 L IS II USM
- EF 70–300 mm f/4–5,6 L IS USM
- EF 100–400 f/4,5–5,6 L IS USM II
- EF 200–400 mm f/4 L IS USM Extender 1,4×

Eine zweite Option lautet **Movie-Servo-AF Reaktion** ❽. Hier legen Sie fest, ob der Autofokus sehr schnell (2) oder langsam (–2) die Fokuseinstellung wechseln soll, wenn sich innerhalb des Messfelds etwas tut. Eine langsame Einstellung ist bei plötzlich auftauchenden Hindernissen nützlich und wenn Sie die Kamera schwenken und das Motiv verfolgen wollen. Die schnelle Einstellung ist vor allem dann hilfreich, wenn sich Ihr Motiv mit wechselnder Entfernung zur Kamera bewegt. Diese Funktion lässt sich bei allen Objektiven nutzen.

⌗ Bildstabilisator ein oder aus?

Am Bildstabilisator scheiden sich die Geister: Vor allem bei älteren Objektiven verschlechtern die Korrekturversuche des Stabilisators bei Kameraschwenks das Ergebnis. Dafür bringen neuere Modelle eindeutig mehr Ruhe ins Bild. Der Preis dafür ist allerdings häufig ein lautes Surren, das sich störend auf der Tonspur ausbreitet. Am meisten Stabilität bringt eindeutig ein solides Stativ mit einem Videoneiger für saubere Schwenks.

Beim Filmen die Belichtung korrigieren

Normalerweise leistet die Automatik der EOS 7D Mark II beim Filmen gute Dienste. Über die Belichtungskorrektur können Sie jedoch beim Filmen im **P**-, **Tv**- oder **Av**-Modus das Bild ein wenig abdunkeln oder aufhellen. Drehen Sie dazu einfach am Schnellwahlrad. Es erscheint, wie von der Fotobelichtungskorrektur gewohnt, eine Anzeige ❶, an der Sie das Ausmaß der Über- oder Unterbelichtung ablesen können. Weitere Informationen dazu finden Sie auch im Abschnitt »Die Belichtung gezielt anpassen« auf Seite 86.

< Abbildung 13.6
Hier wurde eine Überbelichtung um zwei Drittel-Blendenstufen eingestellt ❶.

Eine Frage des Formats

Mit der EOS 7D Mark II können Sie in den unterschiedlichsten Formaten filmen. Diese unterscheiden sich durch ihre Auflösung, durch die aufgenommenen Bilder pro Sekunde, in der Art der Bildkomprimierung (**IPB** oder **ALL-I**) und der Speicherung in den Formaten **MOV** oder **MP3** (siehe dazu auch Tabelle 13.1 auf der folgenden Seite).

Eine Frage des Formats

Sie wechseln zwischen den verschiedenen Aufnahmearten, indem Sie im Filmmodus [Q] wählen und zum gewünschten Format wechseln. Die **Movie-Aufnahmequalität** können Sie auch im vierten Aufnahmemenü (**SHOOT4:Movie**) wählen. Je nachdem, welchen Parameter Sie dort und im dritten Einstellungsmenü (**SET UP3**) unter **Videosystem** ❷ eingestellt haben, können Sie mit der EOS 7D Mark II in einer Vielzahl Formate filmen.

Abbildung 13.7 >
Die Bildformateinstellungen beim Filmen

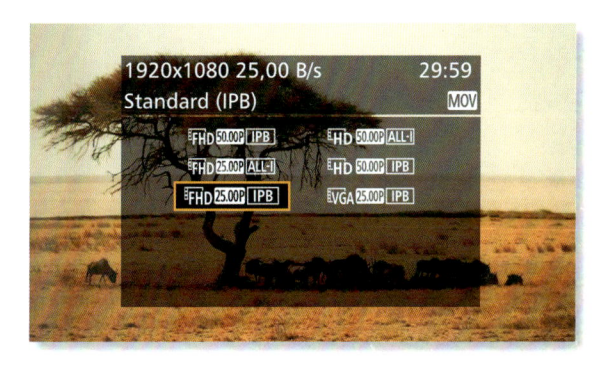

^ Abbildung 13.8
An diesen Stellen entscheidet sich, welche Formate zur Auswahl stehen.

Auflösung in Pixeln	Bildrate in fps	Kompression	Standard	MOV	MP3
1 920 × 1 080 (Full HD)	59,94	hoch (IPB)	NTSC	•	•
	50,00		PAL	•	•
	29,97	niedrig (ALL-I) oder hoch (IPB)	NTSC	•	•
	25,00		PAL	•	•
	24,00		NTSC/PAL	•	•
	23,98		NTSC	•	•
1 280 × 720 HD	59,94		NTSC	•	•
	50,00		PAL	•	•
640 × 480	29,97	hoch (IPB)	NTSC	•	•
	25,00		PAL	•	—

< Tabelle 13.1
In diesen Formaten können Sie Filme mit der 7D Mark II aufnehmen.

IPB für unkomplizierte Aufnahmen

Was es mit den drei Faktoren Format, Bilder pro Sekunde und Kompression auf sich hat, erfahren Sie in den folgenden Abschnitten. Für schnelle Experimente wählen Sie am besten eine Einstellung, die mit der **IPB**-Kompression arbeitet.

Die Formate mit den Abmessungen 1920×1080 ermöglichen das Filmen in Full HD. HD steht für *High Definition*, englisch für »hohe Auflösung«. Sie bietet die Qualitätsstufe, die im Heimkinobereich zum Beispiel von Blu-Rays erreicht wird. Beim einfachen HD-Format mit 1280×720 Pixeln handelt es sich zwar um eine niedrigere Auflösung, in der Praxis jedoch ist der Unterschied zwischen HD und Full HD erst auf Fernsehern ab einer Größe von rund 40 Zoll Bildschirmdiagonale, also etwa 100 cm, zu sehen.

Beide Formate benötigen allerdings je nach Bildrate und Kompression zwischen 200 und 650 MByte Speicherkapazität pro Minute Aufnahme. Entsprechend stark ist auch die Arbeitsbelastung des Computers beim späteren Schnitt. Es gibt im privaten Bereich derzeit kaum eine Anwendung, mit der Sie einen Computer ähnlich stark in die Knie zwingen können wie mit der Videobearbeitung. Mit einem Intel-i5- oder i7-Prozessor ausgestattete Geräte mit 4 oder besser 8 GByte Speicher sind jedoch auch für ambitioniertere Videoprojekte gut geeignet.

Mit der Wahl einer Auflösungseinstellung entscheiden Sie sich zugleich für eine bestimmte Bildrate, die Zahl der Bilder pro Sekunde. Diese wird auch in *frames per second*, kurz *fps* oder einfach nur *p*, angegeben. In der Welt des analogen Films wird diese dadurch bestimmt, wie schnell die Filmrolle bei der Aufnahme durch die Kamera und bei der Wiedergabe durch den Projektor läuft. In den Zwanzigerjahren des vergangenen Jahrhunderts etablierte sich eine Bildrate von 24 Bildern pro Sekunde für Kinoproduktionen. Höhere

< Abbildung 13.9
Durch schnell hintereinander gezeigte Einzelbilder entsteht der Eindruck einer Bewegung.

Bildraten wie 50 oder 59,94 fps ermöglichen es, feinere Zwischenschritte bei Bewegungen zu erfassen und diese flüssiger darzustellen. Davon profitieren insbesondere Sportaufnahmen. Außerdem ist es bei diesem Ausgangsmaterial leicht möglich, am Computer eine ruckelfreie Zeitlupe zu erzeugen. Dabei wird der entsprechende Clip einfach mit einer um 50 % verzögerten Geschwindigkeit wiedergegeben.

Der Seifenopern-Effekt

Durch die in fast 100 Jahren trainierten Sehgewohnheiten fühlen sich viele Zuschauer bei hohen Bildraten eher an ein preiswert gedrehtes Heimvideo als an eine aufwendige Filmproduktion erinnert. Dieser auch *Soap-Opera-Effekt* genannte Bildeindruck tritt bei fast allen modernen Fernsehern auf, da sie in der Grundeinstellung automatisch Zwischenbilder berechnen, so dass die Bildrate steigt. Damit jedoch verwandelt sich der Look eines Kinofilms in den einer Seifenoper. Einige Zuschauer finden diese Art der Darstellung unerträglich und deaktivieren diese Option sofort nach dem Kauf, anderen fällt der Effekt überhaupt nicht auf.

Bei der Einstellung von **NTSC** als **Videosystem** im dritten Einstellungsmenü (**SET UP3**) arbeitet die EOS 7D Mark II mit etwas anderen Einstellungen für die Bilder pro Sekunde. So erhöhen sich gegenüber der **PAL**-Einstellung die Bildraten von 25 auf 29,97 und von 50 auf 59,94 fps. In Zeiten der Digitaltechnik ist die Klassifizierung in PAL und NTSC ohnehin hinfällig. So werden YouTube-Videos mit amerikanischen 29,97 fps oder wahlweise auch 59,94 fps abgespielt. In anderen Formaten dort hochgeladenes Material wird automatisch konvertiert. Gerade bei Aufnahmen mit Kunstlicht sollten Sie in Europa jedoch beim PAL-Format bleiben, denn das Stromnetz bringt einige Lampen mit 50 Hz für den Menschen unsichtbar zum Flackern. Falls die Kameraeinstellung mit 23,98, 24, 25 oder 50 Bildern pro Sekunde dazu nicht passt, ist dies bei einigen Leuchtenarten im Film zu sehen. Die Anti-Flacker-Funktion der EOS 7D Mark II funktioniert leider nur beim Fotografieren.

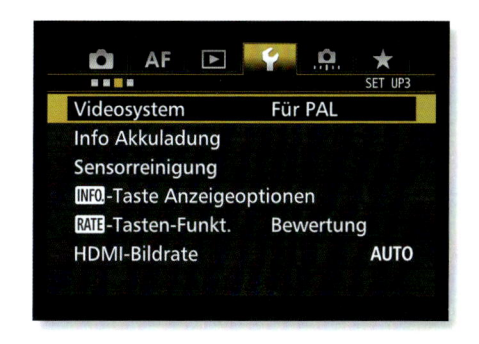

< Abbildung 13.10
Mit **PAL** liegen Sie grundsätzlich richtig. Bei der Wahl von **NTSC** stehen andere Bildraten zur Verfügung.

Verwirrung um die Bildraten

Wenn in Texten zum Filmen oder zum Videoschnitt von 30 fps die Rede ist, sind damit in der Regel 29,97 fps gemeint, bei 60 fps sind es 59,94 fps. Bei 24 fps wiederum sind es – ganz genau genommen – 23,976 fps beziehungsweise 23,98 fps, wie es auch die 7D Mark II anzeigt. Daneben gibt es jedoch das echte Kinoformat mit 24 fps. Dieses muss allerdings im vierten Aufnahmemenü (**SHOOT4:Movie**) unter **Movie-Aufn.qual. • 24,00p** eigens aktiviert werden. Alle übrigen Optionen verschwinden bei dieser Einstellung aus dem Displaymenü.

Film- und Schnittformate

Die EOS 7D Mark II speichert die Filme komprimiert ab. Neben der Wahl der Auflösung müssen Sie im Monitormenü die Entscheidung zwischen der niedrigen Kompressionsmethode **ALL-I** und der hohen *Inter*frame-Kompression **IPB** fällen: Bei der Einstellung **IPB** wird nach jeder halben Sekunde Film ein sogenannter *I-Frame* erzeugt, ein einzelnes Bild, von dem aus die bildrelevanten Änderungen für den Rest der Zeit berechnet werden. Bewegt sich etwa ein Akteur vor einem immer gleichen Hintergrund, ist es im Sinne der Kompression effizient, nur die veränderten Bildteile zu nutzen. Bei der Aufnahme aus Abbildung 13.8 (Seite 324) etwa reicht es, den Gehweg und das Gras, die sich über die gesamte Sequenz nicht verändern, nur einmalig als Information abzuspeichern. Für alle folgenden Bilder kann auf diese zurückgegriffen werden. Bei einer Bildrate von 30 fps wird also ein I-Frame in Bild 1 und 16 erzeugt, die Bilder 2 bis 15 und 17 bis 30 enthalten im Wesentlichen nur Informationen über die jeweils veränderten Bildbereiche. Dieses Kompressionsverfahren namens *H.264* ermöglicht einen niedrigen Speicherplatzbedarf, selbst bei hochauflösendem Bildmaterial.

Bei der Einstellung *Intra*frame dagegen wird jedes der aufgenommenen Einzelbilder für sich allein nach dem **ALL-I**-Standard komprimiert. Die Bildqualität ist ein wenig höher – um den Preis eines hohen Datenaufkommens. So entstehen pro Minute Full-HD-Video etwa 650 MByte Daten. Bei der Interframe-Codierung sind es nur 220 MByte pro Minute beziehungsweise 440 MByte bei Framerates von 59,94 und 50. Für die Aufnahme im Intraframe-Format benötigen Sie nicht nur SD-Karten mit viel Speicherplatz, sondern auch solche, die mit der hohen Datenrate klarkommen. Eine Karte mit einer Schreibgeschwindigkeit von 20 MByte pro Sekunde bei SD-Karten beziehungsweise 30 MByte pro Sekunde bei CF-Karten sollte es bei dieser Kameraeinstellung schon sein. Das Interframe-Format gibt sich mit 6 MByte beziehungsweise 10 MByte pro Sekunde zufrieden, ein Wert, den selbst alte SD- und CF-Karten spielend erreichen.

Die bei beiden Verfahren entstehenden Dateien werden mit dem H.264-Verfahren aufgenommen und können auf zwei Arten verpackt auf der Speicherkarte abgelegt werden. Sie treffen die Wahl im vierten Aufnahmemenü (**SHOOT4:Movie**) ❶. Die Standardeinstellung in diesem Menü ist das Speichern im **MOV**-Format. Die Dateiendung *MOV* steht für das von Apple entwickelte QuickTime-Dateiformat, in dem unterschiedliche Videokompressionsarten verwendet werden können. Es ist durchaus mit vielen Schnittprogrammen auf Windows-Rechnern problemlos zu lesen. Etwas stärker verbreitet ist jedoch das MP4-Format. Dabei werden die Bilder nach dem MPEG-4-Standard komprimiert, wie er von nahezu jedem Gerät zur Bildwiedergabe verstanden wird.

< Abbildung 13.11
*Hier lässt sich das Speicherformat von **MOV** auf **MP4** umstellen.*

Als dritten Komprimierungsstandard können Sie an der EOS 7D Mark II noch **Light IPB** auswählen. Dieser steht nur bei der Wahl einer MP4-Aufnahme zur Wahl und komprimiert die Bilder noch stärker. Kleinere Dateien und eine etwas geringere Bildqualität sind die Folge.

Bei der Bearbeitung der Bilder am Computer müssen **IPB** und **Light IPB** wieder dekomprimiert werden. Hier spielt das speicherhungrige **ALL-I**-Format seine Vorteile aus. Schließlich müssen die einzelnen Bilder im Vergleich zum Interframe-Material weniger aufwendig dekomprimiert werden. Das liegt daran, dass in jedem einzelnen Bild sämtliche Informationen gespeichert sind. Eine bildgenaue Dekomprimierung ist wichtig, da beim Schnitt auf ein einzelnes Bild genau gearbeitet werden muss.

Das ideale Schnittformat

Viele Schnittprogramme bieten den sogenannten *nativen Schnitt* von H.264- oder MPEG-4-Material an. Der Computer berechnet dabei am laufenden Band die einzelnen Bilder aus den jeweiligen I-Frames. Das kostet Rechenkapazität und bringt schwächere Rechner schnell an ihre Grenzen. Um das zu verhindern, können die Filmdateien aus der Kamera vor Arbeitsbeginn in ein Intraframe-Schnittformat konvertiert werden. Bekannte Schnittformate dieser Art sind Apple ProRes sowie AVC-Intra von Panasonic.

Topqualität per HDMI-Ausgabe

Wenn es beim Bild auf absolute Topqualität ankommt, sollten die Signale erst gar nicht mit den Komprimierungsalgorithmen der EOS 7D Mark II in Berührung kommen. Die Kamera ist deshalb in der Lage, das Bild in optimaler, weil nahezu unkomprimierter Form über ihren HDMI-Ausgang auszugeben. Im professionellen Umfeld ist es weit verbreitet, eine filmtaugliche Spiegelreflexkamera per Kabel mit einer Hardware zu verbinden, die solche HDMI-Daten erfassen kann. Das Speichern auf einem Computer erfolgt dabei in Echtzeit in einem verlustfreien, aber sehr speicherhungrigen Format.

Abbildung 13.12 >
Bei dieser Einstellung ist das HDMI-Signal frei von Einblendungen.

Damit das funktioniert, dürfen über den HDMI-Ausgang natürlich keine Bildelemente wie die abgelaufene Zeit oder die eingestellten Parameter übertragen werden. Für diesen Zweck müssen Sie im fünften Aufnahmemenü (**SHOOT5:Movie**) die Option **Spiegeln** auswählen.

Der Weißabgleich

Wie beim Fotografieren gibt es auch beim Filmen einen automatischen oder einen angepassten Weißabgleich. Viele Fotografen ignorieren die Weißabgleichseinstellungen der Kamera, weil sich im RAW-Format die passende Wahl nachträglich vornehmen lässt. Beim Filmen ist aber Umdenken angesagt. Ein mit falschen Kelvin-Werten abgedrehter Film kann am Computer nur mit erheblichen Qualitätsverlusten auf andere Farbeinstellungen getrimmt werden.

Die Einstellungen für den Weißabgleich erreichen Sie über die WB-Taste oder über **Q** und die **AWB**-Funktion. Dort finden Sie die Menüoptionen für die Adaption an unterschiedliche Lichtsituationen. Unter Umständen führt nur ein manueller Weißabgleich, wie im Abschnitt »So passen Sie den Weißabgleich an« auf Seite 163 beschrieben, zu korrekten Farben.

^ Abbildung 13.13
Über die Taste Q erreicht man die Weißabgleichseinstellungen beim Filmen

Manuelle Kontrolle über die Belichtung

In den Standardeinstellungen werden beim Filmen mit der EOS 7D Mark II Blende und Belichtungszeit automatisch eingestellt. Um mit niedriger Schärfentiefe gezielt arbeiten zu können, brauchen Sie die Möglichkeit, die Blende manuell einzustellen. Dieses Ziel erreichen Sie, indem Sie das Moduswahlrad auf die Einstellung **M** drehen.

Das Einstellen von Blende und Belichtungszeit der Aufnahme funktioniert nun genau wie beim Fotografieren im manuellen Modus **M**. Mit dem Hauptwahlrad verändern Sie die Belichtungszeit ❶, durch Drehen am Schnellwahlrad stellen Sie die Blende ❷ ein. Eine Monitoranzeige gibt außerdem an, ob der Film über- oder unterbelichtet ist ❸.

Achten Sie beim manuellen Einstellen der Blendenzahl auf die Auswirkungen einer geschlossenen beziehungsweise offenen Blende im Filmmodus. Wie auch beim Fotografieren minimieren Sie durch eine weiter geschlossene Blende (große Blendenzahl) das Risiko, dass sich das Motiv außerhalb des Fokusbereichs befindet. Ein leichter Fehlfokus fällt bei der Aufnahme bewegter Bilder allerdings weniger auf als bei einem Einzelbild.

v Abbildung 13.14
Die Einstellungen von Belichtungszeit und Blende erscheinen auf dem Monitor.

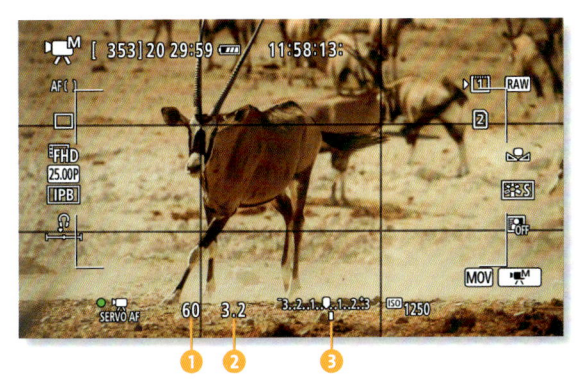

Wenn Sie also gezielt mit geringer Schärfentiefe filmen möchten, wählen Sie eine weiter geöffnete Blende. An hellen Tagen fällt so womöglich zu viel Licht auf den Sensor, und es kann zu einer Überbelichtung kommen. Ein Verringern der Belichtungszeit ist im Filmmodus aus Gründen, die Sie im Folgenden erfahren werden, unerwünscht. Versuchen Sie deshalb zunächst, das Problem mit einem niedrigen ISO-Wert zu beheben. Ansonsten hilft ein Graufilter (Neutraldichte-/ND-Filter), der vor das Objektiv geschraubt wird. Er lässt weniger Licht durch, ohne die Farben oder den Kontrast zu verändern. Dadurch können Sie zum Beispiel auch bei strahlendem Sonnenschein mit Blende 1,8 arbeiten.

Der zweite wichtige Faktor beim Filmen ist – wie beim Fotografieren auch – die Belichtungszeit. Verwechseln Sie diese nicht mit der Bildrate, den pro Sekunde aufgenommenen Bildern. Auch wenn die Bildrate auf 25 Bilder pro Sekunde eingestellt ist, kann jedes einzelne dieser Bilder mit Belichtungszeiten wie 1/50 s, 1/200 s oder 1/1000 s belichtet werden. Es handelt sich also um Zeiten, die wesentlich kürzer als die 1/25 s der Bildrate sind. Nur längere Werte sind in diesem Fall natürlich nicht möglich. Stellt man sich das Filmen als analoge Aufnahme auf einer langen Rolle vor, steht jedes einzelne Bild – bei 25 Bildern pro Sekunde – nur für den fünfundzwanzigsten Teil einer Sekunde vor dem Verschluss. Es kann wesentlich kürzer, aber niemals länger belichtet werden.

Neue Lesart

Beim Belichten der einzelnen Bilder kommt nicht mehr, wie beim normalen Fotografieren und wie im Livebild-Betrieb, der Verschluss der Kamera zum Einsatz. Der Sensor wird stattdessen elektronisch ausgelesen.

Es empfiehlt sich, insbesondere beim Filmen von bewegten Motiven, eine Belichtungszeit einzustellen, die dem doppelten (Kehr-)Wert der Bildrate entspricht. Beim Filmen mit einer Bildrate von 25 Bildern pro Sekunde stellen Sie die Belichtungszeit also am besten auf einen Wert von 1/50 s. Es ist nämlich gerade die Bewegungsunschärfe, die beim Filmen mit längeren Belichtungszeiten den Eindruck einer kontinuierlichen Bewegung erzeugt. Bei kürzeren Belichtungszeiten sind die Bilder zwar insgesamt weniger verwaschen, dafür entsteht jedoch sehr schnell ein störendes Flimmern, der sogenannte *Stroboskopeffekt*.

Flüsterleise die Parameter verändern

Zum Filmen im **M**-Programm gehört auch der gelegentliche Dreh am Haupt- oder Schnellwahlrad, um Belichtungszeit und Blende beim Dreh zu justieren. Leider sind diese Bedienelemente alles andere als leise und deshalb im Film deutlich zu hören. Für diesen Zweck hat die EOS 7D Mark II ein Touchpad, das innerhalb des Schnellwahlrads liegt und das geräuschlose Verändern von Parametern erlaubt. Sie können die Option **Leiser Betrieb** im fünften Aufnahmemenü (**SHOOT5:Movie**) aktivieren.

< Abbildung 13.15
Der Weg zur Stille: Über das Touchpad lässt sich die EOS 7D Mark II beim Filmen lautlos bedienen.

Wenn Sie nun während der Aufnahme die **Q**-Taste drücken, lassen sich wichtige Werte über das Touchpad verändern. Je nachdem, in welchem Modus Sie filmen, erscheinen auf dem Monitor die Parameter für die Belichtungszeit ❶, die Blende ❷, die Belichtungskorrektur ❸, den ISO-Wert ❹, den Aufnahmepegel (bei manueller Aussteuerung) ❺ und die Kopfhörerlautstärke ❻.

Abbildung 13.16 >
Diese Parameter lassen sich im M-Programm mit dem Touchpad verändern.

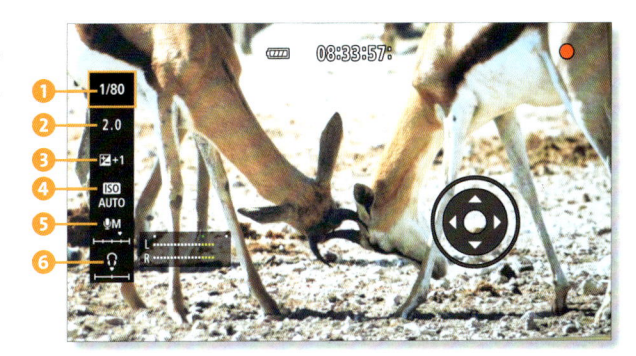

Mehr Überblick per Timecode

Beim Timecode handelt es sich um einen Zeitstempel, der jedem einzelnen Bild des Films hinzugefügt wird. Er hat das Format **Stunde:Minute:Sekunde:Bild**. Die Einstellungen für den **Timecode** finden Sie im fünften Aufnahmemenü (**SHOOT5:Movie**). Dort können Sie einstellen, dass der Timecode bei der Wiedergabe ❶ und der Aufnahme ❷ auf dem Monitor erscheint. In der Grundeinstellung der EOS 7D Mark II ist dort nur eine einfache Darstellung von abgelaufenen Minuten und Sekunden zu sehen.

Abbildung 13.17 >
Im **Timecode**-Menü stehen Ihnen zahlreiche Optionen zur Verfügung.

Die letzten beiden Ziffern der Timecode-Darstellung werden nur auf dem Monitor angezeigt, wenn die Wiedergabe unterbrochen wird. Da innerhalb einer Sekunde von 0 bis 24 gezählt wird, wenn Sie mit 25 Bildern pro Sekunde aufnehmen, wäre der Durchlauf ohnehin rasend schnell und kaum zu lesen. Außerdem bietet die Anzeige an der Kamera wenig Mehrwert. Beim späteren Schnitt lässt sich so aber damit das gewünschte Bild genau ansteuern.

Im Prinzip können Sie die **Timecode**-Einstellungen auch unverändert lassen und trotzdem bildgenau schneiden. Schließlich ist jede Schnittsoftware in der Lage, vom ersten bis zum letzten Bild selbstständig eine Zählung vorzunehmen. Jedes Filmsegment startet dazu jeweils beim Wert 0:00:00:00. Ihren großen Vorteil spielt diese Funktion jedoch immer dann aus, wenn Sie die Startzeit selbst bestimmen können. Dazu finden Sie einige Optionen unter dem Menüpunkt **Startzeit-Einstellung**.

Abbildung 13.18 >
Der Timecode ermöglicht das genaue Schneiden.

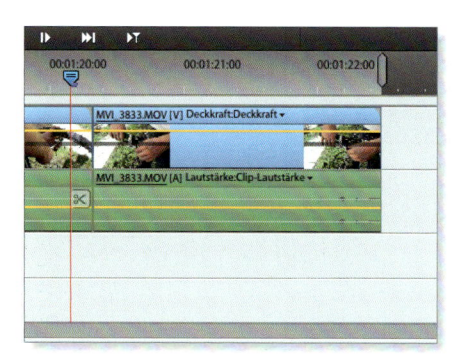

Es bietet viele Vorteile, den Timecode auf die Option **Auf Kamerazeit** zu stellen. Wann immer Sie mit der EOS 7D Mark II eine besonders gelungene Szene einfangen, notieren Sie sich einfach die aktuelle Zeit. Beim späteren Sichten des Materials wissen Sie dann schnell, welcher Clip der richtige ist. Sie können den Timecode außerdem unter **Manuelle Einstellung** auf einen beliebigen Wert setzen oder ihn auf null zurückdrehen.

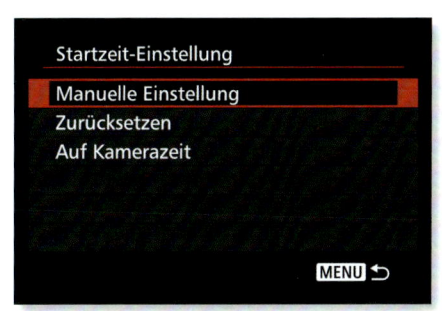

< Abbildung 13.19
*Sie können eine beliebige Startzeit vorgeben, aber insbesondere die Einstellung **Auf Kamerazeit** bietet Vorteile.*

Bei der Einstellung zur **Zählung** läuft mit der Option **Record Run** der Timecode nur dann weiter, wenn Sie tatsächlich aufnehmen. Sie haben also nach einigen Aufnahmen eine durchlaufende Zählung, die jedoch nicht mehr mit der Kamerazeit übereinstimmt. In der Einstellung **Free Run** dagegen läuft der Timecode ständig weiter. Durch Pausen bei der Aufnahme ist die Zählung zwar nicht lückenlos, dafür haben Sie aber bei der Verwendung der Kamerazeit eine genaue Erfassung der Aufnahmezeit.

Falls Sie Ihre Filme im Videosystem NTSC aufnehmen, beträgt die Bildrate 29,97 beziehungsweise 59,94 Aufnahmen pro Sekunde. Dadurch entsteht im Verlauf der Aufnahme eine Abweichung zwischen der tatsächlichen Zeit und dem Timecode. Diese Abweichung können Sie über die Option **Drop Frame** ändern, die nur bei der Wahl des NTSC-Systems im Menü zu sehen ist. Dabei ändert sich die Zählung so, dass zum Beispiel bei 29,97 Bildern pro Sekunde von Bild 29 direkt bei Bild 2 weitergezählt wird, es sei denn, die Zahl der Minuten ist durch zehn teilbar. Alle zehn Minuten werden also auch Bild 0 und 1 mitgezählt. Diese Änderung der Zählung hat keine Auswirkungen auf die Aufnahme selbst.

^ Abbildung 13.20
*Links: In der Einstellung **Free Run** läuft der Timecode weiter. Rechts: Die Option **Drop Frame** korrigiert Abweichungen zwischen der eingestellten und der tatsächlichen Bildrate.*

Der Timecode kann auch bei der Übertragung per HDMI (siehe den Abschnitt »Topqualität per HDMI-Ausgabe« auf Seite 328) übermittelt werden. Sie müssen diese Funktion allerdings erst aktivieren ❶. Einige Aufnahmegeräte starten sogar automatisch die Aufnahme, sobald ein Steuerimpuls von der Kamera kommt. Mit der Funktion **Aufnahmebefehl** lässt sich das aktivieren.

▲ Abbildung 13.21
Links: Der **Timecode** kann Teil der **HDMI**-Übertragung sein. Rechts: Bild 00 und 01 werden zwar aufgenommen, aber bei der Zählung nicht berücksichtigt. Alle zehn Minuten wird normal gezählt.

Der gute Ton

Ebenso wichtig wie ein gutes Bild ist beim Film der ansprechende Ton. Dieser Aspekt wird leider oft vernachlässigt. Der Filmton wird bei der EOS 7D Mark II über ein eingebautes Mikrofon an der Vorderseite der Kamera in Monoqualität aufgenommen. Dabei landen leider auch Zoomgeräusche des Objektivs mit auf der Aufnahme. Eine wesentliche Qualitätsverbesserung bringt hier ein externes Mikrofon, das Sie in die Buchse ❷ an der Seite einstecken können. Wer mit Audioaufnahmen ein wenig Erfahrung hat, kann den Ton der Kamera sogar selbst aussteuern. Die entsprechenden Optionen finden Sie im vierten Aufnahmemenü (**SHOOT4:Movie**) unter dem Eintrag **Tonaufnahme**. Nach dem Umstellen der Tonaufnahme auf **Manuell** können Sie den Ton über den Menüpunkt **Aufnahmepegel** selbstständig einpegeln.

Abbildung 13.22 >
An die Kamera lassen sich Mikrofon (**MIC**) und Kopfhörer anschließen.

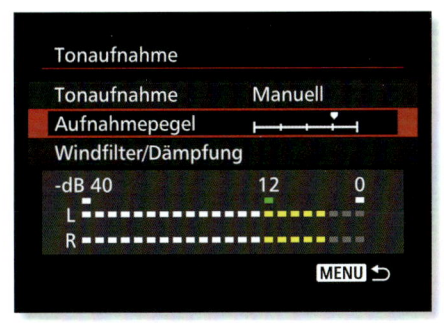

Abbildung 13.23
Die Einstellungen zum Ton im vierten Aufnahmemenü (SHOOT4:Movie)

Empfehlenswerte Mikrofone für das Filmen mit der EOS 7D Mark II sind das *Sennheiser MKE 400* (rund 160 Euro), das *Rode VideoMic Pro* (etwa 170 Euro) und das *Rode VideoMic* (rund 100 Euro). Diese Modelle sind alle recht kompakt und lassen sich über einen Adapter auf dem Blitzschuh befestigen.

Noch mehr Flexibilität bieten Audiorekorder, die es von Herstellern wie Zoom, Tascam und Olympus gibt. Mit diesen Geräten nehmen Sie den Sound getrennt von der Kamera auf und fügen ihn später am Computer zum Bild hinzu. Das ist überhaupt kein Problem, sofern Sie auch an der Kamera eine halbwegs hörbare Tonspur produziert haben. Am Computer werden anschließend einfach beide Spuren – die aus der EOS 7D Mark II und die aus dem Audiorekorder – zur Deckung gebracht. Somit sind Bild und Ton weiterhin völlig synchron. Der schlechte Kameraton wird anschließend deaktiviert.

Abbildung 13.24
Der Zoom H1 kostet rund 120 Euro und bietet eine gute Aufnahmequalität.

Filme planen, drehen und schneiden

Die Gestaltungsmittel der verschiedenen fotografischen Genres können Sie natürlich weitgehend auch auf das Filmen übertragen. Mit Zooms, Kameraschwenks und Kamerafahrten kommen bei Filmaufnahmen allerdings zusätzliche Parameter ins Spiel, die Sie beim Fotografieren nicht beachten müssen. Bei jedem dieser drei Gestaltungsmittel ist eine gut dosierte Anwendung gefragt. Wohl jeder kennt schlechte Beispiele von Urlaubsfilmen, bei denen sich die Kamera holprig in allen drei Achsen bewegt und der Zoom exzessiv benutzt wird.

Ihr Werk soll jedoch wahrscheinlich nicht nur aus schönen Bildern bestehen, sondern auch durch eine gute Geschichte die Zuschauer in seinen Bann ziehen. Eine solche »Story« ist nicht nur für Filme mit Spielhandlung essenziell, sondern wertet auch jeden vermeintlich einfachen Urlaubsfilm auf. Ein kleiner Drehplan ist dafür ein hilfreiches Mittel. Bei dessen Entwicklung gilt es erst einmal, wichtige Fragen zu klären: Soll der Film nur Stimmungen einfangen oder eine kleine Geschichte erzählen? Geht es zum Beispiel darum, ausschließlich den Urlaubsort zu zeigen, oder gehört die komplette Reise dazu? Dann sind es vielleicht schon die Strapazen der Anreise wert, aufgenommen zu werden. Mit ein wenig Fantasie erwachsen bereits aus diesen Grundüberlegungen heraus konkrete Drehideen.

Es gibt sehr viele Programme, mit denen sich Filme am Computer schneiden und bearbeiten lassen. Eines davon ist Premiere Elements, das im Paket

In der Kamera schneiden
SCHRITT FÜR SCHRITT

1 Sequenz auswählen

Am Computer lässt sich ein Film sehr effizient und präzise schneiden. Manchmal ist es jedoch sinnvoll, bereits in der Kamera erste kleine Schnitte vorzunehmen, etwa wenn der Speicherplatz auf den Speicherkarten zur Neige geht. Wählen Sie im Wiedergabemodus den gewünschten Film aus und drücken Sie die Taste **SET**. Gehen Sie nun auf das Schnittsymbol ❶.

2 Schnittmarken setzen

Wählen Sie **Schnittanfang** ❸, drücken Sie **SET** und wählen Sie dann mit den **Pfeiltasten** nach links und rechts die Startposition ❷. Verfahren Sie analog mit dem **Schnittende** ❹.

Filme planen, drehen und schneiden

mit *Photoshop Elements* recht preiswert verkauft wird und auf PCs wie auch auf dem Mac gleichermaßen läuft. An dieser Stelle lernen Sie das grundsätzliche Bedienkonzept dieses Programms kennen.

Gute Alternativen

Auf allen Apple-Computern befindet sich mit iMovie ein ähnlich leistungsstarkes Schnittprogramm wie Premiere Elements im Lieferumfang. Windows-Anwender können den kostenlosen Windows Live Movie Maker nutzen.

Nach dem Start von Premiere Elements haben Sie die Wahl zwischen einer vereinfachten Bedienung (Modus **Schnell**) und dem **Experte**-Modus ❶ (siehe Abb. 13.25 auf der folgenden Seite). In beiden Fällen müssen Sie zunächst die

3   Sequenz prüfen und speichern

Mit der **Wiedergabe**-Funktion ❺ können Sie sich die geschnittene Fassung anschauen. Über die Funktion **Neue Datei** ❻ lässt sich die geschnittene Fassung vom Original getrennt abspeichern oder aber die ursprüngliche Fassung mit der Schnittversion überschreiben ❼.

In vielen Fällen ist ein solch schneller Schnitt in der Kamera die ideale Lösung. Wesentlich mehr Möglichkeiten bietet natürlich der Weg über den Computer. Dort können Sie mehrere Sequenzen zusammenschneiden.

337

für den Schnitt verwendeten Filmclips auswählen und dem jeweils aktuellen Projekt hinzufügen. Dazu haben Sie die Möglichkeit, auf den gemeinsamen Organizer von *Photoshop Elements* und *Premiere Elements* zurückzugreifen, oder Sie geben einfach einzelne Daten beziehungsweise ein komplettes Verzeichnis mitsamt Inhalt als zu verwendendes Material an.

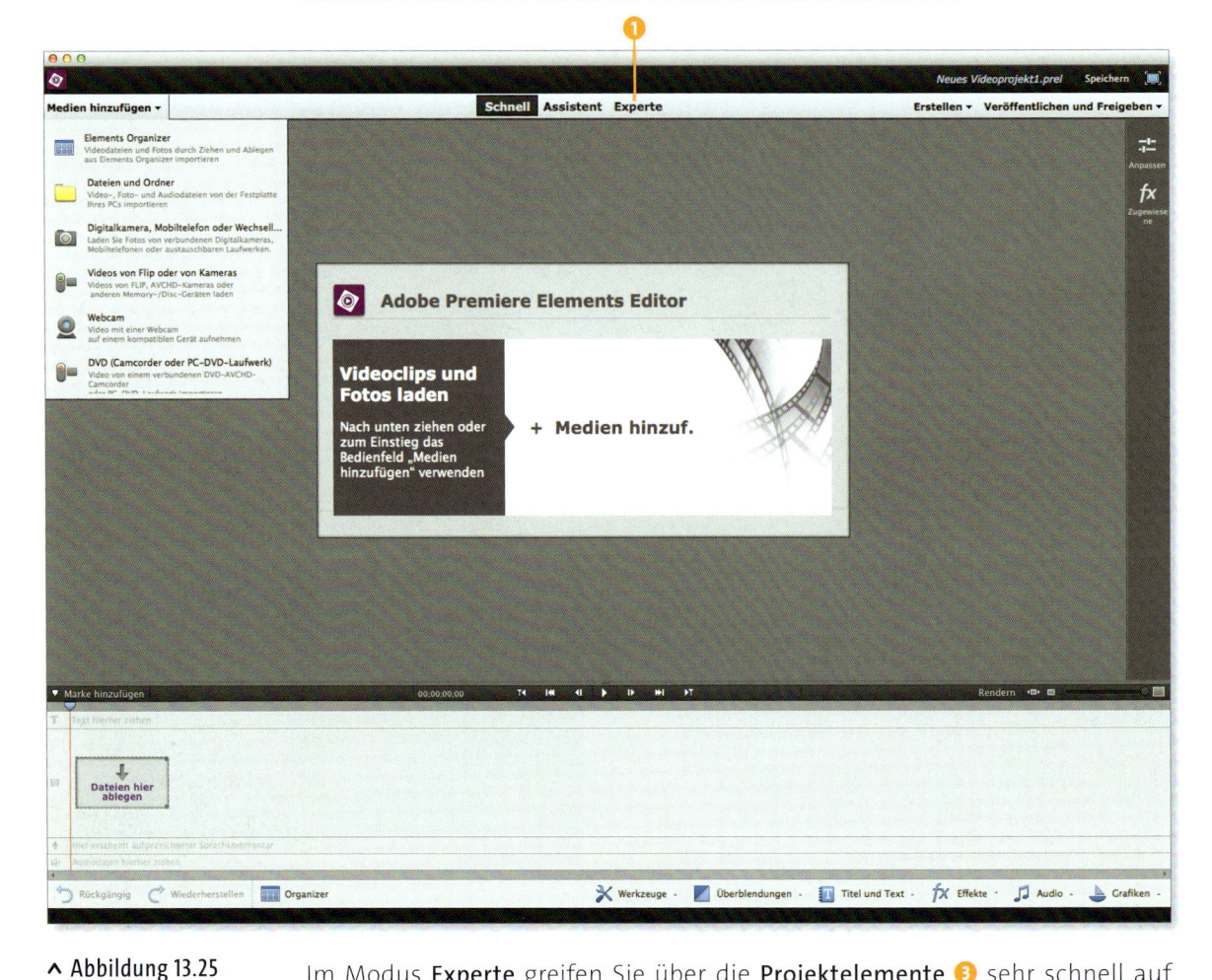

^ Abbildung 13.25
Das Schnittmaterial kann auf verschiedenen Wegen in Premiere Elements landen.

Im Modus **Experte** greifen Sie über die **Projektelemente** ❸ sehr schnell auf weitere vorhandene Filmdateien zu. Mit der Maus lassen sich diese einfach auf das **Schnittfenster** ❷ ziehen. Dort können Sie die verschiedenen Clips auf die richtige Länge trimmen und mehrere einzelne Szenen zu einem Gesamtwerk zusammenschneiden. Die einzelnen Teile ❿, aus denen sich der komplette Film zusammensetzt, lassen sich beliebig umgruppieren. Für eine bessere Übersicht können Sie mit dem Zoomschieber ❼ die Darstellung vergrößern oder verkleinern.

Für den Feinschnitt bewegen Sie den Mauszeiger genau auf den Übergang zwischen zwei Szenen ❾. Die Form des Zeigers verwandelt sich daraufhin und gibt je nach Position an, ob Sie vor oder hinter der aktuellen Stelle schneiden. Gleichzeitig verändert sich auch das Monitorfenster ❻, und Sie sehen jeweils die Bilder an den Übergängen. Wenn Sie sehr präzise schneiden möchten, können Sie außerdem den Marker ❽ an die Position bringen, an der der Schnitt erfolgen soll. Über das Monitorfenster und die Steuerungen **Schritt zurück** ❹ und **Schritt vor** ❺ oder aber per ←/→ auf der Tastatur lässt sich der gewünschte Schnittpunkt bis auf ein Bild genau ansteuern. Beim Schneiden werden übrigens keinerlei Bildinformationen dauerhaft gelöscht. Sie können jederzeit den entfernten Bereich zurückholen und wieder einfügen.

∨ **Abbildung 13.26**
Der Feinschnitt

✓ Mehr Ordnung mit dem Organizer

Zu Premiere Elements gehört ein Organizer, in dem Sie Filme komfortabel verwalten können. Der Einfachheit halber sehen Sie hier das direkte Hinzufügen von Clips aus einem Ordner.

Der endgültige Film wird erst dann als Datei angelegt, wenn Sie auf eine der zahlreichen Optionen unter **Veröffentlichen und Freigeben** ❶ klicken. Hier haben Sie die Wahl aus einer Vielzahl an Filmformaten und Zielen. Unter **Online** haben Sie sogar die Möglichkeit, Filme direkt Ihrem Facebook-, YouTube- oder Vimeo-Account hinzuzufügen. Für das Sichern auf dem Rechner empfehlen sich **MPEG-Videos** ❸ unter **Computer** ❷. Mit einem Klick auf **Speichern** ❹ starten Sie den Vorgang der Filmerstellung, der auch *Rendern* genannt wird.

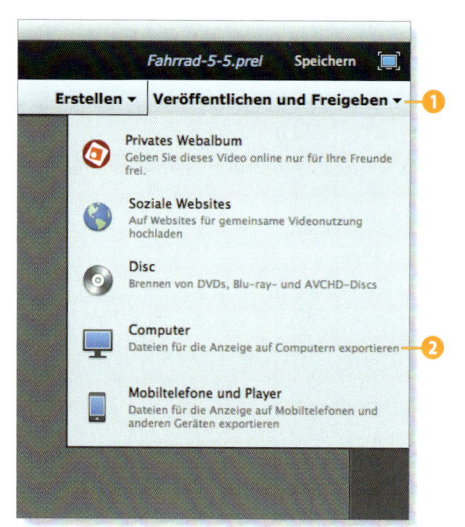

∧ Abbildung 13.27
Der fertige Film lässt sich mit Premiere Elements für unterschiedliche Verwendungszwecke ausgeben.

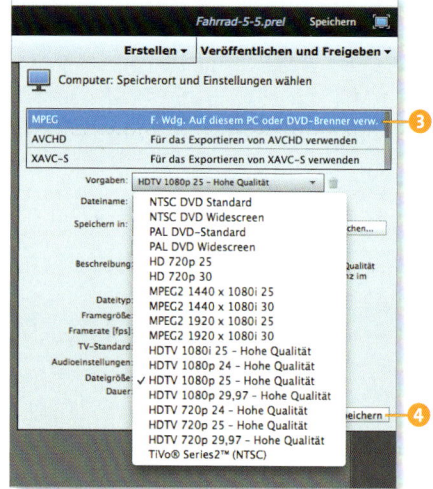

∧ Abbildung 13.28
Bei der Ausgabe auf dem Computer können Sie den Film zugleich in ein anderes Format konvertieren.

✓ Weitere Schnitttechniken

Premiere Elements bietet eine ganze Menge an sehr unterschiedlichen Schnitttechniken. Die Online-Hilfe des Programms bietet eine ausführliche Darstellung der möglichen Schnittverfahren.

Ideales Material für die Bearbeitung am PC
EXKURS

Um Ihren Filmen eine bestimmte Farbstimmung zu geben, können Sie entweder in der Filmbearbeitung mit Farbänderungen arbeiten oder schon beim Dreh die Bildstile der EOS 7D Mark II nutzen. Diese verhelfen dem Film zum Beispiel zu entsättigten Farben und hohen Kontrasten oder einer blau-orangefarbenen Tönung, wie sie derzeit bei Hollywood-Produktionen beliebt ist. Sie können diese Bildstile an der Kamera selbst erstellen oder über die Software *Picture Style Editor* umfangreichere Änderungen daran vornehmen.

Wer bei der Nachbearbeitung flexibel bleiben und erst am Computer dem Werk den letzten Schliff geben möchte, braucht möglichst neutrales Ausgangsmaterial. Beim Filmen kommt aus der Kamera schließlich kein Dateiformat, das mit dem RAW-Format vergleichbar wäre, also die Rohdaten des Sensorchips speichern würde. Viele Spiegelreflexfilmer setzen daher auf den Bildstil **Neutral**, der für die weitere Bearbeitung am PC gedacht ist.

Noch bessere Ergebnisse liefert ein von der Firma Technicolor entwickelter Bildstil namens CineStyle, den es auf der Homepage des Unternehmens kostenlos zum Herunterladen gibt (*www.technicolorcinestyle.com/download*). Dieser Bildstil ist speziell auf die Anforderungen von Videofilmern zugeschnitten. Die damit gemachten Filme sehen unbearbeitet sehr entsättigt und fad aus. Für die Nachbearbeitung jedoch ist dieses Ausgangsmaterial ideal geeignet.

Wie Sie einen Bildstil importieren, erfahren Sie im Abschnitt »Die Möglichkeiten erweitern mit Bildstilen von Canon« auf Seite 172.

Abbildung 13.29
Der Bildstil **Neutral** ⑤ liefert flaue Farben, schafft aber auch gute Voraussetzungen für die Nachbearbeitung.

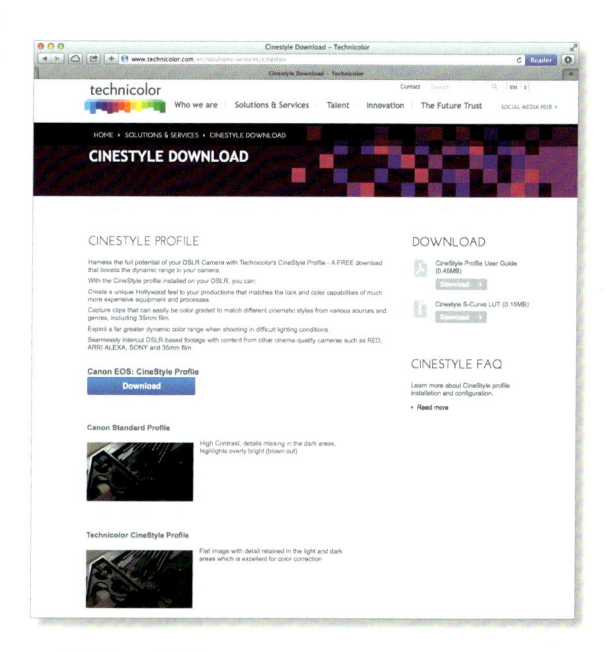

Abbildung 13.30
Der CineStyle von Technicolor bietet viele Möglichkeiten der kreativen Nachbearbeitung.

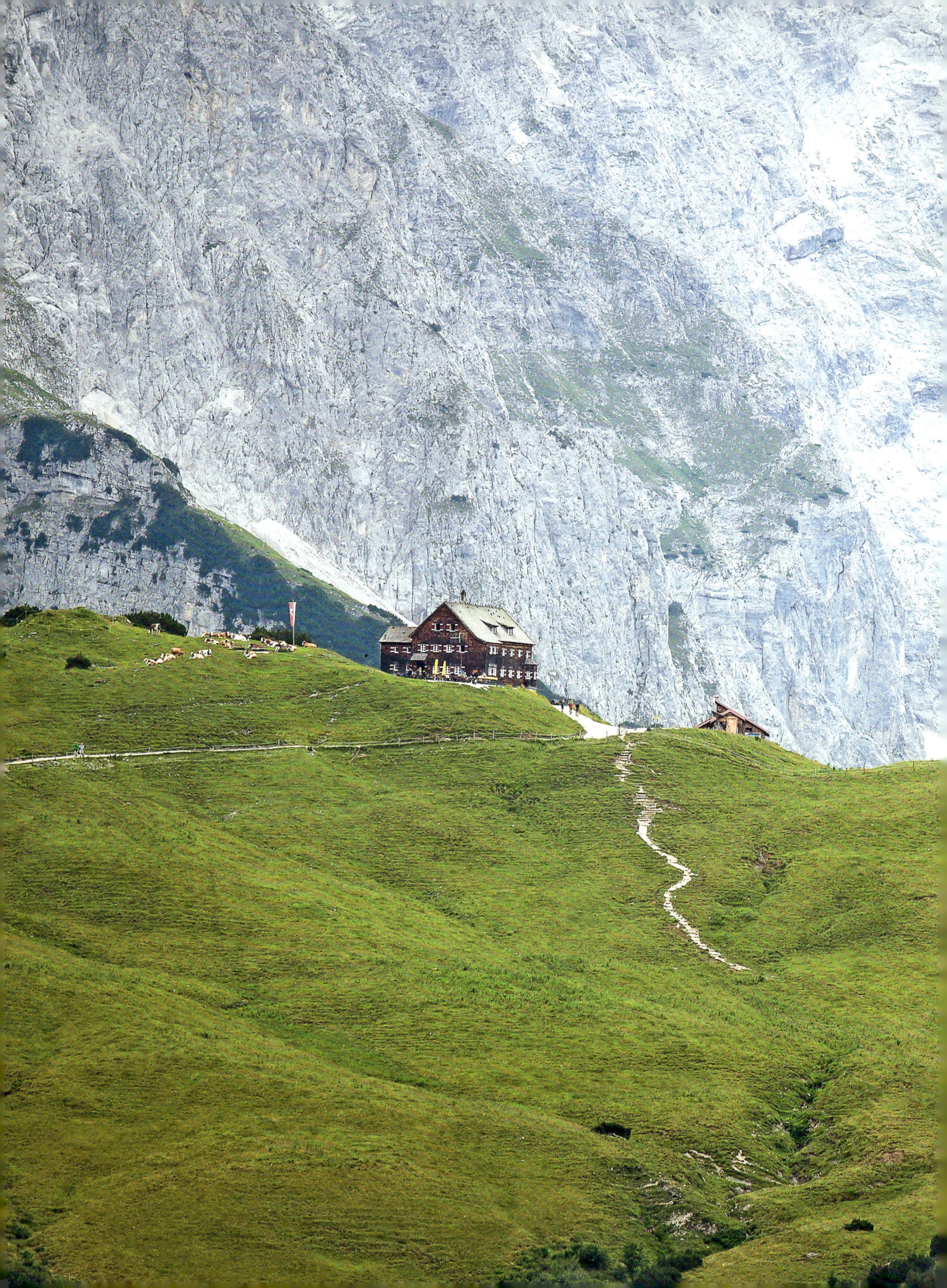

Kapitel 14
Fotos nachbearbeiten

Bildbearbeitungsprogramme von Canon 344

Ordnung in die Bilderflut bringen 346

Erste Schritte in der Bildbearbeitung 348

EXKURS: RAW-Bearbeitung direkt in der Kamera 360

Bildbearbeitungsprogramme von Canon

Für erste Schritte in der elektronischen Bildbearbeitung und -verwaltung befindet sich im Lieferumfang der EOS 7D Mark II ein umfangreiches Softwarepaket. Mit *EOS Utility* lassen sich die Bilder von der Kamera oder einem Kartenlesegerät auf den PC oder Mac übertragen. Die Software *Digital Photo Professional* (*DPP*) ist für die Optimierung, Auswahl und Ablage der Bilder im JPEG- und RAW-Format zuständig. Daneben findet sich im Ordner *Canon Utilities*, den das Installationsprogramm auf der Festplatte anlegt, noch eine ganze Reihe weiterer Programme. Zu den wichtigsten gehören der *Picture Style Editor* für das Anlegen eigener Bildstile und *PhotoStitch* für das Erstellen von Panoramabildern.

Das zentrale Werkzeug, damit die Bilder überhaupt erst einmal von der Kamera auf den Computer kommen, ist das Programm *EOS Utility*. Einmal installiert, meldet es sich am PC immer dann, wenn Sie die Kamera über ein USB-Kabel mit dem Rechner verbinden oder aber die Speicherkarte in ein Lesegerät einlegen.

˄ Abbildung 14.1
Mit EOS Utility können Sie ganz bequem Ihre Fotos auf den Computer übertragen.

Kartenleser

Wenn Sie Ihre Bilder auf CF-Karten abspeichern, ist der Kauf eines Kartenlesers sinnvoll. Ein empfehlenswertes Modell ist der *FCR-HS3* von Kingston. Dieses Gerät kostet rund 18 Euro und liest über seinen USB-3.0-Anschluss alle gängigen Kartentypen in hoher Geschwindigkeit.

Digital Photo Professional (*DPP*) ermöglicht eine ganze Reihe von Sortier-, Bewertungs- und Bearbeitungsschritten. Die Software ist in Sachen Bedienkomfort und Funktionsumfang allerdings nicht gerade führend. Nach dem Start des Programms sehen Sie auf der linken Seite die Ordnerstruktur Ihrer Festplatte ❶. Rechts daneben sind alle Bilder des angeklickten Ordners als Miniaturvorschau zu sehen. Im RAW-Format gespeicherte Fotos sind mit dem Eintrag **RAW** in der linken unteren Ecke markiert ❷. Abgesehen davon erkennen Sie diese Rohdateien auch an der Dateiendung *.cr2* ❸.

Ein Doppelklick auf eines der Bilder öffnet die Werkzeugpalette sowie eine größere Darstellung des Bildes in einem Fenster. Dieses lässt sich wie jedes Windows- oder Mac-Fenster in der Größe verändern. Die Anzeige des Fotos

Bildbearbeitungsprogramme von Canon

wird dann jeweils daran angepasst. Möchten Sie stattdessen das Bild in seiner Originalgröße betrachten, führen Sie erneut einen Doppelklick auf das Bild aus. Mit einem Touchpad oder der Maus können Sie anschließend im Bild umherfahren. In der 100 %-Ansicht entspricht ein Pixel des Monitors einem Pixel der Bilddatei. Da ein Bild aus der EOS 7D Mark II rund 20 Megapixel groß ist, der Bildschirm aber in der Regel nur zwei bis acht Megapixel darstellen kann, erscheint lediglich ein kleiner, aber vergrößerter Ausschnitt des Fotos. Diese Darstellung eignet sich hervorragend zur Beurteilung der Schärfe.

Abbildung 14.2
Die Startseite von DPP

Abbildung 14.3
Nach einem Doppelklick auf ein Bild öffnet sich eine vergrößerte Ansicht. Hier wird auch die Bildbearbeitung vorgenommen.

345

Ordnung in die Bilderflut bringen

Grundsätzlich landen über *EOS Utility* alle Dateien nach Datum geordnet auf dem Rechner. Das Programm legt dafür automatisch entsprechende Verzeichnisse an. Wenn Sie ein Ablagesystem entwickeln möchten, das Ihren Bedürfnissen ideal entspricht, ist es sinnvoll, diese direkt nach dem Import umzubenennen – entweder sortiert nach dem Anlass des Fotoshootings oder nach Orten oder Motiven wie Blumen, Architektur und Porträts. Eine wohldurchdachte Struktur hilft beim Wiederfinden von Bildern enorm. Wächst Ihre Fotosammlung stark an, lohnt sich der Kauf eines Programms mit umfangreichen Funktionen für die Katalogisierung von Bildern. Im Kasten »Bearbeitungsalternative RAW-Konverter« auf Seite 359 lernen Sie diese kennen.

Bilder in DPP anzeigen und bewerten

In welcher Form die Miniaturen in der Übersicht erscheinen, legen Sie am unteren Rand fest. Dort lässt sich die Bildgröße mit einem Schieber ❶ verändern. Außerdem haben Sie die Wahl zwischen einer Darstellung ohne ❷ und einer mit ❸ Dateiname. Ein Klick auf die Schaltfläche rechts daneben ❹ aktiviert eine Übersicht mit mehreren Aufnahmeparametern. Welche davon genau angezeigt werden, definieren Sie nach einem Klick auf den Pfeil an der rechten Seite dieser Schaltfläche. Außerdem lässt sich die JPEG-Variante gezielt ausblenden, sobald das Foto auch im RAW-Format vorhanden ist ❺. Zwei weitere Schaltflächen erlauben das Markieren sämtlicher Bilder in einem Verzeichnis ❻ beziehungsweise das Aufheben dieser Auswahl ❼. Schließlich können Sie die Sortierkriterien ❾ in auf- oder absteigender Ordnung bestimmen.

Abbildung 14.4 >
Bei DPP stehen Ihnen viele Anzeigeoptionen und zwei verschiedene Bewertungssysteme zur Verfügung: Häkchen und Sterne.

Um mit *DPP* für Ordnung in der Bildersammlung zu sorgen, können Sie Bilder mit einem bis fünf Sternen versehen. Schnell und effizient funktioniert die Einstufung, indem Sie ein Bild markieren und dieses über die Tasten [0] bis [5] bewerten. Alternativ können Sie auch auf die gewünschte Anzahl an Sternen klicken ⓫. Das zweite von *DPP* genutzte Bewertungssystem ist eine Unterteilung nach Häkchen, die ebenfalls von **1** bis **5** nummeriert sind ❿. Auch die Bewertung einer ganzen Reihe von Bildern ist möglich. Mit gedrückter [⇧]-Taste lassen sich dazu Bilder in Reihe auswählen. Mit der [Strg]/[cmd]-Taste können Sie nicht zusammenhängende Bilder heraussuchen. Bewertungen, aber auch alle anderen Aktionen, können dann für sämtliche ausgewählten Bilder ausgeführt werden.

Interessant in diesem Zusammenhang ist der **Filter** ❽. Hier können Sie genau auswählen, welche Bilder in der Übersicht erscheinen sollen. Sie schalten den Filter mit einem Klick auf die Schaltfläche ein oder aus und können die Auswahl über den Pfeil an der rechten Seite näher definieren. Beim Wechseln in ein anderes Verzeichnis wird der Filter automatisch ausgeschaltet.

Schnellüberprüfung für die Bildauswahl nutzen

Um schnell eine erste Auswahl basierend auf Bewertungssternen treffen zu können, sollten Sie zunächst alle Bilder auswählen. Wählen Sie dann im Menü **Ansicht** den Eintrag **Schnellüberprüfungsfenster** aus. Die Bilder erscheinen jeweils groß auf dem Bildschirm, und Sie können mit der Tastatur oder über die entsprechenden Schaltflächen ❻ durch die Auswahl blättern und die Fotos mit Bewertungen ❺ versehen. Zur genaueren Beurteilung der Bilder haben Sie die Wahl zwischen einer an das Fenster angepassten Darstellung ❷, der 100 %-Ansicht ❸ oder einer anderen Vergrößerungsstufe ❹, die Sie über den Pfeil genauer definieren können. Auch einen Vollbildmodus ❶ gibt es.

Interessant ist zudem die Möglichkeit, mit einem Klick auf **AF-Felder** ❼ das bei der Aufnahme verwendete Autofokusmessfeld, beziehungsweise alle Felder, mit denen eine Scharfstellung erzielt wurde, einzublenden. Sie finden diese Option auch im **Vorschau**-Menü und können sie über [Strg]/[cmd]+[J] in anderen Darstellungsarten aktivieren.

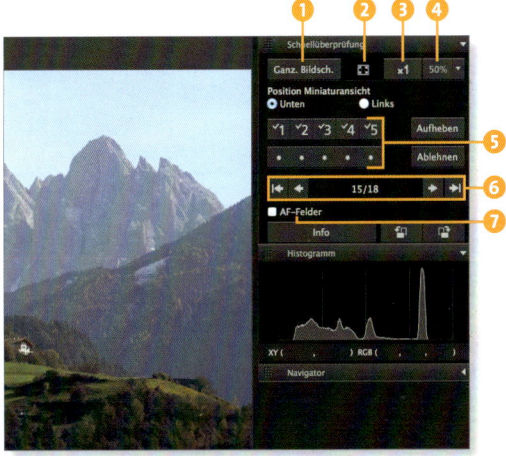

⌃ Abbildung 14.5
Klicken Sie durch Ihre Bilder und vergeben Sie Bewertungen.

Erste Schritte in der Bildbearbeitung

Mit *DPP* können Sie Ihre Fotos nicht nur sortieren und bewerten, sondern auch verschönern. Oft gelingt das schon mit wenigen Mausklicks. Besonders durch die Wahl eines neuen Bildausschnitts können Sie viele Bilder stark verbessern. So nimmt in Abbildung 14.6 das Buschwerk zu viel Raum ein. Dadurch geht das Nashorn unter. Nach einem radikalen Beschnitt entfaltet das Bild eine ganz neue Wirkung.

Abbildung 14.6 >
Das Nashornbild vorher und nachher

So schneiden Sie Ihre Bilder zu

Wählen Sie zunächst das Bild im Ordner aus und führen Sie einen Doppelklick darauf aus. Rechts erscheint eine umfangreiche Werkzeugpalette. Klicken Sie nun auf den Reiter für einen neuen Bildausschnitt ❷. Mit gedrückter linker Maustaste können Sie frei einen Rahmen aufziehen ❶. Alternativ lässt sich im Menü ein festes Seitenverhältnis auswählen ❹. Möchten Sie das Bild später im Labor abziehen lassen, empfiehlt sich das klassische Kleinbildverhältnis von 3:2 beziehungsweise 2:3. Für schiefe Horizonte oder auch spielerische Effekte ist der **Winkel**-Regler ❺ interessant. Mit ihm können Sie die Aufnahme beliebig drehen. Das funktioniert mit der Maus auch direkt im Bild. Sobald Sie die Maus außerhalb des Rahmens bewegen, verwandelt sich der Mauszeiger in einen geknickten Pfeil, und das Bild lässt sich bei gedrückter Maustaste drehen. Hilfreich ist es, wenn Sie sich dabei das Raster ❻ einblenden lassen. Über **Kopieren** ❼ können Sie einen Beschnitt in die Zwischenablage kopieren und auf ein weiteres Bild mit **Einfügen** ❽ übertragen.

In der Bildübersicht erscheint übrigens weiterhin das Ausgangsbild, ergänzt um den ausgewählten Rahmen. So ist es auch nachträglich problemlos möglich, den Bildausschnitt anzupassen.

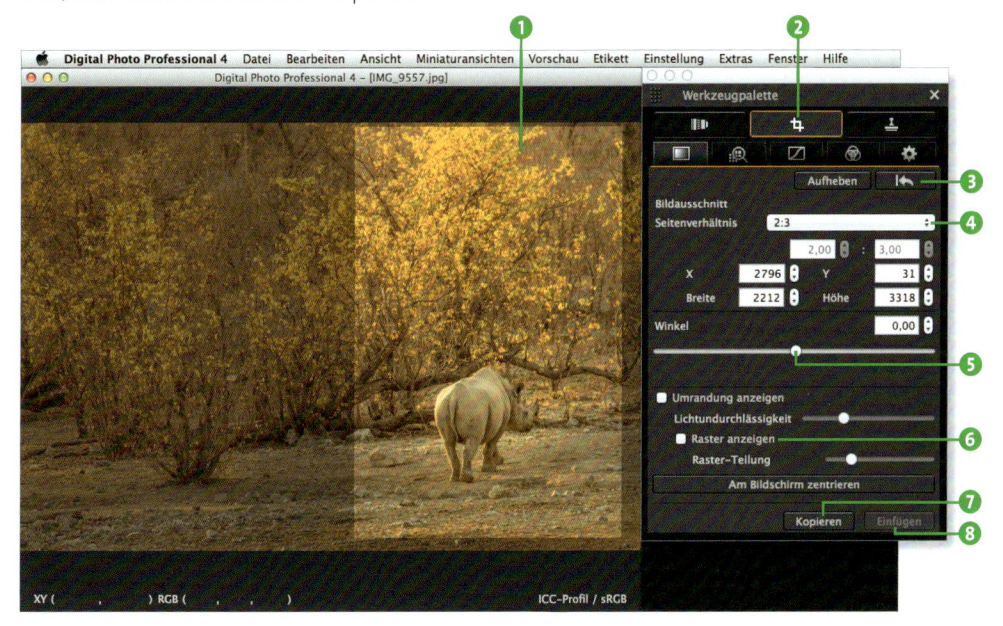

˄ Abbildung 14.7
Die Funktionen zur Bildbeschneidung. Mit dem Pfeilsymbol ❸ machen Sie überall in DPP Änderungen wieder rückgängig.

Bilder retten mit der Schere

Über das gezielte Beschneiden können Sie auch nachträglich noch Gestaltungstricks wie die Drittelregel ins Bild bringen. Auch bei vermeintlich missglückten Fotos lohnt sich in vielen Fällen das Experimentieren mit dieser Funktion.

So korrigieren Sie die Belichtung Ihrer Bilder

Das Programm *DPP* kann für seinen Funktionsumfang wahrlich keine Lorbeeren ernten. Recht gute Ergebnisse lassen sich damit allerdings bei der Bearbeitung von RAW-Daten erzielen. Die Geheimnisse des kameraspezifischen RAW-Formats kennt eben der Hersteller der Kamera selbst besser als jeder andere Anbieter von Software. Klicken Sie dazu auf den Reiter für die grundlegenden Bildeinstellungen.

Mit dem Schieberegler ❶ passen Sie die Helligkeit des Bildes an. Das Histogramm ❹ wandert entsprechend den Einstellungen nach links oder rechts. Eine Änderung hier liefert gute Ergebnisse, wenn die Belichtungsautomatik der Kamera ein wenig danebenlag. Dem sind allerdings Grenzen gesetzt. Mehr als zwei Blendenstufen sind nicht drin.

Es ist auch möglich, mit der Maus auf die Begrenzung des Histogramms ❺ zu klicken und diese zu verschieben. Alle Helligkeitswerte, die links von der linken Begrenzung liegen, werden auf Schwarz gesetzt, alle Helligkeitswerte rechts von der rechten Begrenzung erscheinen als reines Weiß. Probieren Sie auch die Automatik mit einem Klick auf **Auto** ❸ aus. Bei Nichtgefallen drücken Sie auf die **Zurücksetzen**-Schaltfläche ❷ neben **Bildart**.

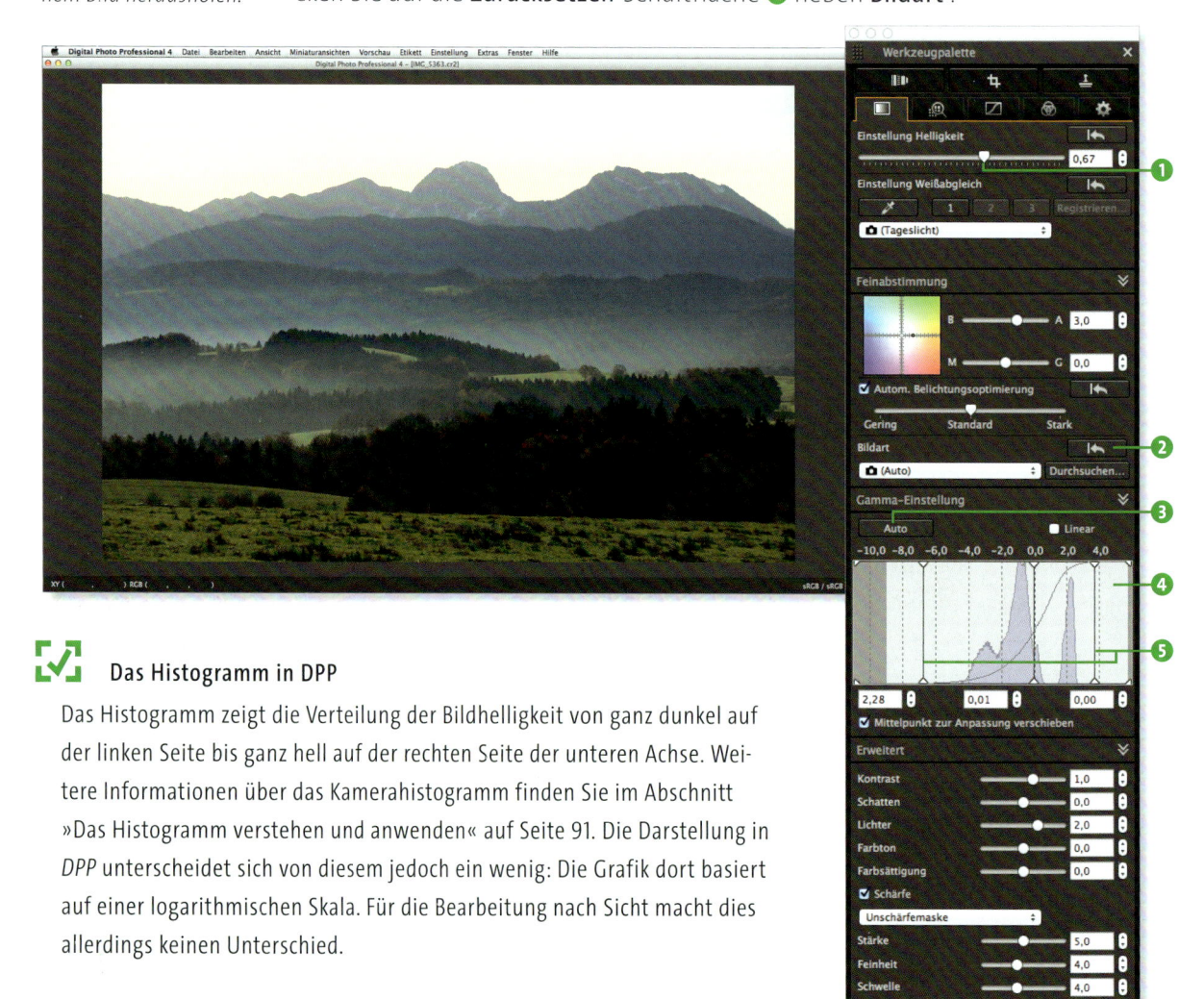

v **Abbildung 14.8**
Bereits mit wenigen Anpassungen können Sie eine Menge aus einem Bild herausholen.

Das Histogramm in DPP

Das Histogramm zeigt die Verteilung der Bildhelligkeit von ganz dunkel auf der linken Seite bis ganz hell auf der rechten Seite der unteren Achse. Weitere Informationen über das Kamerahistogramm finden Sie im Abschnitt »Das Histogramm verstehen und anwenden« auf Seite 91. Die Darstellung in *DPP* unterscheidet sich von diesem jedoch ein wenig: Die Grafik dort basiert auf einer logarithmischen Skala. Für die Bearbeitung nach Sicht macht dies allerdings keinen Unterschied.

Erste Schritte in der Bildbearbeitung

Bei der Arbeit mit dem Histogramm ist die **Lichter-/Schattenwarnung** ❻ hilfreich, die sich durch einen Klick mit der rechten Maustaste auf das Bild im Kontextmenü aktivieren lässt. Teile des Bildes, in denen keine Informationen mehr vorhanden sind, erscheinen dann jeweils blau beziehungsweise rot ❼. Rot steht dabei für reines Weiß, Blau für ein absolut tiefes Schwarz. Man spricht in diesem Zusammenhang auch davon, dass dem Bild in den *Lichtern*, den hellen Bereichen, oder in den *Schatten*, den dunklen Bereichen, die Zeichnung fehlt. Mehr dazu finden Sie auch im Abschnitt »Das Histogramm verstehen und anwenden« auf Seite 91.

Unterhalb des Histogramms befinden sich mehrere Schieberegler ❽. Mit der Einstellung **Kontrast** verändern Sie die Abstufung zwischen hellen und dunklen Bereichen. Bei niedrigen Kontrasten sind zwar feinste Unterschiede zwischen Helligkeitsstufen im Bild erkennbar, dafür wirken solche Fotos recht flau. Wenn Sie den Kontrast erhöhen, lässt sich das ändern und zugleich auch der Schärfeeindruck steigern. Mit den beiden Schiebereglern für **Schatten** und **Lichter** können Sie die Helligkeit für beide Bereiche getrennt einstellen. Über die beiden Regler lassen sich unter- oder überbelichtete Fotos retten. Mit Änderungen in diesem Bereich kann auch in vermeintlich komplett weiße oder schwarze Bereiche noch ein wenig Zeichnung hineingebracht werden.

▾ Abbildung 14.9
In den blau dargestellten Bereichen ❼ sind keine Details in den Schatten mehr sichtbar.

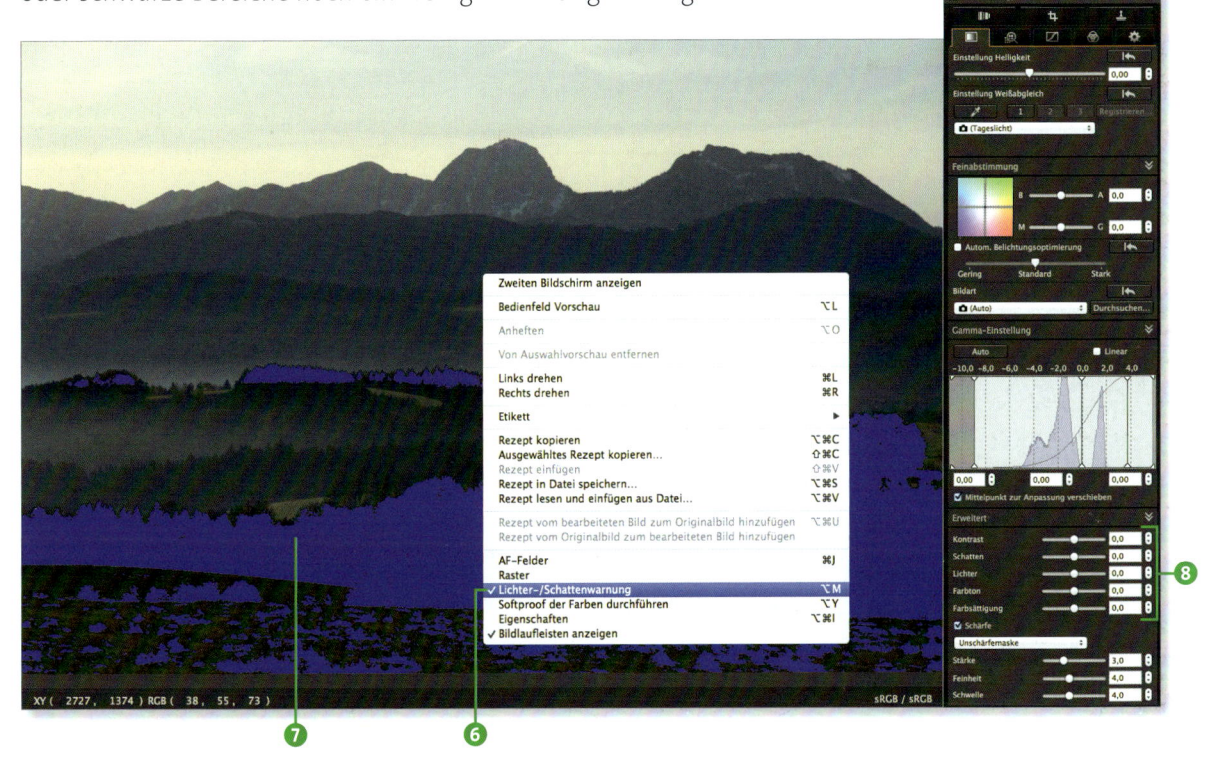

Weitere Funktionen rund um Helligkeit und Kontrast zeigen sich mit einem Klick auf den Reiter für die Tonwertkurve ❶. Im Abschnitt »Farbmodelle« auf Seite 177 erfahren Sie, was es mit den hier abgebildeten Werten von 0 bis 255 auf sich hat. Die Tonwertkurve zeigt entlang der horizontalen Achse die Helligkeitswerte von Schwarz bis Weiß, wie sie das Bild in seiner ursprünglichen Form liefert. Damit repräsentiert dies die Eingabe, den *Input*. Mit der Maus können Sie diese Kurve beliebig verbiegen. Auf der vertikalen Achse lassen sich dann diejenigen Helligkeitswerte von Schwarz (unten) bis Weiß (oben) ablesen, die als Ausgabe (*Output*) dabei herauskommen. Indem Sie die linke Seite der Kurve greifen und mit der Maus nach rechts verschieben, wird die Kurve steiler, und der Kontrast erhöht sich. Im Zuge dieser Bewegung wird mehr und mehr Tonwerten der Wert Schwarz zugewiesen. Alternativ erreichen Sie den gleichen Effekt, indem Sie den Wert unter **Eingangspegel** ❸ erhöhen. Der Wert am anderen Ende des Spektrums entspricht analog dem Zuweisen des Tonwerts Weiß für die helleren Tonwerte. Durch Greifen der linken Seite der Tonwertkurve und Verschieben nach oben wird das Bild heller. Alternativ ist der gleiche Effekt durch eine Erhöhung des **Ausgangspegels** ❹ zu erreichen. Sie können sich auch einen Punkt in der Mitte der Kurve greifen und damit die Mitteltöne in ihrer Helligkeit beeinflussen. Jeder einzelne Wert lässt sich darüber hinaus mit der Eingabe von **X**- und **Y**-Werten ❷ direkt verändern.

Abbildung 14.10 >
Die Tonwertkurve ist ein mächtiges Werkzeug für fortgeschrittene Benutzer.

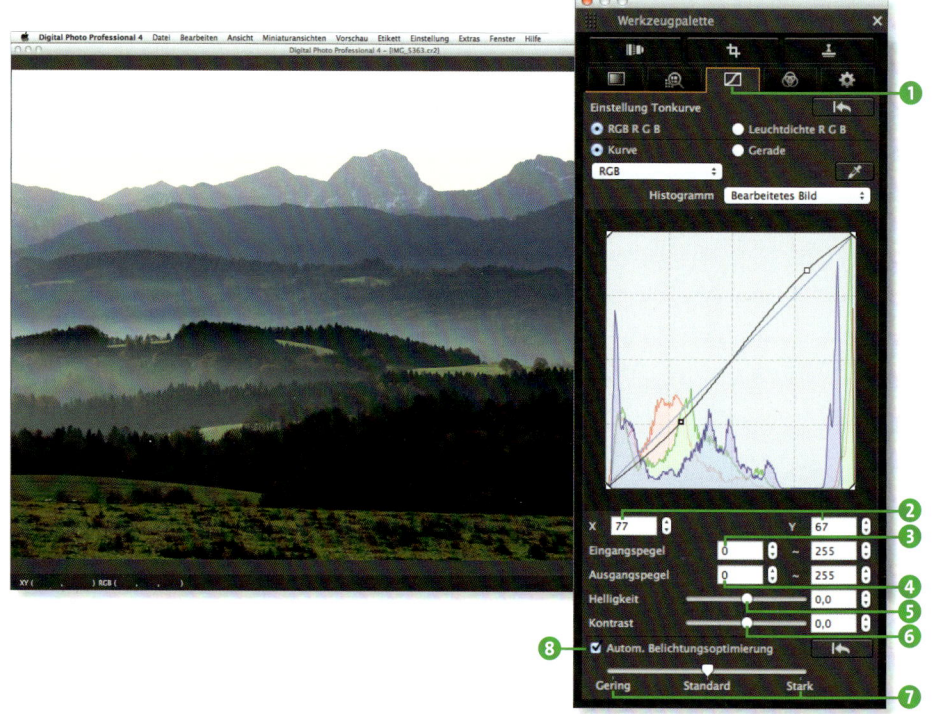

Viele Bilder können verbessert werden, indem Sie der Tonwertkurve eine leichte S-Form geben. Dunkle Bereiche werden dabei abgedunkelt, während helle Töne noch ein wenig heller werden. Auch so steigt der Kontrast. Die Regler **Helligkeit** ❺ und **Kontrast** ❻ bewirken verschiedene Kombinationen aus Kurvenverschiebungen.

Möglicherweise bringt ebenfalls die **Autom. Belichtungsoptimierung** ❽ verloren geglaubte Details wieder zum Vorschein. Diese Funktion lässt sich auch in der Kamera selbst aktivieren. Mehr dazu finden Sie im Kasten »Automatische Belichtungsoptimierung« auf Seite 94. Zur Wahl stehen wie im Kameramenü die drei Ausprägungen **Gering**, **Standard** und **Stark** ❼.

So ändern Sie die Farbgebung Ihrer Bilder

Neben der Helligkeit können Sie mit den Reglern der Werkzeugpalette auch die Farben ganz nach Belieben manipulieren. Eine häufig sehr wirkungsvolle Änderung lässt sich durch eine Anpassung des Weißabgleichs erzielen. Sie kennen diesen Begriff bereits von den Einstellungen Ihrer EOS 7D Mark II. Genau wie dort können Sie auch hier noch nachträglich aus den verschiedenen Einstellungen wie beispielsweise **Tageslicht**, **Schatten** oder **Kunstlicht** auswählen ❾. Mit Hilfe der Option **Farbtemperatur** ❿ ist es alternativ möglich, einen Wert festzulegen, der Ihnen gefällt. Ein Bild mit eher kühlen Farbtönen lässt sich so im Nu in eines mit warmen Farbnuancen verwandeln.

Abbildung 14.11 >

Die Farben dieser Gewürze stimmen nicht so recht und kommen daher nicht zur Geltung. Dem können Sie mit DPP entgegenwirken. Änderungen des Weißabgleichs bringen bereits einen ersten schnellen Erfolg.

Alternativ können Sie die **Pipette** ❶ aktivieren und damit einen weißen Bereich des Bildes anklicken. Diese Methode funktioniert auch mit einem neutralen Punkt des Fotos. Neutral bedeutet hier, dass die gewählte Stelle für die drei Farben Rot, Grün und Blau gleiche Werte hat. Dies ist bei einem Grauton ohne jede Verfärbung der Fall. Alternativ lässt sich der Weißabgleich zwischen Blau (**B**) und Bernsteinfarben (**A** = *Amber*, englisch für »Bernstein«) ❷ beziehungsweise Grün (**G**) und Magentarot (**M**) ❸ verschieben.

Unter dem Punkt **Bildart** finden Sie – etwas verwirrend bezeichnet – die Bildstile, etwa **Porträt**, **Landschaft** oder **Neutral** ❺. Über diese Funktion ist es möglich, einem Bild nachträglich einen Bildstil zuzuweisen. Mit Klick auf **Durchsuchen** ❹ lassen sich weitere Varianten von der Festplatte laden. Einige befinden sich bereits im Lieferumfang von *DPP*, weitere dieser in der englischen Übersetzung *Picture Styles* genannten Bildstilvorgaben sind auf der Website von Canon erhältlich. Auch Bildstile, die Sie selbst mit dem Programm *Picture Style Editor* entworfen haben, können über diese Methode ausgewählt werden. Es lohnt sich auf jeden Fall, die verschiedenen Varianten auszuprobieren: Möglicherweise wirkt ein Porträt im Bildstil **Landschaft** ausgesprochen gut, und eine Naturaufnahme kommt über die Einstellung **Porträt** erst richtig zur Geltung.

Abbildung 14.12 >
Farbveränderungen über die Feinabstimmung und die Bildstile

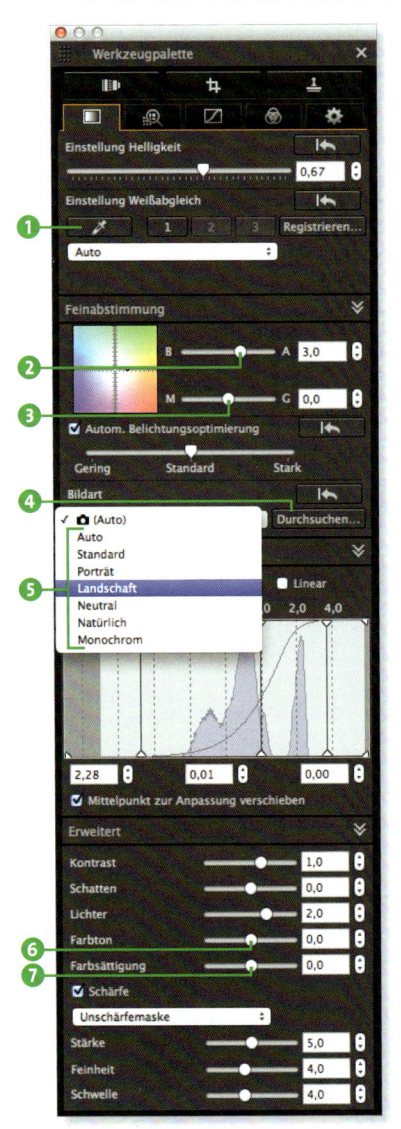

Eine weitere Möglichkeit bietet der **Farbton**-Regler ❻, mit dem Sie dem Bild eine Färbung zwischen Rot und Gelb geben können. Am auffälligsten zeigen sich diese Änderungen bei Hauttönen. Wer knallig-bunte Farben mag, wird den Regler für die **Farbsättigung** ❼ lieben. Mit einem Minimalwert von −4 ist es damit allerdings nicht möglich, ein Foto wirklich stark zu entsättigen.

Erste Schritte in der Bildbearbeitung

Guter Start mit dem Weißabgleich

Starten Sie Bildbearbeitungsaktionen mit *DPP* ruhig mit dem Weißabgleich. Häufig lässt sich bereits dadurch der gewünschte Look erzielen, und weitere Bearbeitungsschritte erübrigen sich.

So helfen Sie bei der Bildschärfe nach und reduzieren das Rauschen

RAW-Bilder müssen zwangsläufig nachgeschärft werden. Wechseln Sie dazu am besten auf den Reiter für die Bilddetails ❽. Dort finden Sie eine vergrößerte Bilddarstellung. Nach einem Klick auf den kleinen Navigator an der rechten Seite ❾ lässt sich der Ausschnitt im Bild verschieben. Durch das Experimentieren mit den verschiedenen Einstellungen unter **Schärfe** ⓫ können Sie den richtigen Wert herausfinden. Eine Überschärfung erkennen Sie vor allem an weißen Rändern, die sich in Bereichen mit starken Kontrasten bilden. Beim Regler **Stärke** steigt ab dem Wert 6 die Wahrscheinlichkeit für dieses Phänomen. Mit **Feinheit** lässt sich angeben, wie grob oder fein die Strukturen sein sollen, bei denen eine Schärfung vorgenommen wird. Mit **Schwelle** legen Sie fest, wie stark sich der Kontrast von dem umliegenden Bereich unterscheiden muss, bevor dort eine Kontrastverstärkung vorgenommen wird.

▼ **Abbildung 14.13**
Beim Schärfen empfiehlt sich die Kontrolle in der 100 %-Ansicht.

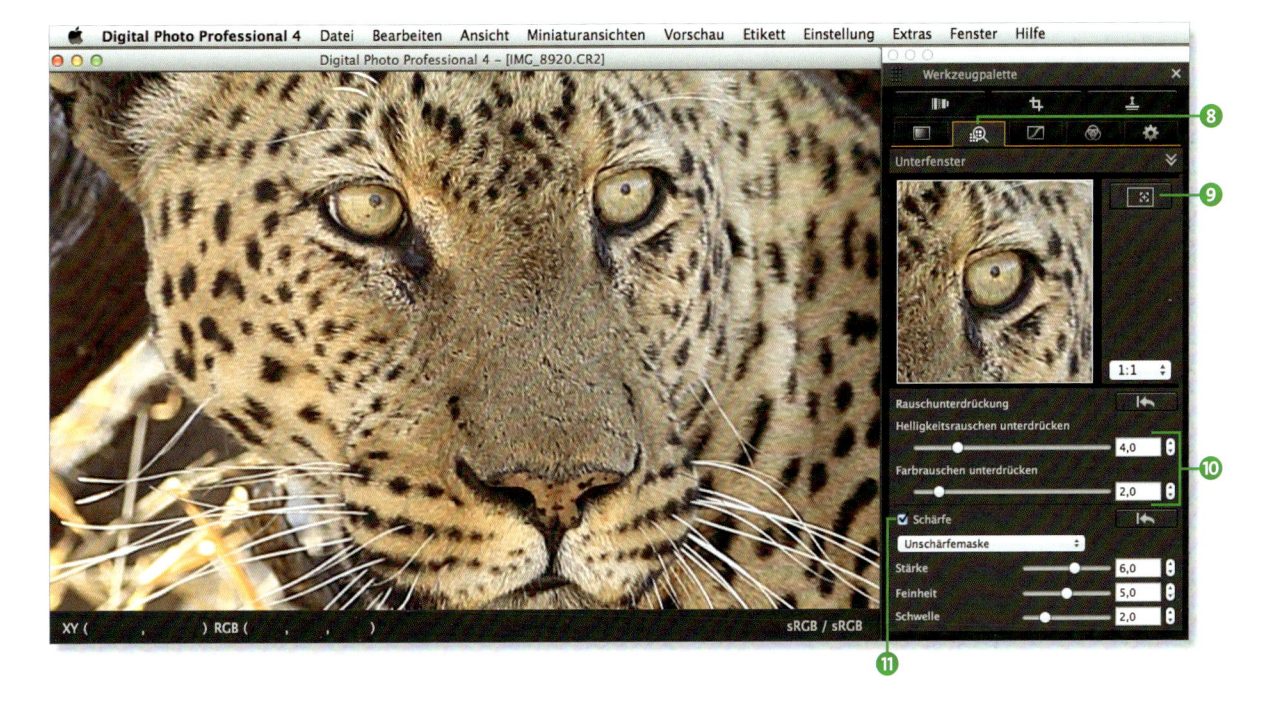

Was bedeutet eigentlich »scharf«? Je klarer die Konturen eines Objekts zu sehen sind, desto höher ist der Schärfeeindruck. Dabei kommt es auf den Kontrast an den Übergängen zwischen hell und dunkel an. Beim Schärfen wird dieser Kontrast deshalb jeweils lokal erhöht. Was dunkel ist, wird noch dunkler, was hell ist, noch heller eingestellt. Der größtmögliche Helligkeitsunterschied ist der zwischen Schwarz und Weiß. Die weißen Artefakte, die beim Überschärfen entstehen, rühren also daher, dass Pixel im Rahmen der Schärfung ihre Farbe gänzlich verloren haben. Deshalb sind dem Schärfen auch enge Grenzen gesetzt.

Wichtig sind auch die beiden Regler, mit denen das Helligkeits- und das Farbrauschen ❿ reduziert werden kann. Diese beiden Rauscharten sind ein Problem, das besonders bei hohen ISO-Einstellungen auftritt. Unter einer zu starken Helligkeitsrauschreduzierung leidet die Bildauflösung, und das Foto erscheint unscharf. Zu viel Farbrauschunterdrückung wiederum lässt die Farben verwaschen erscheinen.

Keine Wunder erwarten!

Die **Schärfen**-Funktion kann keine Wunder vollbringen. Ein unscharfes Bild jedenfalls lässt sich damit auf keinen Fall retten. Eine Belichtungszeit, die Verwackler verhindert, eine Blende, die für Schärfe an der richtigen Stelle sorgt, und eine Autofokuseinstellung, die auf den richtigen Punkt scharfstellt, sind die Faktoren, die schon bei der Aufnahme stimmen müssen. Das Nachschärfen in *DPP* oder einem anderen Programm gibt dem Bild dann lediglich den letzten Schliff.

Typische Objektivfehler korrigieren

Mit der Objektivfehlerkorrektur im entsprechenden Reiter ❶ können Sie eine Reihe von typischen optischen Fehlern beheben, mit denen Objektive in unterschiedlichem Ausmaß zu kämpfen haben. Eine Erklärung dazu finden Sie im Abschnitt »Objektive im Test« auf Seite 244.

Innerhalb eines gewissen Rahmens lassen sich diese bereits in der Kamera beheben. Über die Software können Sie wesentlich detailliertere Einstellungen vornehmen. Im Prinzip müssen Sie hier durch Ausprobieren ein Ergebnis finden, das Ihren Vorstellungen am ehesten entspricht. Diese umfassen folgende Punkte:

- **Vignettierungen**, also dunkle Bildränder.
- **Chromatische Aberration**, das heißt Farbsäume an den Randbereichen der Motive.
- **Farbunschärfe**, gemeint sind hier sogenannte Farblängsfehler.
- **Verzeichnungen**, also Geraden im Bild, die gebeugt dargestellt werden.

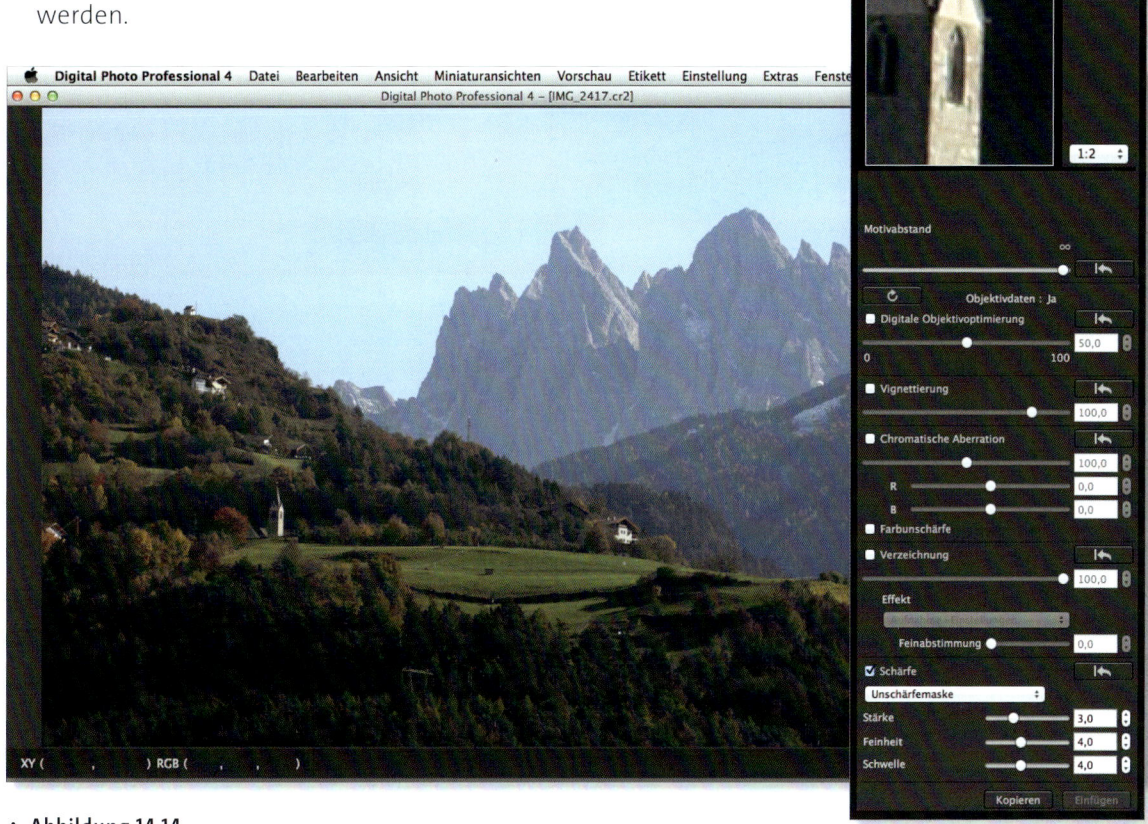

^ **Abbildung 14.14**
Die Korrektur von typischen Objektivfehlern erledigen Sie über die Werkzeugpalette.

Ergebnisse sichern und weitergeben

Sind alle Änderungen am Bild abgeschlossen, sollten Sie das Ergebnis Ihrer Bearbeitung sichern. Dazu gehen Sie im Menü auf **Datei • Speichern**. *DPP* verändert übrigens die eigentliche RAW-Datei eines Bildes nicht. Die einzelnen Änderungsschritte werden lediglich als Zusatzinformationen in der Datei selbst hinterlegt und beim erneuten Öffnen mit *DPP* »abgespielt«. Laden Sie das Bild dagegen in ein anderes RAW-fähiges Programm, erscheint wieder das ursprüngliche Bild.

Geht es darum, das Bild unkompliziert weiterzuleiten oder im Internet zu präsentieren, sollten Sie es im JPEG-Format speichern. Dazu gehen Sie im **Datei**-Menü auf **Konvertieren und speichern** ❶ und wählen unter **Dateityp** ❷ die Option **Exif-JPEG**. Unter **Bildqualität** ❸ können Sie festlegen, wie hoch die Komprimierung erfolgen soll. Bei einer Einstellung von 1 ist sie am höchsten. Das Bild wird zwar klein, dafür aber auch in niedriger Qualität abgespeichert. Ein Wert von etwa 8 ist ein guter Kompromiss zwischen Dateigröße und Bildqualität. Das ebenfalls unter **Dateityp** wählbare **TIFF**-Format arbeitet dagegen ohne eine Komprimierung, bei der Bildinformationen verloren gehen. Um die in der RAW-Datei enthaltenen Informationen in voller Güte zu erhalten, sollten Sie das Bild als 16-Bit-TIFF speichern. Auch wenn die Unterschiede zu 8-Bit-TIFF-Bildern nicht auf den ersten Blick sichtbar sind, zeigen sich doch bei weiteren umfangreichen Änderungen unschöne Farbübergänge.

Abbildung 14.15 >
So sichern Sie Ihre Bilder nach der Bearbeitung.

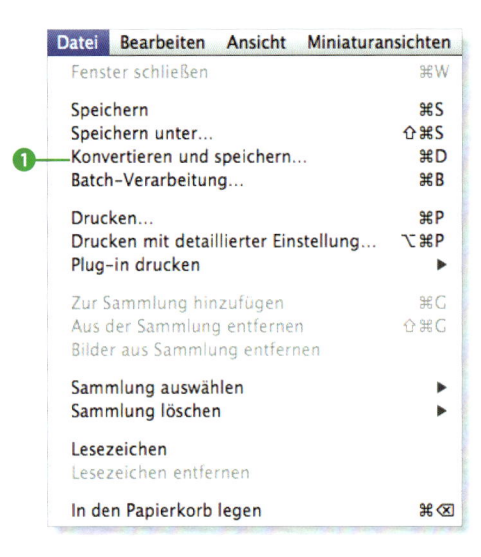

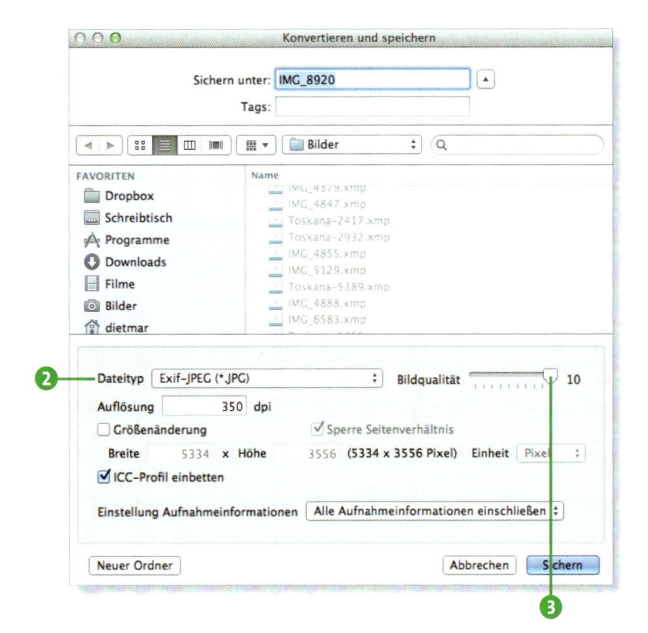

< Abbildung 14.16
Dateiformat auswählen

˅ Abbildung 14.17
Speichern oder verwerfen: Sie können hier jede Änderung einzeln ❼ oder aber sämtliche Arbeiten am Bild grundsätzlich ❻ bestätigen. Natürlich lassen sich auch einzelne Änderungen ignorieren ❺ oder aber sämtliche Bearbeitungsschritte verwerfen ❹.

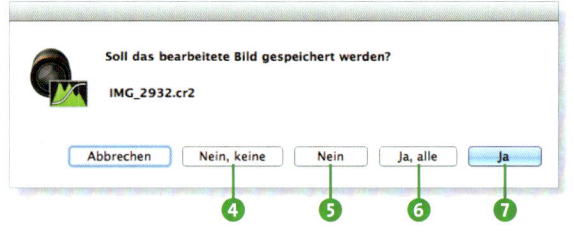

Sobald Sie beim Navigieren auf der linken Seite den ausgewählten Ordner ohne Speichern verlassen oder aber das Programm ganz schließen, erscheint eine Sicherheitsabfrage, die sich vergewissern möchte, ob Sie die Änderungen wirklich nicht speichern wollen.

Bearbeitungsalternative RAW-Konverter

Digital Photo Professional bietet eine recht gute RAW-Konvertierung, ist jedoch nicht gerade einfach und intuitiv zu bedienen. Wesentlich mehr Komfort und auch umfangreichere Funktionen liefern die Programme einer Reihe anderer Hersteller.

Sehr interessant für Fotografen mit großen Bildersammlungen sind Programme, die sich am Arbeitsablauf, dem sogenannten *Workflow*, von Fotografen orientieren. Zu den bekanntesten gehören *Adobe Photoshop Lightroom* (etwa 130 Euro) und *Capture One Pro* (ab 230 Euro). In diesen Programmen spielen Organisation, Verschlagwortung und Bewertung von Bildern eine große Rolle. Trotzdem sind auch grundlegende Bearbeitungsfunktionen enthalten, die den Einsatz einer speziellen Bildbearbeitungssoftware – wie beispielsweise *Adobe Photoshop* – in vielen Fällen überflüssig machen.

Deshalb bearbeiten mittlerweile viele Fotografen den Großteil ihrer Bilder komplett mit einer Software wie *Lightroom*. Während *Photoshop* das Arbeiten auf Pixelebene erlaubt, kümmert sich *Lightroom* vorrangig um globale Anpassungen wie den Kontrast, die Steuerung von Tiefen und Lichtern und die Anpassung der Farben. Trotzdem gibt es auch bei dieser Software Werkzeuge wie Pinsel, mit denen gezielt Hautunreinheiten beseitigt werden, einzelne Stellen aufgehellt und abgedunkelt oder störende Elemente entfernt werden können.

RAW-Bearbeitung direkt in der Kamera
EXKURS

An verschiedenen Stellen in diesem Buch wurden Ihnen die Vorzüge des RAW-Formats schmackhaft gemacht. Vielleicht scheuen Sie aber trotzdem dessen Einsatz mit Blick auf den hohen Speicherbedarf, oder Sie wollen sich die Nachbearbeitung am heimischen PC ersparen.

In diesem Fall können Sie sich zunächst einmal mit den Bordmitteln Ihrer Kamera behelfen. Die EOS 7D Mark II erlaubt Ihnen, ein im RAW-Format aufgenommenes Bild schon in der Kamera zu optimieren. Damit diese Bildbearbeitung funktioniert, müssen Sie natürlich die Aufnahme in diesem Format eingestellt haben.

Vorteile bietet es auch, wenn die gleichzeitige Aufnahme im RAW- und JPEG-Format RAW+ L aktiviert ist. Sie können dann Bild für Bild entscheiden, ob Sie es in der Kamera weiter optimieren möchten. Wenn Sie die RAW-Dateien gar nicht erst auf den Rechner exportieren oder dort sofort löschen, bleibt der Speicherplatzbedarf klein, ohne dass Sie grundsätzlich auf die Vorteile des RAW-Formats verzichten müssen.

Sie finden die Option zur **RAW-Bildbearbeitung** in der Kamera im ersten Wiedergabemenü (**PLAY1**).

Mit **SET** kommen Sie in das entsprechende Menü. Dort können Sie mit verschiedenen Einstellungen experimentieren. Sobald Sie das Bild abspeichern, landet es so, wie Sie es auf dem Display sehen, als zusätzliche JPEG-Version auf der Speicherkarte. Sie können also gleich mehrere unterschiedliche Entwicklungen ein und derselben RAW-Datei abspeichern.

< Abbildung 14.18
Oben: Stellen Sie die Aufnahme im RAW-Format ein. Mitte: Hier können Sie RAW-Dateien in der Kamera bearbeiten. Unten: Sehr viele Aufnahmeoptionen lassen sich hier nachträglich aktivieren.

Wie bei der normalen Bildbetrachtung können Sie auch hier mit der Taste ⊕ das Foto genauer analysieren und mit dem Multi-Controller ✥ den Ausschnitt verändern.

- ☀︎±0: Die Belichtung lässt sich in Drittelschritten um maximal eine Blende nach oben oder unten korrigieren.
  Kleine Belichtungsfehler bei der Aufnahme lassen sich hier optimal korrigieren.
- AWB: Einer der größten Vorteile des RAW-Formats ist, dass sich der Weißabgleich nachträglich festlegen lässt. Häufig verhilft eine bewusst falsche Einstellung Ihren Bildern zu einem interessanten Look.
- : Änderungen des **Bildstils** machen sich im Bild nur höchst subtil bemerkbar – es sei denn, Sie haben mit den Tipps aus dem Abschnitt »So passen Sie die Bildstile individuell an« auf Seite 168 selbst eine extremere Variante erstellt und wenden diese hier an.
- : Ähnlich wie die **Bildstil**-Einstellungen wirken sich auch Änderungen bei der **Belichtungsoptimierung** eher gering auf das Bild aus.
- NR: Gerade bei hohen ISO-Werten bringt die **High-ISO-Rauschreduzierung** möglicherweise einen Vorteil. Die entsprechenden Möglichkeiten am Computer sind jedoch weitaus umfangreicher.
- ◢L: An dieser Stelle können Sie das Bild verkleinern.
- **sRGB**: Diese Option nutzen Sie, wenn Sie den Farbraum verändern wollen, etwa wenn Sie das Bild im Farbraum AdobeRGB weiterverarbeiten möchten.
- ☐OFF/⊞OFF/◐OFF: Vignettierungskorrektur, Verzeichnungskorrekturen und Farbfehlerkorrekturen (chromatische Aberrationen) lassen sich an dieser Stelle auch nachträglich vornehmen.
- : Beim **Speichern** landet das Bild als zusätzliche JPEG-Datei auf der Speicherkarte.
- ↩: Mit **Zurück** gelangen Sie wieder zur unveränderten Datei.

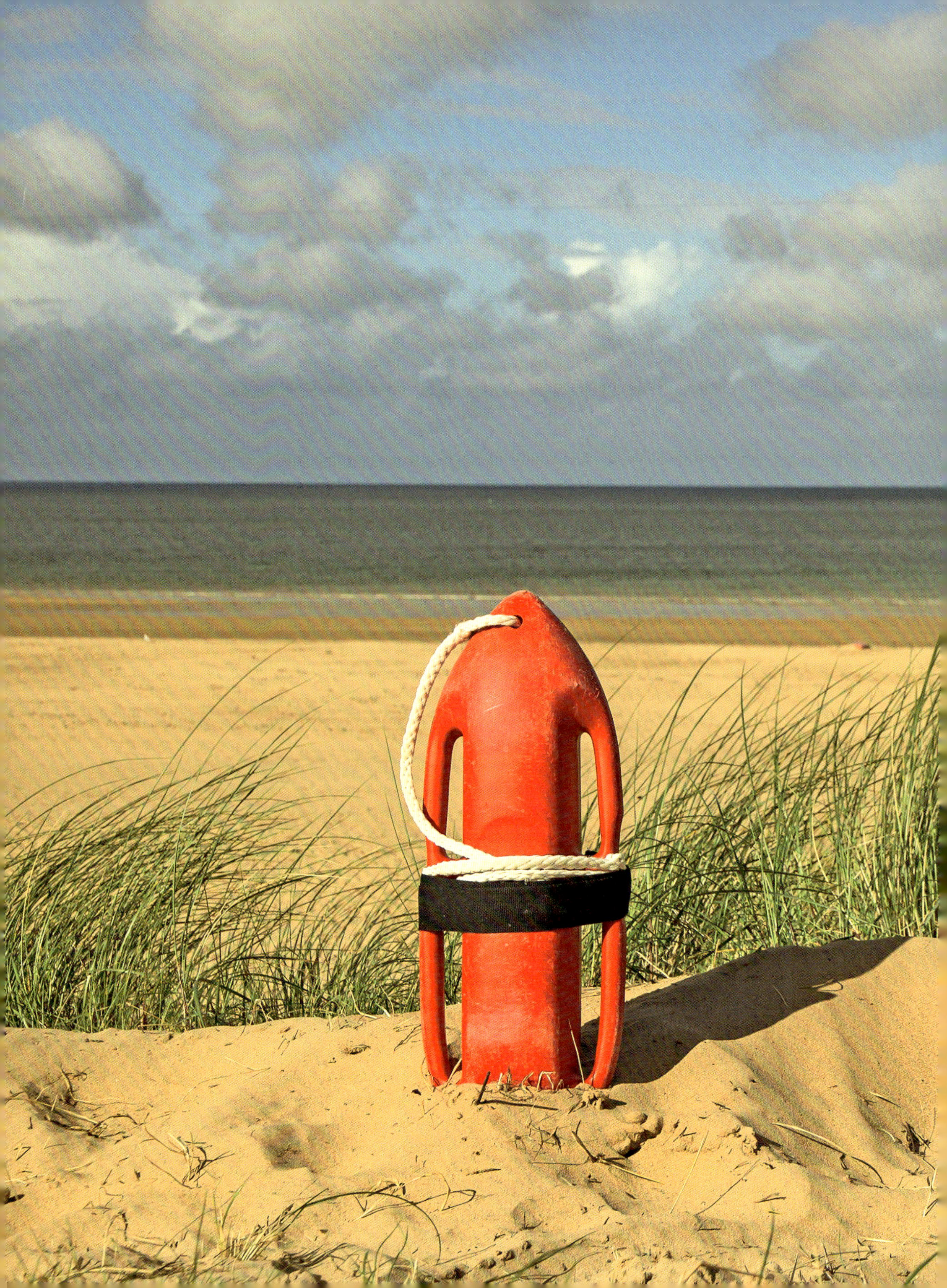

Anhang
Die Menüs im Überblick

Das Menü »Aufnahme«	364
Das Menü »Autofokus«	370
Das Menü »Wiedergabe«	375
Das Menü »Einstellung«	378
Das Menü »Individualfunktionen«	382
Das Menü »My Menu«	386
EXKURS: Firmware aktualisieren	386

Das Kameramenü enthält viele Konfigurationsmöglichkeiten, von denen einige die Arbeit enorm erleichtern, während andere eher als nette Spielerei zu betrachten sind. Auf jeden Fall können Sie die EOS 7D Mark II damit ganz individuell an Ihre Bedürfnisse anpassen. Auf den folgenden Seiten finden Sie eine komplette Darstellung der Funktionen, die Sie über die **MENU**-Taste aufrufen können.

Achtung

In der Vollautomatik stehen Ihnen nicht alle Menüeinträge zur Verfügung. Nur in den übrigen Programmen erscheinen sämtliche hier aufgeführten Optionen.

Das Menü »Aufnahme«

SHOOT 1

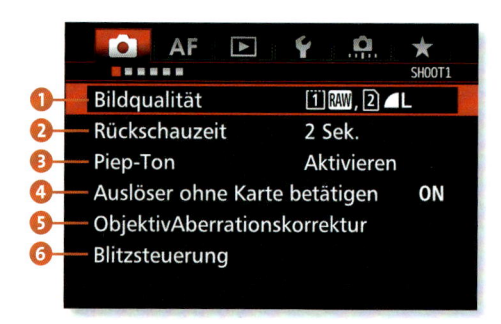

❶ Bildqualität
❷ Rückschauzeit — 2 Sek.
❸ Piep-Ton — Aktivieren
❹ Auslöser ohne Karte betätigen — ON
❺ ObjektivAberrationskorrektur
❻ Blitzsteuerung

❶ Das Aussehen dieses Menüs hängt davon ab, welche Art der Aufzeichnung Sie im ersten Einstellungsmenü (**SET UP1**) unter **Aufn. funkt.+Karte/Ordner ausw** gewählt haben (siehe den Abschnitt »Einstellungen für die Aufnahme« auf Seite 34). So können Sie bei der Mehrfachaufzeichnung festlegen, dass RAW-Dateien auf der einen und JPEG-Bilder auf der anderen Karte landen.

❷ Nach der Aufnahme erscheint das Bild standardmäßig zwei Sekunden lang auf dem Monitor. Hier können Sie die Anzeigedauer bestimmen. Schalten Sie die **Rückschauzeit** aus, wird das aufgenommene Bild nicht auf dem Display angezeigt. Mit der Einstellung **Halten** bleibt das Bild so lange zu sehen, bis Sie eine weitere Taste drücken. Die Einstellung **4 Sek.** oder **8 Sek.** sollte ausreichen, damit Sie das Ergebnis kurz überprüfen können.

❸ Bei jedem Autofokusvorgang ertönt ein **Piep-Ton**. Hier können Sie ihn abschalten.

❹ Dies ist eine nützliche Funktion, die Sie davor bewahrt, ohne Speicherkarte eine Menge Fotos zu schießen. Wenn Sie **Deaktivieren** wählen, löst die EOS 7D Mark II erst gar nicht aus, wenn nicht wenigstens eine Speicherkarte eingelegt ist.

❺ Im Abschnitt »Objektive im Test« auf Seite 244 haben Sie unter anderem das optische Phänomen der Vignettierung kennengelernt. Dabei handelt es sich um abgedunkelte Bildecken, die je nach Objektivqualität mehr oder weniger stark auftreten. Mit der aktivierten Korrektur bei **Vignettierung** ❼ wird dieser Effekt bereits in der Kamera korrigiert. Mit der **Farbfehler**-Einstellung ❽ beseitigt die Kameraelektronik sogenannte chromatische Aberrationen. Aktivieren Sie die Option **Verzeichnung** ❾, wird dieser Abbildungsfehler korrigiert. Das geht allerdings zulasten der Bildauflösung, die dabei minimal reduziert wird. Zugleich sinkt die Zahl der hintereinander aufnehmbaren Reihenaufnahmen.

Schließlich wird der Prozessor bei diesen Berechnungen etwas stärker beansprucht. Für die unter diesem Menüpunkt zusammengefassten Optimierungen greift die EOS 7D Mark II auf die gespeicherten Abbildungsparameter einer Reihe von Objektiven zurück. Der Einsatz bei RAW-Aufnahmen lohnt sich allerdings nur, wenn auch die Canon-eigene Software *Digital Photo Professional* verwendet wird. Diese erkennt die eingeschalteten Optimierungen und wendet sie bei der Bildentwicklung an.

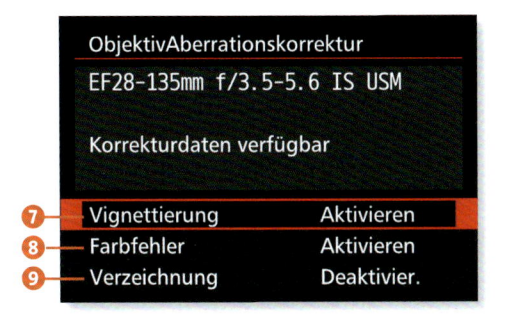

❻ Die Möglichkeiten der **Blitzsteuerung** werden im Abschnitt »Die Blitzphilosophie in den Aufnahmeprogrammen« ab Seite 193 vorgestellt. Hier steuern Sie auch, was beim externen Blitzen passieren soll.

❶ Wie in der Schritt-für-Schritt-Anleitung »Eine Belichtungskorrektur einstellen« auf Seite 88 dargestellt, können Sie mit dem Schnellwahlrad ⊙ Belichtungskorrekturen vornehmen und mit dem Hauptwahlrad 🔄 Belichtungsreihen (**AEB**) einstellen (siehe die Schritt-für-Schritt-Anleitung »Eine Belichtungsreihe fotografieren« auf Seite 95).

❷ In diesem Menü lässt sich sehr genau definieren, in welchen Grenzen die ISO-Automatik arbeitet. So können Sie eine Unter- und eine Obergrenze für die ISO-Einstellung **Automatisch** festlegen. Außerdem können Sie steuern, wie die Belichtungszeit bei der Blendenvorwahl im **Av**-Programm gewählt werden soll. Weitere Informationen zu dieser Funktion finden Sie im Abschnitt »Der Automatik auf die Sprünge helfen« auf Seite 76.

❸ Hier lässt sich die **Automatische Belichtungsoptimierung** in drei Stufen ein- oder ausschalten. Nähere Informationen zu den Einstellungen finden Sie im Abschnitt »Belichtungsprobleme erkennen und meistern« auf Seite 89.

❹ Wie das Monitormenü führt Sie auch dieser Weg in die Einstellungen für den **Weißabgleich**. Mehr dazu erfahren Sie in Kapitel 6, »Schönere Fotos mit den richtigen Farben«.

❺ Nach dem Aktivieren der Funktion können Sie das Bild einer Graukarte oder eines Blatts Papier auswählen. Mit **SET** werden die dort gemessenen Werte für den Weißabgleich genutzt. Schauen Sie sich dazu die Schritt-für-Schritt-Anleitung »So nehmen Sie einen manuellen Weißabgleich vor« auf Seite 165 an.

❻ Fortgeschrittene Benutzer können hier eine Weißabgleichskorrektur durchführen, also den Weißabgleich mit dem Multi-Controller in die Richtungen Blau (**B**) ❾, Bernsteinfarben (**A** = *Amber*, englisch für »Bernstein«) ⓫, Grün (**G**) ❿ und Magentarot (**M**) ❽ verschieben. Über das Schnellwahlrad ⌀ lassen sich sogar Reihenaufnahmen einstellen. Die Kamera speichert eine Aufnahme dann in gleich drei verschiedenen Weißabgleichsversionen auf der Speicherkarte. Bei der Arbeit mit RAW-Dateien können Sie den Weißabgleich in einer Software wie *Digital Photo Professional* (*DPP*), die Ihrer EOS 7D Mark II beiliegt, jedoch weitaus komfortabler einstellen. Ein Beispiel dafür finden Sie in Kapitel 14, »Fotos nachbearbeiten«.

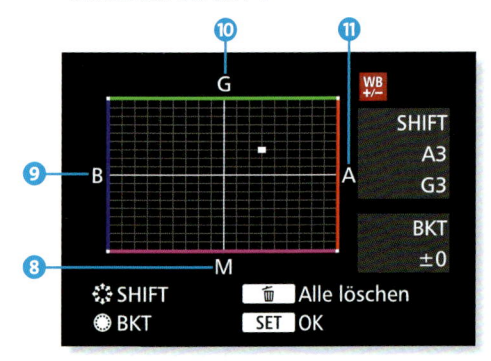

❼ Die Zahl der darstellbaren Farben wird durch den **Farbraum** bestimmt. Wenn Sie sich nicht unbedingt mit der recht komplexen Thematik des Farbmanagements beschäftigen wollen, wählen Sie hier am besten **sRGB** für *Standard-RGB* (RGB = Rot, Grün, Blau). Die Einstellungen beziehen sich nur auf die JPEG-Bilder der Kamera.

SHOOT 3

❶ Durch die Wahl eines Bildstils können Sie die Farben eines Bildes schon in der Kamera weitgehend definieren. Die verschiedenen **Bildstil**-Parameter lassen sich individuell anpassen. Weitere Informationen dazu finden Sie im Abschnitt »Farben nach Wunsch: Bildstile einsetzen« auf Seite 166.

❷ Das Bildrauschen hängt nicht nur vom eingestellten ISO-Wert ab, sondern auch von der Temperatur des Sensors. Diese steigt, je länger er in Betrieb ist, also einer Belichtung ausgesetzt ist. Mit der hier konfigurierbaren Funktion führt die EOS 7D Mark II bei sehr langen Belichtungszeiten eine sogenannte *Dunkelbelichtung* durch: Nach dem eigentlichen Bild wird automatisch ein zweites angefertigt, das jedoch nur die schwarze Fläche des Verschlusses und das Bildrauschen enthält. Zu sehen bekommen Sie dieses Foto nicht, es wird aber mit der ersten Aufnahme so verrechnet, dass aus dieser das Sensorrauschen zum Teil entfernt werden kann.
Mit der Einstellung **Automatisch** ❽ führt die EOS 7D Mark II ab einer Belichtungszeit von einer Sekunde die Bildverrechnung automatisch durch, sofern Bildrauschen festgestellt

wird. In der Praxis funktioniert diese Einstellung am besten. In der Einstellung **Aktivieren** ❾ findet dieses Verfahren generell ab einer Belichtungszeit von einer Sekunde statt, unabhängig vom tatsächlichen Rauschen.

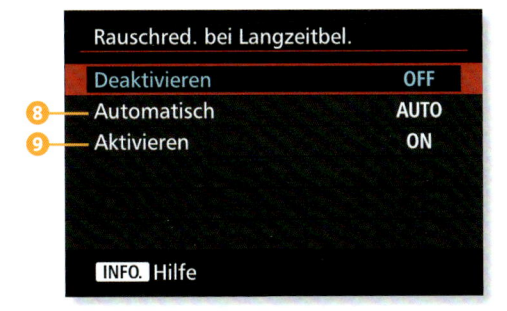

❸ Besonders bei hohen ISO-Werten ist das Rauschen stark. Diese Funktion greift mit verschiedener Intensität ein und reduziert das Rauschen. Mit der Einstellung **Standard** lassen sich meist gute Ergebnisse erzielen. Die Einstellungen hier gelten nicht für RAW-Dateien, es sei denn, die Bearbeitung erfolgt innerhalb von *Digital Photo Professional*. Ist die Option **Multi-Shot-Rauschreduz.** aktiviert, schießt die Kamera vier Aufnahmen hintereinander und berechnet daraus ein rauscharmes Bild. Das funktioniert allerdings nur mit JPEGs.

❹ Bei aktivierter **Tonwertpriorität** werden die hellen Bereiche mit mehr Details in den Farbabstufungen dargestellt. Der Preis dieser Verbesserung ist ein höheres Rauschen in den dunklen Bildpartien. Außerdem wird die automatische Belichtungsoptimierung ausgeschaltet, und auf dem Display und dem Monitor erscheint unterhalb der ISO-Anzeige die Information **D+**. Eine ausführliche Erklärung zur Tonwertpriorität finden Sie auf Seite 96 im Abschnitt »Umstrittener Helfer: die Tonwertpriorität«.

❺ Das Prinzip der **Staublöschungsdaten** ist clever: Auf einem weißen Foto ist auf dem Sensor befindlicher Staub deutlich zu erkennen. Die Informationen aus diesem Testbild kann die Ihrer EOS 7D Mark II beiliegende Software *Digital Photo Professional* (*DPP*) nutzen, um ihn aus Bildern wieder herauszurechnen. Nach dem Aufrufen der Funktion und Bestätigen mit **OK** nimmt die Kamera eine Sensorreinigung vor und weist Sie dann an, den Auslöser durchzudrücken. Dabei müssen Sie eine weiße Fläche, etwa ein Blatt Papier, fotografieren. Diese Aufnahme wird als sehr kleine Datei in die Bilddatei eingebettet und kann in *DPP* für die Staubentfernung genutzt werden. Hat sich erst einmal so viel Staub abgesetzt, dass er deutlich sichtbar ist, führt eine fachgerecht durchgeführte Sensorreinigung allerdings viel einfacher zum gewünschten Ergebnis.

❻ Die **Mehrfachbelichtung** erlaubt kreative Bildeffekte, indem mehrere Aufnahmen übereinandergelegt werden. Mehr dazu erfahren Sie auf Seite 104 im Exkurs »Mehrfachbelichtungen«.

❼ HDR-Aufnahmen sind eine Möglichkeit, Situationen mit hohem Kontrastumfang zu begegnen. Dabei werden mehrere unterschiedlich belichtete Aufnahmen miteinanderverrechnet. Weitere Informationen finden Sie auf Seite 99 im Abschnitt »Hell und dunkel im Griff mit HDR«.

SHOOT 4

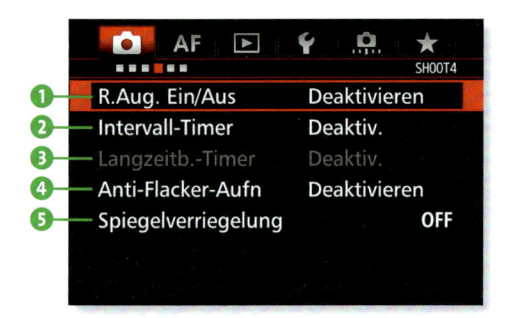

❶ R.Aug. Ein/Aus — Deaktivieren
❷ Intervall-Timer — Deaktiv.
❸ Langzeitb.-Timer — Deaktiv.
❹ Anti-Flacker-Aufn — Deaktivieren
❺ Spiegelverriegelung — OFF

❶ Ist diese Funktion aktiviert, leuchtet bei Blitzbetrieb ein kleines, aber recht helles orangefarbenes Licht auf, sobald Sie den Auslöser halb drücken. Dadurch sollen sich die Pupillen der porträtierten Person schließen. Die von Blitzfotos bekannten roten Augen treten dann nicht – oder zumindest nicht so stark – auf.

❷ Bei aktiviertem **Intervall-Timer** löst die Kamera in einstellbaren Abständen ❻ aus. Das ist für die Dokumentation und das Erstellen von Zeitrafferaufnahmen hilfreich. Wenn Sie die Anzahl der Aufnahmen ❼ auf 0 stellen, läuft der Prozess so lange, bis Sie die Kamera ausstellen oder den Timer deaktivieren. Wie Sie den **Intervall-Timer** in der Praxis einsetzen, lesen Sie ab Seite 289 im Abschnitt »Mit dem Intervallometer arbeiten«.

❸ Diese Option ist nur im **B**-Modus verfügbar. Sie müssen den Auslöser für eine Langzeitaufnahme nicht gedrückt halten, sondern können eine lange Belichtungszeit angeben. Weitere Informationen dazu finden Sie auf Seite 50 im Abschnitt »Tv- und B-Programm: Bilder gestalten mit der Belichtungszeit«.

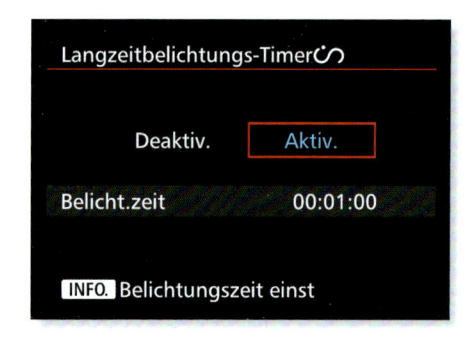

❹ Die Anti-Flacker-Funktion der 7D Mark II kümmert sich bei Serienbildaufnahmen darum, dass die einzelnen Bilder erst dann geschossen werden, wenn sich die Lichtquelle in ihrer hellsten Phase befindet. Weitere Informationen erhalten Sie auf Seite 102 im Abschnitt »Nützlicher Helfer: die Anti-Flacker-Funktion«.

❺ Die Vorteile der Spiegelvorauslösung – bei Canon **Spiegelverriegelung** genannt – haben Sie auf Seite 137 im Abschnitt »Mit Stativ und Fernauslöser zur maximalen Schärfe« kennengelernt. Mit dieser Funktion sorgen Sie dafür, dass mit dem Druck auf den Auslöser zunächst der Spiegel hochklappt. Beim zweiten Druck startet der Auslösevorgang. Auf diese Weise lassen sich beim Stativeinsatz Verwacklungsunschärfen, die durch Vibrationen entstehen, reduzieren.

SHOOT 5: Lv func. = Livebild-Funktionen

Achtung

Bei aktivem Filmmodus enthält das Menü als **SHOOT5:Movie** andere Funktionen. Mehr dazu finden Sie in Kapitel 13, »Film ab mit der EOS 7D Mark II!«.

❶ Standardmäßig ist die Funktion **Livebild-Aufnahme** auf **Aktivieren** eingestellt. Sie können den Livebild-Modus dann starten, indem Sie den Wahlschalter an der **Livebild**-Taste auf 📷 stellen und **START/STOP** drücken. Im Menü lässt sich der Modus auch deaktivieren. Dazu gibt es jedoch kaum einen Grund.

❷ Wählen Sie die Autofokus-Betriebsart beim Livebild-Betrieb. Die Modi ⌊⋅⌋+Verfolg., **Flexizone-Multi AF( )** und **Flexizone-Single AF ☐** werden im Abschnitt »Scharfstellen im Livebild-Modus« ab Seite 135 vorgestellt.

❸ Bei der Wahl von **Aktivieren** arbeitet der Autofokus im Livebild-Modus im Dauerbetrieb. Das geht allerdings zulasten des Stromverbrauchs und ist in vielen Fällen gar nicht nötig. Sie können das Scharfstellen schließlich jederzeit mit dem Auslöser oder der **AF-ON**-Taste starten.

❹ Auf Wunsch erscheint über dem Livebild eine **Gitteranzeige**. Mit der grobmaschigeren Variante lassen sich Fotos leicht nach der Drittelregel komponieren. Die etwas feinere Darstellung eignet sich bei der Architekturfotografie gut dafür, das Bild auszurichten.

❺ Das klassische Bildformat einer Spiegelreflexkamera beträgt 3:2. Damit ist das Verhältnis von Breite zu Höhe gemeint. In diesem Menü können Sie beim Livebild-Betrieb das typische Seitenverhältnis einer Kompaktkamera (4:3), eines aktuellen Fernsehers (16:9) oder ein quadratisches Format (1:1) einstellen. Entsprechende Bildlinien zeigen Ihnen bei der Livebild-Darstellung den späteren Beschnitt. Diese Einstellungen gelten allerdings nur für das JPEG-Format, RAW-Dateien behalten weiterhin die komplette Bildinformation. Belassen Sie diese Einstellung am besten in der Standardeinstellung von 3:2. So haben

Sie am Computer ein größeres Potenzial für Ausschnitte jeder Art.

❻ In der Grundeinstellung entspricht die Helligkeit der Anzeige beim Livebild-Betrieb der des späteren Bildes. Bei einer Belichtungskorrektur wird das Bild entsprechend heller oder dunkler dargestellt. Bei der Einstellung **Während** ✱ ist das nur bei gedrückter Abblendtaste (**Schärfentiefe-Prüftaste**) der Fall. Mit **Deaktivieren** wird eine Standardhelligkeit benutzt, damit das Bild auf dem Monitor gut zu erkennen ist. Die spätere Aufnahme sieht möglicherweise anders aus.

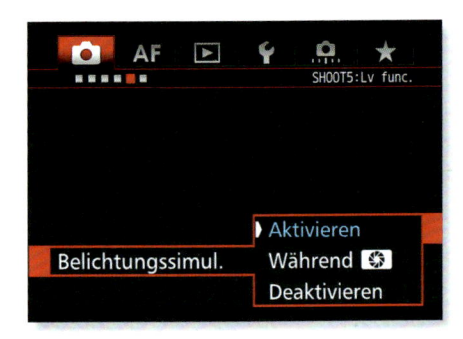

SHOOT 6: Lv func. = Livebild-Funktionen

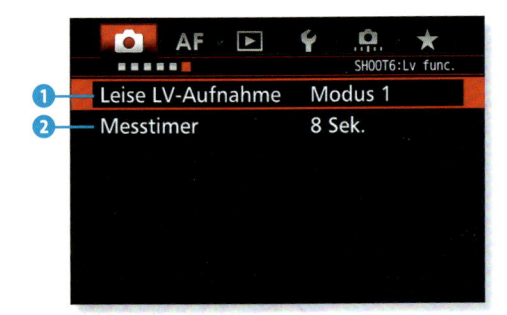

❶ Bei Livebild-Aufnahmen klappt der Spiegel einmal herunter und wieder herauf (**Modus 1**). In **Modus 2** bewegt er sich erst dann wieder in seine Ausgangsposition, wenn Sie den Auslöser loslassen. Das lässt das Auslösegeräusch ein wenig leiser erscheinen. Die Option **Deaktiviert** ist nur für bestimmte Tilt-Shift-Objektive (*TS-E*) relevant.

❷ Der hier eingestellte Parameter gibt an, wie lange die Werte von Blende und Belichtungszeit im Livebild-Betrieb eingeblendet werden, wenn der Auslöser losgelassen wird. Die Voreinstellung **8 Sek.** dürfte in den meisten Fällen passen.

Das Menü »Autofokus«

AF 1: AF config. tool

An dieser Stelle finden Sie drei zentrale Parameter für die Arbeit des Autofokus. Sechs verschiedene Kombinationen aus diesen Einstellungen sind in sogenannten *Cases* zusammengefasst. Sie können diese Einstellungen nach eigenen Vorstellungen anpassen. Eine ausführliche Erklärung der Cases finden Sie im Abschnitt »Den Autofokus individuell anpassen« ab Seite 123.

Das Menü »Autofokus«

❶ Mit **AI Servo Reaktion** können Sie definieren, wie schnell der Autofokus auf Störungen reagieren soll, beispielsweise wenn beim Fotografieren eines Fußballspiels der Schiedsrichter plötzlich durchs Bild läuft.

❷ Mit der Option **Nachführ Beschleunigung/Verzögerung** geben Sie vor, wie die Automatik auf Beschleunigungen des Motivs reagiert. Während die Einstellung **0** für gleichmäßig bewegte Motive ideal ist, eignen sich die Einstellungen **1** und **2** vor allem für Motive, die plötzlich beschleunigen oder anhalten.

❸ Die Option **AF-Feld-Nachführung** entscheidet darüber, wie schnell der Autofokus auf ein benachbartes Messfeld umschaltet, wenn sich das Motiv bewegt.

AF 2: AI Servo

❶ Mit **AI Servo Priorität 1. Bild** geben Sie der Automatik vor, ob die Priorität beim ersten Bild einer Reihenaufnahme auf der Geschwindigkeit ❸ oder dem Fokus ❹ liegen soll. In der Mittelstellung wird ein ausgewogener Kompromiss gewählt. Eine ausführliche Erklärung finden Sie im Abschnitt »Weitere Anpassungsmöglichkeiten: Reihenaufnahmen und Schärfensuche« ab Seite 132.

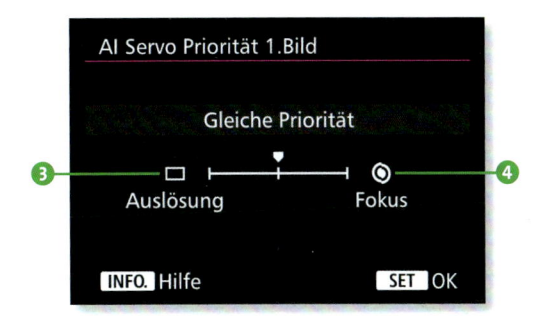

❷ Analog zu **AI Servo Priorität 1. Bild** gelten die Einstellungen hier für das zweite und alle weiteren Bilder.

AF 3: One Shot

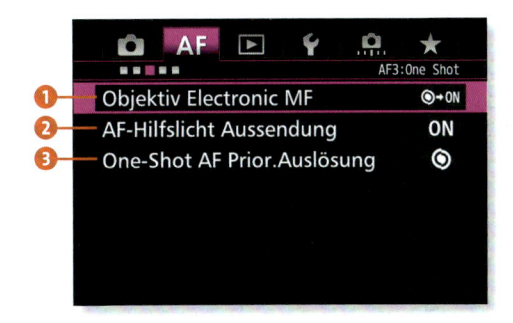

❶ Einige alte USM-Teleobjektive, aber auch das *Canon EF 85 1:1,2 L II USM* und die STM-Objektive, verfügen über einen rein elektrisch betriebenen Entfernungsring. Wie dieser verwendet werden kann, lässt sich hier festlegen. Mit der Einstellung **Aktiv. nach One-Shot AF** ❹ ist es möglich, nach erfolgter Fokussierung die Schärfe mit dem Fokusring nachzujustieren, solange Sie den Auslöser halb gedrückt halten. Bei **Deaktiv. nach One-Shot AF** ❺ ist ein Eingriff nur vor der Fokussierung, nicht aber danach möglich. In der Einstellung **Deaktiviert im AF-Modus** ❻ ist das manuelle

Fokussieren nicht möglich, sofern der Fokussierschalter am Objektiv auf **AF** steht.

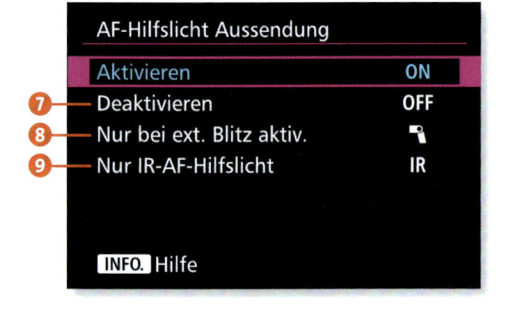

AF-Modus beachten

Beachten Sie bei dieser Funktion, dass die Einstellungen nur für den AF-Modus **ONE SHOT** gelten. Beim kontinuierlich nachgeführten Fokus in den Modi **AI FOCUS** und **AI SERVO** müsste der Blitz ansonsten ein Dauerfeuer abgeben, und die Batterie wäre im Nu entladen.

❷ Um automatisch fokussieren zu können, muss die EOS 7D Mark II Kontraste finden. Das funktioniert nur bei ausreichendem Licht. Mit der **AF-Hilfslicht Aussendung** bringt sie im Blitzbetrieb durch kleine Lichtimpulse Licht ins Dunkel. Mit der Option **Deaktivieren** ❼ können Sie dies unterbinden. Der Preis dafür sind allerdings weniger oder keine Treffer des Autofokus. Über **Nur bei ext. Blitz aktiv.** ❽ verbieten Sie zumindest dem internen Blitz der EOS 7D Mark II das Flackern. Externe Blitze arbeiten meist mit einem roten Infrarothilfslicht, das kaum stört. Die Option **Nur IR-AF-Hilfslicht** ❾ sorgt dafür, dass bei deren Einsatz ganz sicher nur diese Art des Hilfslichts genutzt wird.

❸ Im AF-Modus **ONE SHOT** löst die EOS 7D Mark II beim Durchdrücken des Auslösers erst dann tatsächlich aus, wenn der Autofokus die passende Schärfe gefunden hat. Wechseln Sie an dieser Stelle allerdings von **Priorität Fokus** auf **Priorität Auslösung**, verhält sich die Kamera wie im Modus **AI SERVO** und wechselt in die sogenannte Auslösepriorität: Beim Durchdrücken des Auslösers wird in jedem Fall ein Bild geschossen, egal ob eine Scharfstellung erreicht wurde oder nicht.

Das Menü »Autofokus«

AF 4

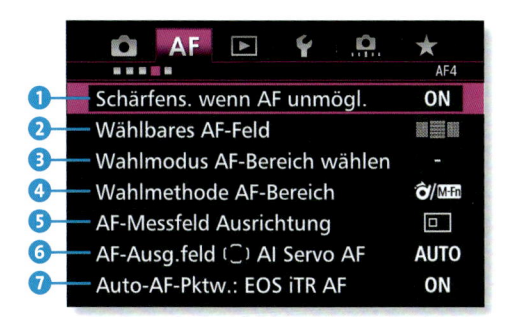

❶ Schärfens. wenn AF unmögl. ON
❷ Wählbares AF-Feld
❸ Wahlmodus AF-Bereich wählen -
❹ Wahlmethode AF-Bereich
❺ AF-Messfeld Ausrichtung
❻ AF-Ausg.feld AI Servo AF AUTO
❼ Auto-AF-Pktw.: EOS iTR AF ON

❶ Besonders bei Teleobjektiven mit Brennweiten jenseits von 500 mm braucht der Autofokus unter Umständen eine Menge Anläufe, bis eine Scharfstellung erzielt wird. In solchen Situationen ist es manchmal effizienter, per Hand die Schärfe neu einzustellen und dem Autofokus damit auf die Sprünge zu helfen. Weitere Informationen zu dieser Funktion finden Sie im Abschnitt »Weitere Anpassungsmöglichkeiten: Reihenaufnahmen und Schärfensuche« auf Seite 132.

❷ Falls Sie nicht alle 65 Autofokusmessfelder der EOS 7D Mark II benötigen, können Sie mit **Wählbares AF-Feld** die Auswahl auf 21 oder 9 Felder reduzieren.

❸ Unter **Wahlmodus AF-Bereich wählen** können Sie festlegen, dass nur bestimmte AF-Bereich-Auswahlmodi zur Verfügung stehen, wenn Sie die -Taste drücken oder den AF-Bereich-Auswahlschalter umlegen. Erklärungen zu den einzelnen AF-Bereichen finden Sie im Abschnitt »Die Autofokusbereiche der 7D Mark II« ab Seite 112.

❹ Der AF-Bereich lässt sich auf zwei verschiedene Arten auswählen, in beiden Fällen müssen Sie das Verstellen des AF-Bereichs zunächst mit einem Druck auf die Taste freischalten. Drücken Sie dann entweder den AF-Bereich-Auswahlschalter oder die **M-Fn**-Taste so oft hintereinander, bis der gewünschte AF-Bereich aktiv ist (Option ❽). Oder aber Sie treffen Ihre Auswahl mit dem Hauptwahlrad (Option ❾). Auch der AF-Bereich-Auswahlschalter funktioniert weiterhin.

❺ Je nachdem, ob Sie die Kamera im Quer- oder Hochformat halten, können unterschiedliche Autofokusmessfelder beziehungsweise Zonen automatisch aktiviert werden. Mehr zu dieser Funktion erfahren Sie im besonderen

Tipp »Die Auswahl von AF-Messfeld und AF-Zone vereinfachen« auf Seite 116.

```
AF-Messfeld Ausrichtung
Dasselbe für vertik./horiz.
Separ.AF-Fld:Bereich+Feld
Separ. AF-Feld: nur Feld

INFO. Hilfe
```

❻ Mit der Einstellung **AF-Ausg.feld** ( ) **AI Servo AF** legen Sie fest, ob das Ausgangsfeld beim Autofokus mit automatischer Messfeldwahl im Modus **AI-SERVO** stets an der zuletzt gewählten Position liegen soll ❿ oder sich danach richtet, was zuletzt in anderen Autofokusbereichsmodi eingestellt war ⓫. In der Grundeinstellung **Auto** ⓬ wählt die Kamera das Messfeld selbstständig, also genau wie bei der Wahl einer der beiden Zonenautofokuseinstellungen. Eine Erklärung der Funktion finden Sie im besonderen Tipp »Die Auswahl von AF-Messfeld und AF-Zone vereinfachen« auf Seite 116.

```
AF-Ausg.feld ( ) AI Servo AF
❿ Ausgew. ( ) AF-Ausgangsfeld
⓫ Manuell: ▢ ▢ ▦ ▦ AF-Feld
⓬ Auto                    AUTO

INFO. Hilfe
```

❼ Die 7D Mark II ist mit dem sogenannten EOS-iTR-Autofokus ausgestattet (siehe den Abschnitt »Die Belichtungsmessmethoden der 7D Mark II« auf Seite 80). Bei diesem berücksichtigt die Autofokusautomatik Farbinformationen, die über einen speziellen Sensor ausgelesen werden. Dieses Verhalten lässt sich deaktivieren. Der iTR-Autofokus arbeitet allerdings nur, wenn die Autofokusmessfeldwahl auf **Automatisch** oder eine der beiden Zonenauswahlarten, also eine der neun kleinen Zonen ▦ oder der drei großen Zonen 〔 〕, gestellt ist.

AF 5

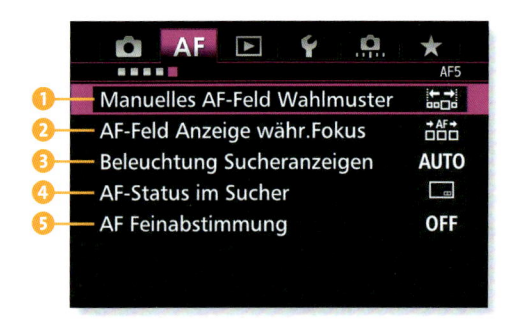

```
           AF
                                    AF5
❶ Manuelles AF-Feld Wahlmuster
❷ AF-Feld Anzeige währ.Fokus
❸ Beleuchtung Sucheranzeigen   AUTO
❹ AF-Status im Sucher
❺ AF Feinabstimmung            OFF
```

❶ In der Einstellung **Kontinuierlich** gibt es beim Verstellen des Autofokusmessfelds – im Gegensatz zur ersten Option – keinen Stopp an den Grenzen. Nach dem Messfeld ganz rechts wird zum Beispiel das Feld ganz links aktiviert.

❷ An dieser Stelle lässt sich festlegen, unter welchen Bedingungen und wie das Autofokusfeld im Sucher zu sehen ist. Mit der Option **Ausgewählte (ständig)** ❻ wird das ausgewählte Messfeld beziehungsweise die Zone permanent angezeigt. Außerdem ist es möglich, alle Messfelder ständig zu sehen ❼, wobei das ausgewählte Feld hervorgehoben wird. Außerdem ist es möglich, das Messfeld nur vor ❽ oder während des Fokussierens ❾ anzeigen zu lassen. Alternativ können Sie die Anzeige deaktivieren ❿.

```
AF-Feld Anzeige währ.Fokus
❻  Ausgewählte (ständig)
❼  Alle (ständig)
❽  Ausgew.(vor AF, fokuss.)
❾  Ausgewählte (fokussiert)
❿  Anzeige deaktivieren          OFF

INFO. Hilfe
```

❸ Bei schwachem Umgebungslicht werden die AF-Messfelder und das Gitter im Sucher automatisch rot dargestellt, sobald eine Scharfstellung erreicht wurde. Nach der Wahl von **Aktivieren** erfolgt die Beleuchtung unabhängig von den Lichtverhältnissen, in der Einstellung **Deaktivieren** bleibt sie permanent ausgeschaltet. Mit Druck auf Q kommen Sie in ein Menü, in dem Sie zusätzlich einstellen können, ob das Messfeld bei Verwendung von **AI SERVO** blinkt. In der Standardeinstellung bleibt es im Modus **AI-SERVO** dunkel.

❹ Beginnt der Autofokus mit seiner Arbeit, sind in der Standardeinstellung die Buchstaben **AF** in der rechten unteren Ecke des Suchers zu sehen. Mit der Einstellung **Außerhalb anzeigen** übernehmen zwei Dreiecke am rechten unteren Rand im Sucher diese Funktion.

❺ Sie können für alle oder jedes einzelne Objektiv einen Korrekturwert einstellen, der beim Fokussieren Fehler in der Objektiveinstellung korrigiert. Weitere Informationen dazu finden Sie im Exkurs »Optimale Ergebnisse mit der Objektiv-Feinabstimmung« auf Seite 248.

Das Menü »Wiedergabe«

▶ PLAY 1

```
❶  Bilder schützen
❷  Bild rotieren
❸  Bilder löschen
❹  Druckauftrag
❺  Fotobuch-Einstellung
❻  Bildkopie
❼  RAW-Bildbearbeitung
```

❶ Dank dieser Funktion können Sie einzelne Bilder oder ganze Ordner auf der Speicherkarte vor dem versehentlichen Löschen schützen. Dazu drücken Sie beim gewünschten Bild die Taste **SET**. Ein kleines Schlüsselsymbol erscheint am oberen Bildrand.

Achtung

Die hier gemachten Einstellungen verhindern nicht, dass der Inhalt der Speicherkarte beim **Formatieren** verloren geht!

❷ Der eingebaute Lagesensor der EOS 7D Mark II sorgt dafür, dass Bilder in der richtigen Richtung, also im Hoch- oder Querformat, angezeigt werden. Falls er doch einmal versagt, lässt sich mit dieser Funktion bereits in der Kamera die Ausrichtung ändern. Nach Auswahl der Option blättern Sie mit Hilfe des Schnellwahlrads ◯ wie gewohnt durch die Bilder und drehen diese durch mehrmaliges Drücken der Taste **SET**, bis Sie die gewünschte Darstellung erreicht haben.

❸ Hier können Sie einzelne Fotos sowie alle Bilder in einem Ordner oder auf der Karte, von der das Abspielen erfolgt, löschen. Davon verschont bleiben nur mit 🔒 verriegelte Fotos. Der Weg über die **Löschtaste** 🗑 ist in der Praxis jedoch um einiges schneller.

❹ Sie können die Kamera mit einem Drucker, der den PictBridge-Standard unterstützt, direkt verbinden und einzelne Bilder ausdrucken. In diesem Menü finden Sie dazu eine ganze Reihe an Funktionen und Einstellungsmöglichkeiten. Der Umweg über einen Computer ist allerdings wesentlich komfortabler.

❺ Diese Funktion ermöglicht es, Bilder beim Import über die der EOS 7D Mark II beiliegende Software *EOS Utility* direkt in einen bestimmten Ordner zu kopieren. Nach Ansicht von Canon ist das für die Erstellung eines Fotobuchs hilfreich. Wesentlich unkomplizierter ist allerdings die Auswahl am Computer.

❻ Sie können einzelne Bilder, einen Ordner oder alle Aufnahmen von der CF- auf die SD-Karte kopieren. Weitere Informationen dazu finden Sie in der Schritt-für-Schritt-Anleitung »Unterwegs ein Backup anlegen« auf Seite 41.

❼ Wie am Computer können Sie hier aus einer RAW-Datei ein Bild entwickeln und dieses im JPEG-Format abspeichern. Wählen Sie dazu am Ende Ihrer Bearbeitungsschritte den Menüpunkt **Speichern**. Mehr dazu finden Sie im Exkurs »RAW-Bearbeitung direkt in der Kamera« auf Seite 360.

📺 PLAY 2

❶ Größe ändern
❷ Bewertung
❸ Diaschau
❹ Bildübertragung
❺ Bildsprung mit

❶ Diese Funktion bietet die Möglichkeit, bereits in der Kamera die Bildgröße zu ändern. Das so veränderte Foto landet dann als neue Datei zusätzlich auf der Speicherkarte.

❷ Über diese Funktion lassen sich Bilder mit null bis fünf Sternen bewerten. Wesentlich unkomplizierter geht das allerdings, wenn Sie beim Sichten Ihrer Fotos mit Hilfe des Schnellwahlrads ⊙ die Taste **RATE** drücken und so Ihre Bewertung festlegen. Die Angaben werden in *Digital Photo Professional* (*DPP*) und anderen Programmen, die dies unterstützen, übernommen.

❸ Um auch ohne Computerunterstützung die Bilder unkompliziert am Fernsehbildschirm anzeigen zu können, ist die **Diaschau**-Funktion hilfreich. Dazu müssen Sie die EOS 7D Mark II über ein HDMI-Kabel mit Ihrem Fernseher verbinden. Sie können in diesem Menü beispielsweise definieren, dass nur die mit einer bestimmten Bewertung versehenen Bilder angezeigt werden. Unter **Einstellung** lassen sich dabei die Anzeigedauer und die Art und Weise definieren, wie die Bilder hintereinander erscheinen.

❹ Sie können an dieser Stelle die **Bildübertragung** von der Kamera auf den PC manuell anstoßen. Dazu wählen Sie die zu übertragenden Bilder aus und starten an der Kamera den Vorgang, sobald die Software *EOS Utility* am Computer geöffnet ist. Wesentlich weniger umständlich und schneller funktioniert der klassische Transfer über einen Kartenleser. Alternativ können Sie die Kamera über ein USB-Kabel an den Rechner anschließen. Sie meldet sich dort wie ein Laufwerk, auf das Sie zugreifen können.

❺ Bei der Anzeige von Bildern können Sie mit einem Dreh am Hauptwahlrad in der Standardeinstellung zehn Bilder weiter vor- beziehungsweise zurückblättern. Hier lässt sich dieses Verhalten ändern. Sie haben die Wahl zwischen dem Sprung um ein Bild, um zehn oder um 100 Bilder. Darüber hinaus können Sie einen Wechsel zum jeweils nächsten Aufnahmedatum oder zwischen den verschiedenen Ordnern einstellen. Außerdem gibt es noch die Möglichkeit, zu Filmen oder Fotos zu springen. Eine weitere Option besteht darin, gezielt Bilder herauszusuchen, die entweder als geschützt markiert wurden oder eine bestimmte Bewertung haben.

PLAY 3

❶ Bei aktivierter **Überbelichtungswarnung** blinken ausgebrannte Bildbereiche am Monitor schwarz auf. Möglicherweise hilft dann eine gezielte Unterbelichtung. Informationen dazu finden Sie im Abschnitt »Die Belichtung gezielt anpassen« auf Seite 86. Auch beim Betrachten von Bildern können Sie die Funktion mit einem Druck auf Q wählen.

❷ Ist die **AF-Feldanzeige** aktiviert, sehen Sie, auf welchen Punkt die Kamera fokussiert hat. Das ist bei der Beurteilung der Schärfe hilfreich. Wie die Überbelichtungswarnung können Sie auch diese Funktion direkt beim Betrachten eines Fotos einschalten.

❸ Unter **Wiedergaberaster** lässt sich eins von drei Rastern für die Bildwiedergabe auswählen. Damit können Sie Fotos nachträglich bezüglich Ausrichtung, Drittelregel und Diagonalen überprüfen.

❹ Fortgeschrittene Anwender können unter **Histogramm** einstellen, dass beim Betrachten des Bildes mit einem Druck auf **INFO** erst das RGB-Histogramm erscheint – standardmäßig ist das Helligkeitshistogramm voreingestellt.

❺ Ob bei der Wiedergabe von Filmen die **Aufnahmezeit** oder der **Timecode** auf dem Monitor erscheint, lässt sich hier festlegen.

❻ Unter **Vergrößerung** legen Sie fest, mit welcher Vergrößerungsstufe ein Bild bei einem Druck auf die **Lupentaste** 🔍 erscheint.

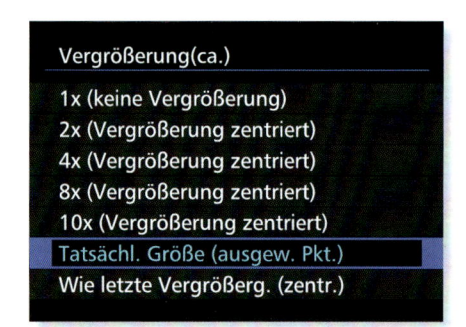

❼ Aktivieren Sie die **Steuerung über HDMI**, können Sie mit der Fernbedienung Ihres Fernsehers die Bildwiedergabe der EOS 7D Mark II steuern, falls das Gerät mit dem HDMI-CEC-Standard arbeitet.

Das Menü »Einstellung«

SET UP 1

❶ Haben Sie sowohl eine SD- als auch eine CF-Karte eingelegt, legen Sie hier fest, nach welcher Methode die Kamera die Bilder auf den Speicherkarten ablegt. Etwas intuitiver ist die Bedienung über den Schnelleinstellungsbildschirm (siehe den Abschnitt »Das optimale Speicherkartenmanagement« auf Seite 38). Außerdem geben Sie an, von welcher Karte die Bildwiedergabe erfolgt ❼. Zusätzlich ist es hier möglich einen Ordner anzulegen ❽. Die Kamera speichert die Bilder normalerweise in Ordner wie *100CANON*, *101CANON* oder *102CANON*. Über diese Funktion können Sie ihn gezielt auswählen oder einen neuen anlegen. Das kann hilfreich sein, um beim späteren Kopieren auf den Computer den Überblick zu bewahren.

❷ Unter **Datei-Nummer** legen Sie fest, nach welchen Regeln die Bilder auf der Karte nummeriert werden. Grundsätzlich werden sie fortlaufend von 100-0001 benannt, nach 100-9999 folgt 101-0001 und so weiter.
In der Einstellung **Reihenauf.** erfolgt die Nummerierung auf diese Weise, selbst wenn die Karte ausgewechselt oder ein neuer Ordner (siehe vorhergehendes Menü **Ordner**) erstellt wird. Die Einstellung **Auto reset** hingegen bewirkt, dass die Nummerierung bei jedem Kartenwechsel oder auch bei neuen Ordnern wieder bei 100-0001 beginnt. Sobald Sie **Man. reset** wählen, wird die Nummerierung auf 100-0001 zurückgesetzt. Welche Einstellung

am besten für Sie geeignet ist, hängt auch davon ab, ob Sie Ihre Bilder beim Import auf den Computer automatisch umbenennen lassen.

❸ In der Werkseinstellung der EOS 7D Mark II werden die Bilddateien mit **2X2A** gefolgt von einer vierstelligen, durchlaufenden Nummer benannt. Sie können die ersten drei Ziffern oder Buchstaben über die **Nutzereinstellung1** oder die **Nutzereinstellung2** ändern. Mit Q schalten Sie zwischen Textfeld und Tastatur um, ein Druck auf die **Löschtaste** 🗑 löscht den letzten Buchstaben. In **Nutzereinstellung2** wird zusätzlich die Bildgröße mit einem Buchstabencode an vierter Stelle angehängt. So stehen **L** für *Large* (groß) und **S** für *Small* (klein).

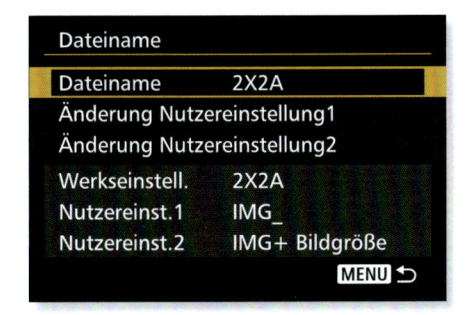

❹ Aufnahmen im Hochformat werden in der Standardeinstellung **Ein** 📷 🖵 automatisch gedreht. Mit der Wahl des Eintrags **Ein** 🖵 erfolgt diese Drehung ausschließlich später bei der Darstellung am Computer. Sie müssen bei dieser Option zwar die Kamera beim Betrachten der Bilder drehen, verschenken aber andererseits keinen Platz auf dem Monitor. Alternativ können Sie mit **Aus** das automatische Drehen deaktivieren.

❺ Die Option **Karte formatieren** ist der schnelle Weg zur leeren Speicherkarte. Zunächst wählen Sie die gewünschte Karte aus. Bei SD-Karten ermöglicht ein Druck auf die **Löschtaste** 🗑 das Formatieren niedriger Stufe. Diese Methode ist theoretisch etwas gründlicher, dafür wird die Karte dabei stärker abgenutzt.

❻ Diese Option erscheint nur bei eingelegter Eye-Fi-Karte für die WLAN-Übermittlung. Hier lassen sich Parameter wie das verwendete Netzwerk einstellen.

Verlorene Daten

Bilder auf einer versehentlich formatierten Karte lassen sich mit Rettungsprogrammen wie dem für Mac und PC kostenlos erhältlichen *PhotoRec* wiederherstellen. Die Karte darf zuvor allerdings nicht mit neuen Fotos überschrieben worden sein.

SET UP 2

❶ Um Strom zu sparen, schaltet sich die EOS 7D Mark II nach einer Weile ohne Benutzereingabe von selbst ab. Hier können Sie die Dauer dieses Intervalls festlegen.

❷ Die Helligkeit des Monitors wird in der Standardeinstellung automatisch, abhängig vom Umgebungslicht, das über einen kleinen Sensor links vom Schnellwahlrad erfasst wird, reguliert. Mit diesem können Sie in der Einstellung **Automatisch** eine hellere oder dunklere Einstellung wählen. Alternativ wählen Sie mit dem Hauptwahlrad den Eintrag **Manuell** aus. Hier lässt sich auch mit dem Schnellwahlrad einer von sieben Werten einstellen, der dann stets gleich bleibt. Nutzen Sie zur Beurteilung der Bildhelligkeit allerdings besser das Histogramm (siehe den Abschnitt »Das Histogramm verstehen und anwenden« auf Seite 91).

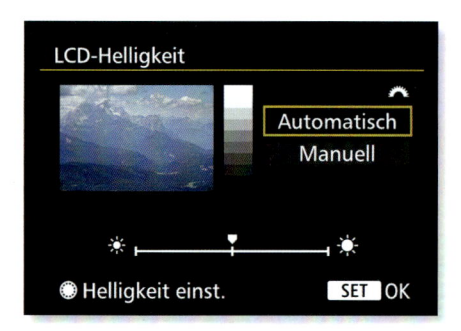

❸ In diesem Menü können Sie Datum ❼, Uhrzeit ❾, Zeitzone ❿ und die Sommerzeit ❽ einstellen. Besonders wenn Sie mit mehreren Kameras arbeiten, kommt es auf eine genaue Zeiteinstellung an. Nur dann können Sie die verschiedenen Aufnahmen am PC in der korrekten Reihenfolge betrachten.

❹ Ihre EOS 7D Mark II kann mit Ihnen in einer ganzen Reihe verschiedener Sprachen kommunizieren. Nach einem versehentlichen Verstellen der Sprache finden Sie diesen Menüpunkt leicht über das Sprechblasensymbol wieder.

❺ Unter **Sucheranzeige** lässt sich festlegen, ob Gitter und Wasserwaage im Sucher angezeigt werden. Außerdem können Sie über **Im Sucher ein-/ausblenden** definieren, welche Anzeigen im Sucher zu sehen sind. Dazu zählen der Aufnahmemodus, der Weißabgleich, die Betriebsart und weitere. Auf Seite 33 im Abschnitt »Einstellungen für einen guten Start« finden Sie eine ausführliche Erklärung.

Das Menü »Einstellung«

❻ An dieser Stelle können Sie den GPS-Empfang aktivieren und einstellen. Eine detaillierte Beschreibung dazu finden Sie im Exkurs »Bestens im Bild durch GPS« auf Seite 298.

SET UP 3

❶ Videosystem — Für PAL
❷ Info Akkuladung
❸ Sensorreinigung
❹ INFO-Taste Anzeigeoptionen
❺ RATE-Tasten-Funkt. — Bewertung
❻ HDMI-Bildrate — AUTO
❼ Kommunikationseinstellungen

❶ Beim **Videosystem** ist das europäische PAL-System in vielen Fällen eine gute Wahl. Weitere Informationen über die Bedeutung dieser Einstellung für die Videofunktion finden Sie im Abschnitt »Eine Frage des Formats« auf Seite 322.

❷ Der in der EOS 7D Mark II verwendete Akku *LP-E6N* ist mit einem kleinen Speicherchip ausgestattet, auf dem interessante Informationen abgelegt werden. Hier können Sie diese abrufen. Weitere Informationen zum Akku-management erfahren Sie im Abschnitt »Batteriegriff und Akku für ausreichend Power« auf Seite 238.

❸ Die **Sensorreinigung** können Sie hier auch ohne Ein- oder Ausschalten der Kamera mittels der Option **Jetzt reinigen** manuell auslösen. Der Eintrag **Manuelle Reinigung** ermöglicht Servicetechnikern den Zugang zum Sensor. Dafür wird der Spiegel nach oben geklappt und bleibt bis zum Ausschalten in dieser Position. Die automatische Sensorreinigung, die die EOS 7D Mark II bei jedem Ein- und Ausschalten durchführt, können Sie unter dem Menüpunkt **Autom.Reinigung** deaktivieren. Davon ist jedoch abzuraten!

Besser vom Profi!

Überlassen Sie die manuelle Sensorreinigung am besten erfahrenen Fachleuten. Weitere Informationen dazu finden Sie im Abschnitt »Den Sensor und die Objektive reinigen« auf Seite 242.

❹ Ein wiederholter Druck auf die **INFO**-Taste bringt jeweils verschiedene Anzeigen auf den Monitor. Hier können Sie einzelne Punkte aus dieser Rotation nehmen ❽.

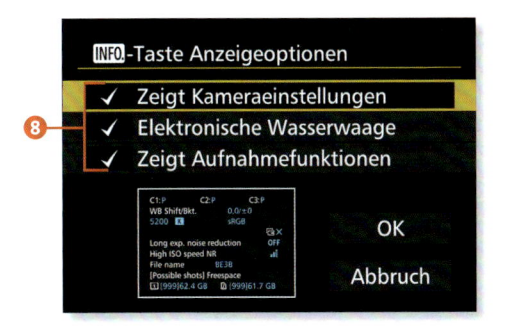

381

❺ Sie können die **RATE**-Taste entweder für das **Bewerten** der Bilder oder zum **Schützen** einzelner Aufnahmen vor dem versehentlichen Löschen nutzen.

❻ Falls Sie die Videos der 7D Mark II mit einem HDMI-Aufnahmegerät speichern, müssen Sie unter Umständen die Ausgabebildrate manuell auf 50i oder 50p einstellen. In der Regel kümmert sich die **Auto**-Einstellung selbstständig um die korrekten Werte.

❼ Haben Sie einen WLAN-Datentransmitter an Ihre 7D Mark II angeschlossen, finden Sie in diesem Menü außerdem den Eintrag **Kommunikationseinstellungen**.

SET UP 4

❶ An dieser Stelle registrieren Sie die jeweils aktuellen Einstellungen der Kamera in einem der drei **C**-Programme. Mit nur einem Dreh können Sie dadurch auf sehr viele veränderte Parameter zugreifen. Ausführlich beschrieben wird diese Funktion im Abschnitt »Programme ganz nach Wunsch« auf Seite 64.

❷ Über diese Funktion setzen Sie alle Kameraeinstellungen auf den Auslieferungszustand der EOS 7D Mark II zurücksetzen. Unabhängig davon können Sie die Individualfunktionen löschen. Die Möglichkeit dazu finden Sie im fünften Individualfunktionenmenü (**C.Fn5: Clear**).

❸ Sie können hier Ihren Namen und einen Copyright-Text speichern. Diese Informationen werden den Bilddaten hinzugefügt. Mit **Q** schalten Sie zwischen Tastatur und Textfeld um.

❹ Dieser Menüeintrag macht Bürokraten glücklich: Zertifizierungslogos, für die auf der Unterseite der EOS 7D Mark II kein Platz mehr war, sehen Sie hier.

❺ Dies ist die Anzeige der aktuellen Firmware, des Betriebssystems der EOS 7D Mark II. Weitere Informationen zur Firmware finden Sie im Exkurs »Firmware aktualisieren« auf Seite 386.

Das Menü »Individualfunktionen«

C.Fn1: Exposure = Belichtung

❶ Die **Einstellstufen** von Blende und Belichtungszeit lassen sich in Drittelstufen (**1/3-Stufe**) sehr fein dosiert einstellen. Sind Ihnen jeweils halbe Schritte lieber, lässt sich das hier definieren. Ein Drehen am Hauptwahlrad im **Av**-Programm führt dann beispielsweise von Blende 4,5 direkt zu 5,6 und 6,7 statt erst zu 5, 5,6 und 6,3.

❷ Wie Blende und Belichtungszeit können Sie unter **ISO-Einstellstufen** auch die ISO-Werte auf gröbere Schritte verstellen. Von ISO 100 geht es dann in ganzen Blendenstufen weiter zu ISO 200, 400, 800 und so weiter.

❸ Falls Sie die EOS 7D Mark II während einer Reihenaufnahme ausschalten, obwohl noch nicht alle Bilder der Reihe geschossen wurden, vergisst die Kamera, dass eine Reihenaufnahme eingeschaltet war. Es geht mit dem normalen Betrieb weiter. Unter **Automatisches Bracketingende** ändern Sie dies mit der Option **OFF**, und die Sequenz wird nach dem Anschalten weitergeführt.

❹ Mit **Bracketing-Sequenz** bestimmen Sie, in welcher Reihenfolge die »normale« Belichtung (0), die Überbelichtung (+) und die Unterbelichtung (−) erfolgen sollen. Sie haben hier drei Optionen zur Auswahl ❽.

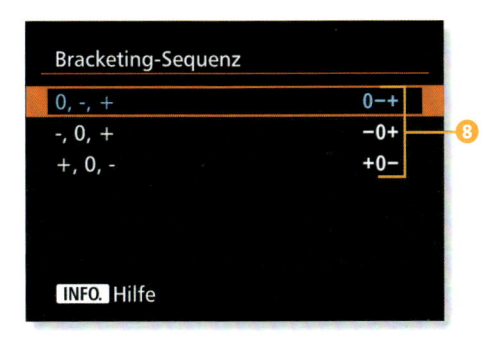

❺ Bei einer **Belichtungsreihenaufnahme** werden in der Grundeinstellung drei Aufnahmen angefertigt. Hier können Sie diese Zahl auf zwei Aufnahmen reduzieren und auf fünf oder sieben Bilder erhöhen.

❻ Die Funktion **Safety Shift** setzt die **Av**- und **Tv**-Automatik außer Kraft, wenn damit kein korrekt belichtetes Bild möglich ist. Weitere Informationen dazu finden Sie im Abschnitt »Rettung vor Belichtungsfallen I: Safety Shift« auf Seite 78.

❼ Mit **Selbe Belichtung für neue Blende** verhindern Sie unterbelichtete Bilder im **M**-Programm bei manueller Einstellung des ISO-Werts und einem Wechsel der Offenblende. Das ist zum Beispiel beim Zoomen bei einigen Objektiven der Fall. Mit den Optionen **ISO-Empfindlichkeit** und **Verschlusszeit** wird der jeweilige Parameter automatisch angepasst. Eine ausführliche Beschreibung finden Sie im Abschnitt »Der Automatik auf die Sprünge helfen« auf Seite 76.

C.Fn2: Exposure/Drive = Belichtung/Betriebsart

❶ Unter **Einstellung Verschlusszeitenbereich** können Sie eine höchste und eine niedrigste Verschlusszeit einstellen. Bei der Auswahl im **Tv**- und **M**-Programm stehen Ihnen dann nur noch die begrenzten Werte zur Verfügung. Ähnliches gilt, wenn die Kamera im **P**- und **Av**-Programm eine passende Verschlusszeit wählen muss. Dies geschieht dann nur im Rahmen der hier festgelegten Grenzen.

❷ Analog zur Einstellung des Verschlusszeitenbereichs können Sie unter **Einstellung Blendenbereich** die kleinstmögliche und die größtmögliche Blende definieren. Im **Av**- und **M**-Programm lassen sich Werte außerhalb dieser Grenzen nicht einstellen. Im **P**- und im **Tv**-Programm wählt die Automatik nur solche Blendeneinstellungen, die zu den hier festgelegten Limits passen.

❸ Möglicherweise benötigen Sie bei Reihenaufnahmen nicht die volle Geschwindigkeit. Sie können diese jeweils getrennt für die Einstellung Reihenaufnahmen mit hoher Geschwindigkeit ❹, niedriger Geschwindigkeit ❺ und leise Reihenaufnahmen ❻ herabsetzen.

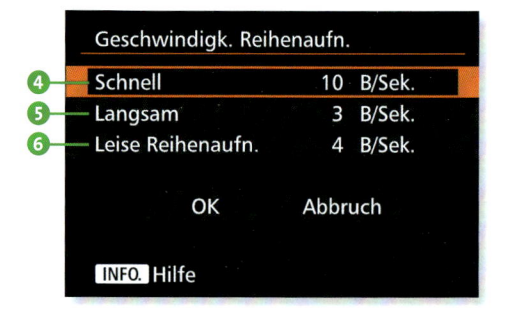

C.Fn3: Disp./Operation = Anzeige/Betrieb

❶ Mattscheibe
❷ Warnungen im Sucher
❸ Anzeige LV-Aufn.bereich
❹ Drehung Wählrad bei Tv/Av
❺ Multifunktionssperre
❻ Custom-Steuerung

❶ Sie können die Mattscheibe der EOS 7D Mark II (*Eh-A*) gegen das Modell *Eh-S* auswechseln. Damit fällt das manuelle Fokussieren leichter. Das Sucherbild verdunkelt sich jedoch, sofern Sie nicht ein Objektiv mit Offenblende 2,8 oder besser verwenden. Die Standardeinstellung hier ist *Eh-A*.

❷ Bei bestimmten Kameraeinstellungen erscheint ein kleines Ausrufezeichen ❶ als Warnung im Sucher. Hier können Sie näher definieren, in welchen Fällen das passiert.

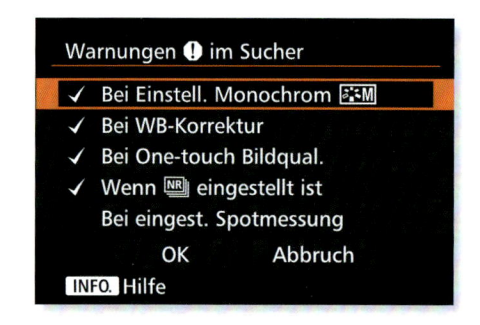

❸ Wenn Sie das **Seitenverhältnis** im Livebild-Betrieb verändern (unter »SHOOT 5: Lv func. = Livebild-Funktionen«, siehe Seite 369 in diesem Kapitel), können Sie unter **Anzeige LV-Aufn.bereich** den Aufnahmebereich entweder durch schwarze Balken **Maskiert** darstellen oder ihn transparent **Umrandet** lassen.

❹ Ein Dreh am Hauptwahlrad von links nach rechts verkürzt in den Programmen **Tv** und **Av** die Belichtungszeiten und schließt die Blende. Mit der Wahl von **Umgekehrt** ändern Sie die vorgegebene Richtung von rechts nach links.

❺ Mit der **Multifunktionssperre** können Sie nicht nur das Schnellwahlrad, sondern auch das Hauptwahlrad, den Multi-Controller und den AF-Bereich-Auswahlschalter verriegeln.

❻ Unter **Custom-Steuerung** lassen sich viele der Kameratasten mit anderen oder zusätzlichen Funktionen belegen. Informationen dazu finden Sie in Kapitel 5 »Die Tastenbelegung der 7D Mark II anpassen«.

C.Fn4: Others = Sonstige

❶ Mit der Option **Schneidedaten hinzufügen** können Sie ein vom Standard 3:2 abweichendes Seitenverhältnis angeben. Anders als bei der Funktion **Seitenverhältnis** (unter »SHOOT 5: Lv func. = Livebild-Funktionen«, siehe Seite 369 in diesem Kapitel) wird jedoch das Bild trotzdem in voller Größe gespeichert. Die Informationen zum Beschnitt werden dabei dem Foto angehängt. Allerdings kann nur die Canon-Software *Digital Photo Professional* diese Daten interpretieren. Im Livebild-Modus sehen Sie zusätzliche Hilfslinien, die Ihnen bei der Positionierung des Motivs helfen.

❷ Je nach Einstellung unter **Standard-Löschoption** ist beim Löschen eines Bildes standardmäßig das Dialogfeld **Abbruch** oder **Löschen** ausgewählt. Sie sparen sich einen Dreh am Hauptwahlrad.

C.Fn5: Clear = Löschen

❶ Mit der Funktion **Alle C.Fn löschen** setzen Sie die Individualfunktionen auf den Auslieferungszustand der Kamera zurück.

Das Menü »My Menu«

❶ In **My Menu** können Sie Ihre Menüfavoriten ablegen. So haben Sie schnell und unkompliziert Zugriff auf alle häufig benutzten Funktionen. Wie das genau geht, lesen Sie im Exkurs »Das My Menu einrichten« ab Seite 42.

Firmware aktualisieren
EXKURS

Sie kennen es sicher von Ihrem Computer: Von Zeit zu Zeit gibt es ein Update für das Betriebssystem. Ähnlich verhält es sich auch mit der Kamera. Bei ihr heißt die zentrale Steuersoftware *Firmware*, und auch diese wird manchmal aktualisiert. Meist werden nur kleine Fehler beseitigt, die im Alltag kaum auffallen. Dabei kann es sich um so etwas Harmloses wie Rechtschreibfehler in den Menüeinträgen handeln, aber auch um neue oder geänderte Funktionen.

Mit welcher Firmware-Version Ihre EOS 7D Mark II läuft, können Sie ganz einfach herausfinden. Im vierten Einstellungsmenü (**SET UP4**) finden Sie den Eintrag **Firmware-Ver.:** und direkt dahinter die aktuelle Versionsnummer ❶.

Ob es eine neue Firmware-Version für die EOS 7D Mark II gibt, erfahren Sie auf der Canon-Website *www.canon.de* unter *Support • Consumer Produkte • Treiber, Software & Handbücher • EOS Kameras*. Um nun eine neue Software auf die Kamera zu laden, sind die im Folgenden beschriebenen Schritte nötig.

EXKURS

1 Firmware herunterladen
Laden Sie die Firmware aus dem Internet herunter. Ein Doppelklick auf die übertragene Datei startet sowohl auf einem Windows-Rechner als auch auf dem Mac den Entpackvorgang. Speichern Sie die Dateien in einem Verzeichnis auf Ihrer Festplatte.

2 Speicherkarte formatieren
Legen Sie eine SD- oder CF-Karte in die Kamera ein und formatieren Sie sie. Dabei werden alle Bilder gelöscht. Gehen Sie dazu im ersten Einstellungsmenü **(SET UP1)** auf den Befehl **Karte formatieren**, wählen Sie die passende Karte und bestätigen Sie mit **OK**.

3 EOS Utility aufrufen
Verbinden Sie die Kamera über ein USB-Kabel mit Ihrem Rechner. Starten Sie nun die Software *EOS Utility*. Klicken Sie auf **Kamera-Einstellungen** ❷.

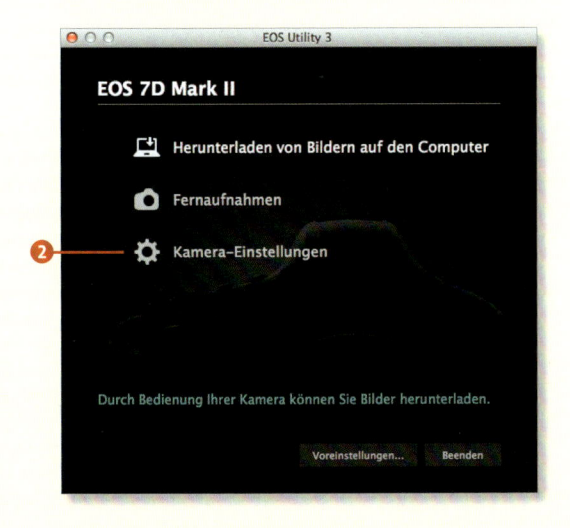

4 Einstellung auswählen
Im nächsten Fenster wählen Sie **Firmware Update** ❸.

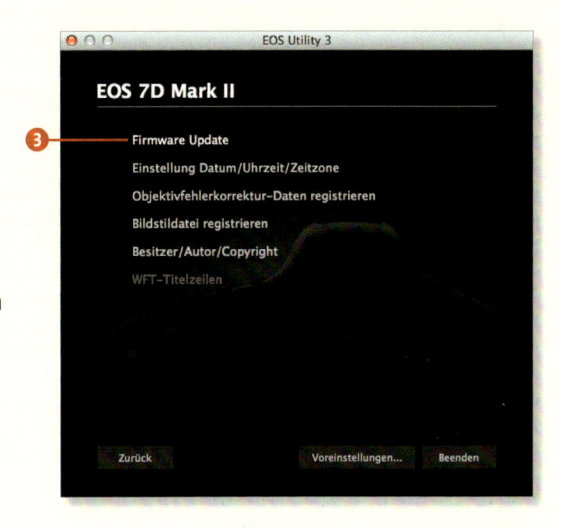

5 Firmware installieren
Sie werden durch die nächsten Schritte geführt und müssen angeben, wo die Firmware-Datei abgelegt ist.

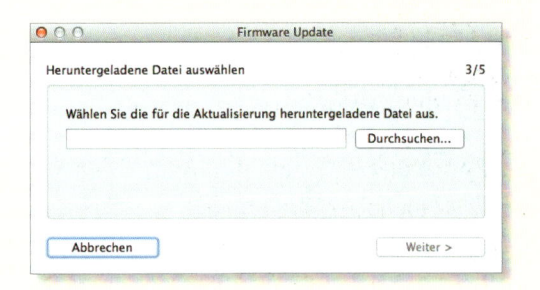

Nach einer Sicherheitsabfrage geht es an der Kamera weiter, und die Firmware wird dort installiert. Sie sehen eine Fortschrittsanzeige und anschließend die Bestätigung des abgeschlossenen Updates. Schalten Sie die Kamera aus und wieder ein, um den Vorgang abzuschließen.

Glossar

Abbildungsmaßstab

Der Abbildungsmaßstab gibt an, in welchem Verhältnis die Abbildung auf dem Sensor zur tatsächlichen Größe eines Motivs steht. Ein 20 cm langer Fisch, der auf dem Sensor der Kamera 1 cm einnimmt, hat beispielsweise einen Abbildungsmaßstab von 1:20. Wird dagegen ein 5 mm kleines Insekt auf 5 mm abgebildet, ist der Abbildungsmaßstab 1:1. Ein Objektiv, das einen solchen Abbildungsmaßstab ermöglicht, gilt als Makroobjektiv.

Abblenden

Um weniger Licht durch das Objektiv zu lassen, muss die Blende weiter geschlossen werden, indem beispielsweise der Blendenwert von f3,5 auf f4 verändert wird. Oft verwenden Fotografen den Begriff Abblenden aber auch ganz allgemein als Synonym dafür, das Bild um eine Anzahl von Blendenstufen dunkler erscheinen lassen. Dieses Ziel können Sie über den Blendenwert erreichen, aber auch indem Sie die Belichtungszeit verkürzen oder den ISO-Wert verkleinern.

APS-C

APS-C steht eigentlich für *Advanced Photo System Classic*, ein analoges Filmformat, das sich niemals wirklich durchgesetzt hat. Es war ungefähr so groß wie die heutigen Kamerasensoren der drei- und zweistelligen Kameramodelle von Canon sowie der EOS 7D Mark II. Deshalb hat sich für deren Sensoren die Klassifizierung als APS-C durchgesetzt.

Av

Av steht für *aperture value*, also Blendenwert. In dieser Betriebsart geben Sie der Kamera eine Blende vor. Die Automatik wählt dann automatisch eine dazu passende Belichtungszeit aus.

Belichtungskorrektur

In einigen Situationen liefert die Belichtungsautomatik der Kamera Werte, die ein unter- oder überbelichtetes Bild ergeben würden. Hier lässt sich gezielt gegensteuern, in diesem Fall also mit einer Überbelichtung beziehungsweise Unterbelichtung.

Belichtungszeit

Die beiden Verschlussvorhänge vor dem Sensor der Kamera öffnen sich während des Belichtungsvorgangs für eine gewisse Zeit. Diese wird als Belichtungs- oder *Verschlusszeit* bezeichnet und in Teilen einer Sekunde beziehungsweise in

Verdopplung oder Halbierung der Belichtungszeit fällt jeweils doppelt so viel oder halb so viel Licht auf den Sensor.

Bildrauschen → *Rauschen*

Bildstabilisator
Durch mehr oder weniger frei bewegbare Linsenelemente im Objektiv lassen sich Kameraverwacklungen bis zu einem gewissen Grad kompensieren. Dadurch ist es möglich, mit längeren Belichtungszeiten auch ohne Stativ zu fotografieren.

Blende
Die Blendenlamellen im Inneren des Objektivs können sich in verschiedenen Stellungen öffnen und schließen und dadurch unterschiedlich viel Licht in die Kamera lassen. Daraus ergeben sich unterschiedliche Blendenwerte, die bei kleinen Zahlen für eine große Öffnung und eine große Blende stehen. Große Zahlen wiederum deuten auf eine kleine Öffnung und damit eine kleine Blende hin. Bei Letzterer ist die Schärfentiefe größer als bei einer weit offenen Blende.

Blendenstufe
An der Kamera lässt sich die Blende in mehreren Stufen verstellen. Die verschiedenen Blendenschritte werden dabei durch Werte wie 4 • 5,6 • 8 • 11 • 16 • 22 dargestellt. Bei den hier genannten Zahlen handelt es sich um ganze Blendenstufen. Die Öffnung der Lamellen im Objektiv halbiert beziehungsweise verdoppelt sich jeweils, sodass halb so viel beziehungsweise doppelt so viel Licht auf den Sensor fällt. An der EOS 7D Mark II lässt sich die Blende auch in Drittelschritten, also kleineren Abstufungen, verstellen.

Brennweite
Vereinfacht dargestellt, ist die Brennweite die Entfernung einer Linse zu ihrem Brennpunkt. Dieser wiederum liegt dort, wo parallel auf die Linse einfallende Strahlen nach der Brechung wieder zusammentreffen. Die meisten Objektive bestehen aus mehreren Linsen, die sich in ihrer Wirkung verstärken. Deshalb kann aus der Objektivlänge keine direkte Schlussfolgerung auf die Brennweite gezogen werden.

Chromatische Aberration
Trifft Licht auf eine Linse, wird es gebrochen. Dabei hängt das Ausmaß der Brechung von der Wellenlänge, also der Farbe des Lichts, ab. In der Folge treffen sich zum Beispiel rotes, grünes und blaues Licht nicht gemeinsam in einem einzigen Brennpunkt, sondern leicht versetzt voneinander. Dieser Effekt ist besonders an Hell-dunkel-Übergängen

im Bild in Form von Farbsäumen zu sehen. Solche Farbfehler lassen sich allerdings bei der Konzeption eines Objektivs minimieren und treten bei hochwertigen Modellen kaum auf. Ansonsten bieten viele Bildbearbeitungsprogramme die Möglichkeit, Objektivfehler wie diesen abzumildern.

Cropfaktor

Ein 50-mm-Objektiv an der EOS 7D Mark II hat den gleichen Bildwinkel wie ein 80-mm-Objektiv an einer Kleinbildkamera wie etwa einer analogen Spiegelreflex- oder einer Canon-Digitalkamera mit sogenanntem Vollformatsensor. Dieser Multiplikator von 1,6 (80 ÷ 50) gibt den Größenunterschied der Sensoren und damit den Cropfaktor an.

dpi

dpi steht für *dots per inch* – Punkte pro Zoll (1 Zoll = 2,54 cm). Es handelt sich um eine Einheit, mit der die sogenannte Punktdichte beschrieben wird. Der dpi-Wert gibt an, wie viele Punkte des Bildes auf einer bestimmten Fläche untergebracht werden, also wie stark die Rasterung ist. Die Bilder der EOS 7D Mark II bestehen aus 3 648 × 5 472 Punkten, den Pixeln. Würde man nur vier Punkte pro Zoll drucken, könnte man damit eine gigantische, rund 23 × 35 m große Plakatfläche bedrucken. Trotz des äußerst groben Rasters wäre das Bild gut zu erkennen. Schließlich würde es wohl eher aus einer großen Entfernung betrachtet, sodass die einzelnen Punkte durch die Distanz kaum zu unterscheiden wären. Bei vielen Drucksachen werden die Bilder mit 300 dpi ausgegeben. Die maximal mit den Bildern der EOS 7D Mark II druckbare Größe beträgt in diesem Fall etwa 31 × 46 cm. Die meisten Computermonitore wiederum zeigen Bilder in einer Auflösung von 72 bis 130 Punkten pro Zoll an. Statt von dpi (Punkten pro Zoll) wird hier häufig von ppi (Pixeln pro Zoll) gesprochen.

DSLR

DSLR steht für *Digital Single Lens Reflex*. Es handelt sich um die englische Bezeichnung für eine Spiegelreflexkamera, die sich teilweise auch im Deutschen eingebürgert hat. *Reflex* steht dabei für den Spiegel, der kurz vor der eigentlichen Aufnahme hochklappt. Die *Single Lens* (englisch für *einzelne Linse*) unterscheidet die Kameragattung zum Beispiel von Kompaktkameras mit Sucher. Bei diesen sieht der Betrachter das Bild nicht durch die Aufnahmelinse, sondern durch eine zweite, separate Optik.

EXIF-Informationen
EXIF steht für *Exchangeable Image File Format* (englisch für *austauschbares Bilddateiformat*). Dahinter verbirgt sich ein Standard, der sicherstellt, dass eine Reihe von Aufnahmeparametern in die Bilddatei geschrieben wird, die von vielen Programmen auslesbar sind. Dadurch ist zum Beispiel ersichtlich, mit welcher Belichtungszeit, Blende und welchem ISO-Wert die Aufnahme angefertigt wurde. Weitere Parameter sind die Seriennummer der Kamera, das verwendete Objektiv und – sofern in der Kamera hinterlegt – der Name des Fotografen.

Farbraum
Ein- und Ausgabemedien wie Kameras, Monitore, Drucker und Papier können eine unterschiedlich große Anzahl an verschiedenen Farbtönen erfassen beziehungsweise darstellen. Diese lassen sich dreidimensional in Form von Farbräumen abbilden. Ein vergleichsweise kleiner gemeinsamer Nenner, mit dem sowohl die Kamera als auch viele Bildschirme gut klarkommen, ist der sRGB-Farbraum. Der AdobeRGB-Farbraum umfasst mehr Farben beziehungsweise Farbabstufungen, kann jedoch nur von sehr hochwertigen Monitoren überhaupt abgebildet werden. Die Einstellung für den Farbraum in der Kamera bezieht sich nur auf die JPEG-Version der Bilder. Im RAW-Format sind Farbinformationen enthalten, die sogar über den AdobeRGB-Farbraum hinausgehen. Bei der Entwicklung mit einem RAW-Konverter lässt sich jedoch festlegen, dass die Farben in einen Farbraum wie AdobeRGB oder sRGB transferiert werden.

Fokussieren → *Scharfstellen*

Graufilter
Ein Graufilter (auch *ND-Filter* für *neutrale Dichte* genannt) reduziert wie eine Sonnenbrille die Menge des einfallenden Lichts. Ohne diese Verdunklung kommt selbst bei der kleinstmöglichen Blendenöffnung noch zu viel Licht auf den Sensor, wenn eine sehr lange Belichtungszeit gewählt wird. Ein idealer Filter sorgt dabei dafür, dass das Bild keinen Farbstich erhält, er ist also neutral. Konkret bedeutet dies, dass die blauen, roten und grünen Bestandteile des Lichts in gleichem Umfang gedämpft werden.

Grauverlaufsfilter
Wie ein → *Graufilter* dunkelt ein Grauverlaufsfilter das Bild ab, allerdings nimmt der Grad der Abdunklung, anders als beim Graufilter, über die Fläche des Filterglases hin ab. Damit lässt sich zum Beispiel ein sehr heller Himmel verdunkeln,

während der Vordergrund von diesem Eingriff nicht betroffen ist.

Histogramm

Beim Histogramm handelt es sich um eine Darstellung sämtlicher Helligkeitswerte des Bildes. Die Position der einzelnen Balken gibt dabei an, welchen Helligkeitswert die einzelnen Pixel besitzen – von ganz dunklen auf der linken Seite bis zu sehr hellen auf der rechten Seite. Die Höhe der Balken zeigt, wie viele Anteile ein bestimmter Helligkeitswert am Gesamtbild hat.

ISO-Wert

Die Abkürzung ISO steht eigentlich nur für *International Standard Organization* (englisch für *Organisation für Internationale Standards*). In der Fotografie repräsentiert der ISO-Wert die eingestellte Lichtempfindlichkeit des Sensors. Bei hohen ISO-Werten muss weniger Licht auf diesen fallen, um ein korrekt belichtetes Bild zu erzeugen. Der Preis dafür ist ein höheres → *Rauschen*.

JPEG

JPEG ist die Abkürzung von *Joint Photographic Experts Group* (englisch für *gemeinsame Fotoexpertengruppe*). Das derart kryptisch abgekürzte Bildformat zeichnet sich durch seinen geringen Speicherbedarf und die universelle Verwendbarkeit aus. Internetbrowser, Mailprogramme und Betriebssysteme können nach diesem Standard gespeicherte Bilder problemlos anzeigen. Der Nachteil ist die Komprimierung, die mit jedem Speichervorgang automatisch angewandt wird und dabei Bildinformationen reduziert. Mit jedem Schritt sinkt also die Bildqualität. Beim TIFF-Format und auch bei RAW-Dateien tritt dieses Problem nicht auf.

Kehrwertregel

Die auch *Freihandregel* genannte Kehrwertregel gibt an, bis zu welcher Belichtungszeit ein von Hand geschossenes Foto noch verwacklungsfrei scharf werden kann. Sie lautet 1 ÷ (Brennweite × Cropfaktor 1,6). Bei einer Brennweite von 50 mm ergibt sich daraus beispielsweise eine Belichtungszeit von 1 ÷ (50 × 1,6) = 1/80 s.

Kreativprogramme

Die halbautomatischen Programme heißen bei Canon Kreativprogramme. Steht das Moduswahlrad auf **P**, **Tv**, **Av**, **M**, **B** oder **C**, können Sie mindestens einen der Parameter Blende, Belichtungszeit und ISO-Wert nach eigenen Wünschen festlegen.

Lichter

Die hellen Bereiche eines Bildes werden auch als Lichter bezeichnet. Wenn von *ausgebrannten Lichtern* die Rede ist, bedeutet dies, dass in hellen Bildteilen → *Zeichnung* fehlt. Dort erscheint im extremsten Fall nur noch ein reines Weiß.

Lichtwert (LW)

Als Lichtwert werden Kombinationen aus Blende und Belichtungszeit bezeichnet, die in Sachen Helligkeit äquivalent sind. Zwei Bilder, von denen eines mit Blende 8 und 1/100 s und eines mit Blende 5,6 und 1/200 s belichtet wurde, sind gleich hell. Ein gezielt um einen Lichtwert überbelichtetes Bild ist eine → *Blendenstufe* heller.

Livebild

Im Livebild-Modus erscheint das Bild bereits vor der Aufnahme auf dem Monitor, so wie es bei Kompaktkameras üblich ist. Dadurch lässt sich gerade bei der Arbeit mit einem Stativ das Bild in Ruhe komponieren. Der Nachteil ist, dass der Autofokus nur sehr langsam arbeitet und der Stromverbrauch höher ist.

Megapixel (MP)

Die von der Kamera erzeugten Bilder bestehen aus sehr vielen einzelnen Pixeln. Eine Million Pixel werden als ein Megapixel bezeichnet. Die EOS 7D Mark II liefert Bilder mit einer Auflösung von 3 648 × 5 472 Pixeln. Das ergibt genau 19 961.856 Pixel, rund 20 Megapixel.

Offenblende

Sind alle Blendenlamellen komplett geöffnet, begrenzt nur noch der Rand des Objektivs selbst den Lichteinfall. Das Objektiv arbeitet mit Offenblende, also der kleinstmöglichen Blendenzahl, die mit dem jeweiligen Modell eingestellt werden kann. Ein Objektiv mit einer großen Offenblende, also einer niedrigen Blendenzahl, ist damit zugleich sehr lichtstark.

Polarisationsfilter (Polfilter)

Ein Polfilter wird vor das Objektiv geschraubt und ist drehbar. Mit ihm lassen sich Reflexionen auf Wasser, Glas und anderen nicht metallischen Oberflächen beseitigen. Zudem kann so die Darstellung des Blaus des Himmels und des Grüns von Laub und Gräsern ein wenig intensiviert werden. Die Erklärung für dieses Phänomen: Licht bewegt sich – in der Vorstellung als Welle – in die unterschiedlichsten Richtungen. Der Polfilter sorgt dafür, dass nur noch solches Licht durch das Objektiv hindurchgelassen wird, das in die eingestellte Richtung schwingt.

Rauschen

Wenn wenig Licht auf den Sensor fällt, hilft eine Erhöhung der ISO-Zahl. Selbst bei schlechten Beleuchtungsverhältnissen lassen sich so noch ausreichend belichtete Bilder erzielen. Dies funktioniert allerdings nur, weil die schwachen Sensorinformationen verstärkt werden. Dabei kommt es zwangsläufig zu Bildfehlern, die sich in Form von vereinzelt auftretenden Pixeln mit falscher Helligkeit und falscher Farbe bemerkbar machen. Dieses Phänomen wird als Rauschen bezeichnet.

RAW

RAW-Dateien erhalten im Prinzip sämtliche vom Sensor der Kamera gelieferten Informationen. Deren Umwandlung in ein sichtbares Bild erfolgt am Computer mit einem RAW-Konverter. Dabei sind weitreichende Eingriffe möglich. So lässt sich der Weißabgleich nach Belieben frei wählen, und auch Bilddetails sind in größerem Umfang verfügbar als beim JPEG-Format. Das dabei entstandene Bild können Sie anschließend in einem beliebigen Format wie TIFF oder JPEG speichern. Die RAW-Datei selbst bleibt stets völlig unangetastet, sodass Sie dieses Negativ später noch einmal ganz anders »entwickeln« können. Der einzige Nachteil des RAW-Formats ist dessen hoher Speicherplatzbedarf. Das beim Fotografieren im RAW-Format in der Kamera angezeigte Bild ist übrigens nur eine kleine, in die RAW-Datei eingebettete JPEG-Vorschau. Diese wird automatisch erzeugt, damit Bilder am Gerät selbst schnell angezeigt und kontrolliert werden können.

Scharfstellen

Beim Fokussieren stellt die Kamera automatisch (Autofokus) oder der Fotograf manuell das Objektiv auf eine bestimmte Entfernung ein. Die Motivteile, die sich in dieser Distanz befinden, erscheinen scharf. Ob auch Bildbereiche davor oder dahinter scharf zu sehen sind, hängt von der Blendenöffnung und damit der Schärfentiefe ab. Einige Objektive sind mit einer Entfernungsskala ausgestattet, auf der der eingestellte Fokuspunkt abgelesen werden kann.

Schärfentiefe

Die Schärfentiefe gibt an, in welchem Bereich um das anfokussierte Motiv herum ein Schärfeeindruck herrscht. Aktiv steuern lässt sich dies zum einen über die Blendenöffnung: Bei weit geöffneter Blende und niedrigen Blendenzahlen ist die Schärfentiefe eher niedrig, bei geschlossener Blende und hohen Blendenzahlen eher hoch. Das Bild ist dann von vorn bis hinten scharf. Ein zweiter wichtiger Faktor ist der Abstand zum Motiv. In der Makrofotografie zum Beispiel sind die abgebildeten Objekte oft nur wenige Zentimeter von der Frontlinse entfernt. Die Schärfentiefe ist dann so gering, dass nur einzelne Teile scharf abgebildet werden können.

Schatten → *Tiefen*

Sensor
Der Sensor liegt hinter dem Verschluss der Kamera, und zwar genau dort, wo sich in einer analogen Spiegelreflexkamera der Film befindet. In ihm werden die einfallenden Lichtimpulse in elektrische Informationen umgewandelt, die sich wiederum durch die Kameraelektronik zu einem Bild zusammensetzen lassen. Im Prinzip handelt es sich beim Sensor um ein »farbenblindes« Bauteil. Über einen davorliegenden Farbfilter werden die Lichtinformationen in ihre roten, grünen und blauen Bestandteile zerlegt und getrennt erfasst. Durch Zusammensetzen lässt sich jedoch anschließend ein farbiges Bild rekonstruieren. Die eingestellte Lichtempfindlichkeit des Sensors definiert den → *ISO-Wert*.

Spiegelvorauslösung
Bei aktivierter Spiegelvorauslösung (Spiegelverriegelung) führt das erste Drücken des Auslösers dazu, dass der Spiegel hochklappt. Erst der zweite Druck öffnet den Verschluss, und die eigentliche Aufnahme entsteht. Durch die Trennung dieser ansonsten sehr schnell hintereinander ablaufenden Vorgänge entstehen im Inneren der Kamera weniger Schwingungen, und das Bild wird schärfer. Dieser Vorteil ergibt sich allerdings eher beim Stativeinsatz.

Telekonverter
Ein Telekonverter wird zwischen Kamera und Objektiv geschraubt und enthält zusätzliche Linsen, die die Brennweite verlängern. Dies geht auf Kosten der Qualität. Gerade bei sehr hochwertigen Objektiven, etwa aus Canons L-Serie, sind die Einbußen jedoch eher gering.

Tiefen
Tiefen oder Schatten sind zwei Bezeichnungen für dunkle Bildbereiche. Teile, die nur noch schwarz sind und keinerlei → *Zeichnung* mehr aufweisen, werden auch *abgesoffene Schatten* genannt.

TIFF

Dieses Format ist ein sogenanntes verlustfreies Bildformat, bei dessen Speicherung keinerlei Kompression stattfindet. Anders als beim JPEG-Format bleiben somit sämtliche Bildinformationen erhalten. Noch weiter reichende Bearbeitungsmöglichkeiten bieten nur RAW-Dateien.

Tv

Tv steht für *Time Value*, also Verschlusszeit, die auch *Belichtungszeit* genannt wird. In der gleichnamigen Betriebsart der EOS 7D Mark II geben Sie der Kamera diesen Parameter vor. Dazu wird selbstständig der dazugehörige Blendenwert ermittelt.

UV-Filter

Ultraviolettes Licht ist für den Menschen unsichtbar, kann aber dennoch die Bildqualität negativ beeinflussen. Direkt vor dem Sensor befindet sich deshalb eine Schutzschicht, die Licht dieser Wellenlänge ausblendet. Es ist also eigentlich nicht nötig, einen speziellen UV-Filter vor das Objektiv zu schrauben. Viele Fotografen setzen diese – noch aus Zeiten der Analogfotografie stammenden – Filter allerdings zum Schutz der Frontlinse vor Staub und Kratzern ein.

Verzeichnung

Manche Objektive bilden gerade Linien in eine bestimmte Richtung verzogen ab. Dieser Verzeichnung genannte Darstellungsfehler kann mit Bildbearbeitungssoftware wie *DPP* korrigiert werden. Gerade bei sehr kurzen Brennweiten, etwa denen eines Ultraweitwinkelobjektivs, lassen sich Verzeichnungen konstruktionsbedingt kaum vermeiden.

Vignettierung

Eine Verdunklung der Ecken eines Bildes wird als Vignettierung bezeichnet. Dieser Effekt kann durch die Konstruktion des Objektivs entstehen und lässt sich mithilfe der Bildbearbeitungssoftware entfernen. Andererseits können Sie ihn damit auch gezielt herbeiführen: Als Stilmittel eingesetzt, führt eine Vignettierung den Blick des Betrachters auf das eigentliche Motiv.

Weißabgleich

Je nach Tageszeit oder Beleuchtungsart leuchtet das Licht mit einer anderen Farbtemperatur, die in Kelvin gemessen wird. Indem Sie die Kamera darauf einstellen, erscheinen die Farben natürlicher.

Zeichnung

Wenn in einem Bild noch unterschiedliche Farbabstufungen mit

Bildinformationen zu erkennen sind, hat das Bild Zeichnung. Unterbelichtete Fotos haben keine Zeichnung in den → *Tiefen*, bei überbelichteten Fotos sind die → *Lichter* betroffen.

Zwischenring
Im Gegensatz zum → *Telekonverter* enthält der Zwischenring keine optischen Elemente, sondern vergrößert lediglich den Abstand zwischen Linse und Sensor. Dadurch sinkt der Aufnahmeabstand zu Motiven, diese können größer abgebildet werden. Echte Makrofähigkeiten, also eine Eins-zu-eins-Darstellung von kleinen Objekten, erreicht das Objektiv damit jedoch nicht. Hochwertige Zwischenringe verbinden Kamera und Objektiv nicht nur mechanisch, sondern leiten auch die elektronischen Steuerinformationen für Autofokus und Blende weiter.

Stichwortverzeichnis

100%-Ansicht 36

A

Abbildungsmaßstab 292, 388
Abblenden 87, 388
Abblendtaste 68
Aberration, chromatische ... 246, 389
AdobeRGB 180
AE-Lock-Taste 153
   Funktion ändern 153
AF-Bereich-Auswahlschalter 21
AF-Bereich-Auswahltaste 20
AF-Bereich-Erweiterung 109, 119
   mit 4 Feldern 119
   mit 8 Feldern 119
AF-Feld-Nachführung 124, 127
AF-Hilfslicht deaktivieren 198
AF-Menü 370
AF-Messfeldwahl-Taste 21, 26
AF-ON-Taste 21
   Funktion ändern 149
AF-Taste 20, 108
AI FOCUS 111
AI SERVO 109
AI Servo Reaktion 124, 125
Akku 238
APS-C-Sensor 213, 388
Architekturfotografie 271
   Bewegung 275
   Tilt-Shift-Objektiv 274
Aufhellblitz 191, 198
Aufnahmemenü (SHOOT) 364
Aufnahmen
   betrachten 30
   bewerten 30

   löschen 30
   vergleichen 30
Aufnahmeprogramm 22, 48
   Av-Programm 22, 55, 388
   Blitzen 193
   B-Programm 51
   C-Programm 23
   für Motive 64
   M-Programm 23
   P-Programm 22, 48
   Tv-Programm 50
Aufnahmestandort 212
Aufsteckblitz 199, 239
Auslösepriorität 111
Auslöser 20
   Funktion ändern 149
Autofokus
   AF-Modi 108
   AF-Sensoren 138
   anpassen 123
   Bereich auswählen 112
   Cases 123
   EOS iTR 112
   Feinabstimmung 248
   Funktionsweise 138
   Kameraausrichtung 116
   Kreuzsensor 139
   Livebild-AF 135
   nachführen 126
   Phasen-AF 138
   Reihenaufnahme 132
   Schärfensuche 132
Autofokusbereich 112
   AF-Bereich-Erweiterung ... 109, 119
   Auswahl vereinfachen 114

automatische Messfeldwahl ... 121
Einzelfeld AF 113
Messfeldwahl in einer
   AF-Zone 120
Messfeld-/Zonenwahl
   vereinfachen 116
Spot-AF 118
Autofokusmenü (AF) 370
Autofokusmodus 108
   AF-Taste 108
   AI FOCUS 111
   AI SERVO 109
   ONE SHOT 108
   Reihenaufnahme 109
Automatische Belichtungs-
   optimierung 94
Automatische Messfeldwahl 121
Automatische Motiverkennung 22
Av-Programm 22, 55, 58, 388
   Blitzen 196

B

Batteriegriff 238
Bayer-Matrix 177
Bedienelemente 19, 22
Bedienkonzept 22
Belichtung
   automatisch optimieren 94
   beurteilen 91
   Blendenstufe 71
   Bulb 51
   Kehrwertregel 52
   Kontrastumfang 99
   kurze Belichtungszeit 73
   lange Belichtungszeit 51
   Langzeitbelichtung 51
   Mehrfachbelichtung 104

Messmethode 80
RAW-Format 92
speichern 85
Überbelichtung 66, 87
Unterbelichtung 61, 66
Verschlussvorhang 191
Zeit-Blende-Kombination 73
Belichtungskorrektur 89, 388
   Blitzen 192
   einstellen 88
   Filmen 322
Belichtungsmessmethoden-
   taste 20
Belichtungsreihe 95, 284
Belichtungs-
   zeit 50, 54, 57, 66, 72, 388
   kurze 73, 192
   lange 51, 73, 192, 275, 277
Betriebsart
   Einzelbild 29
   Einzelbild leise 29
   Reihenaufnahme langsam 29
   Reihenaufnahme leise 29
   Reihenaufnahme schnell 29
   Selbstauslöser 29
Bild
   bewerten 32
   sichern 357
   sichten 31
   vergleichen 31, 32
Bildbearbeitung
   Belichtung korrigieren 349
   Bildauswahl 347
   Bild bewerten 346
   Bild sichern 357
   Bild sortieren 346
   Bildstil 354

Stichwortverzeichnis

Digital Photo Professional
  (DPP) 344
  Farbe ändern 353
  Histogramm 350
  Lichter-Warnung 351
  Objektivfehler korrigieren 356
  Schärfen 355
  Schatten-Warnung 351
  Schnellüberprüfung 347
  Weißabgleich 355
  Zuschneiden 348
Bildlook 165
Bildqualität einstellen 34
Bildrauschen → *Rauschen*
Bildstabilisator 54, 270, 389
  Filmen 321
Bildstabilisatorschalter 20
Bildstil 166
  anlegen 167
  anpassen 168
  benutzerdefinierter 173
  Bildbearbeitung 354
  Filmen 341
  Monochrom 171
  Parameter 169
  Picture Style Editor 168
  Porträts 257
  Schwarzweiß 171
  speichern 173
  Taste 21
Bild vergrößert betrachten 31
Bildwinkel 213, 214
Billigstativ 237
Blasebalg 243
Blende 58, 67, 72, 389
  Blendenöffnung 55, 68
  Blendenstufe 54, 71, 87

Blendenzahl 55, 57, 69
  einstellen 57
  geschlossene 73
  offene 73
  Schärfentiefe 55, 57, 68, 69
Blendenautomatik 23
Blendenflecken 220
Blendenstufe 389
Blendenvorwahl 22
Blitzbelichtungskorrekturtaste 20
Blitzen 186
  Aufhellblitz 191
  Aufsteckblitz 199
  Av-Programm 196
  Belichtungskorrektur 192
  Blitzbelichtung korrigieren 188
  Blitzbelichtung speichern 190
  Blitzleistung 186
  Blitzstärke einstellen 193
  Blitzsynchronzeit 190
  Distanz 187
  drahtlos 202
  entfesselt 201
  Farbreflexion 200
  in den Aufnahme-
    programmen 193
  Individualfunktionen 208
  interner Blitz 198
  ISO-Wert 198
  Leitzahl 240
  Makrofotografie 296
  M-Programm 197
  P-Programm 195
  TTL 186
  Tv-Programm 195
  zweiter Verschlussvorhang 205
Blitzgeräte 239

Ringblitz 296
Blitz, interner 20
Blitzschuh 20
Blitztaste 20, 186
Bohnensack 237
Bokeh 220
B-Programm 23, 51
Brennweite 212, 389
Bulb-Modus 23

C

Cases 123, 128
   AF-Feld-Nachführung 124, 127
   AI Servo Reaktion 124, 125
   Case 1 128
   Case 2 128
   Case 3 129
   Case 4 130
   Case 5 131
   Case 6 132
   Nachführ Beschl/Verzög ... 124, 126
C.Fn (Individualfunktionen) 382
Chromatische Aberration ... 246, 389
C-Programm 23, 64
Cropfaktor 390
Custom-Steuerung 37

D

Daten, verlorene 380
Digic-6-Prozessor 112
Digitalkompass 300
Digital Photo Professional
   (DPP) 94, 171, 344
Dioptrieneinstellung 21
DNG-Konverter 183
dpi 390
Drahtlos blitzen 202

Blitzoptionen 203
   manuell 205
Dreiwegeneiger 236
DRIVE-Taste 20
DSLR 390
Dynamikumfang → *Kontrastumfang*

E

Einbeinstativ 237
Einstellung-Menü (SET UP) 378
Einzelfeld AF 113
Einzelnes Bild löschen 30
Entfernungsskala 134
Entfesselt blitzen 201
   manuell 205
EOS iTR 112
EOS Utility 173, 344, 387
Erste Einstellungen 33
EXIF-Informationen 391

F

Farbgebung 268
Farbmischung
   additive 178
   subtraktive 178
Farbmodell 177
Farbraum 179, 391
Farbstiche 162
Farbtemperatur 162, 164
   Kelvin 163
Festbrennweite 226
Film abspielen 30
Filmaufnahmetaste 21
Filmen 318
   Belichtungskorrektur 322
   Bildstabilisator 321
   Einstellungen 318

Formate	322
Full HD	324
HD	324
Kompressionsmethode	326
M-Programm	329
Scharfstellen	319
Schnittformate	326
Servo AF	319
Timecode	331
Ton	334
Weißabgleich	328
Filmmaterial	341
Firmware aktualisieren	386
Fisheye-Objektiv	306
Focus Limiter	294
Fokusring	20
Fokussieren → *Scharfstellen*	
Fokussierschalter	20
Formatieren	376
Full HD	324

G

GPS	298
Digitalkompass	300
Map Utility	301
Track aufzeichnen	299
Graufilter	231, 287, 391
beim Filmen	330
Grauverlaufsfilter	233, 285, 391
einsetzen	286

H

Hauptschalter	20
Hauptwahlrad	20, 23, 51
HD	324
HDR (High Dynamic Range)	99, 100
Hintergrund	56
Histogramm	91, 392
im Livebild	92

I

Individualfunktionen	382
beim Blitz	208
Individualfunktionen-Menü	382
INFO-Taste	21, 30, 91, 136
Interner Blitz, Grenzen	198
ISO-Taste	20
ISO-Wert	70, 72, 392
Blitzen	198
Rauschen	71

J

JPEG-Format	183, 392

K

Kartenleser	344
Kehrwertregel	52, 392
Kelvin	163
Kompaktkamera	47
Kontrastumfang	99
Kreativprogramme	392
Kugelkopf	236

L

LCD	20
LCD-Beleuchtung (Taste)	20
Leitzahl	240
Lens Flares → *Blendenflecken*	
Lichter	393
Lichtformer	262
Lichtwert (LW)	393
Linien, stürzende	272, 278
Livebild	393
Livebild-AF	135

Flexizone-Multi 135
Flexizone-Single 136
Gesichtserkennung 135
Livebild-Modus 26
Livebild-Taste 21, 27
Löschtaste 21, 30
Lupentaste 21
LW 393

M

Makrofotografie 291
   Abbildungsmaßstab 292
   Bewegung 297
   Blitzen 296
   Einstellschlitten 295
   Focus Limiter 294
   Livebild-Modus 295
   Naheinstellgrenze 291
   Reflektor 296
   Ringblitz 296
   Schärfentiefe 293
   Zubehör 230, 292
Makroobjektiv 229
Manueller Modus 23
Manueller Weißabgleich 165
Map Utility 301
Megapixel (MP) 393
Mehrfachbelichtung 104
Mehrfeldmessung 81
Menü
   Aufnahme (SHOOT) 364
   Autofokus (AF) 370
   Einstellung (SET UP) 378
   Individualfunktionen (C.Fn) 382
   My Menu 386
   Wiedergabe (PLAY) 375
MENU-Taste 21

Messfeldwahl in einer
   AF-Zone 120
   große Zone 120
   kleine Zone 120
M-Fn-Taste 20
Mischlicht 163
Mittenbetonte Messung 83
Mitzieher 269, 275
Moduswahlrad 20, 22
Monochrom 171
Motive
   bewegte 109
   unbewegte 108
MPEG-Video 340
M-Programm 23, 61, 63
   Blitzen 197
   Filmen 329
   Studiofotografie 260
Multi-Controller 21, 23
   Funktion ändern 157
Multifunktionssperre 21
My Menu 42, 386
   einrichten 42

N

Nachführ Beschl/Verzög 124, 126
Nachtaufnahmen 276
Naturfotografie 282
   Belichtung 283
   Graufilter 287
   Polfilter 287
   Scharfstellen 283
ND-Filter 330, 391
Nodalpunktadapter 307
Nodalpunkt
   → *Parallaxenfreier Punkt*

No-Parallax-Punkt
→ *Parallaxenfreier Punkt*

O

Objektiv
- Abbildungsfehler korrigieren ... 356
- Architekturfotografie ... 271
- Auflösungsvermögen ... 244
- bildstabilisierte ... 218
- Blendenflecken ... 220
- Bokeh ... 220
- Canon ... 216
- chromatische Aberration ... 246
- DO ... 215
- Feinabstimmung ... 248
- Festbrennweite ... 226
- Fisheye ... 306
- Focus Limiter ... 294
- für Porträts ... 252
- Graufilter ... 231, 287
- Grauverlaufsfilter ... 233, 285
- Gruppen an der 7D Mark II ... 141
- Makroobjektiv ... 229
- Naheinstellgrenze ... 291
- ObjektivAberrationskorrektur ... 245
- Objektivarten ... 212
- OS ... 218
- Polfilter ... 230, 287
- reinigen ... 243
- Standard ... 220
- STM ... 215, 219
- Streulichtblende ... 222
- Superzoomobjektive ... 228
- Tele ... 222
- Tilt-Shift ... 274
- UV-Filter ... 234
- VC ... 218
- Verzeichnung ... 247
- Vignettierung ... 245
- Weitwinkel ... 226
- Zoomobjektiv ... 226

Objektive ... 212
Objektiventriegelungstaste ... 20
Objektivgruppen ... 141
Offenblende ... 393
ONE SHOT ... 108

P

Panorama ... 304
- Beschnitt ... 304
- Einzelbilder aufnehmen ... 311
- Hugin ... 312, 313
- Kugelpanorama ... 305
- Nodalpunktadapter ... 308
- Objektive ... 305
- parallaxenfreier Punkt ... 308, 309
- Parallaxenverschiebung ... 307
- schiefer Horizont ... 307
- Software ... 312
- technische Voraussetzungen ... 306
- zusammensetzen ... 313
- zylindrisches ... 305

Panoramasoftware ... 312
Parallaxenfreier Punkt ... 308, 309
- bestimmen ... 309

Parallaxenverschiebung ... 307
Perspektivkorrektur ... 278
Phasenautofokus ... 138
Picture Styles → *Bildstil*
PLAY-Menü ... 375
Polfilter ... 230, 287, 393
Porträt
- Bildstile ... 257
- Einstellungen ... 252

Objektive	252
Proportionen	252
Schärfentiefe	254
scharfstellen	253
Weißabgleich	256
Porträts	252
POWER O.I.S. → *Bildstabilisator*	
P-Programm	22, 48
Blitzen	195
Programmautomatik	22

Q

Q-Taste	21

R

RATE-Taste	21
Rauschen	71, 394
Rauschreduzierung	355
RAW-Format	92, 162, 171, 182, 394
DNG-Konverter	183
in der Kamera bearbeiten	360
RAW-Konverter	182
Reflektor	241
Makrofotografie	296
selbst machen	242
Reihenaufnahme	109, 132
Ringblitz	296
Rohdatenformat → *RAW-Format*	
RW2 → *RAW-Format*	

S

Schärfe	137
Bildbearbeitung	355
Bildstabilisator	270
Spiegelverriegelung	137
Schärfeebene	134
Schärfensuche	132

Schärfentiefe	55, 68, 69, 394
bei Porträts	254
Makrofotografie	293
Schärfentiefe-Prüftaste → *Abblendtaste*	
Scharfstellen	108, 394
AF-Messfeldanzeige	117
AF-Taste	108
Auslösepriorität	111
Autofokus anpassen	123
Autofokusbereich	112
Autofokusmodus	108
Filmen	319
Livebild-Betrieb	135
manuell	134
Naturfotografie	283
Porträts	253
Schärfeebene	134
Schärfensuche	133
unscharfe Bilder	63
vom Auslösen entkoppeln	148
Schlitzverschluss	192
Schneiden in der Kamera	336
Schnelleinstellungsbildschirm	24
Schnellwahlrad	21, 24
Schnittmarken setzen	336
Schwarzweiß	171
SD-Karte	38
Selbstauslöser	29, 137
Selektivmessung	83
Sensor	47, 177, 395
APS-C-Sensor	388
Sensorebene	291
Sensorreinigung	242
Blasebalg	243
SET-Taste	21
Funktion ändern	155

SET-UP-Menü 378
SHOOT-Menü 364
SLR 47
Speicherkarte 38
   formatieren 376
   Steckplatz 21
   verlorene Daten 379
   Zugriffsleuchte 21
Spiegelreflexkamera 47
   Funktionsprinzip 47
Spiegelverriegelung 137
Spiegelvorauslösung 395
Spot-AF 118
Spotmessung 84
sRGB 180
Standardobjektive 220
Stative
   auswählen 235
   Billigstativ 237
   Dreiwegeneiger 236
   Kugelkopf 236
Sterntaste 21, 85
   Funktion ändern 153
Straßenfotografie 266, 267
   Personen fotografieren 266
Studiofotografie 260
   Lichtformer 262
Stürzende Linien 272
   entfernen 278
   Tilt-Shift-Objektiv 274
Sucher 21
Superzoomobjektive 228
Systemblitz → *Aufsteckblitz*

T

Tastenbelegung
   AE-Lock-Taste 153
AF-Bereich-Auswahlschalter ... 158
   AF-ON-Taste 149
   ändern 36, 147
   Auslöser 149
   Hauptwahlrad 156
   M-Fn-Taste 155
   Multi-Controller 157
   SET-Taste 155
   Sterntaste 153
   zurücksetzen 149
Telekonverter 395
Teleobjektive 222
Tiefen 395
TIFF 395
Tilt-Shift-Objektiv 274
Touchpad 21
TTL 186
Tv-Programm 22, 50, 58, 396
   Blitzen 195

U

Überbelichtung 66, 87
Unschärfe 63
   Bokeh 220
   Mitzieher 269, 275
Unterbelichtung 61, 66
   Nachtaufnahme 276
UV-Filter 234, 396

V

Vergleichsansicht 32
Vergleichstaste 21
Verlorene Daten 379
Verschlussvorhang 191
   Blitzen auf den zweiten 205
Verschlusszeit → *Belichtungszeit*
Verwackeln 52

Bildstabilisator 54
  Kehrwertregel 52
Verzeichnung 247, 396
Videofilmen → *Filmen*
Vignettierung 245, 396
Vollautomatik 22
Vollformatkamera 214

W

WB-Taste 20
Weißabgleich 396
  anpassen 163
  Bildbearbeitung 355
  Bildlook verändern 165
  Einstellungen 164
  Farbstiche vermeiden 162
  Farbtemperatur 162, 164
  Filmen 328
  manueller 165
  Mischlicht 163
  Porträts 256
Weitwinkelobjektive 226
Wiedergabemenü (PLAY) 375
Wiedergabetaste 21
Wischeffekt 269

X

X-Synchronzeit 190

Z

Zeichnung 396
Zeitautomatik 22
Zeit-Blende-Kombination 73
Zeitvorwahl 22
Zoomobjektiv 226
Zoomring 20
Zugriffsleuchte 21
Zweiter Vorhang 205
Zwischenring 397

- Das ganze Fotowissen im Überblick

- Einfach fotografieren: Menschen, Landschaften, Nahaufnahmen ...

- Inkl. Profitipps für bessere Bilder und Soforthilfe für Fotoprobleme

Jacqueline Esen
Digitale Fotografie
Grundlagen und Fotopraxis

In der neuen Auflage des Foto-Bestsellers finden Sie alles Wissenswerte besonders verständlich und umfassend beschrieben – von den Grundlagen der Fototechnik bis zur digitalen Bildbearbeitung und der schönen Präsentation Ihrer Bilder. Und mit den Profitipps der Autorin werden Sie schnell zum Könner!

316 Seiten, gebunden, 14,90 Euro
ISBN 978-3-8421-0153-1
2. Auflage, erschienen Februar 2015
www.vierfarben.de/3784

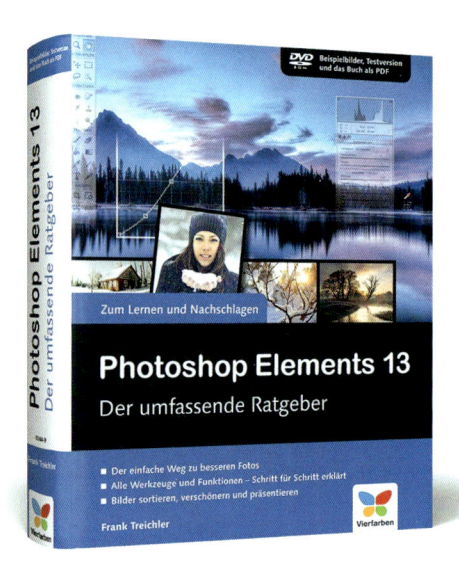

- Der einfache Weg zu besseren Fotos!

- Bringen Sie Ihre digitalen Fotos zum Strahlen

- Alle Werkzeuge und Funktionen – Schritt für Schritt erklärt

Frank Treichler

Photoshop Elements 13
Der umfassende Ratgeber

Sagen Sie roten Augen, kontrastarmen Bildern und schiefen Linien auf Nimmerwiedersehen! Dieses Buch zeigt Ihnen den perfekten Workflow für die Bildbearbeitung mit Photoshop Elements: Bringen Sie Ordnung in Ihre Fotosammlung, korrigieren Sie Bildfehler, oder verschönern Sie Fotos mit Filtern und Effekten. In diesem umfassenden Ratgeber finden Sie alle Elements-Funktionen – Schritt für Schritt und verständlich erklärt.

1.008 Seiten, gebunden, in Farbe, mit DVD, 39,90 Euro
ISBN 978-3-8421-0144-9
erschienen November 2014
www.vierfarben.de/3729

»Praktischer Ratgeber mit umfangreichen Tipps aus der Praxis.«
psd-tutorials.de

Das gesamte Buchprogramm: www.vierfarben.de

- Setzen Sie kleine Motive groß in Szene!

- Grundlagen und spezielle Techniken einfach erklärt

- Mit zahlreichen Übungen für kreative Bilder

Kyra Sänger, Christian Sänger

Makrofotografie
Der große Fotokurs

Wie Sie die im Makrobereich besonders anspruchsvolle Fototechnik meistern, lernen Sie aus erster Hand von den beiden Spezialisten Kyra und Christian Sänger. Die beiden Autoren sparen auch nicht mit kreativen Ideen, die Ihre eigenen Bilder bereichern werden – für mehr Spaß und Erfolg in der Makrofotografie!

374 Seiten, gebunden, in Farbe, 39,90 Euro
ISBN 978-3-8421-0107-4
erschienen Oktober 2014
www.vierfarben.de/3466

»Diese Neuerscheinung darf in keinem Bücherregal bei all jenen fehlen, die der Makrofotografie nachgehen bzw. in diese einsteigen möchten.«
prophoto-online.de

- Alles Schritt für Schritt erklärt
- Im Internet surfen, E-Mails schreiben, Fotos anschauen u.v.m.
- Die besten Apps für Ihr Android-Tablet finden

Rainer Hattenhauer
Android-Tablet
Die verständliche Anleitung

Ihr neues Android-Tablet ist ein wahres Multitalent mit endlosen Möglichkeiten – und die sollten Sie voll ausschöpfen! Dank dieser Anleitung wird Ihnen das auch mühelos gelingen. Android-Experte Rainer Hattenhauer zeigt Ihnen, wie Sie Ihr Gerät ganz individuell einrichten. Schritt für Schritt führt er Sie durch sämtliche Menüs und erklärt verständlich und praxisnah, wie Sie E-Mails schreiben, Fotos oder Filme anschauen, im Internet surfen, Apps installieren und vieles mehr. Mit diesem Buch wissen Sie von Anfang an, wie Sie den gesamten Funktionsumfang von Android 5 Lollipop auf Ihrem Tablet nutzen.

384 Seiten, broschiert, in Farbe, 19,90 Euro
ISBN 978-3-8421-0156-2
erscheint Juni 2015
www.vierfarben.de/3818

Folgen Sie uns: www.facebook.com/Vierfarben

- Alles Schritt für Schritt erklärt

- Telefonieren, Internet, E-Mails, Fotos, Musik u. v. m.

- Mit Update-Tipps für ältere Geräte

Rainer Hattenhauer
Android-Smartphone
Die verständliche Anleitung

Machen Sie es sich leicht, und halten Sie den Kopf frei für die spannenden Dinge, die Sie mit Ihrem Android-Smartphone unternehmen wollen! Telefonieren, E-Mails, Internet, Apps oder Fotos – Android-Experte Rainer Hattenhauer führt Sie ganz ohne Anstrengung und sicher an Ihr Ziel, ganz gleich, welches Gerät mit Android 5 Sie verwenden. Neben den anschaulichen Schritt-für-Schritt-Erklärungen gibt es zudem zahlreiche Tipps vom Experten. So gelingt auch der Datenaustausch mit dem Computer und funktioniert alles von Anfang an nach Wunsch!

392 Seiten, broschiert, in Farbe, 19,90 Euro
ISBN 978-3-8421-0155-5
erschienen März 2015
www.vierfarben.de/3809

- Alles Schritt für Schritt erklärt

- Telefonieren, Internet, E-Mails, Fotografieren u.v.m.

- Tipps und Hinweise zu den besten Apps und Tools

Hans-Peter Kusserow

iPhone 6
Die verständliche Anleitung

So viele Funktionen, so viele Fragen! Mit dieser übersichtlichen Anleitung wissen Sie immer, wie's funktioniert. Apple-Experte Hans-Peter Kusserow vermittelt selbst die allerneuesten technischen Raffinessen des iPhones anschaulich und leicht verständlich. Von der Pike auf lernen Sie nach und nach, sämtliche Anwendungen richtig und sicher zu nutzen: Sie machen das Smartphone mit allen wichtigen Einstellungen startklar, telefonieren, senden und empfangen Nachrichten, surfen im Internet, fotografieren oder hören Musik. Alles ganz praktisch!

400 Seiten, broschiert, in Farbe, 19,90 Euro
ISBN 978-3-8421-0145-6
erschienen Dezember 2014
www.vierfarben.de/3738

Leseprobe unter: www.vierfarben.de

- Den Mac von Grund auf kennenlernen
- Internet, E-Mail, iCloud, iPhoto, iMovie, iTunes u.v.m.
- Mit vielen Tipps für Windows-Umsteiger

Jörg Rieger, Markus Menschhorn

Das große Mac-Buch für Einsteiger und Umsteiger

Jörg Rieger und Markus Menschhorn navigieren Sie sicher durch die Benutzeroberfläche und alle Anwendungsmöglichkeiten. Auf dem Mac oder in der iCloud – Sie behalten den Überblick über Ihre Dateien und Kontakte, schreiben E-Mails oder surfen im Internet. Auch Windows-Anwendern wird der Umstieg durch die zahlreichen Tipps leicht gemacht.

447 Seiten, broschiert, in Farbe, 24,90 Euro
ISBN 978-3-8421-0146-3
erschienen Januar 2015
www.vierfarben.de/3739

»Dieses Buch bietet sich an, die neue Mac-Welt kennenzulernen, effektiv zu arbeiten und dabei auch noch Spaß zu haben. Ein umfassender Ratgeber.«
Mac Life

- Alles Schritt für Schritt erklärt
- Musik, Filme und Apps kaufen und verwalten
- iPhone, iPod und iPad mit iTunes verbinden

René Gäbler

iTunes
Die verständliche Anleitung

Mit dieser Anleitung haben Sie iTunes endlich im Griff! Verwalten Sie Ihre Musik, Filme und Apps, und übertragen Sie Ihre Sammlungen auf Ihr iPhone, iPad oder Ihren iPod. Sichern Sie die Daten, die sich auf Ihrem Apple-Gerät befinden, und spielen Sie Ihre Medien über AirPlay und Apple TV ab. Für dieses Buch sind keine Vorkenntnisse erforderlich, alle Funktionen werden ausführlich und verständlich beschrieben.

291 Seiten, broschiert, in Farbe, 19,90 Euro
ISBN 978-3-8421-0122-7
erschienen Januar 2015
www.vierfarben.de/3546

»Führt Schritt für Schritt in die Nutzung von Apples Mediaplayer-Software unter OS X und Windows ein!«
Mac Gadget

Jetzt den Newsletter bestellen!

U1,10